计 算 机 科 学 丛 书

计算机组成原理

[英] 艾伦·克莱门茨（Alan Clements） 著

沈立 王苏峰 肖晓强 译

Computer Organization and Architecture
Themes and Variations

机 械 工 业 出 版 社
China Machine Press

图书在版编目（CIP）数据

计算机组成原理 /（英）艾伦·克莱门茨（Alan Clements）著；沈立等译 . —北京：机械工业出版社，2017.1（2024.6 重印）

（计算机科学丛书）

书名原文：Computer Organization and Architecture: Themes and Variations

ISBN 978-7-111-55807-1

I. 计…　II. ① 艾…　② 沈…　III. 计算机组成原理　IV. TP301

中国版本图书馆 CIP 数据核字（2017）第 011423 号

北京市版权局著作权合同登记　图字：01-2014-0330 号。

Alan Clements, Computer Organization and Architecture: Themes and Variations.

Copyright © 2014 Cengage Learning.

Original edition published by Cengage Learning. All Rights reserved.

China Machine Press is authorized by Cengage Learning to publish and distribute exclusively this simplified Chinese edition. This edition is authorized for sale in the Chinese mainland (excluding Hong Kong SAR, Macao SAR and Taiwan). Unauthorized export of this edition is a violation of the Copyright Act. No part of this publication may be reproduced or distributed by any means, or stored in a database or retrieval system, without the prior written permission of the publisher.

Cengage Learning Asia Pte. Ltd.

151 Lorong Chuan, #02-08 New Tech Park, Singapore 556741

本书共分三部分。第一部分从计算机组成和结构的有关概念、计算机的发展历程及存储程序计算机开始讲起，介绍了计算机系统的组成和体系结构的基本概念，然后讨论了数据在计算机中的表示方法和运算方法。第二部分讲解 ISA 的基本概念，并以 ARM 指令集为例介绍了 ISA 设计时需要考虑的主要问题，还介绍了另一个经典的 RISC 指令集 MIPS，然后着重介绍了当前处理器为特定领域应用（比如多媒体应用）提供的支持。第三部分首先介绍了设计控制器的两种经典方法——微程序与组合逻辑，然后详细讨论了流水线技术、影响流水线性能的因素及一些可行的解决方法。

本书适合计算机科学、电子工程、电子与计算机工程及相关专业作为教学用书，也可供相关技术人员阅读参考。

出版发行：机械工业出版社（北京市西城区百万庄大街 22 号　邮政编码 100037）

责任编辑：关　敏	责任校对：董纪丽
印　　刷：保定市中画美凯印刷有限公司	版　　次：2024 年 6 月第 1 版第 16 次印刷
开　　本：185mm×260mm　1/16	印　　张：23
书　　号：ISBN 978-7-111-55807-1	定　　价：79.00 元

客服电话：（010）88361066　68326294

计算机组成原理与系统结构是计算机科学与技术及相关专业的核心基础内容，其教学效果对于培养学生的计算机系统能力具有很大的影响。这两部分涉及的内容相互融合，密不可分。越来越多的国内外高校在教学设计、教学实施、教材编写时将这两部分内容结合在一起，并取得了明显的效果。

本书的英文版《Computer Organization and Architecture: Themes and Variations》不仅覆盖了单机系统的组成原理和系统结构的各个方面，还包括计算机的性能评价方法及多发射、粗粒度并行等内容。作者希望本书能够适合电子工程（EE）、电子与计算机工程（ECE）、计算机科学（CS）等不同专业的教学需要。书中围绕基本概念、指令集体系结构、处理器组成和能效、存储与外设，以及处理器级并行等五个核心问题将这些内容有条不紊地组织在一起，以便满足不同专业的教学需要。

综合考虑国内高校"计算机组成与结构"或类似课程的教学目标以及我们对本书的定位，中文纸质版分成了两本《计算机组成原理》和《计算机存储与外设》。

本书即为《计算机组成原理》，涵盖原书的前三部分（中文版《计算机组成原理》第1～6章分别对应原书第1章、第2章前8节、第3～5章和第7章）。

第一部分主要介绍计算机系统的组成、体系结构的基本概念。第1章介绍了计算机组成和结构的有关概念、计算机的发展历程，以及存储程序计算机，在读者面前呈现出基本存储程序计算机系统的形象。第2章则讨论了数据在计算机中的表示方法和运算方法。

第二部分介绍了指令系统的概念和实例。这部分包含三章内容。第3章首先介绍ISA的基本概念，之后以ARM指令集为例介绍了ISA设计时需要考虑的主要问题，如指令类型、寻址方式、数据表示等。第4章介绍了MIPS——另一个经典的RISC指令集，以增加知识的深度和广度。第5章着重介绍了当前处理器为特定领域应用（比如多媒体应用）提供的支持，特别是指令集的支持。

第三部分介绍了处理器的实现以及一些影响处理器性能的因素。这部分只有一章，即第6章。它首先介绍了设计控制器的两种经典方法——微程序与组合逻辑，然后讨论了流水线技术、影响流水线性能的因素及一些可行的解决方法。

《计算机存储与外设》涵盖原书的第四部分（中文版《计算机存储与外设》第1～4章分别对应原书的第9～12章），介绍了计算机系统中的存储器、总线、输入/输出等内容。第1章介绍了Cache的组织和工作原理，以及虚存技术。第2～3章涵盖了从静态半导体存储器到磁盘和光存储的各种存储技术。第4章介绍了I/O的基本工作原理以及总线系统，并描述了一些支持多媒体系统的现代高速接口。

中文纸质版没有收录原书中的门和数字逻辑、性能评价、多发射处理器、处理器级并行等内容（即原书2.9～2.11节和第6、8、13章），因为这些内容一般会在"数字逻辑""计算机体系结构""计算机系统性能评价"等课程中专门介绍。有兴趣的读者可以在中文版出版社网站（http://course.cmpreading.com）上找到相关章节的中文译文。

　　本书内容较多，翻译时间紧迫，尽管我们尽量做到认真仔细，但还是难免会出现错误和不尽如人意的地方。在此欢迎广大读者批评指正，我们也会及时在网上更新勘误表，便于大家阅读。

沈立

2016 年 12 月于长沙

21 世纪是科学和技术奇迹频出的时代。计算机已经做到了人们期望它做到的一切——甚至更多。生物工程解开了细胞的秘密，使科学家能够合成 10 年前无法想象的新药。纳米技术让人们有机会窥探微观世界，将计算机革命与原子工程结合在一起创造出的纳米机器人，也许有一天能够植入人体，修复人体内部的创伤。普适计算带来了手机、MP3 播放器和数码相机，使人们彼此之间能够通过 Internet 保持联系。计算机是几乎所有现代技术的核心。本书将阐述计算机是如何工作的。

从 20 世纪 50 年代起大学就开始教授这门被称为计算的学科了。一开始，大型机主导了计算，这个学科包括对计算机本身、控制计算机的操作系统、语言和它们的编译器、数据库以及商业计算等的研究。此后，计算的发展呈指数增长，到现在已包含多个不同的领域，任何一所大学都不可能完全覆盖这些领域。人们不得不将注意力集中在计算的基本要素上。这一学科的核心在于机器本身：计算机。当然，作为一个理论概念，计算可以脱离计算机而独立存在。实际上，在 20 世纪三四十年代计算机革命开始之前，人们已经进行了相当多的关于计算机的科学理论基础的研究工作。然而，计算在过去 40 年里的发展方式与微处理器的崛起紧密联系在一起。如果人们无法拥有价格非常便宜的计算机，Internet 也无法按照它已有的轨迹取得成功。

由于计算机本身对计算的发展及其发展方向产生了巨大影响，在计算的课程体系中包含一门有关计算机如何工作的课程是非常合理的。大学里计算机科学或计算机工程方向的培养方案中都会有这样一门课程。实际上，专业和课程的认证机构都将计算机体系结构作为一项核心要求。比如，计算机体系结构就是 IEEE 计算机协会和 ACM 联合发布的计算学科课程体系的中心内容。

介绍计算机具体体现与实现的课程有各种各样的名字。有人将它们叫作硬件课，有人管它们叫作计算机体系结构，还有人把它们叫作计算机组成（以及它们之间的各种组合）。本书用计算机体系结构表示这门研究计算机设计方法和运行方式的课程。当然，我会解释为什么这门课程有那么多不同的名字，并会指出可以用不同的方式来看待计算机。

与计算机科学的所有领域一样，计算机体系结构也随着指令集设计、指令级并行（ILP）、Cache 缓存技术、总线系统、猜测执行、多核计算等技术的发展而飞速进步。本书将讨论所有这些话题。

计算机体系结构是计算机科学的基石。例如，计算机性能在今天的重要性超过了以往任何时候，为了做出最佳选择，即便是那些购买个人电脑的用户也必须了解计算机系统的结构。

尽管绝大多数学生永远不会设计一台新的计算机，但今天的学生却需要比他们的前辈更全面地了解计算机。虽然学生们不必是合格的汇编语言程序员，但他们一定要理解总线、接口、Cache 和指令系统是如何决定计算机系统的性能的。

而且，理解计算机体系结构会使学生能够更好地学习计算机科学的其他领域。例如，指令系统的知识就能使学生更好地理解编译器的运行机制。

写作这本书的动机源于我在提赛德大学（University of Teesside）讲授计算机体系结构中级课程的经历。我没有按照传统方式授课，而是讲授了那些能够最好地体现计算机体系结构伟大思想的内容。在这门课程里，我讲授了一些强调计算机科学整体概念的主题，对学生的操作系统和 C 语言课程均有不小的帮助。这门课非常成功，特别是在激发学生的学习动力方面。

任何编写计算机体系结构教材的人必须知道这门课会在 3 个不同的系讲授：电子工程（EE），电子与计算机工程（ECE），计算机科学（CS）。这些系有自己的文化，也会从各自的角度看待计算机体系结构。电子工程系和电子与计算机工程系会关注电子学以及计算机的每个部件是如何工作的。面向这两个系的教材会将重点放在门、接口、信号和计算机组成上。而计算机科学系的学生大都没有足够的电子学知识背景，因此很难对那些强调电路设计的教材感兴趣。实际上，计算机科学系更强调底层的处理器体系结构与高层的计算机科学抽象之间的关系。

尽管要写出一本能够同时满足电子工程系、电子与计算机工程系和计算机科学系的教材几乎是不可能的，但本书进行了有效的折中，它为电子工程系和电子与计算机工程系提供了足够的门级和部件级的知识，而这些内容也没有高深到使计算机科学系的学生望而却步的程度。

本科计算机体系结构课可在三个不同层次上讲授：介绍性的、中级的和高级的。有些学校会讲授全部三个层次的内容，有些学校则将这些内容压缩为两个层次，还有一些学校只进行介绍。本书面向那些学习第一层次和第二层次计算机体系结构课的学生，以及那些希望了解微处理器体系结构当前进展的职业工程师。学习本书的唯一前提条件是读者应了解高级语言（如 C）的基本原理和基本的代数知识。

由于本书覆盖了计算机体系结构的基础内容、核心知识以及高级主题，内容丰富，篇幅很大，适用于计算机体系结构相关的不同课程裁剪使用。综合考虑国内高校计算机组成与结构系列课程的教学目标和课程设置，中文版分成了两本《计算机组成原理》和《计算机存储与外设》。原书中关于门和数字逻辑、性能评价、多发射处理器、处理器级并行的内容，可在中文版出版社网站（http://course.cmpreading.com）下载。——编辑注

本书特色

为什么还要编写一本计算机体系结构教材？计算机体系结构是一个很有吸引力的话题，它会介绍如何使用大量与非门那样的基本元件搭建一台计算机，也会介绍如何用常识来解决技术问题。例如，提升处理器速度的 Cache 在概念上并不比信封背面的记录复杂多少。同样地，所有处理器都使用了福特所发明的汽车制造技术：流水线或生产线。作者努力使本书的内容更加有趣或覆盖更多的主题，例如本书将介绍一些通过将氧原子从晶体的一端移到另一端来工作的存储设备。

用"它不是什么"来描述一个对象通常比用"它是什么"来描述更容易一些。本书并不关心微处理器系统设计、接口和外设的工程细节，当然也不会是一本汇编语言的入门教材。

本书的主题是微处理器体系结构而不是微处理器系统设计。就目前而言，计算机体系结构被定义为机器语言程序员所看到的计算机视图。这就是说，计算机体系结构并不关注计算机的实际硬件或实现，而仅关注它能做什么。我们也不会考虑微处理器的一些硬件和接口特征，除非它们对体系结构有明显的作用（例如 Cache、存储管理和总线）。

目标体系结构

任何体系结构教材的作者都会选定一个目标体系结构，作为讲授计算机设计和汇编语言程序设计基础知识的平台。教师们通常会热烈讨论究竟是用一款真正的商用处理器还是用一个假想的抽象处理器来讲授一门课。抽象处理器容易理解，学习曲线也比较浅，而且学生们通常会觉得理解一个真实处理器的细节知识很不值得。但另一个方面，实践工程都要适应真实世界中的各种约束。而且，一台真正的机器会告诉学生，工程师们为了制造出商用产品所必须做出的设计选择。

在 20 世纪七八十年代，DEC 公司的 PDP-11 小型计算机被广泛地用作教学平台。随着摩托罗拉 68K 等 16 位微处理器的出现，PDP-11 逐渐退出了课程教学。按照学术界的观点，68K（大致以早期的 PDP-11 为基础）是一台理想的机器，因为它的结构相对规整，学生也很容易用 68K 汇编语言编程。也许旁观者会希望使用绝大多数个人电脑都使用的、随处可见的 Intel IA32 系列处理器，让它在计算机体系结构教学中发挥重要作用，毕竟很多学生都有 Intel 处理器的亲身使用经验。但 80x86 系列处理器从未在学术界真正流行起来，因为每当一款新处理器发布，其复杂的结构都会以某种特定方式变化，这给学生带来了沉重的负担。一些教师采用高性能 RISC 处理器教学，比如 MIPS，这种处理器功能强大也容易理解。但这种高端 RISC 处理器多用于工作站，大多数学生对其不甚了解（老师们观察到，由于熟悉个人电脑，学生们通常更需要基于个人电脑的技术）。不过现在，RISC 处理器既用于高性能计算机，也用于绝大多数手机之中。

我选择 ARM 处理器作为介绍汇编语言和计算机组成的平台。这是一款性能高、结构优雅、易于学习的处理器。而且 ARM 处理器有很多开发工具，这意味着学生们可以写好 ARM 汇编语言源程序，并在实验室或家里的个人电脑上运行这些程序。

采用 Intel IA-64 结构的 Itanium 处理器是现代教材中目标体系结构的一个有力候选。这是一款功能极其强大但又极其复杂的处理器，不过它的基本结构却比 80x86 系列简单。Itanium 体系结构上大量创新性的特征验证了计算机体系结构课程中的许多概念——从数据栈到猜测执行，从流水线到指令级并行。因此，本书将在高性能计算部分[⊖]介绍这种处理器的一些特点。

本书并不是一部传统的计算机体系结构教材。它超出了传统课程的范畴，涵盖了许多有趣、重要且相关的内容。作者的一个重要目标是提供适合学生吸收的知识。很多时候，学生大学毕业后会发现他们的知识体系中有令人难堪的巨大空白。据我了解，目前还没有一本教材采用这种方法。例如，所有计算机体系结构教材都会介绍浮点运算，但却很少会讨论用于存储大量文本和视频信息的数据压缩的代码，更不会介绍 MP3 数据压缩这项工业界的核心技术。类似地，计算机体系结构教材很少覆盖面向多媒体应用的体系结构支撑等内容。下面

列出了本教材的一些特色内容。

历史

有关计算机体系结构的书籍通常会有一部分内容介绍计算机的发展历史。这些历史通常是不精确的，并会受到这一领域专家的批评。不过，我认为介绍历史的章节非常重要，因为有关计算机历史的知识会帮助学生理解计算机是如何发展的以及为何会这样发展。知道了计算机从哪里来，学生就能更好地理解它们在未来有可能怎样发展。在这本教材里，笔者给出了一段计算发展的简史，而与本书英文版配套的网络补充材料中则给出了更多的历史背景。

对操作系统的支持

操作系统与计算机体系结构密切地关联在一起。本书涵盖的体系结构内容（例如存储管理、上下文切换、保护机制等），即使是那些对操作系统进行研究的研究者，也会感兴趣。

对多媒体的支持

现代计算机体系结构背后最重要的驱动力是多媒体系统的发展及其对高性能和高带宽的无尽需求。本书介绍了如何面向多媒体应用优化现代体系结构。读者可以了解多媒体应用对计算机体系结构及对总线、计算机外设设计的影响，例如面向视听应用的硬盘。

输入 / 输出系统[⊖]

今天的计算机不仅比它们的前身快得多，还提供了更多、更复杂的将信息输入计算机和从计算机中取出的手段。如果计算机仅与键盘、调制解调器和打印机连接，I/O 的重要性几乎可以忽略。现在的计算机经常与数字摄像机连接，需要传输大量数据。读者将会看到一些现代的高性能 I/O 系统，例如 USB 和 FireWire 接口，还会更深入地探究一些与输入 / 输出相关的内容，如握手机制和缓冲机制。

计算机存储系统[⊖]

存储系统是计算机世界里的灰姑娘。没有高密度、高性能的存储系统，就不会有价格便宜的桌面系统，更不会有 32GB 存储容量的数码相机。本书将存储系统分为两章：前一章介绍半导体存储器，后一章介绍磁和光存储器。读者还会看到一些有趣的、正在兴起的存储技术，如相变存储器和铁电存储器。

方法

我之所以欣赏一本书，是因为它能够展现作者的风格与观点，希望本书也是如此。

笔者发现，插图和文字说明的质量是很多教材的一个不足之处。很多时候插图几乎没有注解，插图要表达的意思根本没有表现出来。本书的所有插图都由我自己完成，希望它们能够很好地阐释教材的内容。

⊖ ⊖ 这些内容见中文版《计算机存储与外设》。——编辑注

本图描述了一个含有 3 条指令的代码段是如何修改同一个寄存器（r2）的内容的。这段代码的功能是从两个寄存器（r0 和 r1）中各取出一个字节，将它们拼在一起，放入第 3 个寄存器（r2）中。从图中使读者能够很容易看出数据是如何被处理的。

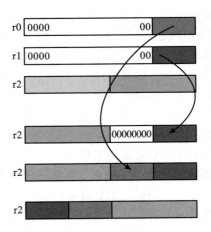

a）寄存器的初始状态

b）执行指令 ADD **r2**, r1, r2, LSL #16 后 r2 的状态

c）执行指令 ADD **r2**, r2, r0, LSL #8 后 r2 的状态

d）执行指令 MOV **r2**, r2, ROR #16 后 r2 的状态

内容概要

本书即为中文版《计算机组成原理》，分为三个部分，共 6 章。

第一部分：起始篇，这部分介绍了一些使读者能够讨论计算机体系结构的基本内容。第 1 章采用了一种不常见的方法来介绍计算机。笔者首先提出一个问题，接下来解决这个问题，然后设计出一个系统——计算机来实现解决方案。我的目的是要说明计算机近似地模拟了人们解决问题的方法。因为计算机体系结构的很多内容是相互关联的，所以我给出了计算机系统的简要概述，这样就可以在详细讨论某些内容之前使用这些内容，比如 Cache。

读者会看到将信息以二进制形式编码和表示的方法，例如书中介绍了有符号整数和无符号整数在计算机上的运算方法，描述了如何用浮点数表示非常大和非常小的值，还简要介绍了更复杂的数学函数。

理想情况下，第一部分还应包括计算机是如何从简单的机械计算器发展到今天强大的处理器的详细历史，因为所有学生对这一专业是如何发展的都应该有各自的理解。计算机的发展历史是一个极有吸引力的故事，它始于使乏味的数学计算变得更简单的渴望，后来发展到使世界大大"缩小"的电报和跨大西洋电缆项目。20 世纪，现代计算的诞生基于创建电话系统的技术，并受到科学家进行高性能计算以及商业和军事等需求的驱动。其他的人造产品在性能提升和价格降低方面都没有计算机的变化快。有人说，如果汽车能够像计算机发展得那样快，那么人们开车的速度就可以达到光速的很多倍，而每年仅需使用一滴油。

不幸的是，在这里笔者无法客观地对待计算机的历史。在体系结构课上，学生必须学习特定的知识，而且为了成为专业的从业者，他们必须学会一系列技能。因此笔者将一些有关计算机历史的材料放在了本书出版公司的网站上，在下面的"补充材料和资源"一节可以找到详细内容。作者强烈建议所有同学阅读这些材料。计算机科学家有"重新发明车轮"的倾向，因此某一年提出的概念有时会出现在下一年的不同材料中。

第二部分：指令集体系结构，这是本课程的核心，包括三章内容。笔者首先介绍指令集的概念，然后讨论计算机体系结构的一些重要问题，例如计算机能够直接访问和处理的数据结构。第 3 章介绍 ARM 系列微处理器，它拥有真正简洁的体系结构，而且它的一些特点引出了几个有趣的话题，例如仅当满足特定条件时指令才会执行的**条件执行**，这些在该章中都有讨论。如果本书能够覆盖计算机体系结构的所有变化自然最好，但除非你决定将自己的后半生奉献给这一工作，否则不可能有足够的时间。大家将在第 4 章看到计算机体系结构的一些变化，例如能够极大地简化对复杂数据结构访问的存储器间接寻址模式，以及能够将传统代码压缩为其正常大小的一小半的特殊压缩编码处理器。

第二部分的最后一章将介绍处理器适应视频编码和解码等现代多媒体应用的方法。这一章还会简要介绍多媒体处理的背景，并解释为何高性能计算会如此重要。

第三部分：组成和效能，这部分与计算机组成有关；即，计算机是如何工作的以及它在内部是如何组织的。

第 6 章介绍计算机是如何工作的。这一章首先介绍微程序设计，这项技术使得设计任意复杂的计算机成为可能，目前它依然用于实现 Intel IA32 处理器中一些很复杂的指令。接下来将介绍流水线，这是所有现代计算机设计的基础。流水线就像工业上的生产线，指令在流水线上逐条执行，就像流过计算机一样。然而，流水线在遇到非顺序执行的指令（分支）时会出现问题。这章的最后部分将介绍如何处理分支指令引起的问题。

补充材料和资源

本书为教师和学生提供了大量支持材料。这些补充材料都放在出版公司的网站上。要获得这些额外的课程材料，请访问 www.cengage.com⊖。在 cengage.com 主页用页面顶部的搜索框查找本书，就可以找到访问这些资源的产品页。

教师资源

教师资源包括教师答案手册（ISM），包含教材中所有图表的完整 PowerPoint 幻灯片，以及一套所有公式和例题的幻灯片。

学生资源

学生资源包括：
- 一本详细介绍用 ARM 处理器汇编语言编程并在模拟器上运行这些程序的学生练习册；
- 附加学习材料，包括关于计算机历史的一章和卡诺图概述；
- 一些有用的链接，包括从 ARM 公司下载学生版 Kiel 模拟器的链接；
- 书中的代码；
- 本书作者网站（http://www.alanclements.org/）上发布的所有幻灯片的讲义。

致谢

没人能在真空中写出一部教材。所有学科都有其历史、背景和文化，计算机体系结构也不例外。一个作者要么随波逐流，要么沿着一个新的方向写作。没有以前出版的教材，例如当笔者还是学生时用来研究体系结构的教材，笔者也没有办法写出这本书。同样地，笔者也

⊖ 圣智（CG）：关于本书教辅资源，只有使用本书作为教材的教师才可以申请，需要的教师可向圣智学习出版公司北京代表处申请，电话 010-83435000，电子邮件 asia.infochina@cengage.com。——编辑注

必须感谢数不清的对计算机体系结构知识体系做出了贡献的研究者。我的作用是收集所有这些内容并为学生学习构建一条知识路径。笔者必须决定哪些内容是重要的，哪些是可以忽略的，哪些趋势应该跟随，哪些趋势应被归结为背景知识，等等。不过，笔者还是要感激所有对知识体系做出了贡献的人。

许多人参加了这样一本复杂教材的出版工作，其中最突出的一位就是本书的策划编辑。他就是圣智学习（Cengage Learning）出版公司的 Swati Meherishi，是他开始了把最初的手稿转换为最终的优雅文字的漫长过程。策划编辑要有能力去了解书稿以外的内容，并知道本书如何才能适应复杂的市场。他对我有足够的信心，帮我度过了那段无休止写作和修改的时间。感谢 Swati 能容忍我。另一位本书创作的关键人物是项目开发编辑 Amy Hill。Amy 花费大量时间通读我的初稿，修改结构和内容组织方式。她给了我很好的建议和温和的指导。感谢圣智学习团队全体人员的努力工作和奉献，没有他们，这个项目还将停留为我硬盘上的一堆文件。还要感谢 Rose Kernan 和她 RPK Editorial Services 的团队对本书所有相关任务的高效管理，以及 Kristiina Paul 的精心研究和获得本书所有第三方材料的许可。

必须感谢所有帮助审阅和修订书稿的审稿人及文字编辑。他们提出了很好的改进建议，并且在我错误理解原始材料时为我指明了正确的方向。

感谢技术审稿人和那些仔细阅读本书并指出错误和疏漏的人。特别是，Loren Schwiebert 为修改第 3 章做了大量工作。俄克拉何马州立大学的 Sohum Sohoni 审阅了全部书稿的技术内容。还要感谢南加州大学的 Shuo Qin，他完成了所有的习题并校正了教师答案手册中的错误。

许多教师在不同阶段对书稿进行了审阅。感谢他们提出的建设性意见。下面是要感谢的部分教师：

Mokhtar Aboelaze（约克大学）

Manoj Franklin（马里兰大学 – 帕克分校）

Israel Koren（马萨诸塞州立大学安姆赫斯特分校）

Mikko Lipasti（威斯康辛大学 – 麦迪逊分校）

Rabi Mahapatra（德州农工大学）

Xiannong Meng（巴克内尔大学）

Prabhat Mishra（佛罗里达大学）

William Mongan（德雷塞尔大学）

Vojin G. Oklobdzija（德州大学 – 达拉斯分校，Eric Jonsson 工程学院）

Soner Onder（密歇根技术大学）

Füsun Özgüner（俄亥俄州立大学）

Richard J. Povinelli（马凯特大学）

Norman Ramsey（塔夫斯大学）

Bill Reid（克莱姆森大学）

William H. Robinson（范德堡大学）

Carolyn J C Schauble（科罗拉多州立大学）

Aviral Shrivastava（亚利桑那州立大学）

Sohum Sohoni（俄克拉荷马州立大学）

Nozar Tabrizi（凯特林大学）

Dean Tullsen（加利福尼亚大学 – 圣迭戈分校）

Charles Weems（马萨诸塞州立大学）

Bilal Zafar（南加州大学）

Huiyang Zhou（北加州州立大学）

最后，感谢我的妻子 Sue 帮我修改书稿。尽管她没有技术背景，但她还是帮助我修改了文中一些英语使用有歧义和难懂的地方。

非常欢迎读者的反馈，无论是批评的还是赞扬的。对于那些能放到本书配套网站上，对学生学习有帮助的附加材料的建议，我会特别感兴趣。请将评论、关注和建议发到 globalengineering@cengage.com。也可以通过 alanclements@ntlworld.com 直接与我联系。

Alan Clements

穿越计算机体系结构之路

　　阅读一本书最简单的方法是从第一页开始读，直到最后一页。不过这是一本很厚的书，将它全部读完几乎是不可能的。本书可作为"计算机组成原理"课程的教材，以下建议也许会帮助读者阅读本书。

　　尽管可以说本书中的所有内容都很重要，但它们不可能对每位读者都同等重要。一些读者也许已经熟悉了基础知识，可以略过本书的介绍部分。学生们也许还发现一些内容已经超出了课程考试范围，不过这并不意味着他们可以跳过这些内容。后面一些高级章节也许更贴近实践，或对学生今后的职业生涯更重要。我曾经问过学生："如果雇主面试两个条件几乎完全相同的学生，其中一个超出课程范围读完了一些额外的资料，你们认为哪个学生更有可能获得这份工作？"

　　这里将给出一些如何阅读本书的建议，包括：
- 章节概要列出了本书的各个内容对不同课程的适用性；
- 面向初学者和高级读者的课程的内容组织；
- 本书与 IEEE CS/ACM 计算学科课程体系的关系；
- 本书中反复出现的主题。

章节概要

　　下表列出了本书的各个章节，指明了它们的内容是怎样符合教学计划的，以及这些章节中是否含有可作为初级或高级背景知识的内容。

章节	全部	重要	补充	初学者	高级读者
1 计算机系统体系结构				√	
2 计算机算术				√	
3 体系结构与组成	√			√	
4 指令集体系结构	√	√	√		√
4.1 数据存储和栈	√				
5 计算机体系结构与多媒体		√	√		√
6 处理器控制	√				
6.1 通用数字处理器				√	

适合初学者和高级读者的方法

　　有人让笔者就阅读本书的方法给出一些建议。上面的内容对学生和教师使用本书均有帮助。笔者在这里给出两个建议，一个适用于初次学习这些内容的学生，另一个则适用于已经学习过数字逻辑或类似基础课程的学生。但这仅仅是建议。每门课程都不相同，每位老师也有自己的偏好。下面两种方案都不是细化的，因为并非所列出的每个章节都必须在课上讲授。

基础课程

第 1 章	全部						
第 2 章	2.1	2.2	2.3	2.4	2.5	2.6	2.7
第 3 章	全部						
第 4 章	4.1	4.2					
第 6 章	6.2	6.3	6.4	6.5	6.6		

高级课程

第 3 章	全部		
第 4 章	4.1	4.2	4.4
第 5 章	全部		
第 6 章	全部		

与 IEEE CS/ACM 计算学科课程体系的关系

1991 年，ACM 和 IEEE 计算机学会发布了一份有关计算学科课程体系的报告（CC1991）作为计算机科学课程设置的指南。CC1991 为全世界所有大学提供了一份计算机科学课程设置的框架。这一工作是基于 ACM Curriculum'68 完成的。

计算领域没有一成不变的事物，ACM 和 IEEE 计算机学会在 1998 年开始将 CC1991 更新为 CC2001 以涵盖过去 10 年的变化。我曾在 Willis King 博士的带领下参加了 CC2001 标准体系结构部分的修订。

2007 年，为了反映当时的发展趋势，CC2001 开始进行内部修订。2007 年修订版中引入了一些新内容，但并没有包括那些全新的领域。在更新的学科课程体系标准中，我主要负责体系结构部分的草稿撰写工作，然后提交编委会审定。下面列出了计算机体系结构部分每个内容的学习目标。

中文版《计算机组成原理》涵盖计算机组成与体系结构的核心内容。

数字逻辑和计算机算术 [核心]

学习目标：

- 用基本模块设计简单电路；
- 掌握二进制数的与、或、非和异或操作；
- 理解如何用二进制表示数字、文本、图像和声音，以及这些表示的局限性；
- 理解舍入效应是如何产生误差的，以及误差传播对链式计算精度的影响；
- 掌握如何压缩数据以减少对存储容量的需求，包括无损压缩和有损压缩的概念。

计算机体系结构 [核心]

学习目标：

- 介绍计算机从真空管到超大规模集成电路（VLSI）的发展；
- 理解指令集体系结构（ISA）的概念，从功能和资源（寄存器和存储器）使用等方面描述了机器指令的本质；
- 理解指令集体系结构、微体系结构、系统体系结构的关系，以及它们在计算机发展中的作用；
- 了解不同类型的指令——数据移动、算术运算、逻辑运算和流程控制；
- 掌握寄存器 – 存储器型指令集和装入 / 存储型指令集的区别；
- 掌握如何在机器级实现有条件操作；
- 理解子过程调用和返回的实现方法；
- 掌握系统在线可编程（ISP）的资源不足对高级语言和编译器设计的影响；
- 理解在汇编语言级如何将参数传递给子程序，如何创建和访问本地工作区。

接口和通信 [核心]

学习目标：

- 掌握开环通信和闭环通信的必要，以及使用缓冲来控制数据流的方法；
- 能够解释如何通过中断实现 I/O 控制和数据传输；
- 能够认识计算机系统中不同类型的总线，理解多个设备如何竞争并获得总线的使用权；
- 了解总线技术的发展，理解一些现代总线（包括串行和并行）的特点和性能。

存储系统组成与体系结构 [核心]

学习目标：

- 能够认识一台计算机中的存储技术，了解存储技术的变化方式；
- 掌握为诸如 DVD 等复杂数据存储机制制定存储标准的必要；
- 理解为何存储层次对于减少有效存储延迟是必要的；
- 掌握数据总线上传输的大多数数据都是填充到 Cache；
- 描述 Cache 的各种组织方式，掌握每种方法是如何在开销和性能之间进行折中的；
- 掌握多处理器系统中 Cache 一致性的必要性；
- 描述虚存的必要性，虚存与操作系统的关系，将物理地址转换为逻辑地址的方法。

功能性组织结构 [核心]

学习目标：

- 回顾如何使用寄存器传输语言描述计算机内部的操作；
- 理解 CPU 控制器是如何解释机器指令的——直接解释或将其解释为一段微程序；
- 掌握如何使用流水线通过指令重叠执行提高处理器性能；
- 理解处理器性能与系统性能之间的区别（即存储系统、总线和软件对总体性能的影响）；
- 掌握超标量体系结构是如何使用多个运算单元在每个时钟周期内执行多条指令的；
- 理解如何用 MIPS 或 SPECmarks 等指标衡量计算机的性能以及这些指标的局限；

- 掌握功耗与计算机性能之间的关系，以及将移动应用功耗降至最低的必要性。

多处理和其他体系结构 [核心]

学习目标：
- 讨论并行处理的概念以及并行性与性能之间的关系；
- 掌握用 64 位寄存器并行处理多个多媒体数据（例如 8 位 /16 位音频和视频数据）以提高性能；
- 理解如何在单个芯片上集成多个处理器以提高性能；
- 掌握将算法表示为适合在并行多处理器上执行的必要性；
- 理解专用图形处理器（GPU）是如何加速图形应用的性能的；
- 理解如何用电子设备配置和重新构建计算机的组成结构。

性能提升 [可选]

学习目标：
- 解释分支预测的概念以及用它提高流水线计算机性能的方法；
- 理解猜测执行是如何提高性能的；
- 给出超标量体系结构的详细描述，以及乱序执行时确保程序正确性的必要；
- 解释猜测执行机制，认识判断猜测正确性的条件；
- 讨论多线程技术的性能优势，以及那些使这种技术很难达到最大性能的限制因素；
- 掌握 VLIW 和 EPIC 体系结构的基本特点以及它们之间（以及它们与超标量处理器之间）的区别；
- 理解处理器是如何通过重新安排存储器 load 和 store 指令的顺序而提高性能的。

网络和分布式系统体系结构 [可选]

学习目标：
- 解释网络系统的基本组成，区分局域网（LAN）和广域网（WAN）；
- 讨论与分层网络协议设计有关的体系结构问题；
- 解释网络系统和分布式系统在体系结构上的不同；
- 掌握无线计算的特殊需求；
- 理解物理层和数据链路层角色上的不同，掌握数据链路层如何处理物理层的缺陷；
- 描述正在兴起的以网络为中心的计算领域，评价它们当前的性能、局限和近期的发展潜力；
- 理解网络层是如何检错和纠错的。

外设 [可选]

学习目标：
- 理解如何用数字形式描述压力等模拟量，以及使用有限状态表示是怎样导致量化误差的；
- 掌握多媒体标准的必要性，能够用非技术语言解释标准的要求；

- 理解为何多媒体信号通常需要通过无损或有损编码压缩来节约带宽；
- 讨论霍尔器件、压力计等传感器的设计、构造和操作原理；
- 掌握典型输入设备是如何工作的；
- 理解不同显示设备的工作原理和性能；
- 研究数码相机等基于高性能计算机的设备的工作过程。

新的计算方向 [可选]

学习目标：

- 掌握现代计算的底层物理基础；
- 理解物质的物理特性是如何制约计算机技术的；
- 掌握如何开发物质的量子特性以开发大规模并行性；
- 掌握如何用光完成特定类型的计算；
- 理解有机计算机是如何挖掘复杂分子的特性的；
- 了解存储设计的趋势，如相变存储器和铁磁存储器。

多次出现的主题

本书的一些内容会多次出现在计算机体系结构或其他课程中。它们一般是课程的基本内容，有时也会出现在计算机科学的其他领域。笔者力求完整地列出几个多次出现的主题以及它们在本教材中出现的章节。但这个列表无论如何也不能算作是完整的。

寻址模式	3.2.2	3.7	4.5		
总线	1.6.2				
条件分支	3.1.2	3.6.2	3.6.4	6.1	
指令格式	1.5	3.5.4	3.7.7	4.3	4.6.1
存储器	1.4.5	1.6.1			
条件执行	3.6.5				
寄存器	3.2.1	3.3.1			
SIMD 处理	5.3				
栈	3.8	3.10	3.11.3	4.1	
状态图	1.4.2	6.6			
存储程序计算机	1.4	1.5	3.1		
时序图	6.3.2				

Alan Clements 出生于英格兰兰开夏郡，在苏克赛斯大学（University of Sussex）学习电子学。1976 年，当微处理器刚出现的时候，他在拉夫堡大学（Loughborough University）研究数字数据传输均衡器并获得博士学位。通过用微处理器解决均衡问题，他对计算机设计产生了兴趣并加入提赛德大学（University of Teesside）计算机科学系。

20 世纪 70 年代，有关微处理器设计实践的文献非常少，他出版了这一领域的第一本书。该书反响非常好，他又撰写了两本重要教材。《计算机硬件原理》(The Principles of Computer) 是一本本科生教材，全面地介绍了计算机硬件，其内容涵盖了从布尔代数到测量转速的外设等各个方面。为鼓励学生对计算机体系结构感兴趣，该书采用一种对学生友好的风格撰写。

20 世纪 80 年代，Alan 撰写了有关微处理器系统设计的权威教材，介绍了设计一款微处理器的全部阶段，并提供大量实际电路，弥合了学术与实践之间的巨大鸿沟。由于 Alan 在微处理器设计方面的贡献，1993 年摩托罗拉授予 Alan 提赛德大学终身教授。

多年以来，Alan 对计算机体系结构教学中的问题越来越感兴趣，越来越多地参与到计算机科学的教育活动中。2001 年，他担任了计算机学会国际学生竞赛主席（CSIDC），并于同年获得英国国家教学奖，这是英国高等教育的最高奖项。Alan 积极参加工程教育的前沿会议，并担任两本刊物的计算机科学教育专刊的客座编辑。

Alan 在 IEEE 计算机学会（CS）担任了多个职务，包括 CS 出版社主编，CS 第二副主席，教育活动委员会主席等。他还担任了伊拉克利翁和科罗拉多州立大学的客座教授。

Alan 积极参加学科课程体系设计，撰写了关于未来计算机体系结构教育的论文，参加了 CS/ACM 2001 计算课程体系项目。他为欧盟、英国政府、日立公司和希捷公司等提供咨询工作。

2007 年 Alan 获得 IEEE 计算机学会泰勒布斯（Taylor Booth）教育奖。

除了教学和写作之外，Alan 还对摄影感兴趣，他的作品曾数次公开展出。他还是一个私人飞行员，将他对飞行和摄影的爱好结合在一起。在 www.pbase.com/clements 上可以找到他的摄影作品。

2010 年 Alan Clements 从全职教学岗位退休，专心于写作和拍摄。

目　录

第三部分　组成和效能

起 始 篇

　　本书将介绍支配所有数字计算机系统的基本原理，并讨论不同类型计算机之间的差异。本书的内容将覆盖整个计算机系统，而不是仅仅集中在 CPU 上而忽略存储器和输入/输出机制。

　　本书适合不同类型的读者。一部分读者可能刚开始接触计算机体系结构和硬件，而另一些读者可能已经学习了有关数字系统设计的先导课程，或是可能已经独立地阅读了一些相关的书籍资料。为了向所有读者提供同样的背景知识，本书将从**构造**一台通用计算机开始，首先提出一个简单的问题，然后分析需要使用哪些机制来解决这个问题。虽然这是一种非常传统的方法，但它却恰好说明，我们今天所用的计算机都是从解决问题的实际需求出发，很自然地发展而来的。我不是历史学家，但我认为计算机采用现有的结构是不可避免的，因为早在计算机时代之前很多年，我们今天所熟知的一些计算机的基本原理就已经被提出了。计算机时代之所以出现在 20 世纪，是因为当时的技术使得制造出可用的计算机成为可能。

　　本书分三部分，如下所示。

第一部分	**起始篇**，介绍数字计算机的概念、历史以及基本技术。这一部分详细介绍计算机算术，使读者能够理解信息是如何在计算机内部表示并处理的，以及基本功能单元是如何工作的。
第二部分	**指令集体系结构（ISA）**，讨论计算机的编程模型。这部分以 ARM 这个很有代表性的系列微处理器为例，介绍了寄存器模型、指令类型和寻址方式。为使读者了解如何编写和执行简单的程序，这一部分还会介绍 ARM 汇编语言程序的设计方法。
第三部分	**组成和效能**，第三部分主要关注计算机内部如何组织，并讨论一些通过相当灵巧的设计技术提高计算机速度的方法。

　　有多种方法可以设计处理器、存储系统、总线和接口。我们将介绍控制计算机工作的原

理，并讨论工程师用来设计实际计算机的一些不同的方法。

术语体系结构的 3 种用法

尽管计算机文献中多次使"用体系结构"这一术语，但它有 3 种不同的使用方式。

指令集体系结构（ISA）描述了程序员看到的计算机的抽象视图，并且定义了汇编语言和编程模型。之所以说它是抽象的，是因为它并没有考虑计算机的实现。

微体系结构描述了一种指令集体系结构的实现方式。换句话说，微体系结构关注计算机的内部设计。

系统体系结构关注包括处理器、存储器、总线和外设在内的整个系统。所有设计计算机系统的人以及必须安排组件以获得最佳解决方案的人，都对系统体系结构感兴趣。

下图列出了计算机系统体系结构所涉及的内容。图中描述了计算机系统的各个部件，从完成信息处理的 CPU，到存储大量信息的磁盘驱动器（包括笔式驱动器和固态盘），以及传递数据的总线（信息高速公路）。计算机系统还包括键盘、鼠标、显示器、打印机（个人计算机内）、数码相机或 GPS 接收器（手机或导航设备中）等输入／输出设备。计算机体系结构课程通常没有足够的学时介绍这些从简单的机电鼠标到极为复杂的 GPS 接收器的多种多样的外部设备。

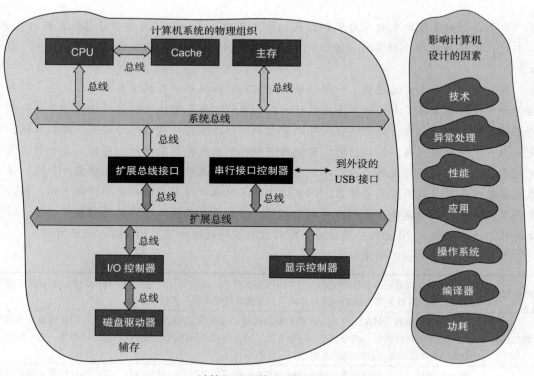

计算机系统体系结构概览

术语中央处理单元（CPU）指计算机系统中负责从存储器中读指令并执行指令的部分。

今天，它在很大程度上等价于微处理器。图中很多计算机系统的组件，本书都会用专门的一章或多章介绍。

计算机体系结构领域的学生也应该了解影响计算机设计的各种因素（如上图右侧所示）。例如，性能与计算机运行速度有关。同样，我们还对异常处理感兴趣，它是允许计算机响应外部事件的机制，例如移动鼠标或按下一个按键。功耗是当前计算的关键因素，因为它必须尽可能小。为了避免处理器因过热而损坏，高性能计算机必须降低功耗，而为了延长电池寿命，便携系统也必须减少功耗。

为什么本书的内容这样组织？

由于存在大量互相冲突的内容，选择一种有效的教材内容组织方式并不是一件容易的事。例如，我希望在书中尽可能早地讨论计算机的历史，但这也许没那么简单，因为在介绍读者所需的基本概念之前是无法介绍计算机的历史的。一种折中办法是从一些计算历史上的里程碑事件开始，而将其余的故事放在后面介绍。

不同的大学采用不同的方式讲授计算机体系结构和组成。然而，所有课程都会重点强调指令集体系结构（即计算机的指令集、寄存器结构和寻址方式）。因此，我将与计算机指令集体系结构相关的章节放在本书的开始位置。

与其他教材相比，本书将与性能有关的章节放在更为靠后的位置，这是因为我希望学生在阅读如何测量计算机的速度和性能等内容之前能够理解指令集体系结构的概念。

计算机体系结构课的教师都必须选择一款处理器用于指令集的教学。我选择的是ARM系列微处理器，因为它的学习曲线并不陡峭，学生能够很容易地掌握ARM指令集的主要特点。此外，ARM也是一种非常简洁的处理器，在工业界应用十分广泛。

计算机体系结构课有两种基本的教学方法：一种被称作自底向上（bottom-up），另一种则是自顶向下（top-down）。自底向上方法从门开始介绍，然后是电路、系统，最后是计算机。每个新的层次都构建在之前的教学内容上，学生之所以能够理解一台计算机是如何工作的，是因为他已经了解了每个部件的工作原理。这种教学方法的问题在于学生不了解最终的设计目标，同时也有可能陷入细节之中。自顶向下的方法很适合如今的抽象和面向对象设计方法。学生从顶层计算机系统开始，逐步细化，得到更低的层次。例如，可以从高级语言开始，说明如何将高级语言编译为机器指令，然后介绍如何在框图一级实现这些指令，接下来介绍功能电路，最后以门设计电路收尾。不同的教授会选择不同的教学方法，我却认为教育的结果更多地取决于教授的能力，而不是他所选择的教学方法。我个人采用自顶向下和自底向上相结合的方法进行教学。

计算机系统体系结构

"弹珠游戏受到物理方面的约束，从根本上说是受到控制小金属球运动的物理规律的约束。视频世界却不知道这样的限制。弹珠在视频世界中飞翔、旋转、加速、改变形状和颜色、消失和再次出现。它们的行为就像计算机程序创造的任何物体的行为一样，仅仅受限于程序员的想象力。视频游戏中对象仅仅是真实对象的一种表现形式。视频游戏中的一个球和真实的球不一样，从不需要遵循重力定律，除非程序员希望它这么做。"

——Sherry Turkle, 1984

"一个程序员正在向五角大楼的高层领导们介绍一台带有人工智能和语音识别功能的超级计算机。这台计算机被用来模拟一场著名的国内战争。在一个关键的时刻，一位将军打断了模拟并问计算机，'嗯，你准备进攻还是撤退？'计算机回答，'是'。"

"是什么？"将军喊道。

"先生，是，先生"，计算机回答道。

——佚名

"我认为全世界只需要购买 5 台计算机。"

——Thomas Watson, 1943

"我们在剑桥有一台计算机；曼彻斯特也有一台，在 NPL。我想在苏格兰还应该有一台，但这就足够了。"

——Hartree 教授, 1951

"不是所有人都需要一台电脑。"

——Ken Olson，数字设备公司（DEC）的创始人, 1977

"遗忘过去的人，注定要重蹈覆辙。"

——George Santayana, 1905

"往事如同异国他乡；他们在那里做着不同的事情。"

——Harold Pinter

计算机是人类发明的最引人瞩目的设备，因为看起来它什么都能做，而且它的性能也在按月不断增长。计算机与心脏起搏器一起工作，能够检测出不规律的心跳，并且使心率恢复正常。在人类飞行员都很难驾驶飞机离开跑道的浓雾中，飞机导航系统中的计算机却能够准确地引导一架 Airbus 380 那样载客超过 800 人的飞机安全着陆。在电影工业中，计算机已经能够制作出人群场景中和真人难以区分的临时演员。

本书将解释计算机是如何拥有这些本领的，以及它是如何随着底层技术的进步不断提高并不断承担新任务的。我们将以一个计算机系统（computer system）为例回答上述问题，并解释术语计算机系统体系结构（computer system architecture）的含义。

本章的一个重要目标是解释计算机实际做了什么。绝大多数人仅仅知道计算机能做什么，但很少有人知道它是怎样做到这一切的。我们将展示 CPU 如何与计算机的其他部件一起，完成现代计算机所做的各种不平常的事情。

本章将简要概述读者在后面章节遇到的一些重要概念（例如数据存储）。我们要特别强调的是，计算机体系结构既从整体上关注计算机系统，也关注作为计算机心脏的微处理器。本书不会从描述一个真实的计算机系统入手，而是通过一个简单的问题引出计算机的概念，然后分析为了解决这个问题需要进行哪些操作。

本章开始构建一个场景，通过分析解决一个简单问题需要哪些资源来解释计算机的行为。学习过入门课程的读者可以跳过这一节。

我们所处的时代

计算机体系结构和组成教材常常使用与计算机有关的图片开场——大型计算机和小型计算机，在科幻电影《2001》中看到的老式计算机，以及新式的计算机。今天，距离计算机的出现已经过了 80 年，距离个人计算机或普适计算机的出现也已经过了 30 余年。我不想将其他与计算机有关的图片强加给读者。我们的生活中已经到处都是计算机，而且已经离不开计算机了。汽车中就有大量的计算机，控制着从刹车到引擎点火定时和关闭车窗等各种事情。

计算机革命发展得十分迅猛，以至于仅仅几年前拍摄的科幻电影中有关计算机使用的内容就已经很尴尬地过时了。最近我（再次）观看了一部科幻电影的杰作，由雷德利·斯科特执导，拍摄于 1982 年的《银翼杀手》（Blade Runner），其中的太空旅行已经是件很普通的事情，而且人们已经可以在大桶中培育更优秀的克隆人。然而，在这部电影里，数据显示终端还是粗大而笨重的 CRT 设备，显示分辨率低得可怕，而且《银翼杀手》既没有 Web 风格的通信网络，也没有支持视频的微型手机。这些新功能都不为当时的科幻小说作者所知。我们正处于一个计算机技术的发展速度远远快于作家想象力的时代（《黑客帝国》中那样的虚幻世界当然是个例外）。

计算机的各个组成部分（如数据处理、数据存储、数据传输、软件、功耗，等等）的技术发展是不均衡的，这是本书的一个基本主题。实际上，计算机各组成部分间的性能差异非常大。例如，1985 年微处理器的主频大约为 10MHz，存储器访问时间约为 500ns（5 个时钟周期）。而现在处理器的主频已经达到 3GHz，存储器的访问时间还停留在 50ns（150 个时钟周期）左右。正如我们将要看到的那样，处理器和存储器之间不断增大的性能差距迫使设计者不断寻找缓解存储器平均访问时间问题的方法，比如多级 Cache（《计算机存储与外设》第 1 章）和超线程。

一些成功的预言

我们当然不能过于苛刻地要求科幻小说作家。下面就列出一些成功的预言。

机器人（robot）——Karel Čapek 在他 1921 年出版的小说《罗素姆的全能机械人》中首次使用了这个词（robot 这个词源于斯拉夫语工作）。

通信卫星（communication satellite）——A.C. Clark，一位由工程师改行的科幻小说作家，1945 年在一本科技期刊上提出了地球同步轨道上的通信卫星的使用方法。

监控（surveillance）——George Orwell 在反乌托邦小说《1984》中设想了一个能够

追踪人们的每个行动，并大肆渲染没什么隐私的政府。

智能住宅（the intelligent house）——1950 年 Ray Bradbury 在其小说《火星纪事》中创造了一所巨大的自动化的房屋。

遗传工程（genetic engineering）——1932 年 Aldous Huxley 在其小说《美丽新世界》中描述了使用遗传工程改变人类。这是一个典型的不可理喻的预测，因为他既不了解 DNA（当时还没有发现），也不知道破解 DNA 结构所需的计算机。

个人通信（personal communication）——尽管《银翼杀手》中确实没有个人通信技术，但《星际迷航》中确实出现了通信装置。

复制器（replicator）——《星际迷航》中，人类使用复制器制作东西，例如食物。这一技术现在已经实现了。复制器与喷墨打印机类似，喷出材料得到一层薄膜。随着机器在同一个区域内不断喷出材料，一层层薄膜渐渐堆积起来，得到三维物体。目前这种复制设备被用于将图样转换为样品。如果能够喷出不同的材料（例如金属和绝缘体），复制器有可能被用于制造三维电路。

第一代和第二代计算机体系结构教材中几乎没有提及功耗。1980 年，用户只要给计算机接上电源就够了，除非他正好是为数不多的几个给人造卫星设计电子设备的人之一。那时的计算机庞大而笨重，几乎没人会想到便携式计算机，处理器也没有那些高得离谱的功耗需求。而今天的世界已发生了巨大的变化。小型化技术使人们可以制造出非常复杂的，运行速度和存储能力均比过去提高了很多个量级的、带有高分辨的率显示器、能够放在口袋或公文包中的便携式计算机。这意味着功耗已经成为现在的头等（first class）设计指标，它也是便携式系统设计的限制因素之一。长的工作时间成为可便携性设计追求的新目标。便携式计算机应该可以使用一整天而不需要充电——最新的笔记本电脑和平板电脑（比如 iPad）都已经可以做到这一点。

即使计算机已经接通了外部电源，功耗问题也依然存在。一个在单个硅片内集成了超过 10 亿晶体管，在 4GHz 主频下工作的处理器，会在一个狭小的空间内产生大量的热量，人们不得不关心怎样才能将这些热量散到系统之外。实际上，多核处理器的出现和发展在很大程度上是因为若不解决功耗问题，处理器的工作主频很难超过 4GHz。

Intel 的高级院士 Pawlowski 举了一个很好的例子来说明计算机的发展方向。他在 2007 年发表的一篇关于医疗领域高性能计算的文章中指出，2004 年的医学影像处理需要大约 1GFlops（每秒 10^9 次浮点操作）的计算能力。而到了 2010 年，所需的计算能力预计将达到 1TFlops，6 年间增加了 1000 倍。这种计算能力需求的增长是因为现在的医学影像处理使用分辨率更高的图像，更好的信号处理算法，以及为了支持旋转（改变视角）而使用数量更多的图像。

运动图像的存储、处理和显示是最常见的计算机应用之一。不久以前，计算机还只能进行简单而有限的图像处理。而现在，即使是最一般的计算机也能完成高清晰度（高分辨率）运动图像的常规存储和处理。要做到这一点，需要在处理器体系结构和组成、存储系统、数据传输总线、面向图像数据类型的处理（以及图像压缩算法）而定制的专用指令集、存储器件（如 Flash 存储器）以及硬盘和发布系统（如蓝光光盘）等方面取得重大进步。所有这些都正好属于现代计算机体系结构课程的教学内容。

1.1　什么是计算机系统体系结构

本章的第一个概念是计算机系统（computer system）。媒体一直以来将一个微处理器（microprocessor）或者甚至是一块芯片（chip）称作计算机系统。实际上，计算机系统包括读取并执行程序的中央处理单元（central processing unit, CPU），保存程序和数据的存储器，以及将芯片转换为实用系统的其他子系统。这些子系统会使 CPU 与显示器、打印机、Internet 等外部设备之间的通信变得更加容易。

读者会在本书和其他教材中遇到计算机、CPU、处理器、微处理器和微机等名词。计算机中实际执行程序的部分叫作 CPU，或者更简单地被称作处理器。微处理器则是在单个硅片上实现的 CPU。围绕着微处理器构建的计算机被称作微机。这些术语经常被互换使用，而且微机一词的使用频率在不断降低，因为已经没有必要再区分哪些计算机拥有多个独立的集成电路，哪些计算机只有微处理器（就像 Intel Core i7 那样）。

尽管 CPU 是计算机的核心，计算机的性能既取决于 CPU，也取决于其他子系统的性能。如果不能高效地进行数据传输，仅仅提高 CPU 的性能是毫无意义的。计算机科学家曾开玩笑说，提高微处理器的性能只不过是让 CPU 更早地开始等待来自存储器或磁盘驱动器的数据。在本书后面的部分，读者将会发现，计算机不同组成部分的性能提升速度是当前计算机系统设计者面临的主要问题，因为各个部分的性能提升速度并不一致。例如，过去几十年中，处理器的性能持续高速增长，而硬盘的性能（访问时间）在过去 30 年内几乎保持不变。不过随着固态盘（solid state disk, SSD）等半导体硬盘开始取代机械硬盘，这种窘境有可能结束。

图 1-1 描述了一个简单的通用计算机（如个人计算机或工作站）结构。除了 CPU 外，图中还有一些几乎所有计算机中都有的部件。信息（即程序和数据）保存在存储器中。为了实现不同的目标，真实的计算机会使用不同类型的存储器。图 1-1 中就有 Cache、主存、辅存等多个存储层次。尽管图 1-1 中的 Cache 位于 CPU 外，目前绝大多数处理器都在 CPU 内集成了片上 Cache。

尽管每个存储层次都可以用来保存信息，但它们的工作方式各不相同。一些层次访问速度快但价格昂贵，另一些速度慢但却便宜得多。我们将在后面的章节中介绍各种存储系统，因为它们对计算机系统的整体性能而言都非常重要。如果不能将程序存储在合适的存储器内，CPU 速度再快也毫无用处；实际上，正是价格便宜的 Flash 存储器的出现，才使 MP3 播放器、数码相机、电子书和 iPad 等数码产品获得了巨大的成功。

可以这样说，与计算机的其他组成部分（包括外部设备）相比，存储系统的特点更加多样，构成也更加广泛。Cache 是存放常用数据的高速、专用存储器。主存中存放了大量的工作数据。辅存是指磁盘和 CD-ROM，能够存放海量数据，价格却比前两种便宜得多。当然，这里所说的数据实际上包

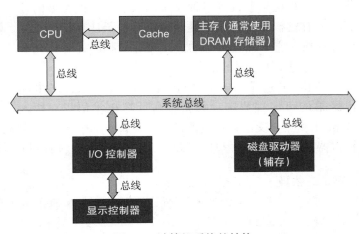

图 1-1　计算机系统的结构

括了程序和数据。本书很大一部分篇幅都用来讨论存储系统和令人赞叹的相关技术。

不同的计算机——相同的答案

　　如果问我的学生，"哪种计算机更加精确，8 位的还是 32 位的？"一些同学会回答 32 位计算机精度更高。单纯从计算角度而言，任意两台数字计算机在计算能力方面没有任何差别。当然，其中一台可能比另外一台更快或更便宜一些，但是从解决的问题角度它们是相同的。

　　如果一台计算机能够模拟图灵机（阿兰·图灵发明的一种抽象计算机模型），那它就是图灵完备的。今天所有的计算机都是图灵完备的，这意味着所有计算机都能解决同样一些问题，换句话说，能由计算机 A 解决的问题也一定能由计算机 B 解决。

　　同样，我们也可以证明，如果计算机 A 能够模拟计算机 B 的行为，那么在 B 上执行的任何程序都可以由 A 上的模拟器来模拟执行。这样看来，未来的计算机也没有办法解决那些现有计算机解决不了的问题。

　　图 1-1 中组成计算机的各个子系统通过总线连接在一起，数据通过总线从计算机中的一个位置传递到另外一个位置。现有的一些总线，比如 PCIe，本身就是一个复杂子系统。《计算机存储与外设》第 4 章将介绍能够确保数据流通过总线传输而不与其他数据流冲突的机制或总线协议。

　　图 1-1 画出了几种不同的总线。例如，磁盘驱动器与主机之间的总线和 CPU 与主存间的总线就不相同。一些计算机系统使用总线扩展接口或桥接技术，以便能够在不同类型的总线间交换数据。

　　本书的副标题特别适用于总线。例如 PC 机主板上的 PCIe 总线用来将高速外设接入计算机，而通过 USB 和 FireWire 总线则可以将从鼠标到数码摄像机等各种各样的慢速外设与计算机连接在一起。

什么是计算机

　　定义术语"计算机"时必须指明计算机的类型。数学家约翰·冯·诺依曼是最早界定计算机结构的人之一，为了纪念他而命名的冯·诺依曼存储程序数字计算机是从个人计算机到手机等多种系统的核心。其他类型的计算机还有模拟计算机、神经计算机、量子计算机以及生化计算机。它们处理信息的方式与存储程序计算机完全不同，这超出了本书的范围。

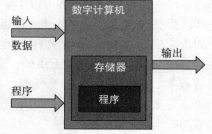

通用数字计算机。通过改变程序，这台机器可以完成任何计算机都能完成的任务

图 1-2　通用计算机

　　图 1-2 描述了一台接收并处理输入信息、产生输出结果的可编程数字计算机。在计算机术语里，输入（input）指用户交给计算机的信息，输出（output）指计算机返回给用户的信息。例如，飞行模拟器的输入就是操纵杆的移动，输出是飞行员所看到的世界的视频显示。

冯·诺依曼

　　移民到美国后，冯·诺依曼将他的名字改为了英国化的 John。他也被叫作 Janos，匈牙利语 Johann 的意思。术语"冯·诺依曼计算机"现在被认为是有一定争议的，因为一些计算机历史学家觉得不应将命名现代计算机结构的荣誉给予冯·诺依曼一个人。

图 1-3 中的可编程计算机接收两种类型的输入：它将要处理的数据，以及准确描述要如何处理输入数据的程序。程序不过是计算机所执行的完成给定任务的操作序列。

图 1-2 中的计算机叫作通用计算机，因为硬件（即实际的数字电路）是按照程序的指示完成范围相当广泛的工作。在介绍计算机历史的时候，我们会发现第一台数字计算机并不是通用计算机，而是通过硬连线（hardwired）完成特定任务的。硬连线是指计算机的功能（程序）只能通过重新布线来改变。

图 1-3 更加详细地描述了数字计算机的结构，它可被分为两部分：中央处理单元和存储器系统。CPU 读程序并完成程序指定的操作。存储器系统保存两类信息：程序，程序处理或产生的数据。程序和数据并不是非要保存在相同的存储器中。然而，大多数计算机系统都将程序和数据保存在相同的存储器系统内。正如前面所讲，这样的计算机被称作存储程序计算机。

计算机是个黑盒子[⊖]，它将信息从一个位置移到另一个位置，并在移动过程中处理这些信息。信息这个词表示计算机中的指令和数据。图 1-3 中有两条连接 CPU 和存储器的信息传输通路。下面一条路径用从存储器到 CPU 的单箭头表示，说明计算机的程序通过这条路径传送。CPU 使用这些总线从存储器中一条一条读出程序中的指令。必须强调的是，以上只是简单的概念性描述，因为为了提高性能，现代高性能计算机可以一次从存储器中读出若干条指令。

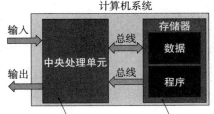

图 1-3　存储程序计算机的结构

图 1-3 中上面那条用双箭头表示的信息通路是在程序的控制下，在 CPU 和存储器之间传送数据。这条通路上的信息流是双向的。在写周期内，程序产生的数据从 CPU 写回存储器，它将保存在存储器中以便后面使用。在读周期内，CPU 请求的数据从存储器送往 CPU。

> **背景**
>
> 　　计算机从存储器中读出指令并执行这些指令（即完成或执行指令定义的动作）。执行指令时，可能要从存储器中读出数据，对数据进行操作，将数据写回存储器。
>
> 　　寄存器是 CPU 内部用来存放数据的存储单元。时钟提供了脉冲流，所有内部操作都在时钟脉冲的触发下进行。时钟频率是决定计算机速度的一个因素。

图 1-4 描述了程序的执行过程，这个过程要比它看起来简单。图 1-4 的目的是展示如何从存储器中读出一条形如 z=x+y 的指令，将其发送给解释单元，解释单元产生控制信号，驱动这条指令的执行。在第 6 章，我们将讨论如何将指令转换为解释执行这条指令所需的动作序列。

假定这个程序的功能是从存储器中读出两个数（*X* 和 *Y*），将它们相加，然后将和写回存储器。要执行这个程序，CPU 必须首先从存储器中取出（fetch）一条指令。在 CPU 分析或解码这条指令之后，它会从存储器中读出这条指令所需的所有数据。在这个例子中，第一条指令，LOAD X，从存储器中读出变量 *X* 的值，并将它暂存在寄存器中。第二条指令从存储器

⊖　这里相当滑稽地使用了"黑盒子"。黑盒子这个术语用于描述一个完成了某项功能，但其内部操作既不可被访问也不可见的系统。存储了飞机飞行数据的飞行数据记录仪也俗称为"黑盒子"。

中读出变量 *Y* 的值并保存在另一个寄存器内。然后在 CPU 读出第三条指令时，它会将这两个寄存器的内容相加，并将结果保存在第三个寄存器中。第四条指令会将加法的结果写回存储单元 *Z*。

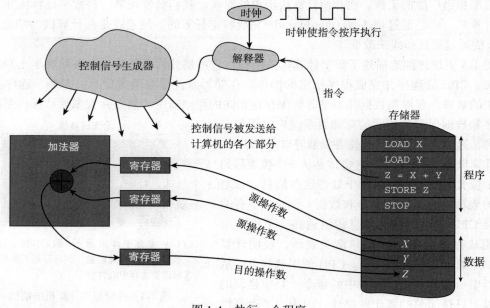

图 1-4　执行一个程序

　　要说一台计算机所做的就是从存储器中读数据，对数据进行计算（加、乘等），然后将计算结果写回存储器，也有一定的道理。计算机能做的另外一件事情是测试数据（即判断一个数是否为 0，它的符号是正还是负），然后根据测试结果从两个候选的指令流中选出一个来执行。

　　本书的一个重要主题是介绍现代计算机是如何加快图 1-4 中几类操作的执行速度的。在第 6 章，我们还会介绍真正的计算机如何在完成一条指令之前就开始执行一条新的指令。AMD Phenom II、Intel Xeon 或 Core i7 这样的处理器都可以同时执行好几条指令。

　　很少有计算机会像图 1-3 那样在 CPU 和存储器之间设置两条独立的信息通路。大多数计算机在 CPU 和存储器系统之间仅有一条信息通路，数据和指令要轮流使用这条通路。之所以在图 1-3 中画出两条通路，是为了强调存储器中既保存了组成程序的指令，也保存了程序所用的数据。有的计算机会将数据和指令放在不同的存储器中（或者使用不同的总线传输数据和指令），这种结构叫作哈佛体系结构（Harvard architecture）。

计算机指令

　　计算机指令包括 MOV A, B 这样的简单操作，它将 *B* 中的数据复制到 *A* 处，也包括 ADD A,B,C 这样的运算，它将 *B* 和 *C* 相加并把结果保存在 *A* 中。计算机还能完成第 2 章将要介绍的与（AND）、或（OR）和非（NOT）等布尔逻辑运算。条件运算或流控制指令是一类重要的计算机运算，它允许用户从两条路径（例如 if *x*=4, then *y*=5, else *y*=6）中选择一条执行。流控制指令实现了诸如 IF…THEN…ELSE 或 REPEAT…UNTIL 等高级语言的结构。

　　图 1-4 中，访问存储器的指令有 LOAD（将数据从存储器复制到 CPU）和 STORE（将数据从 CPU 复制到存储器）。

尽管计算机能够执行上百种不同的指令，但下面的 6 条基本指令可以将所有计算机指令进行分类。例如，ADD 指令涵盖了所有的数据处理指令，如减法、乘法甚至返回 A 与 B 的最大值的指令。计算机设计时关注的是设计一组能够高效完成计算的指令。正如我们将要看到的那样，应在增加越来越多"聪明的"能够完成各种复杂计算的指令与增加这些指令带来的开销和复杂度之间进行平衡。

```
MOV   A,B          将 B 的值复制到 A；
LOAD  A,B          将存储单元 B 的值复制到寄存器 A 中；
STORE A,B          将寄存器 B 的值复制到存储单元 A 中；
ADD   A,B          A 与 B 相加，结果保存到 A 中；
TEST  A            测试 A 的值是否为 0；
BEQ   Z            若最后一次测试结果为 TRUE，执行地址 Z 处的代码，否则继续执行。
```

计算机对以下实体进行操作：如数字 5，寄存器的值或存储单元的值。就这么简单。

1.2 体系结构和组成

我们已经建立起计算机和系统这两个概念，我们还必须单独定义术语体系结构。计算机体系结构含有结构（structure）的意思，描述了一些与计算机组成方式有关的内容。之所以定义计算机体系结构，是因为不同的用户会从完全不同的角度看待计算机。例如，秘书可能会将计算机视作一个聪明的字处理设备，而物理学家可能会将它看作是晶体中电子的活动。

寄存器

寄存器是用来存放一个单位的数据或字数据的存储单元。寄存器通常用它所保存数据的位数来描述，典型的有 8 位、16 位、32 位和 64 位。本教材中讨论的很多计算机的寄存器要么是 32 位，要么是 64 位。

寄存器与存储器中的字存储单元没有本质区别。二者的实际差别在于，寄存器位于 CPU 内，它的访问速度远远快于访问 CPU 外的存储器。

我们对这两种极端的观点都不感兴趣。计算机体系结构通常被认为是程序员视角中的计算机。程序员所看到的是计算机的抽象视图，对他们来说，计算机的实际硬件和实现都被隐藏起来了。例如，程序员可以在完全不清楚加法操作如何进行的情况下指示计算机将 A 与 B 相加。计算机体系结构的这个抽象视图现在通常被称作指令集体系结构（instruction set architecture, ISA）。

在有关计算机的文献中，术语组成（organization）的出现频率与体系结构差不多。尽管这两个词有时会互换使用，但它们却有不同的含义。计算机组成表示其体系结构的具体实现。软件工程师也许会说计算机组成是计算机体系结构的实例化（即它将抽象变为具体）。现在人们通常会使用术语微体系结构（microarchitecture）而不是组成。从一个日常生活的例子中就可以看出体系结构与组成之间的区别。时钟是报时工具，它的体系结构可被定义为在有刻度的表盘上转动指针。而它的组成却可以是机械式的飞轮或钟摆，电子式的石英晶体振荡器，或者由无线电波进行外部控制。

时钟的例子说明一种给定的体系结构可以由不同的组成来实现。例如，在翻新一座塔上的古代时钟时，可以将它的发条更换为电动马达，而游客却根本察觉不到任何变化。

计算机上执行的代码表示为二进制 1 和 0 组成的串，被称作机器码（machine code）。每种计算机都只能执行一种特定的机器码。人类可读的机器码（例如 ADD R0,Time）叫作汇编语言。能够在类型完全不同的计算机上运行，与底层计算机体系结构几乎没有关系的代码叫作高级语言（比如 C 或 Java）。在执行之前，高级语言程序必须首先被编译为计算机的本地机器码。

同样，微处理器内的 32 位寄存器可以按照与 16 位计算机相同的方式实现，如使用 16 位数据总线，以 16 位为单位传输数据，功能单元也是 16 位的。如果程序员指示计算机将寄存器 A 中的 32 位数据复制到寄存器 B 中，他将要执行一个 32 位操作，但 16 位计算机将执行两个 16 位操作，这对程序员来说是完全不可见的。按照这个例子，我们可以说一台计算机的体系结构是 32 位的，但它的组成却是 16 位的。

将体系结构和实现完全分离是错误的，因为二者是相互影响的。一种给定的体系结构可能最适合采用 X 技术实现，另一种体系结构则可能最适合采用 Y 技术实现，即使每种体系结构都能采用 X 技术和 Y 技术实现。本书不会深入讨论较低层次的组成和实现（即门级和电路级的计算机组成），这是电子工程师关注的事情。但是，我们会讨论负责解释指令的控制单元（control unit），因为它对计算机体系结构的发展影响很大。

指令集体系结构包括：数据类型（每个字的位数以及各个位的含义），用来保存临时结果的寄存器，指令的类型和格式，以及寻址方式（表示数据在存储器中存放位置的方法）。

当我们说计算机体系结构描述了程序员所看到的计算机时，会引起歧义。哪个层次的程序员？汇编语言程序员看到的计算机与 C 或 Java 等高级语言程序员看到的有很大的区别。即使都是高级语言程序员，C 程序员所看到的也与 Prolog 或 LISP 程序员看到的有很大的不同。

微代码（Microcode）与微处理器无关。微代码定义了一组基本操作（微指令），通过执行这些操作可以解释执行机器码。ADD P,Q,R 是一条典型的机器指令，而微指令可能像"将数据从寄存器 X 移到总线 Y 上"那么简单。如何定义微指令是芯片设计者的职责。

本书将介绍寄存器级的微处理器体系结构（即汇编语言程序员所看到的计算机），既包括一些与处理器实现有关的方面（例如流水线和 Cache），也包括一些与高级语言有关的方面（例如栈和数据结构）。本书关注微处理器体系结构而不是大型机体系结构，因为桌面计算机和小型机中都有微处理器，而大型机越来越多地被用于专门的应用领域。现在再谈论大型计算机也许不合适，因为它属于价格便宜、体积小的微机之前的一个时代。我们用术语"超级计算机"（supercomputer）来描述那些用于科学计算和军事应用、性能极其强大的计算机，它们像过去的大型机那样需要自己的机房。

一致和分歧——选择哪种方式

本书的一个主题是计算机体系结构是如何受到一致和分歧这两种力量影响的。计算机体系结构会不时地出现分歧和隔阂。从 20 世纪 80 年代紧凑且性能高的、与 Intel 和摩托罗拉等传统 CISC 结构不同的 RISC 处理器的出现，就可以看出这一趋势。

另一方面，近年来，通过引入更复杂、更专用、面向应用的指令，RISC 体系结构

（如 ARM）开始具有传统 CISC 处理器的一些特征。计算机体系结构和组成也受到经济因素的驱动，就如同商场一样——有些商场只销售种类比较少的商品；而另一些商场的商品则种类齐全。

　　同样，CISC 体系结构内部是采用极大地依赖流水线技术（其体系结构特征与 RISC 体系结构的联系可能最为密切）的类 RISC 微体系结构实现的。

　　本书用术语"体系结构（architecture）"代表计算机的抽象指令集体系结构（它的指令集），而用术语"组成（organization）"代表计算机的实际硬件实现。然而，"组成"一词也会被用于描述完整的计算机，包括它的 CPU、存储器、总线以及输入/输出机制。最后，我们用术语"微体系结构（microarchitecture）"代表 CPU 的实现。Intel 在其 Pentium 及后续处理器的介绍中使用这个词表示 CPU 的实现，因此它变得越来越流行。显然，组成和微体系结构的使用越来越重合。

Dasgupta 的观点

　　了解其他人对计算机体系结构的看法也是有益的。20 世纪 80 年代末，Subrata Dasgupta 是最先详细探讨体系结构和组成之间关系的人之一。他将计算机体系结构称为计算机设计的艺术、手艺以及科学，并且创造了 3 个词——外体系结构（exo-architecture）、内体系结构（endo-architecture）和微体系结构（micro-architecture），以此将计算机体系结构分为 3 个层次。

　　外体系结构是指计算机体系结构较高层次的方面，如数据结构和指令集。前缀 exo 意为外部的，表示汇编语言程序员看到的计算机抽象。内体系结构则表示计算机的内部组成，包括计算机基本单元的性能，各个部件是如何连接的，信息流的控制方式。也就是说，内体系结构在寄存器、加法器和控制电路等功能部件一级描述了处理器。

　　Dasgupta 提出的计算机体系结构的第三个层次是微体系结构，它描述了执行机器指令时必须完成的一些动作（例如将数据从一个寄存器复制到另一个寄存器中）。内体系结构执行的操作是由微体系结构实现的。例如，内体系结构只会关注加法器的功能，而微体系结构则会关注 ALU 是如何实现这些功能的。因此，外体系结构是程序员看计算机的抽象视图，它是由内体系结构实现的，而内体系结构又是由微体系结构通过执行微程序实现的。

　　我们可以将 Dasgupta 的观点归纳为计算机可被描述为不同的抽象层次。外体系结构为最高层，表示程序员所看到的计算机视图。内体系结构为中间层次，从计算机的组成模块和模块间的互连等方面描述计算机组成。微体系结构（最低层次）则描述了如何在门级实现计算机的组成模块，这是数字系统设计工程师的职责。

　　马萨诸塞州立大学的 Chip Weams 则认为 Dasgupta 的层次化观点已不再适用，他是这么解释的：

　　"这 3 个层次并不标准，一部分原因在于它们很难区分。指令集结构/微体系结构的划分更容易解释……指令集体系结构是体系结构与程序员之间的合约，它向程序员解释了计算机是如何保证程序正确执行的。微体系结构是这一合约的内部实现，但不同的微体系结构会带来不同的性能。如果没有必要的内体系结构信息（如寄存器、存储器、用户/超级用户、自陷、中断、分支标志，等等），外体系结构无法完整地描述一台计算机。术语（微体系结构）的常用含义涵盖了 Dasgupta 对微体系结构的定义以及内体系结构的很大一部分。"

1.2.1　计算机系统和技术

图 1-5 指出了一些能够影响计算机设计和性能的因素。标有"技术"的方框说明了制造计算机组件的工艺的重要性（例如，芯片制造技术决定了芯片的速度和功耗）。计算机的速度在计算机系统其余部分的设计中成了主角，因为将快速处理器和慢速存储器放在一起使用是毫无意义的。同样，功耗决定了计算机的使用范围（是位置固定的还是可移动的）。

20 世纪 70 年代以来，半导体技术一直按照摩尔定律的预测发展。摩尔定律是一个经验观察结果，它指出，芯片的集成度每 18 个月翻一番。这个定律使得芯片制造商得以在所需的制造技术还不存在的情况下就开始设计未来的处理器产品。摩尔定律一词被计算机论文广泛引用，即使一些引用已经偏离了它的本意（即芯片的集成度每 18 个月翻一番）。通常，摩尔定律也意味着处理器的性能每 18 个月翻一番。

图 1-5 中标有"应用"的方框表示计算机的最终应用。一些计算机被用于汽车的嵌入式控制系统，一些被用于游戏机，还有一些用于家庭或办公室。如果不同的计算机所做的事情也不相同，那么有理由认为目标应用对计算机体系结构和组成的设计有一定的影响。

图 1-5 中标有"工具"的方框说明一些计算机之外的因素也会影响计算机设计。计算机已被用于设计计算机。计算机工具中有很多软件产品，从电路级的硬件设计工具，到计算机模拟程序，到被用来比较不同计算机速度的基准程序或测试用例。

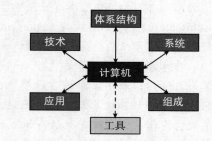

图 1-5　影响计算机设计的一些因素

最先进的计算机使用了最新的制造技术。图 1-6 列出了计算机设计者感兴趣的一些技术。设备技术决定了计算机的速度及其存储系统的容量，包括那些用于制造处理器和主存的半导体技术，制造硬盘的磁技术，用于 CD-ROM、DVD 和蓝光光碟的光技术，以及网络连接技术。

图 1-6 中还包括计算机总线技术，因为它的结构、组成和控制均对计算机性能有很大影响。图中还列出了外设（如调制解调器、键盘、打印机和显示系统）与应用（如桌上排版、图形和多媒体）等技术，因为它们都会影响计算机系统的设计。

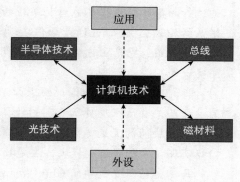

图 1-6　计算机技术

1.2.2　计算机体系结构在计算机科学中的地位

计算机科学专业的一些学生毕业后会在工业界工作，与数据库、网络、Web 设计、视频后期制作或安全计算机软件打交道。即使只有少数毕业生会从事计算机系统设计工作，也不能将计算机同计算机科学分开，就像不能将飞行员同空气动力学和喷气式发动机分开一样。尽管飞行员在大多数时候不需要了解空气动力学或发动机原理，但当发生故障或情况明显反常时，他会去寻找最有用的知识。

计算机体系结构课程会概述计算机是如何工作的，计算机能做什么，并告诉学生们一台典型的存储程序计算机是如何运转的。一门好的课程应该突出设计者今天所面临的重要问题，并为学生提供进行研究所需的工具。而且，理解计算机工作原理的学生能够更好地适应各种要求。例如，理解了 Cache 会使程序员借助优化数据访问方式的技术编写出速度更快的程序。

计算机是计算机科学的心脏——没有计算机，计算机科学只能作为理论数学的一个分支。学生不应仅仅将计算机视作一个被施了魔法的能够执行程序的黑盒子。就像哲学一样，为什么说计算机体系结构仍然与计算机科学专业的所有学生和从业者有关，也是有具体原因的。

理解计算机体系结构对从事计算机领域的工作具有重要帮助。假设一名毕业生进入工业界并被要求为某大型机构选择一台性能价格比最高的计算机。理解计算机的各个组成部分对总体性能的影响就非常重要。例如，花 30 美元将 Cache 容量翻倍，或者花 60 美元将主频提高到 200M，哪个对性能的影响大呢？

计算机体系结构不能完全与软件分离。使用处理器最多的并不是 PC 机或工作站，而是 MP3 播放器和手机那样的嵌入式应用。多处理器和实时系统的设计者必须理解商用处理器的基本体系结构概念和实现约束。一些开发汽车电子点火系统的人员可能会使用 C 语言来编程，但他们也许需要使用一个能够显示引擎中发生的事件与机器代码执行之间关系的逻辑分析器。

学习计算机体系结构的另外一个原因在于它支撑了计算机科学课程体系中其他领域的许多重要观点。对计算机体系结构的理解会帮助学生通过一些反复出现的主题理解计算机科学其他领域中的概念。例如，学习计算机为高级语言提供的体系结构支持可以巩固对程序设计语言和编译器等课程的学习。第 4 章我们将介绍底层体系结构对 C 等语言的栈帧和参数传递的支持。同样，学习计算机总线设计也会涉及诸如公平 vs 优先级等重要内容，这些也会出现在操作系统课程中。

时钟

我们需要定义术语"时钟"。绝大多数数字电子电路都带有一个时钟，用以生成连续的间隔固定的电脉冲流。之所以被称作时钟，是因为可用这些电脉冲来计时或确定计算机内所有事件的顺序。例如，某处理器可能会在每个时钟脉冲到来时执行一条新的指令。

时钟可用它的重复速率或频率来定义。计算机的典型时钟频率即范围在 1MHz 至 4.5GHz 之间。时钟也可以用时钟脉冲的宽度或持续时间来定义，即频率的倒数（$f = 1/T$）。例如，一个 1MHz 时钟信号的持续时间为 1μs，1GHz 时钟信号的持续时间为 1×10^{-9}s 或 1ns。一个 5GHz 时钟信号的周期为 200ps（ps= 皮秒）。光在 200ps 内大约传播 2 英寸[⊖]。

事件由时钟信号触发的数字电路被称作同步的，因为它们由时钟信号来同步。有些事件则是异步的，因为它们可以在任何时间发生。例如，如果移动一下鼠标，它会向计算机发送一个信号。这是个异步事件。然而，计算机可以在每个时钟脉冲检测鼠标的状态，这是一个同步事件。

⊖ 1 英寸 =0.025 4 米，后同。——编辑注

按照基本原理解决问题

我曾告诉我的学生们一个真实的故事——一个飞行员仅靠使用所有已获得的信息就解决了一个新的问题，以此来说明理解底层基本原理的重要性。一架塞斯纳轻型飞机在太平洋上绝望地迷失了方向，飞行员显然要葬身在这著名的水墓中。塞斯纳上没有任何导航设备。太阳就快落山了，塞斯纳很有可能坠入太平洋并且飞行员几乎没有机会生还。塞斯纳的飞行员只有一部距离为 200 英里⊖的 VHF（视距）无线电以及一个磁罗盘。一架新西兰航空的 DC10 飞机收到了他的求救呼号，DC10 的机长决定在没有任何明显定位方法的条件下寻找这架轻型飞机。

此时，我问我的学生们，"你们认为 DC10 的机长会怎么做？"结果总是一样，学生们毫无头绪；即便是飞行员也不曾学习过在这种情形下应该做什么。DC10 的机长调整了飞机的方向，使其面向太阳，并让失联飞机的飞行员也这样做。这意味着塞斯纳处于DC10 的南边，但这却不能告诉 DC10 的机长塞斯纳究竟是在它的东边还是西边。因此，DC10 让塞斯纳的飞行员伸出手，说明太阳在地平线上几个指头的位置。DC10 的机长测出太阳在地平线上两指的位置，而塞斯纳的飞行员则看见太阳在地平线上四指的位置。你可以这样想，太阳越高，就距离中午越近，因此 DC10 所在地的时间晚于塞斯纳所在地的。这意味着塞斯纳在 DC10 的西边。

现在两架飞机的相对位置已经确定了，DC10 的飞行员向塞斯纳的方向飞行，并记录下塞斯纳的无线电开始失效的位置。下图表明，沿着一条直线飞行，DC10 可以确定圆上的一条弦，其半径为塞斯纳的信号发送距离，即 200 英里。DC10 沿着一条直线飞行，其第一次与最后一次接收到信号的点确定了这条弦。然后 DC10 向回飞，飞到弦的中央，然后右转 90°沿着圆的直径继续飞行。采用这种方法，它找到塞斯纳并将其护送到新西兰。

我之所以使用这个例子是因为它很有趣，没有任何航空知识的学生也可以理解，并且它展示了纯粹的人类智慧。我试图表达的观点是，通过理解其职业的各个方面并思考'异常情况'，他们能比那些对世界缺乏深入了解的人更好地解决现实世界中的问题。

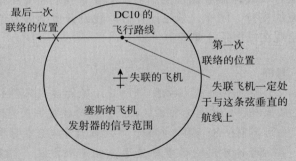

1.3 计算机的发展

计算机的发展历史丰富而复杂，远比许多人想象得久远。计算机的发展历史告诉我们技术是如何发展的，并使我们理解那些推动计算机发展的力量。今天的计算机是一条受到奇思妙想、商业考量以及良好工程实践共同影响的发展道路的产物。计算机的历史很悠久，并且还将朝着未来走去。

了解计算机的发展历史是非常重要的，因为要想充分利用今天的资源，我们必须了解过去的成功与失败。例如，个人计算机发展中的角色向后兼容就是从计算机发展历程中获得

⊖ 1 英里 =1609.344 米，后同。——编辑注

的一条重要经验。向后兼容既指为了使用户能够容易地升级计算机，需要新技术与老技术兼容，也指未来的计算机需要与现有的大量代码兼容。

而且，随着技术的进步，一些已经出现在过去却只有被抛弃的想法在未来可能更加可行。我认为从普遍的计算机发展历史开始介绍可能是个好办法。由于一些学生可能会觉得大段历史很难消化，本章将介绍计算机发展历程中一些重要的里程碑事件，本书后面还将补充更为详细的介绍。

1.3.1　机械计算机

人类是会计算的生物。穴居人发明数学也许不是为了在湿冷的天气里玩数独游戏，而是为了丈量土地、建造房屋和报税。罗马人将鹅卵石放在小托盘上表示数字。后来，他们沿着线滑动鹅卵石辅助进行加法或减法，从而完成计算。我甚至还参观过中亚的一些商店，那里的人们用算盘快速地进行计算[⊖]。

1642 年，法国数学家布莱士·帕斯卡（Blaise Pascal）设计了一个原始的机械加减法计算装置，能够借助发条完成加减法。1694 年，德国数学家弗里德·威廉·莱布尼茨（Gottfried wilhelm Leibnite）制作了一台复杂的机械计算器，能够完成加减乘除运算。这些设备都不能称作现代意义上的计算机，因为它们都是不可编程的。

可编程这个概念产生于工业革命时期，出于工业化控制的需要。1801 年，人们发明了提花织机，能够自动地将预先设计好的图案织在布上——以前这一工作只能由熟练的工人完成。提花织机使用穿孔的木制卡片控制织在纺织品上的图案，卡片上的一个位置上有没有洞决定水平方向的线是在垂直方向的线之前还是之后。每个打了孔的卡片就是一个程序，因为每个孔的图案指定了一个唯一的操作序列。虽然是由这些操作在布上织出图案，但一些人不可避免地会认为这些操作可以看作数学计算。

模拟控制——节速器

自动控制在提花织机的穿孔木片之前就出现了。蒸汽机是工业革命最早的机器，它为煤矿、工厂里的织布机以及各种各样的交通工具提供动力。蒸汽机的速度受到进入汽缸蒸汽量的控制。在高负荷速度下降时打开阀门，而在负荷降低、速度增加时关闭阀门，这样就可以控制蒸汽机的功率。但是，这种方法不容易不可靠，也不安全。

詹姆斯·瓦特（James Watt）设计了一种自动控制装置，能够在负载变化时保持蒸汽机的速度不变。这种模拟速度控制器极为精巧。它有一个垂直的主轴，在机器的控制下旋转。主轴有一条水平臂，伸出两个很重的金属球挂在枢轴上。当主轴旋转时，金属球向外摆出——旋转得越快，向外摆动越大。挂着金属球的水平臂控制着蒸汽流量。如果速度下降，金属球向内移动，流量增大。如果金属球向外移动，蒸汽流量减少。这样，

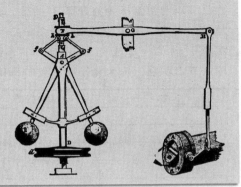

⊖　1960 年，亚瑟·查理斯·克拉克发表了一篇名为《Into the Comet》的科幻小说，小说里一艘调查彗星的飞船由于计算机电源故障无法返航。飞船上的一位日本新闻记者想起他小时后曾用过的算盘，船员用算盘解出了返航所需的方程。

速度将维持在一个均衡点上。

瓦特节速器的工作原理与现在控制飞机的自动着陆系统的原理完全相同。

19 世纪早期，为了构建导航所需的表格，人们确实产生了对计算机的需求。计算机在 19 世纪也的确出现过。那时候，"计算机"就是一个专门雇来的，完成诸如三角函数等数学计算的人。1882 年，查尔斯·巴贝奇（Charles Babbage）在英格兰设计了一台叫作差分机（difference engine）的计算装置，能够自动地计算构造数学表所需的多项式的值。巴贝奇没有完成他的差分机，1855 年 Per Georg Scheutz 在瑞典制造出差分机。

巴贝奇设计的机器叫作分析机（analytical engine），在 1871 年巴贝奇去世之前，他只来得及制作出其中的一部分，以测试他的概念是否可行。分析机是一个完全的机械装置，拥有完成计算的处理单元，输入和输出数据的手段，以及一个基于穿孔木片的存储器能够保存数据和程序。

巴贝奇分析机在计算机发展史上具有非常重要的地位，因为它在电子时代之前很久就设想了计算机，而且一些早期的计算机先驱都受到了巴贝奇工作的启迪（另一些并不了解巴贝奇的工作，因此他们重新发明了计算机）。实际上，一些人认为巴贝奇分析机比 20 世纪 40 年代的早期电子计算机更先进，更加接近现代计算机。

奥古斯塔·阿达·金（Augusta Ada King）是一位英国作家、数学家，她曾与巴贝奇一起制作分析机。1842 年，她翻译了意大利数学家路易吉·蒙博（Luigi Menabrea）所撰写的关于分析机的备忘录。作为这一工作的一部分，她重写了包括用分析机计算伯努利数的一系列注释。由于这一工作，阿达通常被认为是编写计算机程序的第一人。阿达之后经过大约 100 年的技术进步，人们才能真正地编写和运行程序。

差分机的原理

巴贝奇的差分机使用有限差分计算形如 $a_0x + a_1x^1 + a_2x^2 + \cdots$ 的多项式。下面的表格描述了如何使用有限差分构造整数的平方表而无需进行乘法的方法。表的第一列为自然数 1，2，3，…，第二列为这些数的平方（即 1，4，9，…），第 3 列是第 2 列中两个相邻数的一阶差分。例如，该列的第一个值为 4 − 1=3，第二个值为 9 − 4=5，依次类推。最后一列是相邻的两个一阶差分的二阶差分。正如读者所看到的，二阶差分总是 2。

可以利用有限差分计算 8^2 的值。我们按照与上面相反的顺序从二阶差分开始反推出结果。如果二阶差分为 2，则下一个（7^2 之后的）一阶差分为 13+2=15。这样，8^2 的值就是 7^2 的值加上这个一阶差分（即 49+15=64）。我们不用乘法就得到了 8^2 的值。这一方法可以扩展，用来计算其他数学函数。

数	数的平方	一阶差分	二阶差分
1	1		
2	4	3	
3	9	5	2
4	16	7	2
5	25	9	2
6	36	11	2
7	49	13	2

1.3.2 机电式计算机

19 世纪末期电报和电话的发展导致了自动电话交换机和通信网络的出现。电话交换装置使用一种叫作继电器的机电开关，它很像今天的二进制逻辑开关元件，可以用来制造机电式计算机。术语机电（electromechanical）指那些有活动件但却由电控制的零件。例如，继电器利用线圈磁化铁芯从而控制开关。

1867 年发明的打字机和 1879 年发明的穿孔制表机（穿孔卡片输入机）都促进了机电式计算机的发展。机电式计算机是连接机械时代与以真空管、晶体管和集成电路为代表的电子时代的纽带。一些人将康拉德·楚泽（Konrad Zuse）视作电子计算机的发明者。20 世纪 40 年代他在德国制造出自己设计的计算机，在第二次世界大战期间该计算机用来设计飞机。不过他的大部分工作都毁于盟军轰炸，在很长一段时间里，楚泽的工作都不为计算机界所知。楚泽的计算机是第一台可编程计算机；而同时代的其他机器都不是软件可编程的，只能算作是自动计算器。楚泽还设计了世界上第一种程序设计语言，叫作 Plankalkül。

1944 年，为了计算炮弹轨迹，霍华德·艾肯（Howard Aiken）在哈佛大学设计了马克 I 号机电式计算机。马克 I 号是一台早期的可编程电子计算器，但不支持条件操作，因此不能算作是今天意义上的计算机。

1.3.3 早期的电子计算机

直到真空管放大器取代了速度极慢的继电器，高速、自动的计算才成为可能。1937 年～1942 年，约翰·文森特·阿塔那索夫（John V. Atanasoff）制造出第一台电子计算机（ABC），用于解线性方程。1944 年制造的巨像计算机（Colossus）是另一台早期计算机，它安放于布莱切利园，二战期间用来破译德军的恩格玛密文。巨像计算机使用真空管，是一台真正的电子计算机，但它不能存储程序，因而只能完成专门的任务。

1945 年，J. 莫奇利（J. Mauchly）和 J. 埃克特（J. Eckert）设计了 ENIAC，一台能够处理 10 位 10 进制数的真空管计算机，但它不能像今天我们编写程序那样编程。ENIAC 只能执行预定的操作，操作信息通过硬连线发送到电路中。即使使用了接线电缆和开关，ENIAC 的编程也只能通过重新连线完成。

> **巨像计算机**
>
> 英国于 1943 年制造的巨像计算机是最不为人所知的早期计算机之一，也是"世界第一台计算机"名号的竞争者之一。其默默无闻的主要原因在于它的所有成品都被英国政府销毁了，并被列为官方秘密，直到 1975 年才被解密。
>
> 巨像计算机是一台用晶体管设计的专用电子数字计算机，二战期间用于破译德军密码。汤米·佛劳斯（Terry Flowers）是巨像计算机的主要设计人员，他曾从事电话交换网络设计。
>
> 尽管巨像计算机有一些通用数字计算机的特点，但它只能通过开关和连线从外部编程。

埃克特和莫奇利还设计了一台更先进的计算机——EDVAC，具有存储程序的特征。在英格兰，曼彻斯特大学的研究人员于 1948 年设计出世界上第一台可操作的存储程序计算机——曼彻斯特宝宝。存储程序或冯·诺依曼计算机是今天的计算机的基础，其特点是

将指令和数据都保存在存储器中。Ferranti 公司随后对曼彻斯特宝宝进行了改进，设计出
EDSAC——欧洲第一台存储程序计算机。

AT&T 贝尔实验室在 1948 年发明了晶体管，之后发展出了半导体，它在功能上与真空
管等效，但体积更小，功耗更低。晶体管的发明，使将多个晶体管放在一块硅片上构成一个
完整的电路成为可能。

到 20 世纪 60 年代中期，IBM 设计出 System/360 体系结构，在从商用的小型机到科学
计算的大型机的产品线上实现了兼容和互操作性。正是 IBM System/360 导致了计算机体系
结构这一概念的出现（即指令集体系结构）。

1.3.4 微机和 PC 革命

大型机体积庞大，价格昂贵，只能由大型组织机构购买，并需要一个专门的团队来操作
它。集成电路技术为微型计算机（如 DEC 公司制造的 PDP-8）的出现铺平了道路。20 世纪
70 年代，大学的系或小型组织机构都能买得起并运行一台小型机（微机）了。

微机是向前发展的自然的一步。集成度的提高使得人们可以将计算机的所有部件（除了
外设和存储器）集成到一块芯片上。到 20 世纪 70 年代，Intel 公司和摩托罗拉公司都发布了
8 位微处理器。第一台可用的微机 Altair 8800 是由 MITS 公司于 1975 年推向市场的。随后
不久苹果 I（1976 年）和苹果 II（1977 年）上市，它们是最早拥有可用软件和外设的可用的
商用微机。

摩托罗拉公司设计了 68000（32 位微机），以此为基础，苹果公司在 20 世纪 80 年代早
期推出了新的 Mac 计算机。Atari（预示了游戏技术）和 Commodore（Amiga 是多媒体计算
机的先驱）制造了另一些基于 68000 的计算机。不管是好还是坏，IBM 选择采用 Intel 体系
结构战胜了摩托罗拉的处理器。摩托罗拉曾与 Intel 在工业界并驾齐驱。如果 IBM 采用的是
68000 而不是 8086，摩托罗拉可能成为今天的 Intel。摩托罗拉 68000（和它的 8 位微处理器）
并没有消失，飞思卡尔公司接管了摩托罗拉微处理器，并以 ColdFire 的名字推上市场。现
在摩托罗拉处理器依然存在，但更多地应用于激光打印机和汽车等嵌入式领域。

> **开放式体系结构**
>
> 开放式体系结构能够接受来自第三方厂商的插件系统和设备。苹果计算机不是开放
> 体系结构，苹果以开拓市场为代价维持着对其计算机各个方面的控制。从 IBM 和苹果的
> 开放性可以看出开放更多是法律上的而不是技术上的。IBM 没有寻求法律保护使 PC 机
> 不被克隆，而苹果却是这么做的。

基于 Intel 的技术和微软的操作系统软件，IBM 在 20 世纪 80 年代推出了个人电脑（PC
机）。由于它的开放式体系结构，PC 机在第三方软、硬件开发者中流行起来。Intel 将 8080
微处理器扩展为包括 16 位 80286（1982 年）和 32 位 80386（1985 年），以及含有 64 位数据
总线的 Pentium（1990 年）。到 2000 年，Intel 凭借其富有想象力的设计、技术革新和积极的
市场营销，成功地从竞争者中脱颖而出，统治了 PC 机市场。

有趣的是，AMD 和之后薄命的 Transmeta 等一些厂商推出了与 Intel 处理器兼容的产品。
这些芯片能够执行与 Intel 处理器相同的机器代码，但它们是通过在执行自己的本地指令之
前将 Intel 机器语言转换为自己的机器语言来做到这一点的。一些人可能会说就连 Intel 的芯

片也不再执行 Intel 机器码了，因为指令在芯片内部被转换为更原始的操作（这是一个被简化的实际情况，因为并非所有指令都被会翻译）。第 6 章将详细介绍处理器的内部操作。

1.3.5 摩尔定律和进步的历程

"摩尔定律"一词是卡沃·米德（Carver Mead）于 1975 年根据戈登·摩尔（Gordon Moore）所观察到集成电路的集成度每两年翻一番的现象而创造的。摩尔定律当然是一个经验性的观测结果，但在过去的 40 年里，技术的进步的确导致芯片内晶体管数量呈指数式增长。这一增长还伴随着集成电路速度的相应提升。集成电路内晶体管数量的增加还导致体系结构复杂度的急剧增加以及一些极其聪明的性能提升方法的出现。

乱序执行

就像食谱中所列的步骤一样，程序中的指令也必须一条接一条地按照它们在程序中的出现顺序执行。请考虑以下算术表达式（指令）。

1. $X = 2 * C$
2. $Y = C + 4$
3. $Z = X + Y$
4. $A = 4 * C$
5. $P = C - 3$

有时可以通过改变指令的执行顺序提高计算机的速度。在这个例子里，指令（4）和（5）可以在任何时候执行，但指令（3）必须在指令（1）和（2）结束后才能执行。

---

20 世纪 90 年代，计算机指令集体系结构没有特别显著的改进——Pentium 系列处理器的指令集与 Intel 80386 差别不大。PC 机的成功要求未来的计算机必须提供与旧机器之间的向后兼容，以维护不同代机器之间的软件兼容。然而，Intel 处理器的微体系结构绝不是一成不变的。微体系结构领域产生了相当惊人的进展。

20 世纪 80 年代见证了计算机组成的一个变化——RISC 革命，设计者试图设计出更加合理的处理器。指令流水线是 RISC 处理器的一个关键特征，它将处理器变成一个用自动生产线执行指令的工厂，4 条或更多的指令可以在流水线的不同阶段同时执行。RISC 处理器被定位于高端工作站市场，它们从未获得完全的成功，因为与 PC 市场相比工作站市场要小得多。

Intel 公司以极大的热情投入到性能更高的处理器的研制中，并将经典 RISC 处理器的不少特征融入它自己的新处理器产品中（IA32 体系结构的 Pentium 系列处理器）。

超标量处理和乱序执行的出现是计算机组成的另一个重要变化。后文将讨论这些内容。这里需要介绍的就是超标量处理包括从存储器中读出几条指令且并行执行这些指令；乱序执行则是指以不同于程序中顺序的顺序执行指令，以避免等待某条指令的执行，从而加快指令的执行速度。乱序执行允许在当前指令等待正被使用的资源时执行程序中靠后的指令。用菜谱做类比，乱序执行就相当于在烹饪主菜的时候准备甜点。Intel 在它的 Pentium 系列处理器中引入了乱序执行机制。

尽管 20 世纪 80 年代展开了 RISC 和 CISC 的大辩论，但随着 RISC 技术应用于 CISC 处理器中、CISC 的特点体现在 RISC 处理器中，原本存在巨大分歧的 RISC 和 CISC 逐渐融合，20 世纪 90 年代计算机科学家们已经不再讨论这一问题了。

1.3.6　存储技术发展

高速处理对今天的计算机应用来说非常重要，但是如果没有用来保存程序和数据所必需的速度快、体积小、功耗低、容量大的存储器，我们所知道的计算机就不会出现。数字数据记录的先驱之一阿尔伯特·霍格兰（Albert Hoagland）在 1982 年曾说，"为了向磁盘盘片上覆盖的基本材料表示敬意，硅谷应改名为铁氧化物谷（Iron Oxide Valley）"。⊖我赞成这个观点；正是磁盘使得 PC 革命成为可能。

20 世纪 30 年代，约翰·文森特·阿塔纳索夫（John V. Atanasoff）发明出一种最早的存储设备，这是一个覆盖着电容的旋转的磁鼓，能够充电并存储 1 和 0。磁鼓旋转时，电容从一排触点下通过，它们的值会被读出。20 世纪 40 年代，汞超声延迟线被用来存放数据，就像一串超声脉冲沿着一条充满水银的细管传播一样。当脉冲信号从一端传递到另一端时，它会被放大并再次循环。这是真正的动态存储。

第一个快速数据存储设备是由英国曼彻斯特大学的弗雷德里克·威廉姆斯（Frederick Williams）发明的。阴极射线管（最初用于雷达显示器，后来用于电视机）通过用电子束照射某个点进行充电，从而将数据存放在其表面（这是阿塔那索夫旋转磁鼓的电子版本）。第一代威廉姆斯管只能存储 1024 比特，后来翻倍为 2048 比特。

1949 年，佛瑞斯特（Forester）在美国为旋风计算机（Whirlwind Computer）设计了铁氧体磁芯存储器。磁芯是一个很小的磁材料环，能够沿顺时针或逆时针方向磁化。到 20 世纪 70 年代，铁氧体磁芯存储器已成为大型机的主流存储器。实际上，铁氧体磁芯存储器带给我们磁芯存储器（core store）这个名词，现在描述大容量外存储器时偶尔还会用到它。20 世纪 70 年代，人们发明了半导体动态存储器用作磁芯存储器的替代品，现在已成为数据存储的标准手段。今天，我们可以很容易地用容量较小的 DRAM 模块（在一个小的电路板上集成几个存储芯片）实现 8G 字节的存储容量。从 1024 比特的威廉姆斯存储管开始，人们经历了漫长的历程（2^{26}=6400 万）。

磁盘一直用来存放程序和数据。IBM 于 1956 年在它的统计控制随机存取方法（RAMAC）上引入了一种磁盘存储机制，将数据保存在一个旋转的磁盘的表面。RAMAC 305 磁盘能够存储大约 5MB 的数据，转速为 1200 rpm。自那时起，磁盘性能开始提升。现在，磁盘的最大容量约为 4T（2^{42}）字节，容量为 1TB 的可移动外部硬盘可以很容易地装进口袋中（而不像冰箱那么大的 RAMAC）。由于磁盘的机械特性，其典型转速为 7200 rpm，仅有最初 RAMAC 的 6 倍快。让我们再次说一次：现代磁盘的容量是 RAMAC 的数百万倍，但其速度却仅是 RAMAC 的 6 倍。这一细节指出了计算机发展过程中的瓶颈：计算机各个组成部分的发展速度是不均衡的。不过，现在用来替代硬磁盘的固态盘技术具有非常快的、完全电子化的驱动器（见《计算机存储与外设》第 3 章）。

今天，个人计算机使用光存储器（DVD 或蓝光光盘）导入程序或存储数据。光存储技术将信息存放在透明聚碳酸酯盘上的螺旋轨道上。人们利用激光技术从可重写光盘上读出信息，或将信息写入可重写光盘。CD 技术是在 1958 年（发明激光）～ 1978 年（可用的光存储器）间发明的。DVD（1997 年发明）是改进的 CD，蓝光光盘（2006 年）是改进的 DVD。

⊖　纯粹主义者也许会说今天的磁盘上覆盖着比铁氧化物更复杂的材料，早期，IBM PC 机软盘比硬盘更加流行。这么说当然没错，但霍格兰的话的精髓在于在计算机的发展过程中，数据记录技术扮演了与广为人知的硅芯片技术一样重要的角色。

几年之间，光存储技术就从每片容量 600M 字节扩展到 25GB。本书后面会详细讨论光存储技术。

1.3.7　普适计算

普适（ubiquitous）计算或泛在（pervasive）计算的发展是当今世界的一大特点。这个概念的简单含义是计算是无处不在的。例如，一辆现代汽车中含有超过 50 台不同的计算机，控制着从复杂的卫星导航系统到简单的门锁机制。

普适计算在手机、MP3 播放器、数码相机和游戏终端上体现得最为明显。普适计算的一个特征就是趋同性（convergence）这个概念，功能穿越了不同移动设备之间的界限。例如，手机被设计为通信设备，而由于它含有计算机、存储器、键盘和显示器，它能够很容易地实现如 MP3 播放器和个人备忘录等其他功能。通过集成更多的硬件（其价格也越来越便宜），可以进一步融合，将 GPS 或数码相机的功能集成到手机中。

普适计算也被称作功耗感知（power-aware）的计算。术语功耗感知与低功耗计算的含义相同。如果系统真的是很小的便携的，它们无法连接到电网上，只能依靠电池或其他手段为其充电。功耗限制导致低功耗电路设计和减少处理器功耗等方面的研究不断增加。多核处理技术也受到功耗感知的驱动，因为与增加时钟频率相比，使用多个处理器核可以更加高效地提高计算能力。

eBook 或电子书是功耗感知计算的一个产品，它允许人们将成百上千本书放在一个平装书大小的设备中。尽管 eBook 依赖低功耗 CPU 技术进行数据处理，以及体积小的非易失性高速 Flash 存储器存放这些书，但还是新型功耗感知显示技术的进步使 eBook 成为可能。电子墨水（E-ink）使用大量细小含有透明液体的微胶囊。每个微胶囊内都有细小的白色和黑色颗粒代表着相反的电荷。通过施加一个穿过微胶囊的静态电压，白色颗粒将移动到微胶囊顶端，黑色颗粒移动到底部，或者按照相反方向移动。这会分别使微胶囊看起来是白色或黑色的。

一旦充电完毕，电子墨水操作时无需耗电（即仅在翻页时才会消耗电量）。传统的 LCD 技术（可以在 iPad 中看到）在彩色显示方面具有一定的优势，可以在光照条件较差的情况下使用，但由于其背光，LCD 的功耗较高，并且在明亮的光照条件下可视性较差。

1.3.8　多媒体计算机

多媒体处理能力是现代计算机（包括普适的和传统的个人计算机）的一个重要特征。多媒体处理（处理和存储音频 / 视频数据）需要很大的存储容量以及完成大量简单重复操作的实时处理声音样本和图像像素的能力。不断改进的存储技术和不断提高的计算能力最初使得在桌面 PC 机上处理多媒体成为可能，之后又使价格便宜、质量轻的个人设备（比如 iPad）具备了进行多媒体处理的能力。

本书将介绍现代计算机是如何利用音频 / 视频数据的特点来增强性能的。我们将专门介绍 Intel 的多媒体扩展（MMX）指令。之所以选择 MMX，是因为它是最早在 IA32 系列处理器上实现的扩展指令集。后续的 Intel 处理器还支持更多的扩展指令（比如 SSE 和 SSE-2），AMD 处理器也有类似的扩展指令。

随着时间的推移，体系结构设计的收敛程度随着多媒体播放器的引入而不断增加，这使得个人计算机与高分辨率视频娱乐系统之间几乎没有多大的差别了。

1.4   存储程序计算机

本书将相当详细地介绍两种高性能计算机：ARM 系列计算机和 Intel IA-64 体系结构的计算机。但本节并不会将计算机视作一种既定事实，直接描述它的结构，而是会从概念上介绍计算机是如何设计的。因此本节将通过提出一个问题并分析解决这个问题需要哪些东西，来介绍一个非常简单的计算机的结构。尽管这个问题非常简单，但它却展示了一个真正的程序所要完成的操作以及指令序列的概念。本节将要设计的用来解决问题的计算机就是真正的存储程序计算机的一个初始版本。

1.4.1   问题描述

请考虑图 1-7 中的十进制数串 23277366664792221。正如读者所看到的那样，其中有一些值相同的数字连续出现（例如连续的 2 个 7、4 个 6 和 3 个 2）。我们的问题十分简单：找出最大游程，即同一个数字连续出现的最大次数。为了简化问题，假设数串的长度大于 3。

从图 1-7 中可以很快看出结果应为 4，因为这一串数字中有 4 个连续的 6，而连续的 7只有 2 个，连续的 2 则只有 3 个。我
们将设计一台计算机来处理图 1-7 中
的数串，它每次读一个数，并告诉我
们最大游程是多少。

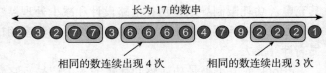

相同的数连续出现 4 次   相同的数连续出现 3 次

图 1-7   一串数字

1.4.2   解决方法

如果我们从数串的左边开始逐个检查数字，在任何一个位置，我们都会得到以下两个结果之一：要么这个数与前一个相同，序列还在增长；要么这个数与上一个不同，前一个序列结束，一个新的序列开始。为了强调这一点，图 1-7 中用带阴影的圆角矩形标出了所有至少含有两个数的序列。

图 1-8 中的状态图可以帮我们解决这个问题。在任一时刻，某个系统都会处于几种可能的状态之一。例如，人要么睡着了，要么醒着；飞机则可能处于以下 3 种状态之一：爬升、降落或水平飞行。对于一个数字系统，当一个特定的事件（如时钟脉冲）发生时，它将从一个状态转换为另外一个状态。图 1-8 中，每当从数串中读出一个新的元素，都会发生状态转换。

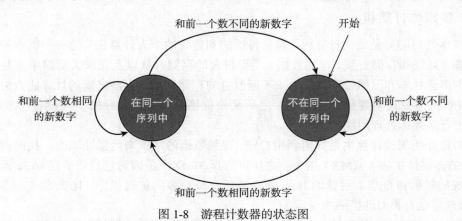

图 1-8   游程计数器的状态图

图 1-8 中有两个状态，分别是"在同一序列中"和"不在同一序列中"。处于状态"在

同一序列中"的条件是当发现连续的两个或更多的数字都具有相同的值时。如果处于状态"不在同一序列中",且新的数与前一个数不同,则会依然维持当前状态"不在同一序列中"不变。如果新读出的数与上一个数相同,则状态将转换为"在同一序列中",因为此时已经处于一个序列的第二个位置。只要每个新读出的数都与前一个相同,每次状态转换后都会维持"在同一序列中"的状态不变。只有当新读出的数与前一个不同时,状态才会被转换为"不在同一序列中"。

图 1-9 列出了一个接一个地读入图 1-7 中数串的数字后系统状态的转换情况。正如读者所看到的那样,状态的改变会发生在序列的第二个数字或结束序列的那个数字上。

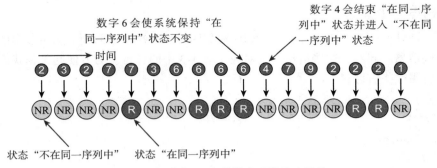

图 1-9 读入图 1-7 中的数串后的状态转换

表 1-1 则将这些数字组织成一种更容易理解的形式。最上面一行是每个数字在数串 S 中的位置或地址,下一行是串 S 中这个数字的值。例如,第 11 个元素的值是 4。第三行则是当前序列中数的值;这一行的第一个元素是?,因为此时上一个元素的值是未知的。显然,第三行每个元素的值与第二行前一个元素的值相同。

表 1-1 将数串转换为数值表

在串中的位置	1	2	3	4	5	6	7	8	9	10	11	12	13	14	15	16	17
元素值	2	3	2	7	7	3	6	6	6	6	4	7	9	2	2	1	
当前序列数值	?	2	3	2	7	7	3	6	6	6	6	4	7	9	2	2	2

让我们从数串的左边开始,逐个检查每个数字。我们每次读入一个新的数字,并问自己,"我们是否找到了一个新的序列?"如果此时正好处于一个序列的开始,那么这个序列的长度被置为 1。如果这个数字是当前序列的一部分,则当前序列的长度增加 1。现在我们遍历数串中的每个数字,并将每个数字对应的序列长度记录在表 1-2 中。序列长度在 1~4 之间变化。请注意,表 1-2 中"当前序列数值"这一行记录的是检查新元素之前的数值。

表 1-2 数串中每个元素所在序列的长度

在串中的位置	1	2	3	4	5	6	7	8	9	10	11	12	13	14	15	16	17
元素值	2	3	2	7	7	3	6	6	6	6	4	7	9	2	2	1	
当前序列数值	?	2	3	2	7	7	3	6	6	6	6	4	7	9	2	2	2
当前序列长度	1	1	1	1	2	1	1	2	3	4	1	1	1	1	2	3	1

每当一个新的序列开始时,我们都会判断上一个序列是否比目前为止最长的序列还长。表 1-3 通过增加新的一行记录目前最大序列的长度来说明这是如何实现的。可以看到,当处理完数串最右边的第 17 个元素后,所记录的最大序列长度为 4。注意,这个问题假定串的

长度是已知的，处理过程何时停止也是已知的。如果不知道这些，那么就必须知道最后一个数是什么，显然它必须是唯一的。

表 1-3　向表 1-2 中增加最大序列长度

在串中的位置	1	2	3	4	5	6	7	8	9	10	11	12	13	14	15	16	17
元素值	2	3	2	7	7	3	6	6	6	6	4	7	9	2	2	2	1
当前序列数值	?	2	3	2	7	7	3	6	6	6	6	4	7	9	2	2	2
当前序列长度	1	1	1	1	2	1	1	2	3	4	1	1	1	1	2	3	1
最大序列长度	1	1	1	1	2	2	2	2	3	4	4	4	4	4	4	4	4

1.4.3　构造一个算法

下一步是设计一个算法，告诉我们如何清楚明确地解决这个问题。遍历数串的时候，必须跟踪一些信息。当然，这些信息分别对应于表 1-3 中的各行。为方便起见，我们通过下面的符号名引用这些信息。

i	串的当前位置
New_Digit	刚从数串中读出的数字的值
Current_Run_Value	当前序列数值
Current_Run_length	当前序列长度
Max_Run	目前为止的最大序列长度

下面的伪码描述了解决这个问题所必需的操作。伪码的开始部分是初始化操作，它们仅被执行一次，而 REPEAT…UNTIL 所定义的重复操作加阴影表示。为简便起见，此处省去了索引变量 i，用"第一个数"或"下一个数"表示各个数字，而没有用 digit(i) 或 digit(i+1)。

```
 1.   读出串的第一个数字，将其称为 New_Digit
 2.   将 Current_Run_Value 的值置为 New_Digit
 3.   将 Current_Run_Length 的值置为 1
 4.   将 Max_Run 的值置为 1
 5.   REPEAT
 6.   读出序列中下一个数字（即 read New_Digit）
 7.   IF 它的值与 Current_Run_Value 相同
 8.        THEN Current_Run_Length = Current_Run_Length + 1
 9.        ELSE {Current_Run_Length = 1
10.            Current_Run_Value = New_Digit}
11.   IF Current_Run_Length > Max_Run
12.        THEN Max_Run = Current_Run_Length
13.   UNTIL 读出了最后一个数字
```

上面的伪码使用了两个在很多高级语言中都能见到的结构：5 ～ 13 行的 REPEAT…UNTIL 结构和 IF…THEN…ELSE 结构。REPEAT…UNTIL 用于将一个动作执行一次或重复多次，IF…THEN…ELSE 则从两个可能的动作中选择一个来执行。IF…THEN…ELSE 是数字计算机的关键操作，本书会以多种方式多次用到这个结构。读者还会看到它是如何在硬件层实现的，它在几种不同的计算机上是如何表示的，它怎样给现代计算机的性能带来负面影响，一些计算机如何试图在它实际完成之前猜测其结果，以及一些计算机如何试图使用谓词操作完全避免它的出现。

算法、程序和伪码

算法是一个用来完成某个功能的长度有限的明确定义的指令序列（即计算一个函数或完成一项给定的任务）。一些计算机科学的基础教材中以菜谱为例，认为菜谱就是制作一道菜的算法。

　　程序是实现一个算法的一组计算机指令。也即，程序是用特定方式描述的一个算法的实例，其目的是在一台特定的计算机上求解问题。程序中包含的信息可能比算法所描述的更多，因为程序必须构建一个合适的环境（就好像菜谱并不会告诉我们怎样打开烤箱或购买黄油的最佳地点）。

　　伪码则介于算法和程序之间。伪码在本质上就是一个用特定的类程序设计语言描述的算法。伪码的目的是使程序员可以用它描述一个算法，而读者不必深入了解特定的程序设计语言。上面的例子中使用了"读出串的第一个数字"之类的伪码操作。这个操作的功能是完全清楚的，但所有有关如何读出这个数字的细节都被隐藏起来了。

1.4.4　计算机需要通过什么来解决问题

　　我们首先来看看解决这个问题时应进行哪些操作。由于 1 ～ 13 行的动作是顺序进行的，我们的计算机也必须能顺序地完成这些操作。细心的读者可能会发现我们选择顺序解决问题（每次一步）。这种方法既反映了人类的通常行为，也反映出计算机的实际发展。我们也可以采用另一种不同的方法，同时进行多个操作。我们设计出一种通用的问题求解机制，它能够很容易地被修改以便用于解决其他问题。我们也能设计一种只能解决这个问题的机制，但我们的目标是设计一台能够通过编程解决一系列问题的计算机。算法的前两行如下：

```
1.   读出串的第一个数字，将其称为 New_Digit
2.   将 Current_Run_Value 的值置为 New_Digit
```

　　第 1 行从串中读出一个数，此时这个串必须保存在计算机存储器中的某处。符号名 New_Digit 指明了这个数在存储器中的位置。计算机必须确保它在任何需要使用当前序列的当前值的时候，都能访问到存储器的这个位置。

　　第 2 行是一个赋值操作，因为它将一个值赋给一个变量。同样，第 3 行和第 4 行也是赋值操作，它们分别将变量 Current_Run_Length 和 Max_Run 的值置为 1。计算机必须能够完成从存储器中读出一个数，修改这个数并且将修改后的数写回存储器等操作。

　　第 5 行包含关键字 REPEAT，它告诉我们这里是一组将被执行 1 次或多次的操作的起始位置。这组操作以第 13 行的关键字 UNTIL 结尾。

　　第 7、8 和 10 行说明了条件执行，即要执行的操作类型取决于测试结果。

```
7.    IF 它的值与 Current_Run_Value 相同
8.          THEN Current_Run_Length = Current_Run_Length + 1
9.          ELSE {Current_Run_Length = 1;
10.               Current_Run_Value = New_Digit}
```

　　第 7 行比较从串中读出的数值与当前序列的数值是否相同（即比较 New_Digit 与 Current_Run_Value 是否相同）。然后根据比较结果执行下面两个操作中的一个。一个操作由第 8 行关键字 THEN 后面的文字指定，另一个则由第 9、10 两行 ELSE 后的文字指定。第 9 和 10 两行包含在一对花括号 {} 中，说明执行时它们将被视作 ELSE 路径上的一个整体。图 1-10 以流程图的方式描述了这一结构。

　　尽管这个问题相对简单，它却含有解决任一问题所需的全部元素：有将信息从一个位置传递到另一个的赋值操作⊖；有加、减等算术运算；最后，还有根据计算结果（如比较）从两个候选动作中选择一个的操作。

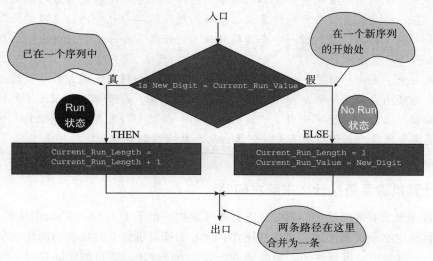

图 1-10 IF…THEN…ELSE 结构的流程图

各部分的命名

在讨论低级和高级语言的时候，一些术语会不时地跳出来，因此下面列出一些简单的定义，以供大家参考和理解。

常量——指程序执行过程中不会被修改的值；例如，如果将圆的周长表示为 $c=2\pi r$，那么 2 和 π 都是常量。

变量——指程序执行过程中会发生改变的值。在上面的例子中，c 和 r 都是变量。

符号名——为了便于记忆和理解而用来引用变量和常量的名字。例如，我们将圆的周长称为 C，将其半径称为 r。圆周率 3.1415926 的符号名为 π。当程序被编译为机器码的时候，符号名将被替换为实际的值。

地址——计算机将信息保存在存储器中，每个位置都有一个唯一的地址。例如，圆的半径可能被保存在存储地址为 1234 的单元中。我们不会去记住每个变量存放在存储器中的地址，而是用不同的符号名来表示每一个地址；上面的地址 1234 可以被称作 r。

值和位置——表达式 $c=2\pi r$ 中的 r 表示什么，值还是位置？人们将 r 视作代表圆半径值的符号名，比如 5。但是，计算机却将 r 看作地址 1234 的符号名，必须进行存储器读访问才能得到实际值。那么表达式 $r=r+1$ 是表示修改半径的值（$r=5+1=6$）还是修改地址的值（$r=1234+1=1235$）呢？区分存储单元的地址和它的内容非常重要，特别是在理解指针这个概念时。

指针——指针是个变量，它的值表示存储地址。修改一个指针后，它将指向一个不同的值。指针并不神秘。在传统算术中，符号 x_i 中的 i 就是一个指针；不过我们通常将

⊖ 赋值操作看起来很像传统算术中的等于运算符（=），但它表示等号右边的值将被送给等号左边的变量（即 $y=x+1$ 表示将 x 的值加 1，然后将和送给 y）。Algol 和 Pascal 等计算机语言用 := 而不是 = 表示赋值操作。后面我们将用左箭头←表示赋值。

它称为索引。改变指针（或索引）的值（如 x_1、x_2、x_3 和 x_4）就可以访问表、数组或矩阵中相应位置的元素。

计算机解决问题所需元素并不比上面介绍的内容多。可以说计算机体系结构就是更加快速、高效地实现我们所描述的各种操作类型。

在继续介绍计算机的设计之前，我们必须简要浏览一下保存程序和程序所用数据的存储系统。

1.4.5　存储器

人类的记忆是一种奇怪的、不精确的东西。一个事件会触发一次对某个被我们称为记忆的数据元素的回忆或检索。这里的事件也许是某人问你的一个问题，也许是让你回想起发生在过去的某段插曲的东西。通常我们只记得其中的一部分，甚至它还是错误的。人类是通过将某个事件与所保存的信息相匹配而查找或访问记忆的。也就是说，我们的记忆是联想的，因为我们总是将一段记忆与另一段联系在一起。计算机的存储器则完全不同，最好将它视作一个存放信息的表格或目录。

图 1-11 描述了程序怎样找出保存在一个假想存储器中的数串的最大序列长度。必须强调的是，这个程序是概念上的而不是实际的，因为真正的计算机指令比其更加基础。这幅图叫作存储器映射，它展示了信息在存储器中的存放位置。它是存储器的一幅快照，因为它表示存储器在某个特定时刻的状态。存储器映射也包含程序使用的变量和数字串。前面谈到过，存储程序计算机会将指令、变量和常量全部保存在同一个存储器内。

图 1-11 说明存储器中的每个位置要么保存了指令要么保存了数据元素。第一列中的数字 0 ～ 37 为地址，代表了数据元素和指令在存储器内的存放位置（地址从 0 而不是 1 开始，因为 0 是一个合法的标识符）。程序位于地址 0 ～ 16 的位置，变量位于地址 17 ～ 20 的位置，而数据（串）位于地址 21 ～ 37 的位置。可以将计算机的存储器视作一个数据元素的表格——每个元素的位置就是它的地址。例如，地址为 3 的存储单元保存了指令"将 `Max_Run` 置为 1"而地址为 20 的存储单元保存了元素 `Max_Run` 的值。17 行及其后面的各行使用了粗体字，表明它们保存了变量以及要处理的数串。

千万不要以为图 1-11 中的程序是真实的。为了简便起见，我们不得不省略了一些细节。例如，我们在地址 10 处放置了一条跳转指令，它告诉计算机忽略地址 11 和 12 处的指令，直接执行地址 13 的指令。这是必需的，因为如果执行了分支的 `THEN` 部分，那么必须忽略掉它的 `ELSE` 部分。此处还说明了怎样用符号 `Memory(i)` 来访问每个数字，它表示存储器的第 i 个单元。i 的值被初始化为 21，并且循环在 i 等于 37 时结束。

图 1-12 描述了存储系统的组成。处理器将一个放在地址总线上的地址以及一个用于选择读操作或写操作（它们有时也被称作读或写周期）的控制信号发送给存储器。在读周期中，存储器将数据放在数据总线上供 CPU 读取。在写周期中，放在数据总线上的数据被写入存储器。信息进入或离开存储器的位置（或计算机系统的其他功能部分）叫作端口。

尽管图 1-12 中的存储器是简化后的版本，它却准确地描述了将数据和指令连续存放的计算机存储器。一台真正的计算机会使用存储系统层次（每个层次都有可能采用不同的技术来实现）。这些层次包括保存频繁被访问数据的速度非常快的 Cache、主存，以及速度非常慢的辅存，在这一层次中大量数据会一直保存在磁盘、光盘或 DVD 中，直到使用时才会被调入主存。

0	i = 21
1	New_Digit = Memory(i)
2	将变量 Current_Run_Value 的值置为变量 New_Digit 的值
3	将变量 Current_Run_Length 的值置为 1
4	将变量 Max_Run 的值置为 1
5	REPEAT
6	i = i + 1
7	New_Digit = Memory(i)
8	IF New_Digit = Current_Run_Value
9	THEN Current_Run_Length = Current_Run_Length + 1
10	跳转到第 13 行
11	ELSE Current_Run_Length = 1;
12	Current_Run_Value = New_Digit
13	IF Current_Run_Length > Max_Run
14	THEN Max_Run = Current_Run_Length
15	UNTIL i = 37
16	Stop
17	**New_Digit**
18	**Current_Run_Value**
19	**Current_Run_Length**
20	**Max_Run**
21	**2** （串中第一个数字）
22	**3**
23	**2**
23	**7**
…	…
37	**1** （串中最后一个数字）

图 1-11   程序及其数据的存储映射

由于使用文字描述计算机的操作很不方便，下面介绍一个概念寄存器传输语言（Register Transfer Language, RTL），使用 RTL 可以更加容易地定义计算机内发生的操作。

RTL 符号

区分存储单元的地址和它的内容非常重要。在 RTL 语言中，我们通常用方括号 [] 表示存储单元的内容。表达式

[15] = Max_Run

的含义是"地址为 15 的存储单元保存了变量 Max_Run 的值"。

左箭头符号←表示数据传送操作。例如，表达式

[15] ← [15] + 1

的含义是"将地址为 15 的存储单元的值加 1，并将结果写回地址为 15 的存储单元"。考虑下面 3 个 RTL 表达式：

a. [20] = 5
b. [20] ← 6
c. [20] ← [6]

表达式（a）表示地址为 20 的存储单元的值等于数字 5。表达式（b）将数字 6 写入（复制或载入）地址为 20 的存储单元。表达式（c）将地址为 6 的存储单元的内容复制到地址为 20 的存储单元。注意 RTL 符号←等价于传统赋值符号 =，后者用于一些高级语言中。RTL 并不是一种计算机语言，它只是一种用来定义计算机操作的符号。

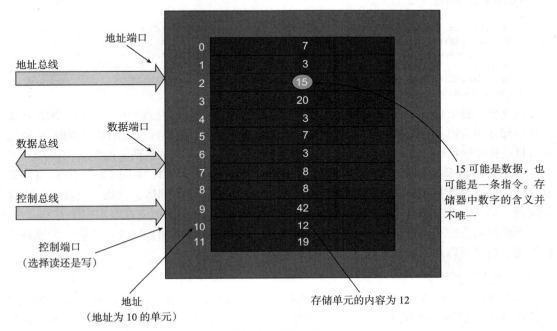

图 1-12 存储系统

1.5 存储程序的概念

本节介绍存储程序计算机其中会精确地描述直到 20 世纪 70 年代许多计算机还在采用的运行过程。今天的计算机已经偏离了这个简单的模型，因为它们能够并行地（甚至是乱序地）而不是串行地完成内部操作。下面的伪码描述了存储程序计算机的基本操作。

```
存储程序计算机
    程序计数器指向存储器中的第一条指令
    REPEAT
        从程序计数器所指的存储单元中读出指令
        修改程序计数器，使之指向下一条指令
        将从存储器中取出的指令解码
        执行指令
    FOREVER
End
```

这段伪码表明，从存储器中取出每条指令都需要进行一次访存操作（即读存储器）。可以用下面的伪码描述"执行指令"这一动作：

```
执行指令
    IF 指令需要使用数据
        THEN 从存储器中读这个数
    END_IF
```

```
        完成指令定义的操作
    IF  指令要将数据写回存储器
         THEN 将数据写回存储器
    END_IF
End
```

上面的动作序列还可以用下面的 C 语句描述。

```
InstructionPointer = 0;
do
{ instruction = memory[InstructionPointer];    /* 读取指令      */
  decode(instruction);                          /* 解码指令      */
  fetch(operands);                              /* 获取需要的数据 */
  execute;                                      /* 执行指令      */
  store(results);                               /* 存储结果      */
} while (instruction != stop);
```

在这台机器上执行一条指令需要至少两次访存[⊖]。第一次访存是读取指令。第二次访存要么从存储器中读出指令需要的数据，要么将它之前的指令产生的或修改过的数据写回存储器。有时候也称存储程序计算机是按照读取/执行（fetch/execution）周期的两阶段模式工作的。

因为每条指令必须两次访问存储器，人们用"冯·诺依曼瓶颈"一词表明 CPU 与存储器之间的通路是存储程序计算机的制约因素之一。人们设计了不同体系结构的机器来解决这一问题，后续章节将会介绍这些内容。

下面简要介绍一下存储程序计算机上执行的指令的格式。存储程序计算机的一种直观合理的指令格式可以用下面的形式表示[⊖]

`Operation Address1,Address2,Address3`

这里 `Operation` 表示要执行的指令的动作，`Address1`、`Address2` 和 `Address3` 分别是 3 个操作数在存储器中的位置。在这条一般性的指令中，操作数为数据的地址，而不是数据本身。

本书用粗体字表示地址是数据的目的地址而不是源地址。`ADD` ***P***`,Q,R` 是一条典型的三操作数指令，这里 *P*、*Q*、*R* 是三个存储单元地址的符号名。操作数的书写顺序没有严格标准。有些计算机使用 ***destination***, source1, source2 的形式，另一些则使用 source1, source2, ***destination*** 的形式。

这个三操作数指令格式可用 RTL 符号表示为

`[Address1] ← [Address2] Operation [Address3]`

`Address2` 和 `Address3` 所指定的存储单元的内容由指令所指定的二元操作（例如，加、减、乘，等等）处理。操作的结果保存在 `Address1` 所指的存储单元中。图 1-13 描述了这样一条指令的执行过程，它一共需要 4 次访存（即一次取指令，两次取两个源操作数，一次保存结果）。指令与操作数

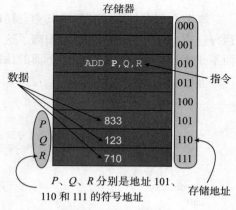

P、*Q*、*R* 分别是地址 101、110 和 111 的符号地址

图 1-13　指令与操作数的关系

⊖ 这句话适用于那些每条指令都会访存以存取数据的计算机。有些计算机只有在将数据读入或送出 CPU 的时候才会进行访存。所有其他指令都处理 CPU 内的数据。这种机制减少了访存次数，后面会详细讨论这种机制。

⊖ 该指令是假想的，因为由于技术原因，它没有在任何一台现代计算机上实现。很快我们就会看到，真实的计算机指令要简单得多。

P、Q、R 可存放在存储器中的任何位置。

请回想一下指令 ADD P,Q,R 和 3 个操作数 P、Q 和 R 是如何放在同一个存储器中的。这是存储程序计算机这个概念的基础。

P、Q 和 R 是 3 个操作数的符号地址，这 3 个操作数的值分别是 833、123 和 710，它们的二进制存储地址分别为 101、110 和 111。

计算机指令 ADD P,Q,R 是机器指令的符号表示，它以二进制的形式（0、1 序列）存放在存储器中。

图 1-14 描述了指令的 4 个字段与 CPU、存储器以及指令的执行方式之间的关系。这台计算机只能执行 4 条指令并仅有 8 个可能的存储单元（图 1-14 中仅显示了 4 个单元）。当前指令为 ADD P,Q,R，它将存储单元 Q 的内容与 R 的相加，并将结果保存在 P 中。该指令的二进制编码为 10011010001，存储单元 P、Q 和 R 分别为 011、010 和 001（二进制）或 3、2 和 1（十进制）。

图 1-14 描述了如何用操作码选择一个操作（四选一），用源地址选择两个存储单元，以及用目的地址选择写回操作数的存储单元。该图还说明了加法指令执行期间所产生的信息流。后面我们还会看到操作码如何被转换为实现目标指令的动作序列。

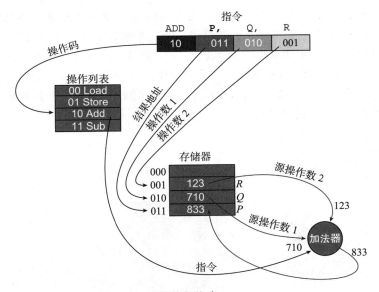

图 1-14　解释执行指令 ADD P, Q, R

三操作指令的可视化

图 1-14 描述了机器指令的 4 个字段是如何解释的。

操作码字段 ADD 从操作表中选择指令并控制 ALU。

三个地址字段 P、Q 和 R 分别选择一个存储单元，它们都将参与指令的解释执行（或执行）。

1. 两地址指令

有些计算机实现了两地址指令，其格式为

```
Operation  Address1, Address2
```

这里 `Address2` 为源操作数，`Address1` 既是源操作数也是目的操作数。这种指令格式意味着从存储器中读出源操作数，对其进行操作，并将结果写回存储器中第一个源操作数的位置。指令 ADD `P,Q` 的 RTL 定义为

$$[P] \leftarrow [P] + [Q]$$

两地址指令会破坏它的一个操作数。也就是说，它会用结果替换源操作数 P。本书绝大部分章节都约定两地址指令的格式为：

```
Operation  destination, source
```

而在实际的计算机中，一般都不会允许同一条指令中使用两个存储地址。绝大多数计算机（如 Pentium 或更现代一些的 Core i7 处理器）都规定一个地址是存储器地址，另一个地址是寄存器。寄存器是计算机内的存储单元，其名如 r0，r1，r2，…，r31，用来保存计算过程中生成的临时数据。本书在介绍计算机的结构时会用大量篇幅介绍寄存器。

2. 单地址指令

将指令数量减到最少的压力使得第一代计算机没能实现两操作数指令。它们一般都实现了单地址指令，形如

```
Operation address
```

由于指令中只提供了一个操作数地址而指令却需要至少两个地址，处理器不得不使用一个不需要显式地址的第二操作数。也就是说，第二个操作数来自 CPU 内一个叫作累加器（accumulator）的寄存器。术语累加器今天已经很少使用了，因为现在绝大多数微处理器中都带有几个片上寄存器。图 1-15 描述了一条单操作数指令执行过程中的信息流。操作结果将一直保存在寄存器中，直到另一条指令将它送入存储器。这样一台计算机很难称得上简洁，如下面实现 $P = Q + R$ 的序列所示。

```
LOAD   Q    ;将 Q 中的数据读入累加器
ADD    R    ;将 R 与累加器中的数据相加
STORE  P    ;将累加器的结果保存在 P 中
```

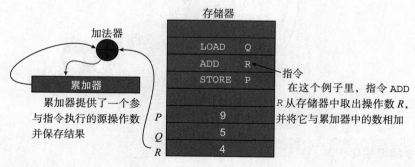

图 1-15　单操作数指令

在这个例子里，我们必须将第一个操作数 Q 载入累加器，与第二个操作数 R 相加，并将结果保存在第三个操作数 P 中。请注意累加器是怎样成为瓶颈的，因为所有操作数都要流过它。

寻址方式是计算机指令集的一个重要特征，它是确定操作数位置的方法。例如，可以直接（即它的地址为 1234）或间接（即寄存器 5 的内容是我们所需要的操作数的地址）给出操

作数的位置。第 3 章和第 4 章将详细介绍寻址方式。不过，在讨论计算机体系结构时，有时我们并不希望指定实际的寻址方式，因此我们使用有效地址这种更一般的形式。例如，我们会说将有效地址处的数据载入寄存器 r1 中。之所以使用有效地址，因为它代表了生成操作数地址的所有不同方式，因而可以避免指定某个特定的寻址方式。

3. 计算机的分类

前面已经指出，计算机中既拥有能够存储大量数据的主存，也拥有 CPU 内临时保存中间结果的寄存器。第一代微处理器中大约有 6 个寄存器，而典型的现代微处理器可能有 16 个、32 个或 64 个寄存器。我们可以按照计算机的指令处理数据的方式对计算机分类。如果一条指令能够从存储器中读出源操作数，对数据完成某个操作，并将结果保存在存储器中，那么这台计算机就叫作是存储器 – 存储器型的。使用了 Intel IA32 CPU（8086、Pentium、Core i7）的计算机具有寄存器 – 存储器型体系结构，它们能够处理两个数据，其中一个位于存储器中，另一个位于寄存器中（结果要么被写回存储器，要么被写回寄存器）。

某些使用了 ARM 和 MIPS CPU 的计算机只能对寄存器中的内容进行操作，称作是寄存器 – 寄存器型的。这些计算机必须通过 LOAD 指令将数据读入寄存器并使用 STORE 指令将数据从寄存器送回存储器。由于 LOAD 和 STORE 操作是仅有的存储器访问指令，这些计算机也经常被称作 load/store 型计算机。后面我们还会看到寄存器 – 存储器型计算机被归为 CISC 机器一类，而 load-store 型计算机被归为 RISC 机器一类。

当讨论计算机体系结构的问题时，我们通常会用不同的微处理器作为例子。然而，由于希望学生们能够理解程序是如何构造和执行的，我们一开始会将注意力集中在 ARM 处理器上。

1.6　计算机系统概览

为了学习后面的章节，本节简要介绍把 CPU 变成计算机系统的存储系统和总线系统。计算机科学家将存储器视作一个巨大的通过地址访问的数组。例如，如果用数组 M 表示存储器，那么它的第 i 个元素可以表示为 $M[i]$ 或 M_i。存储器非常重要，因为它的大小（即存储容量）决定了程序能够存储的数据量，它的速度（访问时间）决定了程序的数据处理速率。在过去的 50 年里，程序体积不断增加，程序所使用的数据总量增加得更快。20 世纪 70 年代的飞行模拟器就是一个很好的例子，那时它还是非常简单、仅关注基本的飞行动作（直线和水平飞行、爬升、下降和转向）。现代的飞行模拟器不仅可以完成这些基本操作，还可以生成驾驶舱和外部世界的复杂视图。而且，它还可以提供一个覆盖大部分地球表面的详细地图。这样一个程序的体积也从 16KB 增加到几 GB。

计算机技术正在飞速进步，而存储技术从某些方面来说却严重地滞后了。例如，处理器速度的增加速率远远超过了存储器的。后面的章节将介绍如何隐藏慢速存储器带来的问题。人们提出"存储墙"一词，以说明存储性能最终会制约处理器的性能[⊖]。

1.6.1　存储层次

存储系统的制造技术种类繁多，在计算机中随处可见。最快的存储器能够在 10^{-9} 秒内完成数据访问，最慢的则会超过 100 秒，性能差距为 $1:10^{11}$。为了便于理解，大家可以参考下面的数据：我的步行速度与导弹的速度之比约为 $1:10^4$。由于 CPU 与存储器的性能之间

⊖　W.A. Wulf, S. A. McKee, "Hitting the memory wall: Implications of the obvious", Computer Architecture News, Vol. 23, pp.23-24, 1995.

的差距不断加大，设计者们试图通过在使用数据之前将它们从存储器中取出来消除相对慢速的存储器的影响，以隐藏等待时间（也叫作延迟）。图 1-16 给出了经典的存储层次图，展示了计算机中存储部件的类型、速度（访问时间）以及它们在 PC 机中的典型容量。对于每种部件，还列出了速度比和容量比。寄存器存放处理器的工作数据，Cache 是缓存常用数据的快速存储器，DRAM 存放工作数据块，硬盘则保存程序和数据。请注意，硬盘的容量是寄存器的 4000 万倍，但其速度却比寄存器慢 2000 万倍。在讨论存储器之前，我们会简要介绍 Cache，因为它对决定计算机的性能具有非常关键的作用。

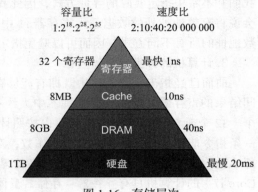

图 1-16　存储层次

经常被用到的数据保存在 Cache 中，Cache 的访问时间比主存短得多。Cache 对计算机总体性能的影响也许与处理器体系结构的影响相同。尽管由于它的实现细节，Cache 是一个非常复杂的话题，但它的基本操作却非常简单。Cache 保存着主存中经常使用的数据的副本，就像笔记本和手机中保存着常用的用户名和地址一样，以便我们能方便地使用。Cache 系统与计算机的地址总线和数据总线相连，监听着 CPU 与存储器之间的事务。

只要 Cache 注意到 CPU 发出的地址与它保存的某个数据元素的地址相同，它就会喊道："我有这个数据！"之后把这个数据发送给 CPU，并告诉存储器不要为此次访问而烦恼了。在日常生活中，如果你要给一个朋友打电话，你也会首先查看你的地址簿。如果他的名字不在地址簿中，你必须在一本更大的电话目录中查找。一旦找到了朋友的号码，你就会将它记在地址簿中，当你下次要给他打电话时就可以节约时间了。

将 Cache 与地址簿类比是比较准确的。地址簿非常有用，因为你经常要打电话的人数仅仅是那些有电话的人中的很小一个子集，并且你会发现你 90% 的电话都是打给地址簿上的人的。另一个很好的类比是当你购买了一本新的地址簿时，上面没有任何名字，当你第一次给某人打电话时，你必须把他的名字记到地址簿上。地址簿说明了 Cache 设计的另一个问题。假设你将所有名字以"S"开头的朋友记在"S 页"上。现在，如果你碰到了某个名字也是以"S"开头的人，你就会面临一个问题。你依次查看那些以"S"开头的姓名并且说，"这家伙今年没有给我寄生日贺卡；他已经成为历史了。"按照 Cache 的术语，当 Cache 中填满数据元素时，你必须删去某个旧的数据，以便腾出空间容纳新的数据。

人类世界与 Cache 还有另外一种类比。你也许会随身携带一本记载了你最重要朋友的地址簿，而将另外一本放在办公桌上。当你想给某个朋友打电话时，你首先会查找你个人地址簿中的姓名。如果那里没有，你会去试着查找桌子上那本。多个地址簿类似于多级 Cache。处理器会访问快速的 L1（一级）Cache，它是 CPU 的一部分，并希望 92% 的信息都会在那里找到。如果数据不在 L1 Cache 中，则会去访问容量更大但速度更慢的 L2（二级）Cache。也许在那里找到数据的概率为 98%。如果这次访问也失败了，计算机也许还会去另外一个 Cache 中查找——三级 Cache。如果那里也没有，就只能从主存中取出这个数据了。

Cache 与地址簿之间也还有另外一种类比。假设某人有 3 个地址簿。当他结识了一位新朋友后，他会将名字写入 3 本地址簿中。如果这个朋友搬家了，他可能只更新了一个地址簿而忘记去更新另外两个。当他从办公室给这位朋友电话时，他可能会拨打旧的号码，因为他恰好使用了未更新的地址簿。如何保持 Cache 存储器和磁盘中的数据一致，是计算机设计者所关注的主要问题。

我们还会讨论存放正在执行的程序的主存。它是由一种叫作动态随机访问存储器（Dynamic Random Access Memory，DRAM）的易失性半导体存储器构成的立即存取存储器。这种存储器之所以是易失性的，是因为掉电时其中的数据都会丢失，因此不能用它长时间地保存程序。对于立即存取存储器，我们会讨论一些新兴的存储技术，特别是那种掉电了数据依然还在的非易失性存储器。这种存储器对于 MP3 播放器和数码相机之类的便携式应用非常重要。

1.6.2　总线

总线将计算机的两个或多个功能单元连接在一起并允许它们相互交换数据（例如 CPU 与显卡之间的总线）。总线还将计算机与外设连接在一起（例如将打印机接入计算机的 USB 总线）。总线是计算机系统非常重要的组成部分，因此《计算机存储与外设》第 4 章的大部分内容都用来讨论计算机总线。本节将简要介绍总线并强调若干相关概念。

图 1-17 描述了一个没有总线的假想系统的结构。假设其中带阴影的圆圈代表那些必须与其他单元通信的处理单元。在这个例子里，一些单元只能与另外一个单元通信，而其他单元必须与另外几个单元通信。正如读者所看到的那样，结点之间的互连复杂并且凌乱。而且，若要向该系统中增加一个新的单元，必须在这个新单元与它所连接的每一个单元之间增加一条新的连线。

图 1-18 展示了通过公共总线将所有单元连接在一起的好处。此时只有一条高速数据通路，每个单元通过一个接口与这条通路相连。

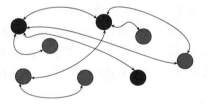

图 1-17　一种任意互连结构——没有总线的情况

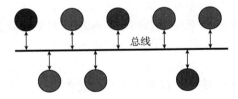

图 1-18　连接所有单元的公共总线

图 1-18 所示互连结构的问题在于，每次只有唯一一个设备能够与其他设备通信，因为这里只有一条信息通路。如果两个设备同时请求使用总线，它们不得不去竞争总线的控制权。我们用术语仲裁来描述这种两个或多个设备竞争同一资源（本例中是总线）的过程。一些系统使用一个名为仲裁器的专用部件来决定允许哪个设备继续工作，而其他竞争者只能等待轮到自己。

总线术语

　　宽度——一般用并行数据通路的数量来定义总线的宽度。一条 64 位宽的总线一次能够传送 64 位（8 个字节）信息。不过，这个术语也会用来表示构成总线的连接线的总数。例如，一条总线可能含有 50 条信息通路，其中 32 条用来传输数据（其余的可能是控制通路或者甚至是电源线）。

> **带宽**——总线带宽是衡量信息在总线上的传输速率的一项指标。带宽的单位要么是 B/s，要么是 b/s。在保持数据传输率不变的情况下增加总线的宽度，可以提高带宽。
>
> **延迟**——延迟是从发出数据传输请求到实际数据传输的时间间隔。总线延迟通常包括传输开始之前进行总线仲裁的时间。

现代计算机中有多条总线，包括片内总线、功能单元间（如 CPU 和存储器间）的总线以及总线间的总线。

图 1-19 描述了一个多总线系统。处理器①通过总线 A 进行通信。第二条总线 B，通过一个总线接口部件连接到总线 A 上。为什么要使用两条总线？首先，多条总线允许并发操作。例如，两个设备可以通过总线 A 相互通信，与此同时另一对设备可以通过总线 B 相互通信。一个更重要的原因在于这些总线可能具有完全不同的特点和操作速度。

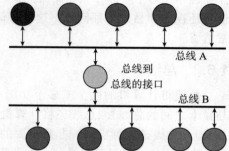

图 1-19   双互连总线系统

一台计算机可能拥有完整的总线层次结构——每条总线都面向其预期应用进行了优化。计算机中速度最快的总线是那些与高速存储或视频设备通信的。这些总线的设计和结构必须面向速度专门优化。另一些总线则担任不同的角色（如将计算机与大量外设连在一起）。USB 和 FireWire 总线都是非常典型的、专门为了某些功能而设计的低开销总线的实例。这些总线的通路长度比存储总线长得多。本书最后一部分将非常详细地讨论总线及其体系结构。

标准和协议是本书中两个经常讨论的主题（特别是当讨论存储接口、总线和 I/O 技术时）。标准是一种约定好的设计系统、定义系统或对其他任何方面进行分类的方式。标准在日常生活中非常重要。例如，为了允许人们将电子设备从一个地方移到第一个地方，电源插座和插头必须符合约定的标准。即便是我们通常不考虑的一些因素（比如机场跑道和滑行道上的灯和标记）也是标准化的，这样只要飞行员知道两个城市标记的含义完全相同，他就可以离开北京抵达波士顿。⊖计算标准指明了插头和插座（比如 USB）的物理尺寸、电压和电路表示信号，以及数据交换过程中的信号序列。

协议与标准类似，但它覆盖的范围较窄。协议决定了双方通信时各事件的发生顺序。例如，当计算机将数据发送给存储器时，写协议定义了信号序列（地址、写命令、要保存的数据）以及信号的最长和最短持续时间。

下一章将介绍数字是如何在计算机中表示的，以及适用于这些数字的操作类型。我们还会介绍基本电路元素、门和触发器，并说明如何利用它们搭建计算机的基本电路。实际上，如果将本章中对计算机的介绍与下一章中对简单电路的介绍合并在一起，读者将会了解计算机是如何工作的。尽管今天的数字计算机极其复杂，它们（原则上）仍然是非常简单的设备。其复杂性在于那些精细的细节以及试图用来加速计算机操作的手段（比如在完成测试之前对其结果进行预测）。

⊖ 在美国，有的十字路口会有一个计时器，它会递减到 0，告诉行人在车辆启动之前还有多少长时间可以穿过马路。这在欧洲并不多见，但我曾在阿姆斯特丹碰到一个。当时计时器还剩 10 秒，因此我想我可以飞快地跑过马路，结果我才过了一半就差点儿被有轨电车压扁。在阿姆斯特丹，计时器上的时间是信号灯变为停车灯之前的时间，而不是行人过马路的剩余时间。这个例子中不同的标准几乎剥夺了我的生命。

1.7 现代计算

计算机系统体系结构是一个不断发展的领域，但它各个方面的发展是不均衡的。例如，在《计算机存储与外设》第 3 章介绍磁盘时我们将看到，尽管这些年来磁盘容量得到了巨大的增长，但磁盘速度或磁盘访问时间却几乎维持不变。不过一种叫作固态盘的新技术改变了这种局面，磁盘速度也开始提高。因此，我们将更加关注计算机系统的某些方面而不是全部。

性能和能耗是今天人们尤其感兴趣的两个方面。几十年前计算机的设计目标就是获得计算能力——在微处理器发展的早期，有计算能力总比什么都没有要好。今天，微处理器已经非常成熟，而且需要比以往更高的性能，因为它所承担的任务越来越有挑战性，比如高分辨率和高性能游戏等应用领域。因此本书将重点关注性能，比如怎样测量性能以及怎样创造性能。

我们还生活在一个普适计算的世界中。计算机无处不在——它在超级计算实验室、大学、工厂、家庭办公室、几乎所有的家用电器、电视和显示系统、音乐和娱乐系统，以及手机里。这种普适计算会带来两个需求。第一个是可连接性。如果要在一些设备之间共享数据，那么必须能够将它们连在一起。例如，人们经常通过无线网络将数码相机、MP3 播放器、个人电脑和电视机连接起来。普适计算带来的另一个需求是由为 MP3 播放器那样的微小设备供电（即能源）所引起的。人们希望能将它们装在口袋里，用它们看视频，还希望它们用一小块电池就能续航 8 小时。有时人们对计算机发展的期望远远超过计算机性能的提升。减少能耗的需求使设计者不得不寻找解决能效更高的计算问题解决方法。读者在最后一章将会看到，能耗的制约是如何导致拥有多个片上处理器的微处理器（称作多核处理器）的出现和发展的。

最后，计算机系统体系结构研究与发展目前所关注的一些焦点问题也是由计算能力飞速增长所引发的一些制约而引起的。在存储墙一词中我们已经使用了墙这个术语，它表示处理器的速度增长远远快于存储器，这使得处理器不得不停下来等待存储器取出数据。本书中有好几处会将如何处理存储墙所带来的问题作为主要议题。另外一堵墙则是由功耗约束引起的（无法冷却现代芯片）。

本章小结

本书着重关注计算机系统体系结构，即一个完整计算机系统从中央处理单元到磁盘和外设的全部内部操作。

为了更好地理解计算时发生了什么，必须弄清楚计算机体系结构与计算机组成之间的区别。计算机体系结构关注汇编语言程序员层次的计算机操作，并提供了一个理想的、抽象的计算机视图。计算机组成则关注如何用真正的门和电路实现体系结构。尽管原则上体系结构与组成无关，它们却的确是相互影响的。

本章介绍了存储程序计算机，并描述了它是如何从存储器中读出指令，一条一条地执行这些指令，并处理与指令存放在同一存储器中的数据的。本章解决了一个简单的问题，并说明计算机仅需要一个类型相对较少的操作集合。

存储程序计算机是一个小而简单的设备。它从存储设备中读出 1/0 二进制串，并执行这些 1 和 0 所定义的操作。计算机所完成的操作一般包括一个动作（如加或减）以及参加计算的数据的地址或位置。读者还看到了计算机必须包括某些提供条件操作的机制，这是一种使用数据操作结果决定接下来应该执行两个动作序列中哪一个的手段。

本章还包括一段简单的计算机发展历史。人们从来没有发明过现在被称为计算机的设备。计算机来自一系列发展，每次新的发展都采用过去提出的思想，并采用更加现代的技术加以实现。20 世纪 40 年代的早期计算机并不符合现在的标准，因为它们不能运行不同的程序，或注定只能一遍遍地完成同样的操作序列（即它们没有提供必要的条件操作以允许程序响应输入）。

到 1950 年，计算机与今天的计算机已经非常相似了——至少在原理上。所变化的仅仅是计算机在技术、内部组成和外设上的发展方式。

习题

1.1 a. 专用计算机与通用计算机有什么区别？

b. 飞机的自动驾驶仪是专用计算机还是通用计算机的实例？

1.2 为什么我们说计算机内用来表示指令的 1/0 二进制序列并没有内在意义？这句话隐含的意思是什么？

1.3 为什么计算机的性能非常依赖如半导体、磁、光、化学等一系列技术？

1.4 修改本章所用的算法，使之能够找到最长的非连续字符序列的位置。

1.5 我曾经批评过"查尔斯·巴贝奇是计算机发明者"这一说法。我批评这一说法的理由是巴贝奇设计的计算机完全是机械的（轮子、齿轮和机械联动），而一台真正的计算机应该是电子的。我的批评对吗？

1.6 以下 RTL 指令序列的结果是什么？描述每一条 RTL 指令的功能，并说出这个指令序列的作用。注意，[x] 表示地址为 x 的存储单元的内容。

a. [1] ← 1

b. [2] ← 4

c. [3] ← [1] + [2] − 3

d. [4] ← [2]

e. [5] ← [[3]]

f. [6] ← [[2] + 1]

1.7 RTL 语言、机器语言、汇编语言、高级语言和伪码的区别是什么？

1.8 什么是存储程序计算机？

1.9 我坚持认为条件操作是计算机之所以为计算机的关键要素。在机器一级，条件操作是通过诸如 BEQ XYZ（为 0 则跳转到指令 XYZ）那样的指令实现的，而在高级语言一级，它是通过 IF x=y then do THIS else do THAT 之类的语句实现的。为什么这种条件操作是计算所必需的？

1.10 单地址、双地址和三地址计算机体系结构各有什么优点？

1.11 a. 计算机体系结构与它的组成之间有什么区别？

b. 除了计算机外，你能想出还有哪些系统既有体系结构也有组成？

1.12 外体系结构与内体系结构有何区别？

1.13 这些年来，计算机的发展是在计算机体系结构方面更多一些，还是在计算机组成方面更多一些？

1.14 人类的记忆与计算机的存储器之间有何不同？

1.15 什么是冯·诺依曼瓶颈？

1.16 假设 Intel 没有开发出第一个微处理器，微处理器是否仍然会不可避免地出现？

1.17 尽可能地列举出你能想到的制造计算机的所有使能技术。

1.18 什么是语义鸿沟？它在计算机体系结构中的重要性体现在哪里？要回答这一问题，你需要在 Internet 上或在图书馆里查阅相关资料。

1.19 假设巴贝奇成功地制造出了一台每秒完成一个操作的通用机械式计算机。你认为这台计算机会对巴贝奇所处的维多利亚时代社会产生怎样的影响（如果的确有影响的话）？

1.20 使用有限差分方法计算 17^2 的值。

1.21 扩展下表的有线差分方法，计算 11^3 和 12^3 的值。

数	数的平方	第一次差分	第二次差分	数	数的平方	第一次差分	第二次差分
1	1			5	25	9	2
2	4	3		6	36	11	2
3	9	5	2	7	49	13	2
4	16	7	2				

1.22 若你决定试着将计算机变得更加"人性"并引入了"随机元素"。你应该如何去做？

1.23 计算机总是盲目遵循逻辑规则——执行同样的程序总会得到相同的答案。这就是计算机教材上所说的。但这是真的吗？我的计算机在不同的场合就会有不同的行为。为什么你会认为这是有可能的？

1.24 X 的值为 7。一些计算机语言（或符号）将 $X+1$ 解释为 8，而另一些则将它解释为 Y。为什么？

1.25 进行必要的资料收集，并撰写一篇有关计算机存储系统发展的论文（例如 CRT 内存，延迟线存储器，铁氧体磁芯存储器，等等）。

1.26 为什么总线对计算机非常重要？

1.27 我们经常会听到一些有关 CPU 的大小、功耗、速度的进步推动了计算机革命的争论。计算机系统还有哪些方面推动了计算机革命？

1.28 计算机在哪些领域的应用最成功？在哪些领域的应用最不成功或甚至根本没用？

1.29 你认为计算机发展（在计算能力以及它的能力/应用等方面）的瓶颈（限制或障碍）在哪里？

1.30 a. 摩尔定律是准则吗？

b. 为什么你认为摩尔定律是"存在的"？到底是什么在驱动着摩尔定律或使它成为可能？

1.31 按照现在的标准判断，你认为所有的早期计算机中哪一台计算机才应该被称作"第一台计算机"？

计算机算术

"我常说：当你能衡量你正在谈论的东西并能用数字加以表达时，你才真的对它有了几分了解；而当你还不能测量，也不能用数字表达时，你的了解就是肤浅的和不能令人满意的。尽管了解也许是认知的开始，但在思想上则很难说你已经进入了科学的阶段。"

——Lord Kelvin

"没有测量就没有控制。"

——Tom DeMarco，1982

"细节决定成败。"

——英语谚语

"可以有数据无操作，但不能有操作无数据。"

——佚名

"四舍五入的数字总是错的。"

——Samuel Johnson

前面已经介绍了计算机，并解释了它能够处理存放在存储器中的数据。本章将更详细地介绍计算机所处理的数据。在本书的第二部分，读者还将看到处理器是怎样执行指令的。

我们首先介绍信息的表示，因为它对后面的大部分内容有重要意义。人们用来表示信息的方式——无论是数字数据、文本数据或多媒体数据（比如声音和视频），对计算机体系结构都有重要影响。数据表示决定了计算机所执行操作的类型，数据从一个位置传到另一个位置的方法，以及对存储元件的特性要求。

第 2 章将从数字表示和计算机运算开始。计算机简单地将数字和其他所有信息都表示为二进制形式，因为经济地设计和制造复杂的大规模二进制电路是比较容易的。读者将看到二进制整数和负数、小数值以及像 π 那样的无理数的表示等内容，还会看到加、减、乘、除等基本运算操作。

本章专门用一节介绍浮点运算，使读者能处理科学计算中 1.3453×10^{23} 那样很大的数和很小的数。浮点运算是非常重要的，因为它的实现决定了计算机执行复杂图形变换和图像处理的速度，而且浮点运算对计算的准确度也有很重要的影响。在介绍了浮点数之后，我们还会简要介绍一些影响形如 $(p-q)(x+y)$ 的链式计算以及超越函数和三角函数精度的因素。

人们所能描述的任何事物都可以被转换为二进制形式并由计算机处理。计算机中的数据可以表示各种信息，从本书中的纯文本到算术运算中的数字，到 CD-ROM 中的音乐或者到电影。计算机有着不同的用途，可以帮好莱坞艺术家制作出虚拟的人群场景，也可以帮另一些人计算按揭付款。然而在这些应用里，计算机都是对相同类型的数据（比特）进行同样的基本操作。

本章将介绍如何用 1 和 0 组成的串来表示信息，特别是数的表示以及数的处理方式。

我们将使用术语"计算机"，而不必担心会产生任何歧义。40 年前或更早以前，人们必须在计算机前加上模拟或数字以区分那时的两种完全不同的计算机——模拟计算机和数字计算机。我们从以下几个问题开始介绍：为什么计算机是数字的，为什么计算机设计者最终选择了二进制系统，以及信息是如何在计算机内表示的。

计算机最初被设计为计算器，使人们能更容易地完成冗长乏味的算术运算。人们习惯用十进制表示数字，因此我们会解释为什么数据要从日常的十进制表示转换为能被计算机存储和处理的形式，我们还会说明计算机如何表示负数和正数。本章还会介绍计算机如何实现加减法，以及更复杂的乘除法操作。

必须强调的是，二进制数和二进制运算并不神奇。数字计算机和二进制运算的出现仅仅是因为相应的技术实现起来非常划算。计算机的算术运算与日常生活中的一样——如果你有 7 个苹果并且吃了 1 个，那么还剩 6 个。无论是用十进制运算、掰手指头数、拨弄算盘珠，还是用计算机，结果都一样。

计算机中，1992347119845、0.00000000000000000000342、1.234×10^9 或 -1.3428×10^{-12} 那样很大或很小的数都是通过浮点运算的机制来处理的。我们介绍了数字计算机是如何存储和处理这些数据的。不过，因为浮点数可能只是其真实值的近似，我们将讨论浮点运算的误差来源以及在进行混合运算时误差是如何传播的。我们还会讨论计算机实现平方根、sin 和 cos 等数学函数的方法。

2.1　数据是什么

数据是各种各样的信息，如数字、文本、计算机程序、音乐、图像、符号、运动图像、DNA 密码，等等。实际上，信息可以是能够被计算机存储和处理的任何事物。本节将介绍位（bit，或比特）的概念并说明如何用它表示信息。

2.1.1　位与字节

计算机内存储和处理信息的最小单位是位（bit，或比特），它是 BInary digiT（二进制数）这个词的缩写。一个比特的值可以是 0 或 1，它是不可分的，因为不能再将它分为更小的信息单位。

数字计算机将信息以一组或一串比特（称作字）的形式保存在存储器中。例如，串 01011110 表示一个 8 位的字。按照习惯，我们以最低位在最右端的方式书写二进制串。

如果计算机像人一样以十进制的方式进行运算，解释计算机是如何工作的可能要容易一些，简单地以日常生活中的运算举例就可以了。但要制造这样一台计算机需要电路能够存储和处理 10 个十进制数 0 ～ 9。目前人们还不能制造出价格便宜的、能够可靠地区分出十个不同电压等级的电路，只能制造出便宜的、能够区分我们称之为 0 和 1 的两个电压等级的电路。

> **数据**
>
> 本书没有足够的篇幅深入讨论**数据**、**信息**和**知识**这 3 个相关概念的细节。术语"数据"是指表示值或变量的一个或一组测量结果。
>
> 本书使用术语"数据"表示存储在计算机内的二进制信息。这里的数据可以表示数

字、指令、图像或其他任何可以以数字形式表示的信息。

　　"信息"通常作为数据的同义词使用。不过，信息这个术语还意味着数据有某种形式的隐含值。例如在信息论中，信息的值（或熵）与它的概率有关。信息论是由克劳德·香侬（Claud Shannon）提出的，它的重要意义在于告诉人们信息在一个有噪声的通道内的传输速度有多快。

　　"知识"是人脑作用于信息后的一种结构，是比信息和数据高级得多的抽象。

　　计算机通常不会每次只对一个二进制位进行操作，它们会对一组二进制位[⊖]进行操作。8 个二进制位为一个字节（byte）。现在的微处理器都是面向字节的，其字长是 8 位的整数倍（即它们的数据和地址是 8、16、32、64 或 128 位）。一个字可以是 2 个、4 个或 8 个字节长，因为它的所有位可以被分别组织为 2 个、4 个或 8 个 8 位的组。

　　一般来讲，计算机能够同时处理的位数越多，它的速度就会越快。随着计算机的速度越来越快，价格越来越低，一台计算机一次能处理的位的组数也越来越多。20 世纪 70 年代第一个微处理器一次只能处理 4 位数据，而到了 20 世纪 90 年代初，64 位微机已开始进入个人电脑市场，一些显卡还能处理 128 位或 256 位宽的数据[⊜]。

　　一些计算机制造商用术语"字"（word）表示 16 位的值（与字节对应，字节是 8 位的值），长字表示 32 位的值。还有一些制造商则用字表示 32 位的值，用半字表示 16 位的值。本教材一般用字表示一台计算机能处理的信息的基本单位。

2.1.2　位模式

　　前面已经提到过，一串二进制位可以表示任何数据。读者自然会问表示某个数据需要多少位。如果要将一天中的小时表示为 24 个不同值中的一个（即 0 ～ 23），共需要多少位？如何指定这些数字对应的位模式？

　　图 2-1 描述了如何用 1 位、2 位、3 位和 4 位得到一个二进制的值序列。我们从图 2-1 最左边只有一位的情况开始，这时可以沿着两条路径中的一条前进——向上表示该位为 0 而向下表示该位为 1。增加第 2 位将得到 4 条从起点开始到状态 00，01，10 和 11 的路径。增加第 3 位将得到抵达状态 000，001，010，011，100，101，110 和 111 的 8 条路径。最后，增加第 4 位将得到从状态 0000 到 1111 的 16 条路径。

　　每当数字增加 1 位时，路径的总数将翻一倍。4 位得到 16 条路径，5 位得到 32 条路径，依此类推。一个 n 位的字将得到 2^n 条不同的路径或位模式。一个 8 位的字节将得到 $2^8=256$ 个可能的值，一个 16 位的字将得到 $2^{16}=65\ 536$ 个不同的值。为了用二进制数表示任何一个拥有最多 n 个值的量，应找到一个使不等式 $n \leqslant 2^m$ 成立的最小位数 m。例如，要表示整数百分数（即 $n=0,\cdots,100$），m 应为 7，因为 $100 \leqslant 2^7$。但这里并没有指出如何最优地安排

⊖　必须对这句话进行限定。如果计算机能直接处理 32 位字数据，那么两个 32 位字相加需要将 32 对二进制位一起相加。然而，由于加法还应考虑来自右边的两位数字的进位，那么必须要将这几位一起相加——每次 1 位。程序员实际上只能看到一次对两个字进行的操作，加法操作的细节对计算机用户隐藏了起来。大多数其他操作也是如此。不过一些计算机允许用户对一个字的某个特定位进行操作，例如，可以将某一位清 0 或置为 1，把它的值从 0 变为 1 或从 1 变为 0，或者测试它的值是 1 还是 0，并在程序后面使用测试结果。

⊜　显卡的 128 位数据表示的不是一个数，而是能够被同时处理的多个像素。这个概念将在介绍多媒体应用时详细讨论。

这 *m* 位对应的 2^m 个位模式。从图 2-1 中可以看出这些位被放在了相同的位置上（2.2 节将对其进行详细讨论）。我们很快将会看到数字值有几种不同的表示方式。

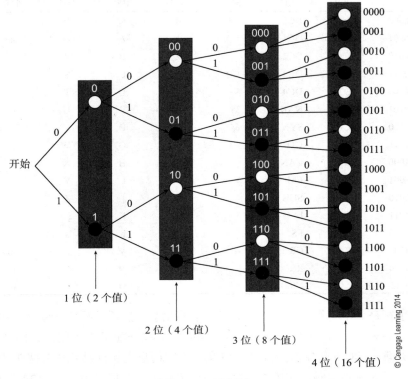

图 2-1　二进制树

信息表示

一个 *n* 位的字可以表示 2^n 个不同的位模式，图 2-1 描述了 *n*=1，2，3 和 4 的情况。那么一个 *n* 位的二进制字又可以表示什么呢？最简单的答案是什么也表示不了，因为一个由二进制 1 和 0 组成的串没有任何内在含义。怎样解释一个特定的二进制数只取决于程序员赋予它何种含义。在介绍二进制运算之前，我们简要介绍一下一般的二进制码而不考虑数字。以下是一些能够用字表示的对象。

指令　字长为 32 位或更长的计算机用一个字来表示 CPU 能够完成的操作（8 位或 16 位计算机用多个字表示一条指令）[⊖]。指令的二进制编码与其功能之间的关系由计算机设计者决定。例如，一台计算机上表示 "*A* 加 *B*" 的二进制序列可能与另一台计算机上的完全不同。

数量　一个字或多个字都可以用来表示数量。数可被表示为多种格式（如 BCD 整数、无符号二进制整数、有符号二进制整数、二进制浮点数、整数复数、浮点复数、双精度整数，等等）。字节 10001001 可能在一个系统中表示数值 –119，在另一个系统中表示 137，而在第三个系统中表示 89。程序员必须按照数的类型对其进行操作，用数字 8 去乘字符串 "John" 的二进制表示也是完全可以的[⊖]。

⊖　一些 16 位计算机的指令长度在 16 位到 80 位之间，具体长度取决于指令中是否含有存储地址。

⊖　在低级语言中，你可以对任何数据进行任何操作——无论这个操作是否合适。高级语言则通过一种叫作"类型"的机制确保不能对数据进行不恰当的操作，例如不能用一个数去乘一个字符编码。

表 2-1 ASCII 码

		0 000	1 001	2 010	3 011	4 100	5 101	6 110	7 111
0	0000	NULL	DCL	SP	0	@	P	`	p
1	0001	SOH	DC1	!	1	A	Q	a	q
2	0010	STX	DC2	"	2	B	R	b	r
3	0011	ETX	DC3	#	3	C	S	c	s
4	0100	EOT	DC4	$	4	D	T	d	t
5	0101	ENQ	NAK	%	5	E	U	e	u
6	0110	ACK	SYN	&	6	F	V	f	v
7	0111	BEL	ETB	'	7	G	W	g	w
8	1000	BS	CAN	(	8	H	X	h	x
9	1001	HT	EM	)	9	I	Y	i	y
A	1010	LF	SUB	*	:	J	Z	j	z
B	1011	VT	ESC	+	;	K	[	k	{
C	1100	FF	FS	,	<	L	\	l		
D	1101	CR	GS	–	=	M	]	m	}
E	1110	SO	RS	.	>	N	^	n	~
F	1111	SI	US	/	?	O	_	o	DEL

字符　字符是一个叫作"字母表"的集合中的元素。拉丁或罗马字母表中的字母、数字字符（A–Z，a–z，0–9）和 *、–、+、!、? 等符号都被分配了二进制值，因此可以在计算机内存储和处理。ISO 7 位字符码或 ASCII 码（美国信息交换标准代码）是在计算机工业中应用得非常广泛的一种编码，它用 7 位表示一个字符，一共可以表示 2^7=128 个不同的字符。其中有 96 个字符是可打印字符。其余 32 个是不可打印的，用于完成回车、退格、换行等特殊功能。表 2-1 列出了每个 ASCII 码的值及其所代表的字符。因为计算机都是面向字节的，它通常可以通过在最高位前补 0 的方法将 7 位 ASCII 码转换为 8 位——我们也会使用这个方法。

为了将一个 ASCII 字符转换为对应的 7 位二进制码，应将该字符在 ASCII 码表的行号作为 ASCII 码的高 3 位，列号作为低 4 位。表 2-1 用二进制和十六进制（稍后将介绍十六进制数）两种形式对各行和列编号。例如，字母"Z"的 ASCII 表示为 $5A_{16}$ 或 1011010_2。

十进制数字字符 0，1，2，3，4，5，6，7，8 和 9 对应的 ASCII 码分别是 30_{16}，31_{16}，32_{16}，33_{16}，34_{16}，35_{16}，36_{16}，37_{16}，38_{16} 和 39_{16}。例如，数字字符 4 用 ASCII 码 00110100_2 表示，而数值 4 用 00000100_2 表示。当按下键盘上的"4"后，计算机得到的输入是 00110100 而不是 00000100。当读入一个来自键盘的输入或将一个输出送往显示器时，都必须在数字字符的 ASCII 码和数字的值之间进行转换。在高级语言里，这个转换是自动完成的。

表 2-1 左边第三、四两列表示 0000000 ～ 0011111 之间的 ASCII 码对应的字符，其中没有字母、数字或符号。这两列字符都是不可打印的，要么用于控制打印机或显示设备，要么用于控制数据传输链路。ACK（应答）和 SYN（同步空闲）等数据链路控制字符与通信系统有关，通信系统将要传送的字符和管理信息流所需的特殊字符混合在一起。这样的系统已不像之前那样受欢迎，数据链路通过其他机制进行控制。

ASCII 控制字符

　　不久前，打字机和打印机还都是机电设备，一些 ASCII 控制字符（回车、换行、换页和回车）用来控制纸张或笔架移动，甚至还有一个报警码用响铃引起操作者的注意。一些特殊字符还在使用。例如，换码字符（ESC）重新定义了它后面字符的含义。

　　一些今天已经不太使用的特殊数据通信协议还会用到 STX（文本开始）等数据链路控制字符。

---

　　7 位的 ASCII 码一共可以编码 128 个字符，为了支持 Å、ö 和 é 等重音字符，它已被扩展为 8 位的 ISO 8859-1 拉丁编码。但因为这种编码不适用于世界上的许多语言，如汉语和日语，人们又设计了 Unicode 16 位编码，表示这些语言中的文字。Unicode 的前 256 个字符被映射到 ASCII 字符集上，使得 ASCII 码与 Unicode 的转换非常容易。Java 语言将 Unicode 作为其字符表示的标准方法。

　　有时需要对某种字符编码进行扩展或增强（例如，使之含有另一种语言中的文字符号）。增加每个字符的编码位数或者使用转义序列都可以扩展现有的字符编码。将 7 位的 ISO/ASCII 字符集扩展为 8 位，可以得到两个 128 个字符的字符集。如字符最高位为 0，则其余 7 位代表 128 个标准 ISO/ASCII 字符中的一个。反之，若字符最高位为 1，其余 7 位将表示 128 个新字符中的任意一个（比如非拉丁语字符或者甚至是图形符号）。

　　使用转义序列是另一种扩展字符集的方法，转义序列用一个特殊字符说明其后的字符（或字符串）的含义将按照与标准或缺省字符集中不同的方式进行解释。例如，ISO/ASCII 的换码字符 ESC 就用来说明紧跟在其后的字符有新的含义。

　　图像、声音和视觉　　数字计算机处理大量表示声音、静态图像和视频的数据。也许有人会说一幅照片的大小相当于 1000 个词，但在数字世界中并非如此。如果我们假设平均每个词中含有 5 个 ASCII 字符和 1 个空格，那么 1000 个词共有 6000 个字符或大约 6KB。一台全画幅数码单反相机所拍摄的 raw（未编码）格式照片，每张的大小约为 30MB。此时，一张照片的大小是 1000 个词的 5000 倍。

　　组成照片的基本单位是像素（picture element），每个像素的大小可以是 8 位（单色）或 24 位（三基）。一张高分辨率照片中可能有超过 4K×3K 个像素。运动图像的情况更甚，因为视频将作为一串静态图像依次传输，每秒发送 60 次（60 次/s）[⊖]。实际情况并不像数据所反映的那样糟糕，因为无论是静态图像还是动态图像，都可以进行压缩以减少其数据量——压缩比可以达到 10 倍甚至更高。静态图像用 JPEG 算法压缩，动态图像则用 MPEG 算法压缩。在介绍处理多媒体应用的专用指令集时我们还会回到这一话题。如果要进行实时图像处理，需要很大的存储容量，很高的传输带宽，以及很强的处理能力。我们有理由认为高性能计算机技术在过去 10 年的发展受到了多媒体应用需求的驱动。下面举一个与多媒体有关的问题规模的例子，请考虑一架载客量为 800 人的空客 A380 的飞行娱乐系统的设计，理论上所有 800 名乘客都可以使用该系统在 50 余部影片内选择一部来观看——所有这些都是实时进行的。

　　声音的存储和处理曾是计算机设计者面临的巨大挑战，但与图像相比这已不再是一个严

　　⊖　运动图像的传输速率比较复杂。电视图像或帧通常是隔行扫描的，并按照奇数行和偶数行这两个连续的场（field）传输。隔行扫描减少了闪烁的影响，因为 60 幅半帧的图像看起来比 30 幅完整的图像更好一些。电影有时采用 24 帧/s 的速率。与美国所用的 30 帧/s 或每秒 60 个隔行扫描场不同，欧洲的电视使用 25 帧/s 或每秒 50 个隔行扫描场（因为欧洲的输电线频率为 50Hz，而美国是 60Hz）。

峻的问题，因为音频处理所需的计算、存储和传输带宽已经完全处于现代计算、存储和传输设备的能力范围内。奈奎斯特抽样定律（Nyquist ttheorem）指出，如果以至少两倍于音频流最高频率的速率对初始波形进行采样，就可以重新构造出声音信号。16 位采样对除了最高质量音频外的其他所有音频都足够了。因此，以 32K 次 /s 的速率进行声音采样共需 $2^{15} \times 2$ 字节 /s=2^{16} 字节 /s，这在今天是毫无问题的。使用高级心理声学模型编码方法（见第 5 章）和 MP3 等算法对声音进行压缩，可以将其所需带宽降到最初的十分之一。

多媒体信号与大多数其他形式的数据的编码之间有一个重要的区别。通常数据必须进行精确编码，它的存储或处理都不会丢失信息。没人希望文本文件或信用卡账单中出现随机错误。这种编码被称为无损的，它表明无论进行多少次编码或解码，总可以得到同样的结果（通过将频繁出现的词或一组字母替换为短语来压缩文本文件的 zip 编码算法是一个很好的无损压缩的例子）。图像和声音编码（MPEG、JPEG 和 MP3）则采用有损编码，意味着编码会造成不可逆的质量损失。这种有损编码充分利用了"如果不能轻易地觉察到，人们就不会过于关注细节的损失"这一原理。

2.2　数字

用来计数的数字（即 $1,2,3,4,\cdots$）被称作自然数，因为它们并不依赖于数学而存在——无论地球上是否有人去数，猎户座的腰带上总是 3 颗星。我们用十进制或十进制系统计数，因为它有 0 ～ 9 共 10 个符号（对应于人手指的个数）。

并非所有数字都是自然数。人们发明了负数来处理如银行存款余额等情况。还创造出实数描述 123.456 和 13/14 那样的数。实数可分为有理数和无理数。有理数可被表示为分数（如 7/12），而无理数不能被表示为一个整数除以另一个的形式，例如 π 或 $\sqrt{2}$。

现代数字系统中，有一个符号表示 0，这是在 1400 年前后由阿拉伯世界传入欧洲的[⊖]。该系统使用位置记数法表示十进制数，每个数位的值或权取决于它在数字中的位置，例如数 1261 中 6 的值就是数 126 中 6 的 10 倍。十进制数 1261 等于 $1 \times 1000+2 \times 100+6 \times 10+1 \times 1$。在位置记数法中，当一个数只剩一位时所乘的值称作基数。

2.2.1　位置记数法

按照位置记数法，一个 n 位的整数 N 将按照下面的形式书写：

$$a_{n-1}, a_{n-2},..., a_i,...,a_1 a_0$$

这里 a_i（$i=0,1,...,n-1$）是与 b 的幂相乘的系数（此处 b 为基数）。例如，当基数为 10 时，我们可以将 $N=278$ 写作 $a_2 a_1 a_0$，这里 $a_2=2$，$a_1=7$，$a_0=8$。

用小数点（例如，十进制小数点基于十进制运算，而二进制小数点基于二进制运算）将整数部分和小数部分分开，可以对位置记数法进行扩展，使其能够表示实数。十进制运算中的实数按照形如 1234.567 的方式书写。一个小数点前有 n 位，小数点后有 m 位的实数被表示为 $a_{n-1}a_{n-2}...a_i...a_1 a_0 . a_{-1}a_{-2}...a_{-m}$。

一个用基数为 b 的位置记数法表示的数的值被定义为：

⊖　正如今天计算机科学家为了 Windows 和 Linux 而争论一样，欧洲历史上也曾经有过一段罗马数字与阿拉伯数字共存的时期。那时的人们如果想要记账，必须找到一个能够熟练使用传统的罗马数字或不久前从东方传来的新符号的会计。斐波那契（Leonard de Pisa）在 1202 年向欧洲人介绍了阿拉伯数字而使其普及起来，即便如此，罗马数字依然在此后被沿用了几个世纪。直到 1550 年阿拉伯数字才开始广泛使用。

$$N = a_{n-1}b^{n-1}+\cdots+a_1b^1+a_0b^0+a_{-1}b^{-1}+a_{-2}b^{-2}+\cdots+a_{-m}b^{-m}$$
$$= \sum_{i=-m}^{i=n-1} a_ib^i$$

采用位置记数法，一个数的数值等于它各位值的总和，而每一位的值则是该位的数值乘以它在数中的位置所对应的权。例如，十进制数 1982 等于 $1 \times 10^3+9 \times 10^2+8 \times 10^1+2 \times 10^0$。对于任意基数 b，b^0 的值总是 1。

当基数为 2 时，二进制数 10110.11 的值为 $1 \times 2^4+0 \times 2^3+1 \times 2^2+1 \times 2^1+0 \times 2^0+1 \times 2^{-1}+1 \times 2^{-2}$，或用十进制表示为 16+4+2+0.5+0.25=22.75。

为了区分十进制数、二进制数和十六进制数，我们分别用下标 10、2 和 16 表示基数（例如 1234_{10}、1010011_2 和 $12A3_{16}$）。不过，若一个数的基数是显而易见的，则可以将下标省略掉。

计算机科学家对 4 种数制感兴趣：十进制、二进制、八进制和十六进制（十六进制通常被缩写为 hex）。八进制数现在使用不多，因此本书不再讨论。表 2-2 列出了每种数制所使用的数字。由于十六进制数有 16 个数字，字母 A ～ F 分别表示数值 10 ～ 15。例如，$12CF_{16}$ 包括数字 1、2、12 和 15。人们用十六进制数表示位数很多的二进制数。例如，8 位二进制数 10001001 等于十六进制数 89，后者更容易记。

表 2-2 四种数制用到的数字

数制	基数	数字集合
十进制	$b = 10$	$a = \{0, 1, 2, 3, 4, 5, 6, 7, 8, 9\}$
二进制	$b = 2$	$a = \{0, 1\}$
八进制	$b = 8$	$a = \{0, 1, 2, 3, 4, 5, 6, 7\}$
十六进制	$b = 16$	$a = \{0, 1, 2, 3, 4, 5, 6, 7, 8, 9, A, B, C, D, E, F\}$

请注意!

十进制位置记数法不能精确地表示所有小数，例如，1/3 是 0.33333333333…33。二进制位置记数法也是如此。还请注意，一些能够用十进制表示的小数无法用二进制表示，例如 0.1_{10} 不能被精确地转换为二进制形式。

数据的表示方式有很多——例如曾被用于金融计算的计算器和计算机广泛使用的 BCD 码（即二-十进制编码）。BCD 码使用 4 位二进制码 0000 ～ 1001 表示十进制值 0 ～ 9。BCD 码值可以表示十进制数字串（例如 1948 被表示为 0001 1001 0100 1000）。BCD 码的效率较低，因为二进制数 1010 ～ 1111 并没有被用到，而且与二进制运算相比，十进制运算要烦琐得多。由于 BCD 码已不再是计算机设计时考虑的主要因素，所以本书将这部分内容略去[⊖]。

2.3 二进制运算

本节将介绍基本的二进制整数算术运算（加法、减法、乘法和除法）。二进制算术运算的规则与十进制基本相同；唯一的区别在于，十进制算术运算以 10 为基数，每位有 10 个数字，而二进制运算以 2 为基数，每位只有 2 个数字。下面列出了二进制加法、减法和乘法运算的规则，比起对应的十进制运算简单了许多。三个一位二进制数加法的规则也列在了下面，这有助于读者理解进位是如何处理的。

⊖ 令人好奇的是，十进制运算又东山再起了。IBM Power6 处理器使用高速十进制运算逻辑完成金融数据库中的事务处理。

加法	减法	乘法	加法（三位）
0 + 0 = 0	0 − 0 = 0	0 × 0 = 0	0 + 0 + 0 = 0
0 + 1 = 1	0 − 1 = 1（借位为 1）	0 × 1 = 0	0 + 0 + 1 = 1
1 + 0 = 1	1 − 0 = 1	1 × 0 = 0	0 + 1 + 0 = 1
1 + 1 = 0（进位为 1）	1 − 1 = 0	1 × 1 = 1	0 + 1 + 1 = 0（进位为 1）
			1 + 0 + 0 = 1
			1 + 0 + 1 = 0（进位为 1）
			1 + 1 + 0 = 0（进位为 1）
			1 + 1 + 1 = 1（进位为 1）

上面的规则描述了两个一位二进制数进行加法、减法和乘法运算时的情形。两个位相加可能产生进位或借位，就像十进制算术运算中那样（例如 4+8=2，进位为 1）。

真实计算机处理 8 位、16 位、32 位或 64 位的数字，一个字中的所有位都必须参与算术运算。当两个二进制字相加时，一个加数中所有的位都将与另一个加数中对应的位相加，从最低位开始，每次处理一位。加法产生的进位应参与其左边一列中两位的加法。请考虑下面 4 个 8 位二进制数相加的例子。请注意，图中加阴影的表示进位（值为 1）。

```
    例 1            例 2            例 3            例 4
 00101010       10011111       00110011       01110011
+01001101      +00000001      +11001100      +01110011
      1           11111                         111  11
 01110111       10100000       11111111       11100110
```

当两个二进制数相减时，一定要记得 0−1 的差为 1，同时会从其左侧借一位。请考虑下面二进制减法的例子（加阴影的表示借位）。请注意例 5 是用小数减去大数，就像传统的算术运算一样。但我们很快就会看到，计算机并没有按照这种方式工作。

```
    例 1          例 2          例 3          例 4            例 5
 01101001     10011111     10111011     10110000       01100011
−01001001    −01000001    −10000100    −01100011      −10110000
                   1            1          1  111         1  1111
 00100000     01011110     00110111     01001101      −01001101
```

十进制乘法则要难一些——我们必须从 1 × 1 = 1 开始学习九九表，直到 9 × 9 = 81。二进制乘法仅需要一个简单乘法表，记录了两个位相乘得到一个位的积。

0 × 0 = 0

0 × 1 = 0

1 × 0 = 0

1 × 1 = 1

下面的例子描述了 01101001_2（乘数）与 01001001_2（被乘数）相乘的过程。两个 n 位字相乘将产生一个 $2n$ 位的积。乘法运算从被乘数的最低位开始，测试它的值是 0 还是 1。如果该位为 0，则在算式中写下 n 个 0；如果该位为 1，则写下乘数（这个值被称作部分积）。接下来继续测试被乘数左边的下一位并执行同样的操作——这个例子是从上一个部分积的下方、左边一位开始写下 n 个 0 或 n 位的乘数（即部分积被左移了 1 位）。这个过程将一直继续，直到被乘数中的每一位都按顺序被检测过。最后，这 n 个部分积被加到一起，生成乘数与被乘数的积。

被乘数	乘数	步骤	部分积
0100100**1**	01101001	1	0 1 1 0 1 0 0 1
010010**0**1	01101001	2	0 0 0 0 0 0 0 0
01001**0**01	01101001	3	0 0 0 0 0 0 0 0
0100**1**001	01101001	4	0 1 1 0 1 0 0 1
010**0**1001	01101001	5	0 0 0 0 0 0 0 0
01**0**01001	01101001	6	0 0 0 0 0 0 0 0
0**1**001001	01101001	7	0 1 1 0 1 0 0 1
01001001	01101001	8	0 0 0 0 0 0 0 0
		结果	0 0 1 1 1 0 1 1 1 1 1 1 0 0 0 1

请注意，计算机并没有按照这种先生成多个部分积再将它们加在一起的方法。如果这个算法能够自动完成，部分积将被直接加到一个累计的总和上。

计算机不会像我们这样完成乘法运算。本章将在后面介绍计算机实现乘法的一些方法。

表示范围、精度、准确性和误差

在继续介绍负数的表示方法之前，我们需要介绍 4 个计算机算术运算的重要概念。当用计算机进行文本处理时，我们都希望计算机能够准确处理。如果计算机突然无法正确地输出单词，我们一定会非常惊讶。然而，对于数值数据来说却无需如此。由于以下两个原因，计算时有可能引入数值误差。引起误差的第一个原因是数自身的属性，第二个原因是计算机无法精确地完成算术运算。现在我们定义 3 个计算机算术的重要术语：表示范围、精度和准确度，它们都对硬件和软件体系结构有非常重要的影响。

表示范围（Range）——一个数所能表示的最大值和最小值的差就是它的表示范围，例如一个 n 位二进制自然数的表示范围为 $0 \sim 2^n-1$。一个 n 位二进制有符号补码数可以表示 $-2^{n-1} \sim 2^{n-1}-1$ 之间的值。对于用科学记数法表示的浮点实数（如 9.6124×10^{-2}），它的表示范围是指所能表示的最大值和最小值（如 0.2345×10^{25} 或 0.12379×10^{-14}）。表示范围在科学计算应用中尤其重要，特别是当需要表示银河系的大小或银行家的红利那样的天文数字时，或表示电子的质量那样微观的很小的值时。

精度（Precision）——数的精度是数据表示得有多好的衡量标准之一。例如，π 就不能用二进制或十进制实数精确表示——无论用多少位都不行。如果用 5 位十进制数表示 π，则其精度为 10^5 分之一。如果用 20 位，则其精度为 10^{20} 分之一。

准确度（Accuracy）——数的表示值与其的真实值之间的差衡量了数据表示的准确度。例如，我们测量出某种液体的温度为 51.32℃，而它的实际温度为 51.34℃，则准确度为 0.02°。有时人们会混淆准确度和精度。它们并不一样。例如，液体温度的测量结果可能是 51.320001，有 8 个有效数字，但它的实际温度为 51.34，只有 4 个有效数字。

误差（Error）——也许有人会说误差只是准确度的一个衡量标准（即误差 = 真实值 − 测量值）。这是对的。不过，对于计算机设计者、计算机程序员和计算机用户而言重要的是误差如何产生、如何控制误差，以及如何将误差的影响降到最小。

二进制小数带来的二进制算术运算中的误差和准确度问题就是一个很好的例子。如果有足够的位数用于数据表示（即一个足够大的表示范围），那么任何一个十进制整数都可以被表示为二进制形式。二进制小数的位置记数法表示为 $0.1_2=0.5_{10}$，$0.001_2=0.125_{10}$，$0.0001_2=0.0625_{10}$，…。二进制数的一个特点是，即便使用了很多位，也不能将所有的十进制小数准确地表示为二进制形式。例如 $0.1_{10}=0.000110011001100110011…_2$。无论用多少位都不能准确地将 0.1_{10} 表示为二进制形式。在 32 位的机器上，数据表示的精度为 2^{32} 分之一。

忽略计算机无法精确表示十进制小数可能会带来严重后果。爱国者导弹故障也许是有记录的后果最为严重的十进制 / 二进制算术运算故障。爱国者导弹是一种反导装备，能够击毁敌方发射出的导弹。它会在距离目标 5 ～ 10m 处被引爆，并释放出 1000 颗弹丸。

爱国者导弹的地面跟踪雷达会检测到并跟踪飞来的目标。爱国者的控制软件执行 24 位精度的算术运算，系统时钟每 0.1s 更新一次。跟踪精度与累积时间的绝对误差有关，即系统软件使用 24 位精度的系统时钟，它所估算的目标位置的误差将逐渐增加。这本不应成为一个问题，因为爱国者导弹系统仅会在一个相对较短的时间段内工作。

但在 1991 年第一次伊拉克战争期间，位于达兰的一个爱国者反导系统却已工作了超过 100 小时。这段时间内积累的时钟误差已经达到 0.3433s，这对应于目标位置（一颗于 3 月 5 日发射的飞毛腿导弹）的估计误差达到 667m。在这个事件中，爱国者导弹并未成功拦截飞来的飞毛腿导弹，反而造成 28 名美军士兵丧生。当然，没有误差也不意味着一定会拦截成功。但误差却会导致系统拦截失败。

尽管为了说明有限的精度对二进制算术运算的影响，我们用一个生动的例子强调了失败所带来的后果，但在二进制算术运算中，表示范围、精度和准确度造成的影响都应被考虑在内。

2.4　有符号整数

尽管负数可以用很多种不同的方式表示，但计算机设计者选择了 3 种方法：符号及值表示法，二进制补码表示法，移码表示法。每种方法都有其各自的优点和缺点。

2.4.1　符号及值表示法

一个 n 位字可以表示从 $0 \sim 2^{n-1}$ 共 2^n 个可能的值。例如，用一个 8 位的字可以表示 0，1，…，254，255。表示负数的一种方法是用它的最高位表示符号。通常符号位为 0 表示正数，符号位为 1 表示负数。

有符号数的值可被表示为 $(-1)^S \times M$，这里 S 为数的符号位的值，M 为其数值部分。若 $S=0$，则 $(-1)^0=+1$，该数为正数。如果 $S=1$，则 $(-1)^1=-1$，该数为负数。例如，下面两个 8 位有符号二进制数 00001101 和 10001101 的值为

$$0\ 0001101=+13 \qquad 以及 \qquad 1\ 0001101=-13$$

（符号位下标注数值部分，符号位）

n 位有符号的表示范围为 $-(2^{n-1}-1)$ 至 $+(2^{n-1}-1)$。一个 8 位有符号数可以表示 -127（11111111）至 $+127$（01111111）之间的整数。有人反对该系统的一个原因是它有两个值都表示 0：

00000000 = +0 以及 10000000 = −0

符号及值表示法并没有被用于整数算术运算中，因为它的加、减法运算分别用加法器和减法器实现。很快我们就会看到另外一些只需使用加法器的负数表示方法。符号及值表示法用于浮点算术运算中。

2.4.2 二进制补码运算

微处理器用二进制补码系统表示有符号整数，因为它可以将减法运算转换为对减数的补数的加法运算。用 7 加上 5 的补数就可以完成运算 7 减去 5。

> **补码算术运算**
>
> 本节涉及几个相关的概念，读者也许不容易理解我们正在讨论的内容。这里给出一个简要的介绍。一个数与它的补数之和是一个常数；例如一个一位十进制数与它的补数之和总是 9；2 的补数是 7，因为 2+7=9。在 n 位二进制算术中，数 P 的补数为 Q 且 $P+Q=2^n$。
>
> 在二进制算术中，求一个数补数的方法是将其各位取反并加 1。例如，01100101 的补数为 10011010 + 1 = 10011011。人们之所以对补码算术感兴趣，就是因为减一个数等于加上这个数的补数。因此，一个二进制数减 01100101 等价于它加上补数 10011011。

一个 n 位二进制数 N 的二进制补码定义为 2^n-N。如果 $N = 5 = 00000101$（8 位二进制数），则 N 的补码为 $2^8 − 00000101 = 100000000−00000101=11111011$。注意，11111011 也可以代表 −00000101（−5）或 +123，这取决于我们是将二进制数 11111011 看作补码还是非符号整数。

下面的例子说明了 8 位二进制数的补码运算过程。首先我们将 4 个数 +5，−5，+7 和 −7 转换为补码。

　　+5=00000101　　　　−5=11111011　　　+7=00000111　　　−7=11111001

现在将 7 与 5 的互补数相加，

```
  00000111        7
+ 11111011       −5
 100000010        2
```

结果为 9 位二进制数 100000010。如果忽略最左边一位（也叫"进位位"），结果为 00000010_2= +2，这正是我们所希望看到的结果。下面来看看 −7 加 5，

```
  00000101        5
+ 11111001       −7
  11111110       −2
```

结果为 11111110（进位位为 0）。我们预期的结果为 −2；即 $2^8−2=10000000−00000010 = 11111110$。我们再一次得到了所需要的结果。

二进制补码算术可不是魔术。请考虑 n 位二进制算术运算 $Z=X−Y$，我们用 X 加上 Y 的补数来完成这一运算。Y 的补码为 $2^n−Y$，则有 $Z=X+(2^n−Y)=2^n+(X+Y)$。

换句话说，我们得到了所需要的结果，$X−Y$，以及位于最左边的一个并不需要的进位（即 2^n），而这个进位被丢弃了。

对一个数两次求补将得到这个数本身；例如，$-5=2^8-00000101=11111011$。再次求补，我们将得到：$-(-5)=10000000-11111011=00000101=5$。即 $-x=2^n-x$ 且 $-(-x)=2^n-(2^n-x)=x$。请考虑下面的加法实例，它涵盖了被加数与加数分别为正和为负时全部四种可能的情形。

令 $X=9=00001001$，$Y=6=00000110$，则

$-X=10000000-00001001=11110111$

$-Y=10000000-00000110=11111010$

$$
\begin{array}{ll}
1)+X\ +9 \quad 00001001 & 2)+X\ +9 \quad\ 00001001 \\
\underline{+Y\ +6\ +\ 00000110} & \underline{-Y\ -6\ +\ 11111010} \\
\qquad\qquad 00001111=15 & \qquad\quad 100000011=+3 \\
3)-X\ -9 \quad 11110111 & 4)-X\ -9 \quad 11110111 \\
\underline{+Y\ +6\ +\ 00000110} & \underline{-Y\ -6\ +\ 11111001} \\
\qquad\qquad 11111101=-3 & \qquad\quad 111110001=-15
\end{array}
$$

将结果视为补码时，所有 4 个例子都得到了我们所期望看到的结果。例 3 将 6 与 9 的补数相加完成运算 $-9+6$，得到 -3。-3 的补码为 $10000000-00000011=11111101$。

例 4 计算 $-X+-Y$，得到 -15，但这是一个模 2^n 加法的结果。-15 的补码为 $10000000-00001111=11110001$。当两个数都是负数时，有 $(2^n-X)+(2^n-Y)=2^n+(2^n-X-Y)$。这个表达式的第一部分是模 2^n 加法时冗余的 2^n，第二部分为 $-X-Y$ 的互补数。对于正数和负数加法的所有情形，补码都可以得到正确的结果。

1. 求补运算

如果不是因为求补运算非常简单，补码不会有这样的吸引力。请考虑一个 n 位二进制补码数 N，它被定义为 2^n-N。将表达式 2^n-N 变为下面的形式：

$$2^n-1-N+1=\underbrace{111...1}_{n\ 位}-N+1$$

例如，8 位（$n=8$）时有

$$2^8-N=100000000-N=100000000-1-N+1（调整后）$$
$$=11111111-N+1$$

表达式 $11111111-N$ 的值很容易计算。对于 N 的第 i 位，n_i，若 $n_i=0$，则 $1-0=1$。同样，若 $n_i=1$，则 $1-1=0$。显然 $1-n_i=\bar{n}_i$。可见计算 N 的补码非常容易，所要做的就是将 N 的每一位取反并将结果加 1。例如，对于下面的 5 位二进制数有

$7=00111$

$-7=\overline{0}\,\overline{0}\,\overline{1}\,\overline{1}\,\overline{1}+1=11000+1=11001$

这种求补码的方法的优点在于它很适合用硬件实现。

2. 补码的特点

1）补码是一个真正的互补系统，因为 $+X+(-X)=0$。

2）补码 0 被表示为 $00\cdots0$，是唯一的。

3）补码的最高位为符号位。如果符号位为 0，则该数为正；符号位为 1，则该数为负。

4）n 位二进制补码数的表示范围为 $-2^{n-1}\sim2^{n-1}-1$。对于 $n=8$，补码表示范围为 $-128\sim127$。共有 $2^8=256$ 个不同的数（128 个负数，1 个 0，127 个正数）。

5）补码加法和减法使用同样的硬件完成，因为补码减法由被减数加上减数的补数实现。

3. 运算溢出

n 位二进制补码数的表示范围为 $-2^{n-1} \sim 2^{n-1}-1$。如果破坏了这个规则，即运算结果位于这个范围之外，会发生什么？ 5 位有符号二进制补码数的表示范围为 $-16 \sim +15$。请考虑下面的例子，

情形 1	情形 2
$5 = 00101$	$12 = 01100$
$+7 = \underline{00111}$	$+13 = \underline{01101}$
$12 \quad 01100 = 12_{10}$	$25 \quad 11001 = -7_{10}$

（表示为二进制补码数）

情形 1 中，我们得到了期望的结果 $+12_{10}$，但情形 2 中，我们得到的结果为负数，因为它的符号位为 1。如果将结果视作无符号数，它将是 $+25$，这个值显然是正确的。然而，既然我们已经选择补码作为负数的表示方法，所有运算结果都必须有一个合理的解释。

同样，如果两个负数相加且结果小于 -16，也会超出 5 位二进制补码的表示范围。例如，将 $-9=10111_2$ 与 $-12=10100_2$ 相加，得到

$$-9 = +10111$$
$$\underline{-12 = +10100}$$
$$-21 = \quad 101011 \quad \text{结果为正数 } 01011_2 = +11_{10}$$

这两个例子都说明了什么是运算溢出，它发生在补码加法当两个正数的和为负数，或两个负数的和为正数的时候。如果操作数 A 和 B 的符号位相同但结果的符号位与它们不同，则发生了溢出。假设 A 的符号位为 a_{n-1}，B 的符号位为 b_{n-1}，A 与 B 之和的符号位为 s_{n-1}，则可以用下面的逻辑表达式判断是否溢出（下节将介绍逻辑表达式）。

$$V = a_{n-1} \cdot b_{n-1} \cdot \overline{s_{n-1}} + \overline{a_{n-1}} \cdot \overline{b_{n-1}} \cdot s_{n-1}$$

实践中，真实系统通过加法器的进位输入和输出的最高位来判断是否发生溢出，即 $V = C_{\text{in}} \neq C_{\text{out}}$。溢出是补码运算的结果，不应与进位混淆，是否产生进位由被加数与加数的最高两位之和决定。

2.5 乘除法简介

除了加减法，计算机还必须实现乘法和除法。这两个操作比加减法复杂得多，所需的完成时间也长得多（或需要更复杂的硬件）。这里仅介绍乘法和除法的基本知识。

2.5.1 移位运算

在讨论如何进行二进制乘法之前，我们首先介绍二进制补码数的算术移位运算[⊖]。本节将其简称为"移位"。进行移位运算时，一个数的所有位都会向左或向右移动一位（例如，将二进制数 00101100 左移一位，它将变为 01011000，右移一位将变为 00010110）。有些计算机每次可以移动多位。

二进制补码正数左移一位等价于将该数乘 2。十进制数 39 的二进制表示为 00100111，左移一位得到 01001110，对应于十进制数 78。图 2-2a 描述了算术左移的过程。空出的最低位补 0，移出的最高位保存在计算机的进位标志中，进位标志在图 2-2 中用 C 表示。进位

⊖ 后面将会看到，计算机实现了不同类型的移位操作：逻辑移位、算术移位、循环移位以及扩展移位。

标志是计算机中的一个位存储单元，保存了进位位的状态。

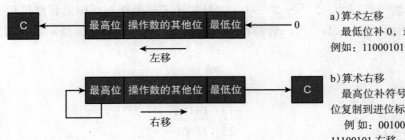

a) 算术左移

最低位补 0，最高位被复制到进位标志中。

例如：11000101 左移一位后得到 10001010。

b) 算术右移

最高位补符号位。所有位右移一位。最低位复制到进位标志中。

例如：00100101 右移一位得 00010010，11100101 右移一位得 11110010。

© Cengage Learning 2014

图 2-2　算术移位运算

11100011 左移一位得到 11000110。有符号二进制补码数 11100011 表示十进制数 -29。左移一位之后的结果是 11000110，表示十进制数 -58。

二进制数右移一位相当于它除以 2。以 00001100（即 12_{10}）为例，右移一位得到 00000110（即 6_{10}）。注意，00001101（即 13_{10}）右移一位也会得到 00000110，也是 6_{10}。这是因为移出的最低位被丢弃了。

负数右移需要特别注意。简单地将二进制补码负数 11100010 右移一位，结果为 01110001，这显然是不正确的。为了在移位时保持二进制补码数的符号不变，右移时应该像图 2-2(b) 那样复制符号位。请考虑 11100010（即 -30）。右移一位同时保持符号位不变将得到 11110001，等价于 -15。

为什么通过右移一位实现二进制补码数除以 2 时要在最高位补符号位？二进制正数定义为 $0xxxx,...,xx$，这里 x 为 1 或 0。将该数除以 2，会得到 $00pppp,...,pp$。这个数的补码为 $1yyyy,...,yy+1$（这里每个 y 是对应的 x 的补）。现在把 $00pppp,...,pp$ 转换为负数，会得到 $11qqqq,...,qq+1$。正如我们所看到的那样，无论是正数还是负数，右移时符号位都应保持不变。

2.5.2　无符号二进制乘法

请回顾人们在纸上笔算两个数乘法的过程。这里之所以强调人们是因为计算机不会像人那样进行乘法运算——它是将所有部分积加到一起。计算机从乘数的最低位开始，每次检查一位，判断它是否为 0。如果乘数的当前位为 1 则写下被乘数，若该位为 0 则写下 n 个 0。接下来检查乘数的下一位，但这时应从上一个数的左边一位开始写下被乘数（或 0）。被写下的这一组数叫作部分积。在得到所有的部分积之后，将它们加到一起，得到乘法的结果。

$$10 \times 13 \qquad\qquad 乘数 = 1101_2$$
$$被乘数 = 1010_2$$

1010			
1101			
1010	第 1 步	乘数第 1 位 = **1**，	写下被乘数
0000	第 2 步	乘数第 2 位 = **0**，	写下 0 并左移
1010	第 3 步	乘数第 3 位 = **1**，	写下被乘数并左移
1010	第 4 步	乘数第 4 位 = **1**，	写下被乘数并左移
10000010	第 5 步	将 4 个部分积加到一起	

乘法的结果 $10000010_2 = 130_{10}$ 是个 8 位二进制数。两个 n 位二进制数相乘会得到一个

$2n$ 位的积。正如前面提到的那样，数字计算机并没有实现上面的算法，因为这种算法要求计算机存储 n 个部分积，然后将它们同时相加。一种更好的技术是每得到一个部分积时就做一次加法。图 2-3 给出了一个计算两个 n 位无符号二进制数相乘的算法。请考虑用图 2-3 描述的算法计算 1101×1010 的例子。表 2-3 给出了其计算过程。

> 步骤 a. 将计数器的值置为 n。
> 步骤 b. 将 $2n$ 位的部分积寄存器清零。
> 步骤 c. 检查乘数的最右位（即最低位）。表 2-3 中用下划线标出了这一位，将被乘数与部分积的最低 n 位相加。
> 步骤 d. 将部分积右移一位。
> 步骤 e. 将乘数右移一位（乘数的最右位当然会被丢弃）。
> 步骤 f. 将计数器的值减 1，重复步骤 c 直到 n 个周期后计数器的值变为 0。部分积寄存器的内容就是乘积。
>
> © Cengage Learning 2014

图 2-3 一种乘法算法

表 2-3 用图 2-3 中的方法计算无符号数乘法

周期	乘数 = 1101_2		被乘数 = 1010_2	
	步骤	计数值	乘数	部分积
	a 和 b	4	1101	00000000
1	c	4	110<u>1</u>	10100000
1	d 和 e	4	0110	01010000
1	f	3	0110	01010000
2	c	3	011<u>0</u>	01010000
2	d 和 e	3	0011	00101000
2	f	2	0011	00101000
3	c	2	001<u>1</u>	11001000
3	d 和 e	2	0001	01100100
3	f	1	0001	01100100
4	c	1	000<u>1</u>	10000010
4	d 和 e	1	0000	10000010

2.5.3 快速乘法

这种通过移位和加法实现的乘法速度很慢。实际的计算机采用了多种方法加快乘法运算的速度。例如，构造专门的逻辑阵列直接得到两个数的积而不必对操作数移位。

与负数相乘

刚才讨论的乘法算法只适用于无符号数乘法。请考虑一个整数 X 与一个负数 $-Y$ 的乘法，$-Y$ 用二进制补码表示为 $2^n - Y$。

若使用二进制补码运算，乘积 $X(-Y)$ 就是 $X(2^n - Y) = 2^n X - XY$。我们期望的结果 $-XY$ 是个负数，用二进制补码表示应为 $2^{2n} - XY$。注意这里最高位是 2^{2n}，而不是 2^n，因为两个 n 位数相乘会得到一个长度为 $2n$ 位的积。为了得到正确的二进制补码结果，应给乘积加上一个矫正因子 $2^{2n} - 2^n X = 2^n(2^n - X)$，即 $2^n X - XY + 2^n(2^n - X) = 2^{2n} - XY$（乘积 $-X \cdot Y$ 的正确二进制补码表示）。矫正因子是将 $-X$ 的二进制补码乘 2^n。生成矫正因子并将它与乘积相加会使乘法运算的速度变慢。下面来看一个例子。

用 4 位二进制算术运算计算 X 乘以 $-Y$，$X=3$，$Y=2$。3 的二进制值为 0011，2 的二进制值为 0010。-2 的二进制补码为 1101+1 = 1110。这样，我们用 0110 乘以 1110，得到 8 位二进制数 00101010，即十进制数 +42。这个值比正确的结果大 -2^nX。$-X$ 的值为 1101（二进制补码表示），乘以 2^4 得到 11010000。为了得到正确结果，应将乘积与这个矫正因子相加，即 00101010 + 11010000 = 11111010。当然，这是 -6 的二进制补码表示，就是正确的结果。

布斯乘法

布斯乘法是两个二进制补码有符号数相乘的经典方法，它适用于两个正数、一个负数和一个正数、两个负数相乘的情形。布斯乘法与传统的二进制无符号数乘法相似，但有一些不同。它将根据乘数相邻两位的值确定接下来将进行以下 3 种操作的哪一种。

1. 若乘数当前位为 1，下一位为 0，则用部分积减去被乘数，得到新的部分积。

2. 若乘数当前位为 0，下一位为 1，则用部分积加上被乘数，得到新的部分积。

3. 若乘数当前位与下一位相同，则什么也不做。

注意事项 1. 当被乘数与部分积相加时，产生的进位将被丢弃。

注意事项 2. 部分积移位时，使用算术移位，最高位补符号位。

注意事项 3. 乘法开始时，乘数的当前位（第 n 位）为其最低位时，下一位（第 $n+1$ 位）为 0。

表 2-4 描述了 5 位二进制补码布斯乘法的 +15 乘以 -13（01111×10011）的过程。结果为 1100111101_2，对应值为 -195。

表 2-4   布斯乘法实例

步骤	乘数位	部分积 0000000000
减去被乘数	100110	1000100000
部分积右移 1 位		1100010000
什么也不做	10011	1100010000
部分积右移 1 位		1110001000
加上被乘数	10011	10101101000
部分积右移 1 位		0010110100
什么也不做	10011	0010110100
部分积右移 1 位		0001011010
减去被乘数	10011	1001111010
部分积右移 1 位		1100111101

有些程序员使用移位和加法等速度相对较快的操作以避免使用乘法。请考虑 P 乘以 10 和乘以 9 这两个例子。

$10P = 2 \times (2 \times 2 \times P + P)$；即将 P 左移两次，加上 P，再将和左移一次。

$9P = 2 \times 2 \times 2 \times P + P$；即将 P 左移三次，加上 P 得到结果。

乘法运算也可以借助查找表（look-up table）实现，这种方法将两个数相乘所有可能的积都保存在一个只读存储器内。这样，只需简单地用 X 和 Y 的值找到表中的对应项就可以得到 X 和 Y 的乘积。例如，两个 8 位二进制数乘法需要一个 16 位地址（即两个 8 位字）、2^{16} 项的查找表，每项记录了一个 16 位的积。计算 00001010 乘以 00111100 的积只需读出地址为 0000101000111100 的项的内容 00000010010110000。

这种方法的缺点在于所需 ROM 的容量随着乘数和被乘数位数的增加呈指数增长。n 位乘法需要的 ROM 容量为 $2n \times 2^{2n}$ 位；例如 8 位乘法需要容量为 16×2^{16} 位的 ROM。

可以用一个简单的方法来减少查找表的大小。假设要计算两个 16 位数 A 与 B 的乘积。可以将 16 位数 A 拆分为两个 8 位数 A_u 和 A_l，这里 A_u 是 A 的高 8 位而 A_l 是 A 的低 8 位。如果 A=1111000010101010，则 A_u=11110000，A_l=10101010。A 可被表示为 $A_u \times 256 + A_l$，B 可被表示为 $B_u \times 256 + B_l$。现在，请考虑乘积 $A \times B$。

$$A \times B = (A_u \times 256 + A_l) \times (B_u \times 256 + B_l) = 65536 A_u B_u + 256 A_u B_l + 256 A_l B_u + A_l B_l$$

这个表达式需要计算 4 个 8 位乘积（$A_u B_u$，$A_l B_u$，$A_u B_l$，$A_l B_l$），将积左移 16 位或 8 位（即乘以 65536 或 256），以及将 4 个部分积相加等操作。这样，可以用 8 位乘法和 4 个加法来完成 16 位乘法。实际上，借助硬件有很多办法可以加快乘法运算的速度。

2.5.4　除法

除法是通过被除数不断地减去除数直到结果为零或小于除数来实现的。减去除数的次数称作"商（quotient）"，最后一次减法的差称作"余数（remainder）"。也就是说，

$$被除数 / 除数 = 商 + 余数 / 除数$$

在讨论二进制除法之前，我们首先看看人们在纸上笔算完成十进制除法的过程。下面的算式描述了 575 除以 25 的过程。

$$\begin{array}{c}商\\ 除数\;\big|\;被除数 \qquad\qquad 25\;\big|\;575\end{array}$$

第一步是比较除数和被除数的最高两位，看看被除数的最高两位中有几个除数。这个例子中答案为 2（即 $2 \times 25 = 50$），并用 57 减去 2×25。在商的最高位上写下数字 2，得到下面的算式。

$$\begin{array}{r} 2\\ 25\;\overline{\big|\;575}\\ 50\\ \hline 7\end{array}$$

将被除数的下一个数字 5 移下到 7 的后面，并比较除数和 75。由于 75 正好是 25 的整倍数，因此应在商的下一位上写下数字 3 并得到

$$\begin{array}{r} 23\\ 25\;\overline{\big|\;575}\\ 50\\ \hline 75\\ 75\\ \hline 00\end{array}$$

因为已经处理到被除数的最后一位且 75 正好是除数的整倍数，因此除法结束，商为 23，余数为 0。上述除法过程的难点在于估计部分被除数中有多少个除数（即 57 除以 25 等于 2 余 7）。请考虑用无符号二进制除法完成同样的例子。

$$25 = 11001_2 \qquad\qquad 575 = 1000111111_2$$

$$
11001 \overline{\big)1000111111}
$$
$$
11001
$$

被除数的前 5 位比除数小，因此商的最高位商 0 并将除数与被除数的前 6 位比较。

$$
\begin{array}{r} 01 \\ 11001 \overline{\big)1000111111} \\ \underline{11001} \\ 001010 \end{array}
$$

被除数的前 6 位中有一个除数，减法后得到新的部分被除数为 001010（1111）。将被除数的下一位移下来，可得

$$
\begin{array}{r} 010 \\ 11001 \overline{\big)1000111111} \\ 11001 \\ 010101 \\ 11001 \end{array}
$$

新的部分被除数小于除数，因此商的下一位商 0。后续的除法过程如下：

$$
\begin{array}{r} 010111 \\ 11001 \overline{\big)1000111111} \\ \underline{11001} \\ 101011 \\ \underline{11001} \\ 100101 \\ \underline{11001} \\ 11001 \\ \underline{11001} \\ 00000 \end{array}
$$

除法结果商为 10111，余数为 0。

1. 恢复余数除法

稍加改动，刚才讨论的除法方法就可以以数字形式实现。唯一需要修改的就是除数与部分被除数的比较方法。人们用心算进行比较，而计算机必须做减法并检测结果的符号位。如果减法的结果为正，则商 1，但若结果为负，则应商 0 并将部分被除数与除数相加，将其恢复为原先的值。

下面是一个可行的恢复余数除法算法。

1）将除数的最高位与被除数的最高位对齐。

2）从部分被除数中减去除数，得到新的部分被除数。

3）若新的部分被除数为负，则商 0 并用新的部分被除数加上除数，恢复原先的部分被除数。

4）若新的部分被除数为正，则商 1。

5）判断除法是否结束。若除数的最低位与部分被除数的最低位对齐，则除法结束。最后的部分被除数就是余数。否则，执行第 6 步。

6）将除数右移 1 位。从第 2 步继续执行。

图 2-4 描述了该算法的流程图。下面按照该流程计算 01100111_2 除以 1001_2，即十进制数 103 除以 9，其结果为商 11 余 4。表 2-5 逐步列出了除法的过程。

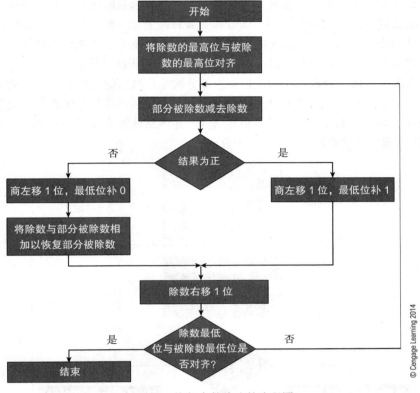

图 2-4 恢复余数除法的流程图

表 2-5 恢复余数除法实例，01100111 除以 1001

步骤	描述	部分被除数	除数	商
		01100111	00001001	00000000
1	对齐	01100111	01001000	00000000
2	部分被除数减去除数	00011111	01001000	00000000
4	结果为正——商左移 1 位，最低位补 1	00011111	01001000	00000001
5	测试结束			
6	除数右移 1 位	00011111	00100100	00000001
2	部分被除数减去除数	−00000101	00100100	00000001
3	恢复余数，商左移 1 位，最低位补 0	00011111	00100100	00000010
5	测试结束			
6	除数右移 1 位	00011111	00010010	00000010
2	部分被除数减去除数	00001101	00010010	00000010
4	结果为正——商左移 1 位，最低位补 1	00001101	00010010	00000101
5	测试结束			
6	除数右移 1 位	00001101	00001001	00000101
2	部分被除数减去除数	00000100	00001001	00000101
4	结果为正——商左移 1 位，最低位补 1	00000100	00001001	00001011
5	测试结束			

2. 不恢复余数除法

改进图 2-4 中的恢复余数除法可以减少除法的延迟。不恢复余数除法与恢复余数法基本相同，唯一的区别在于它取消了恢复余数的操作。在恢复余数除法中，在部分被除数与除数相加恢复部分被除数之后的一个周期，部分被除数将减去除数的二分之一。每个将除数右移的操作等价于将除数除以 2。当前周期恢复部分被除数以及下个周期减去除数一半的操作等价于部分被除数加上除数的一半。即 $D - D/2 = +D/2$，这里 D 为除数。

图 2-5 给出了不恢复余数除法的流程图。部分被除数减去除数之后，将检测新的部分被除数的符号位。若为负，则商左移 1 位，商的最低位补 0，并将部分被除数加上除数的二分之一。若为正，则商左移 1 位，商的最低位补 1，并将部分被除数减去除数的二分之一。表 2-6 列出了用不恢复余数除法完成表 2-5 中算例的过程。

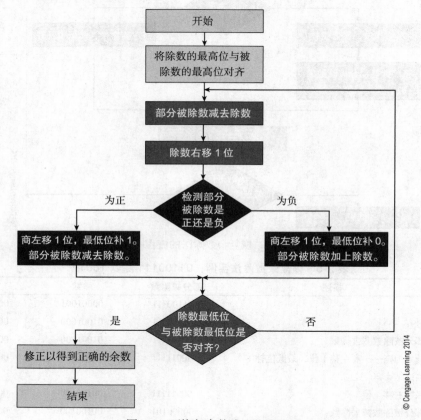

图 2-5   不恢复余数除法的流程图

表 2-6   不恢复余数除法实例，01100111 除以 1001

步骤	描述	部分被除数	除数	商
		01100111	00001001	00000000
1	对齐	01100111	01001000	00000000
2	部分被除数减去除数	00011111	01001000	00000000
3	除数右移 1 位	00011111	00100100	00000000
4	检测部分被除数的符号——商左移 1 位，最低位补 1，部分被除数减去除数	−00000101	00100100	00000001

（续）

步骤	描述	部分被除数	除数	商
6	判断是否结束	−00000101	00100100	00000001
3	除数右移 1 位	−00000101	00010010	00000001
5	检测部分被除数的符号——商左移 1 位，最低位补 0，部分被除数减去除数	00001101	00010010	00000010
6	判断是否结束	00001101	00010010	00000010
3	除数右移 1 位	00001101	00001001	00000010
4	检测部分被除数的符号——商左移 1 位，最低位补 1，部分被除数减去除数	00000100	00001001	000000101
6	判断是否结束	00000100	00001001	00000101
3	除数右移 1 位	00000100	0000100.1	00000101
4	检测部分被除数的符号——商左移 1 位，最低位补 1，部分被除数减去除数	−00000000.1	0000100.1	00001011
6	判断是否结束	−00000000.1	0000100.1	00001011
7	修正余数	00000100	0000100.1	00001011

2.6 浮点数

介绍了整数之后，下一步就是讨论浮点运算，即实数之间的运算。实数是所有有理数和无理数的集合。浮点运算能够让人们处理科学应用（与金融或商业应用相对）中很大的和很小的数。浮点运算不像整数运算，它的计算结果一般是不确定的。一块芯片上的浮点计算结果也许与另一块芯片上的不同。后面将解释为什么浮点运算无法获得确定的答案，并讨论一些程序员必须了解的陷阱。

n 位字长的计算机能够处理值为 $0 \sim 2^n-1$ 的单字长无符号整数。更大的整数可以通过将多个字链接在一起来表示。例如，一台 32 位的计算机可以将两个 32 位字拼接在一起以处理 64 位数（一个表示 64 位数的高半部分，另一个表示它的低半部分）。科学家和工程师经常会处理值范围极大的数（例如，从电子的质量到星体的质量）。这些数被表示为浮点数并进行处理，之所以这样叫是因为小数点在数中的位置并不是固定的。一个浮点数值分两部分存储：数值以及小数点在数值中的位置。

浮点数表示也被称作"科学计数法"，因为科学家用它来表示很大或很小的数。1.2345×10^{20}，0.4599×10^{-50}，-8.5×10^3 等都是十进制浮点数。在十进制运算中，科学计数法表示的数字被写成尾数 $\times 10^{指数}$ 的形式，这里尾数表示这个数，而指数则以 10 的整数幂为倍数将其扩大或缩小。

二进制浮点数则被表示为尾数 $\times 2^{指数}$ 的形式。例如，101010.111110_2 可被表示为 1.01010111110×2^5，这里尾数为 1.01010111110，指数为 5（用 8 位二进制数表示为 00000101）。今天，术语 mantissa（尾数）已被替换为 significand 以表示浮点数中有效位的位数。由于浮点数被定义为两个值的积，浮点数的表示并不唯一；例如 $10.110 \times 2^4 = 1.0110 \times 2^5$。

多年以来，计算机系统使用了很多不同的方法表示浮点数的尾数和指数。20 世纪 70 年代，一种标准的浮点数表示方法快速地取代了大多数系统自有的格式。IEEE 754 浮点数标准提供了 3 种浮点数表示：32 位单精度浮点数，64 位双精度浮点数，以及 128 位四精度浮点数。

1. 规格化浮点数

IEEE 754 浮点数的尾数总是规格化的（除非它等于 0），其范围为 $1.000\cdots0 \times 2^e$ 到 $1.111\cdots1 \times 2^e$，这里 e 为指数。规格化浮点数的最高位总是 1。规格化使尾数的所有位都是有效的，因而尾数的精度最高。若某个浮点计算的结果为 $0.110\cdots \times 2^e$，它应被规格化为 $1.10\cdots \times 2^{e-1}$。同样，结果 $10.1\cdots \times 2^e$ 应被规格化为 $1.01\cdots \times 2^{e+1}$。

尾数规格化充分利用了可用的最大精度。例如，一个 8 位非规格化的尾数 0.0000101 只有 4 个有效位，而规格化后的 8 位尾数 1.0100011 则有 8 个有效位。

2. 偏置指数

IEEE 754 浮点数的尾数被表示为符号和数值的形式，即用一个符号位表示它是正数还是负数。它的指数则用偏置方式表示，即给真正的指数加上一个常数。假定所用的指数为 8 位，偏置值为 127。若一个数的指数为 0，它被保存为 0 + 127 = 127。若指数为 −2，则被保存为 −2 + 127 = 125。实数 1010.1111 规格化的结果为 $+1.010111 \times 2^3$。指数为 +3，将被保存为 3 + 127 = 130；即 130_{10} 或用二进制表示为 10000010。

这种用偏置表示指数的方法的优点在于，最小的负指数被表示为 0。若不采用这种方法，0 的浮点表示为 $0.0\cdots0 \times 2^{最小负指数}$。采用偏置指数之后，0 就可以用尾数 0 和指数 0 表示，如图 2-6 所示。

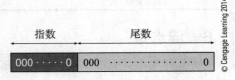

图 2-6 0 的二进制浮点数表示

2.6.1 IEEE 浮点数

一个 32 位 IEEE 754 单精度浮点数可以被表示为下面的二进制位串：

S EEEEEEEE 1.MMMMMMMMMMMMMMMMMMMMMMM

这里 S 为符号位，指明这个数是正数还是负数；E 为 8 位偏置指数，指出了小数点的位置；M 是 23 位小数尾数。细数这个数，我们会发现它有 33 位而不是 32 位，这是因为当这个数被保存在存储器中时，尾数最前的那个 1 被省掉了。只有用 M 表示的尾数的小数部分才会被存入存储器中（后面将很快介绍这样做的原因）。图 2-7 描述了 32 位浮点数的结构。

S 位为符号位，决定了数的符号。若 $S = 0$，该数为正数，若 $S = 1$，则该数为负。指数 E 将浮点数的尾数扩大或缩小 2 的 E 次方倍，并且它的偏置值为 127。例如浮点数 $+1.11001\cdots0 \times 2^{12}$ 的指数为 $12 + 127 = 139_{10} = 10001011_2$。

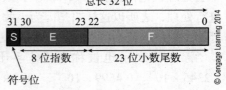

图 2-7 32 位 IEEE 浮点数的结构

IEEE 浮点数的尾数总是规格化的，其值在 $1.0000\cdots00$ 至 $1.1111\cdots11$ 之间，除非这个浮点数是 0，此时尾数为 $0.000\cdots00$。由于尾数总是规格化的，且它的最高位总是 1，因此将尾数存入存储器时没有必要保存最高位的 1。所以，一个非 0 的 IEEE 754 浮点数可被定义为：

$$X = -1^S \times 2^{E-B} \times 1 \cdot F$$

式中：

S = 符号位；0 = 正尾数；1 = 负尾数；E = 偏置量为 B 的指数；F = 尾数的小数部分（注意实际尾数为 $1 \cdot F$，有个隐含的 1）

前面已经提到，浮点数 0 应被表示为 $S = 0$，$E = 0$，$M = 0$（即浮点数 0 用全 0 表示）。

IEEE 浮点数被称为字典序的，因为无论两个数是被当作浮点数还是有符号整数，它们的大小顺序都是相同的。这一特性意味着人们可以用简单的逻辑电路比较两个浮点数的大小，电路的复杂度与浮点表示的复杂度无关。

请考虑下面的例子：如何将一个 32 位 IEEE 单精度浮点数 X 解压缩为一个符号位、一个偏置指数和一个尾数。$X = 11000001100110011000000000000000$。解压缩这 3 个字段得到

$S = 1$，$E = 10000011$，且 $F = .00110011000000000000000$

为了得到实际的尾数，当解压缩尾数时我们会在所保存的尾数的小数部分之前增加一位，得到 1.00110011000000000000000。因此这个数等于 $-1.00110011000000000000000 \times 2^{10000011 - 01111111} = -1.00110011000000000000000 \times 2^4 = -10011.0011$。

1. IEEE 浮点数格式

ANSI/IEEE 754-1985 标准定义了基本的和扩展的浮点数格式，以及一组数量有限的算术运算的规则（加、减、乘、除、平方根、求余和比较）。

非数（Not a Number, NaN）是 IEEE 754 标准的一个重要概念。NaN 是 IEEE 754 标准提供的一个专门符号，代表 IEEE 754 标准格式所不能表示的数。NaN 的使用和定义是与系统相关的，可以用 NaN 来表示所需要表达的任何信息。

IEEE 754 标准定义了 3 种浮点数格式：单精度、双精度和四精度（见表 2-7）。在 32 位 IEEE 754 单精度浮点数格式中，最大指数 E_{max} 为 +127，最小指数 E_{min} 为 −126，并不是我们所想的 +128 ～ −127。$E_{min}-1$（即 −127）用来表示浮点 0，$E_{max}+1$ 用来表示正 / 负无穷大或 NaN 数。

表 2-7　IEEE 754 浮点数格式

	单精度	双精度（单精度扩展）	四精度（双精度扩展）
字段位数			
S = 符号位	1	1	1
E = 指数	8	11	15
L = 开始位	1（不保存）	1（不保存）	1（不保存）
F = 小数部分	23	52	111
全部长度	32	64	128
指数			
E 的最大值	255	2047	32,767
E 的最小值	0	0	0
偏置常数	127	1023	16,383
E_{max}	127	1023	16,383
E_{min}	−126	−1022	−16,382

注：S = 符号位（0 表示整数，1 表示负数）；
　　L = 起始位（规格化非 0 尾数的起始位总是 1）；
　　F = 尾数的小数部分；
　　指数的范围为 E 的最小值 +1 至 E 的最大值 −1；
　　所表示的浮点数值为 $(-1)^S \times 2^{E-偏置常数} \times L.F$；
　　三种格式中的浮点 0 都被表示为最小指数，$L=0$ 且 $F=0$；
　　三种格式中最大指数 $E_{max}+1$ 都表示有符号的无穷大。

解压缩浮点数时，浮点数指数和尾数的位数都会增加，这种格式被称为扩展格式。通过格式扩展，浮点数的表示范围和精度都增加了。例如，解压缩一个 32 位浮点数时，增加起

始位 1 可将 23 位的尾数小数部分扩展到 24 位，然后尾数被扩展为 32 位（要么作为一个 32 位字，要么作为两个 16 位字）。接下来的所有运算都在 32 位扩展精度的尾数上进行。扩展格式上的运算完成之后，运算结果按照原先的格式重新压缩并保存在存储器中。

最小指数的绝对值小于最大指数的绝对值，以确保计算最小数的倒数时不会产生上溢。当然，反过来就意味着最大数的倒数会产生下溢。不过下溢带来的问题没有上溢那么严重。

图 2-8 描述了 IEEE 单精度浮点数格式。指数 $E=0$ 和 $E=255$ 等特例分别被用于表示浮点 0、非规格化小数、正或负无穷大，以及 NaN 数等。

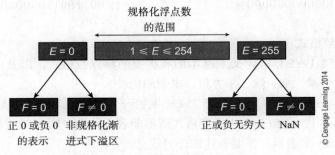

图 2-8　单精度 IEEE 浮点数区间

十进制数转换为二进制浮点数的实例

下面将十进制数 4100.125_{10} 转换为符合 IEEE 754 标准的 32 位单精度二进制浮点数。

首先将 4100.125 转换为二进制定点数，整数部分 $4100_{10} = 1000000000100_2$，小数部分 $0.125_{10} = 0.001_2$。因此，$4100.125_{10} = 1000000000100.001_2$。

下一步是二进制数 1000000000100.001_2 的规格化，将小数点左移直到尾数变为 1.xxx 的形式。每次小数点左移 1 位，指数就加 1。这一步将得到 $1.000000000100001 \times 2^{12}$。最后的结果如下：

- 符号位 S 为 0，因为这个数是正数。
- 指数为 $12 + 127 = 139_{10} = 10001011_2$。
- 尾数为 00000000010000100000000（起始位 1 被省略并将尾数扩展为 23 位）。
- 因此结果为 01000101100000000010000100000000，用 16 进制表示就是 45802100_{16}。

二进制浮点数转换为十进制数

下面进行相反的转换。请考虑十六进制数 $C46C0000_{16}$。这个数的二进制形式为 11000100011011000000000000000000。第一步是将这个数解压缩，得到符号位 S、偏置指数 E 和尾数的小数部分 F。

- $S = 1$
- $E = 10001000$
- $F = 11011000000000000000000$

由于符号位为 1，这个数是负数。偏置指数 10001000_2 减去 127 得到实际指数 $10001000_2 - 01111111_2 = 00000111_2 = 7_{10}$。尾数的小数部分为 $.11011000000000000000000_2$。加上起始位后得到 $1.11011000000000000000000_2$。这个数是 $-1.11011000000000000000000_2 \times$

2^7，或 -11101100_2（即 -236_{10}）。

下面，请考虑 $C4962800_{16} = 11000100100101100010100000000000_2$。将它分为 S、E 和 F 3 个部分

$$S = 1, E = 10001001 = 137_{10} = 137 - 127 = 10_{10}（真实指数），M = 1.F = 1.001011000101_2。$$

这个二进制数是 $-10010110001.01_2 = -1201.25$。

2. IEEE 浮点数的特点

首先来看看浮点数的一些不明显的特点。请考虑两个浮点数 F_1 和 F_2 的差，这两个数只有最低位不同；即

$$d = F_2 - F_1 = e_2 \times 1.f_2 - e_1 \times 1.f_1 = 2^{e_2-b} \times 1.f_2 - 2^{e_2-b} \times 1.f_1 = 2^{e-b} \times 0.000,..,1$$

这两个数的差是 $2^{-p} \times 2^{e-b}$，这里 p 是尾数的位数，b 是指数 e 的偏置常数。当指数 e 的值很大时，两个连续的浮点数的差也很大；而当 b 的值很小时，差也很小。

浮点数的另一个特点与接近 0 时的情形有关。图 2-9 描述了一个指数为 2 位，尾数为 2 位的浮点数系统。浮点数 0 表示为 00 000。下一个规格化的正数表示为 00 100（即 $2^{-b} \times 1.00$，这里 b 为偏置常数）。

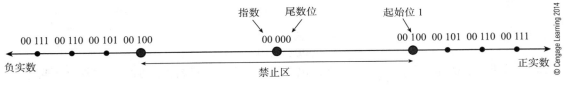

图 2-9 接近 0 的浮点数

图 2-9 说明，浮点数 0 附近有一块禁止区，其中的浮点数都是非规格化的，因此无法被表示为 IEEE 标准格式。这个数的指数和起始位都是 0 的区域，也可用来表示浮点数。不过，这些数都是非规格化的，其精度比规格化数的精度低，会导致渐进式下溢。

IEEE 浮点数的其他特点

- IEEE 754 标准中规定，缺省的舍入技术应该向最近的值舍入。如果一个数与两个最近的可表示的值的距离相等，则选择最低位为 0 的作为舍入值；也就是说，向偶数值舍入。标准要求必须提供另外 3 种舍入模式（向 0 舍入，向正无穷大舍入，向负无穷大舍入）。
- IEEE 标准规定了 4 种比较结果，分别是等于、小于、大于和无序（unordered）。最后一种——无序，用于一个操作数是 NaN 数的情形。
- IEEE 标准规定了 5 种异常。异常或中断是一种强制计算机进行专门处理机制。IEEE 标准定义的异常有：

操作数不合法——当程序员试图使用一些不合法的操作数（如 NaN 数，与无穷大数相加或相减时，或求负数的平方根）时，会引发这种异常。

除数为 0——当除数为 0（因为结果为无穷大）时，会引发这种异常。

上溢——当结果比最大浮点数还大时会引发这种异常。处理上溢的方法有终止计算、饱和运算（用最大值作为结果）等。浮点运算的上溢与有符号整数运算的上溢不同。

下溢——当结果比最小浮点数还小时会引发这种异常；也就是说，结果小于 2^{Emin}。下溢可以通过将最小浮点数设为 0 或用一个小于 2^{Emin} 的非规格化数表示最小浮点数等方式处理。

结果不准确——当某个操作产生舍入错误时会引发这种异常。

- NaN 在表达式中传播；即若一个表达式的一部分为 NaN，表达式的结果也是 NaN。

2.7 浮点运算

浮点数不能直接相加。下面以一个简单的 8 位尾数和一个未对齐的指数为例说明浮点运算，$A = 1.0101001 \times 2^4$，$B = 1.1001100 \times 2^3$。若要计算这两个数的乘积，应将尾数相乘，指数相加；即

$$A \cdot B = 1.0101001 \times 2^4 \times 1.1001100 \times 2^3$$
$$= 1.0101001 \times 1.1001100 \times 2^{3+4}$$
$$= 1.000011010101100 \times 2^8.$$

现在来看看浮点加法。笔算时人们会像下面那样自动地将 A 与 B 的小数点对齐，

$$10101.001$$
$$+\ 1100.1100$$
$$\overline{100001.1110}$$

然而，由于浮点操作数已经被表示为规格化形式，计算机在进行浮点加法时面临以下问题：

$$1.0101001 \times 2^4$$
$$+1.1001100 \times 2^3$$

为了对齐指数，计算机必须执行下面的步骤：

第 1 步，找出指数较小的那个数。

第 2 步，使两个数的指数相同。对于指数小的那个数，指数加几，就将尾数右移几位。

第 3 步，尾数相加（或相减）。

第 4 步，如果有必要，将结果规格化（后规格化）。

在这个例子里，$A = 1.0101001 \times 2^4$ 且 $B = 1.1001100 \times 2^3$。B 的指数比 A 的小，应将 B 的指数加 1，使它与 A 的指数相等。由于指数加 1 会使 B 的值增加 2 倍，应将 B 的尾数除 2，即将其右移 1 位。这两个操作使 B 的值保持不变，但被表示为 0.110011×2^4。现在就可以将 A 与非规格化的 B 相加了。

$$A = \quad 1.0101001 \times 2^4$$
$$B = +\ 0.1100110 \times 2^4$$
$$\overline{10.0001111 \times 2^4}$$

加法的结果不是规格化数，因为它的整数部分是 10_2。因此需要对结果作规格化处理。尾数右移 1 位并将指数加 1，得到 1.00001111×2^5。结果的位数的精度为小数点后有 8 位数字，而 A 和 B 的尾数在小数点后只有 7 位数字。

图 2-10 给出了浮点加法运算的流程。对于这个流程图，以下几点需要注意。

1）因为指数有时与尾数位于同一个字中，在加法过程开始之前必须将它们分离开（解压缩）。

2）如果两个指数的差大于 $p+1$，这里 p 为尾数的位数，较小的那个数由于太小而无法影响较大的数，结果实际上就等于较大的那个数。例如，$1.1010 \times 2^{60} + 1.01 \times 2^{-12}$ 的结果为 1.1010×2^{60}，因为指数之差为 72。

3）结果规格化时会检查指数，看它是否比最小指数小或比最大指数大，以分别检测指数下溢或上溢。指数下溢会导致结果为 0，而指数上溢会造成错误，可能会要求操作系统介入处理。

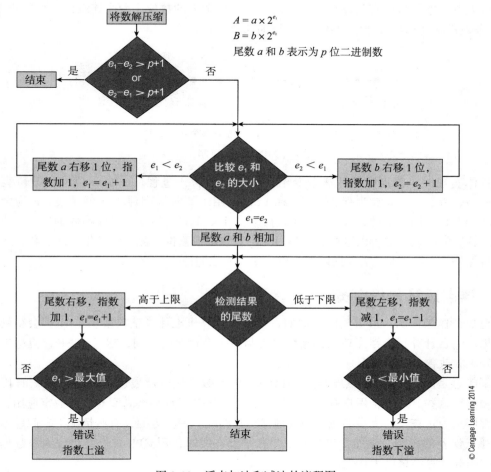

图 2-10　浮点加法和减法的流程图

舍入和截断误差

因为浮点运算可能引起尾数位数的增加，因此需要能够保持尾数位数不变的方法。最简单的技术叫作截断（truncation）。例如，将 0.1101101 截断为 4 位尾数的结果为 0.1101。截断会产生诱导误差（induced error）（即误差是由施加在数上的操作计算所引起的），诱导误差是偏置的，因为截断后的数总是比截断前的小。

舍入（rounding）是一种更好的减少数的位数的技术。如果丢弃的位的值大于剩余数最低位的一半，则将剩余数的最低位加 1。请考虑下面两个数在小数点后第 4 位上舍入的例子。

0.1101<u>011</u> → 0.1101　　　　　　　　　　　　删去的三位为 011，什么也不做

$$0.1101\underline{101} \rightarrow 0.1101+1 = 0.1110 \qquad\qquad 删去的三位为 101，因此加 1$$

与截断相比，人们更青睐舍入，因为它更加精确并会引起非偏置的误差。截断总会使结果变小，带来系统性误差，而舍入有时会使结果减小，有时会使结果增大。舍入的主要不足在于它需要对结果进行一个额外的算术操作。

图 2-11 描述舍入机制。最简单的舍入机制是截断或向 0 舍入。"向最近的数舍入"方法，会选择距离该数最近的那个浮点数作为结果。"向正或负无穷大舍入"方法，会选择正或负无穷大方向上最近的有效浮点数作为结果。当要舍入的数位于两个连续浮点数的正中时，IEEE 舍入机制会选择最低位为 0 的点（即向偶数舍入）。

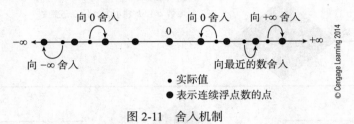

图 2-11　舍入机制

具体实现时，浮点数使用 3 个专用位辅助完成舍入过程。一个 m 位的尾数可表示为 $1.m_1m_2...m_mGRS$，这里 G 为保护位（guard bit），用于暂时提高浮点数的精度；R 为舍入位（rounding bit）；用于辅助完成舍入，S 为粘位（sticky bit）。粘位是 R 位右侧的所有位进行逻辑与运算后的结果，之所以这样称呼是因为一旦该位被置位（表明右边有一个或多个位为 1）它就将保持为 1。舍入算法根据以上 3 位确定舍入位的值。

2.8　浮点运算和程序员

整数操作是精确、可重复的。例如，在所有计算机上计算整数乘积 $x \cdot y$ 都会得到同样的结果。一台计算机上浮点单元的精度可能与另一个台上的不同，尽管 IEEE 浮点标准的引入已经大大改善了这一情况。

不能总是向用户隐藏浮点运算的细节（即浮点数精度以及表达式的计算方式），因为用户必须了解这些。通常，用户有关浮点的一些考虑仅会影响那些高度专用的数字应用；没有几个程序员为正在飞向火星的飞船精确地修正过路线。另一方面，有些情况下，问题本身会放大浮点误差的影响。例如，当所有卫星几乎都在线时，用 GPS 定位会出现因源数据的微小误差引起计算结果巨大错误的情况。

请考虑表达式 $z = x^2 - y^2$，它计算两个数的平方差，这里 x，y 和 z 都是实数。可以将该表达式视作 $x^2 - y^2$ 或 $(x+y)(x-y)$ 计算。无论采用哪个表达式，整数运算都会得到同样的结果，但浮点运算却可能得到不同的值。

浮点运算是怎样进行的和这个问题有什么关系？首先请考虑 $x^2 - y^2$。如果 x 和 y 的值差别很大，且 $x \gg 1$，$y \ll 1$，那么相应地 x^2 与 y^2 的差也会很大。因此，减法 $x^2 - y^2$ 可能产生误差，因为 x^2 的值很大而 y^2 的值很小。为了完成减法，应将 y^2 的指数变大，使其与 x^2 的指数相同。y^2 的尾数应右移，这会丢失一部分精度。

下面请考虑 $(x+y)(x-y)$。这里，计算 $(x-y)$ 的误差会小很多，最终的结果也精确得多。下面的 8 位十进制运算证明了这一点。

$$x = 5.9995998 \times 10^2 \text{ and } y = 1.0002010 \times 10^{-1}$$

$$x^2 = (5.9995998 \times 10^2)^2$$
$$= 35.99519776016004 \times 10^4$$
$$= 3.5995198 \times 10^5 \text{（舍入到 8 位数字）}$$
$$y^2 = (1.0002010 \times 10^{-1})^2$$
$$= 1.000402040401 \times 10^{-2}$$
$$= 1.0004020 \times 10^{-2} \text{（舍入到 8 位数字）}$$

在进行加法之前，应使小的那个数的指数增大，使其与大的那个数的相同。为将 y^2 的指数加 7，即将它的尾数右移 7 位。现在就可以进行减法了。

$$3.5995198 \times 10^5$$
$$-0.00000010004020 \times 10^5$$
$$3.59951969995980$$

将结果舍入到 8 位数字之后，可得 3.5995197×10^5。下面按 $(x+y)(x-y)$ 形式进行计算。计算 $(x+y)$ 和 $(x-y)$ 之前，先要将两个数的指数对齐

$$5.9995998 \times 10^2 \qquad\qquad 5.9995998 \times 10^2$$
$$+0.0010002010 \times 10^2 \qquad -0.0010002010 \times 10^2$$
$$6.0006000010 \qquad\qquad 5.9985995990$$

将结果舍入到 8 位数字之后，两个算式的结果分别为 6.0006000×10^2 和 5.9985996×10^2。这两个数的积为 $3.599519675976 \times 10^5$ 或 3.5885197×10^5（舍入到 8 位数字后）。正如所看到的那样，这两个结果并不相同，而其原因仅仅是因为我们使用了不同计算方式。

舍入误差对计算的影响会对编译技术产生很重要的影响。例如，我们熟悉的加法结合律就不再成立了，$(a+b)+c$ 不等于 $a+(b+c)$。如果将表达式重新排序，在同样的机器上，使用同样的数据，完成同样的计算，不同的编译器会产生不同的结果。

当进行混合精度（即单精度和双精度）计算时也会出现类似的问题。假设要计算表达式 $x \cdot y + z$，这里 x 和 y 是单精度值，而 z 为双精度。将 z 转换为单精度格式后，操作以单精度形式进行。不过，操作也可以双精度形式进行，但计算前要将 x 和 y 转换为双精度形式，最后还要将结果转换回单精度形式。输入误差可能使这两种方式的计算结果不同。

IEEE 标准要求加、减、乘和除的运算结果能够精确计算，并用向偶数舍入的方法将结果舍入为最近的浮点数。

2.8.1 浮点运算中的误差传播

本节继续讨论浮点计算中的误差，现在来看看执行浮点计算链时会发生什么。舍入造成的生成误差（generated error）或通过计算链传播的传播误差（propagated error）都会被引入浮点运算。下面首先来看看传播误差。若 Z 是 Y 的函数，若 Y 的误差为 e_y，那么 Z 的误差是多少？请考虑加法操作 $Z = X + Y$。

假设 X' 是计算机使用的 X 值，它被定义为 $X+R_x$，这里 X 为真正的值而 R_x 为舍入带来的误差。类似的，假定 $Y' = Y + R_y$。X 和 Y 的相对误差（relative error）分别被定义为 R_x / X 和 R_y / Y。

当程序员进行操作 $X+Y$ 时，计算机要完成的是 $X+Y+R_x+R_y$。这个表达式表明，加法运算中舍入误差将会被累积。和的相对误差为 $(R_x+R_y)/(X+Y)$。如果 X 和 Y 近似相等，相对误差就是 R_x / X。

乘积 $X \cdot Y$ 将得到 $(X+R_x) \cdot (Y+R_y) = X \cdot Y+X \cdot R_y+Y \cdot R_x+R_x \cdot R_y$。假设误差 R_x 和 R_y 很小，因此 $R_x \cdot R_y$ 可以被忽略。舍入误差近似为 $X \cdot R_y + Y \cdot R_x$。乘积的相对误差为 $(X \cdot R_y + Y \cdot R_x)/X \cdot Y$，即 $R_y/Y + R_x/X$。若 X 和 Y 近似相等，则相对误差为 $2 \cdot R_x/X$。注意乘法的相对误差比加法大。

多项式 $f(x) = a_0 + a_1x + a_2x^2 + a_3x^3$ 的传播误差近似为 $f^{(1)}(x)R_x$，这里 $f^{(1)}(x)$ 是多项式 $f(x)$ 的一阶微分。

借助多项式的泰勒级数（Taylor series），可以将多项式 $f(x)$ 展开为 $f(x) = f(x_0) + f^{(1)}(x_0)(x - x_0) + f^{(2)}(x_0)(x - x_0)^2/2 + \cdots$。若令 $R_x = x - x_0$ 并假设 R_x 所有大于 1 的幂都可省略，则 $f(x) = f(x_0) + f^{(1)}(x_0)R_x$。因此，传播误差 $f(x) - f(x_0) = f^{(1)}(x_0)R_x$。请考虑计算函数 $2x^3 + 4x^2 + 3x + 2$（$x = 2$）时的误差。这个多项式的导数为 $6x^2 + 8x + 3$，当 $x = 2$ 时的计算误差约为 $(24 + 16 + 3)R_x = 43R_x$。

两个几乎相等的数相减会引起有效位误差（Significance error）。请考虑 $z = x - y$，这里 $x = 1.234567$ 且 $y = 1.234521$。每个操作数都有 7 个有效位，但结果 $x - y = 0.000046$ 却只有两个有效位。假设 z 会被用于接下来的计算中，如 $p = q/z$，即用只有两位有效数字的操作数完成 7 位有效数字的运算。程序员在用计算机进行浮点操作数必须非常小心。

2.8.2 生成数学函数

一些金融计算和绝大多数科学与工程计算都会需要比简单的加、减、乘、除更复杂的操作，如平方根、三角函数 $\sin(x)$ 和 $\cos(x)$、双曲函数 $\cosh(x)$ 等。没有必要使用专用硬件直接计算这些函数。本节将介绍如何使用基本运算实现这些高级函数。一些浮点单元确实通过基本的算术操作为部分科学计算函数提供硬件支持。

尽管本书并不是一本数学书，但还是会介绍科学函数是怎样生成的——部分是为了完整性，部分是因为其对计算机设计、算术单元和指令集的影响。任何 $\sin(x)$ 或 $\sqrt{x}$ 那样的连续函数都可以被表示为关于参考点 x_0 的多项式展开

$$f(x) = f(x_0) + f^{(1)}(x_0)(x - x_0) + f^{(2)}(x_0)(x - x_0)^2/2! + f^{(3)}(x_0)(x - x_0)^3/3! + \cdots$$

$f^{(n)}(x_0)$ 定义为函数 $f(x)$ 在 x_0 处的 n 阶导数。这个 $f(x)$ 的表达式是泰勒级数，为了计算 $f_{(x)}$，需要将无穷多个项加在一起。但实践中，满足 $f_{(x)}$ 精度要求的项数可能很小。$f(x) = \sin(x)$ 的泰勒级数为 $x - x^3/3! + x^5/5! - x^7/7! + \cdots$。

将泰勒级数的前 n 项相加就可以得到 $\sin(x)$ 的值。n 的值取决于后面的项以多快的速度收敛为 0。有时级数收敛得很快，仅需要 4 或 5 项。有时收敛速度很慢，由于完成计算所需的时间过长而不会使用泰勒级数。

有时提供科学函数的算术单元会将生成某个特定函数所需的系数存放在只读存储器中的一张查找表（lookup table）中，以避免每次函数生成时都计算系数。例如，用泰勒级数计算 $\sin(x)$ 的算术单元会将系数 $1/3!$，$1/5!$，等等，保存在查找表中。

实践中，对于一定范围内的 x 值（如计算正弦函数时 x 的值域为 $0 \sim \pi/2$），由泰勒级数得到的系数并不总能确保 $f(x)$ 的精度最高。算术单元会使用那些对于给定的 x 值域能够得到更高计算精度的系数。随着变量的值接近边界，一些系数的表现将会变坏。例如，一个生成函数 $f(x)$（$0 \leqslant x \leqslant 1$）的系数可能在 x 接近 1 时的逼近效果变得很差。一些系数，例如切比雪夫级数（Chebyshev series），比泰勒系数的效果更好，误差在 x 的值域上分布得更加均匀。与泰勒级数不同，切比雪夫级数在变量值域的边界处的误差不会很大。而且，切比雪夫

级数的收敛速度比泰勒级数更快，计算近似值所需的项数也更少一些。

函数 $f(x)$ 的切比雪夫级数定义为一系列切比雪夫多项式之和：

$$f(x) = 1/2C_0 + C_1T_1(x) + C_2T_2(x) + C_3T_3(x) \cdots \text{ for } -1 \leqslant x \leqslant 1$$

C_0，C_1，C_2 是函数 $f(x)$ 的切比雪夫系数，$T_1(x)$，$T_2(x)$ 是切比雪夫多项式（Chebyshev polynomials）。$T_n(x)$ 的值被定义为 $\cos(n \cdot \text{acos}(x))$，前几项切比雪夫多项式为：

$T_0(x) = 1$

$T_1(x) = x$

$T_2(x) = 2x^2 - 1$

$T_3(x) = 4x^3 - 3x$

$T_4(x) = 8x^4 - 8x^2 + 1$

$T_5(x) = 16x^5 - 20x^3 + 5x$

函数 $f(x)$ 可以被表示为

$$1/2C_0 + C_1x + C_2(2x^2 - 1) + C_3(4x^3 - 3x) + C_4(8x^4 - 8x^2 + 1) + C_5(16x^5 - 20x^3 + 5x) + \cdots$$

若仅使用前 6 个切比雪夫多项式，该等式可写为下面的形式

$$f(x) = a_0 + a_1x + a_2x^2 + a_3x^3 + a_4x^4 + a_5x^5$$

这里，

$$a_0 = 1/2C_0 - C_2 + C_4$$
$$a_1 = C_1 - 3C_3 + 5C_5$$
$$a_2 = 2C_2 - 8C_4$$
$$a_3 = 4C_3 - 20C_5$$
$$a_4 = 8C_4$$
$$a_5 = 16C_5$$

对于任何需要计算的函数，如 $\sin(x)$，其系数 a_0，a_1，$\cdots$ 的值可被保存在计算机浮点单元的只读存储器中。

本节的目的是阐明这些复杂的数学函数的来源，以及如何通过一组项求和来生成这些函数，直到获得所要求的精度。

用函数生成新的函数

没有必要使用级数或迭代技术生成科学函数。很多函数可以直接由其他函数得到。例如，e^{-x} 可由 $e^{-x} = -\sinh(x) + \cosh(x)$ 计算得到。$\sinh(x)$ 和 $\cosh(x)$ 这两个双曲函数都可由浮点单元生成（使用合适的级数）。同样，我们可以通过 $\log_e(x) = 2\tanh^{-1}(x-1)/(x+1)$ 计算自然对数。

前面已经说明，计算机可以通过各种方式间接地生成从金融到科学等各种计算中用到的数学函数。对程序员来说，重要的是实现计算的方法会影响最终答案。但对设计者来说，重要的是他们有机会设计出能够提高复杂数字函数计算速度的算术单元。

迭代技术

另一种生成数学函数的方法是迭代技术。迭代技术使用函数的近似值 y_i，生成一个较好的值 y_i+1。再用这个较好的值生成一个更好的值，依此类推。牛顿－拉夫森（Newton-Raphson）公式说明了这一过程，

$$y_{i+1} = y_i - f(y_i)/f^{(1)}(y_i)$$

这里 y_i 是当前估计值，y_{i+1} 为下一估计值，f 为函数而 $f^{(1)}$ 为函数在 y_i 处的一阶导数或微分。下图描述了这一等式。

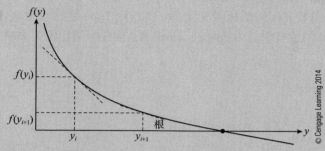

请考虑计算 x 的平方根的牛顿－拉夫森公式：

$$y_{i+1} = y_i - \frac{1}{2}(y_i - x/y_i)$$

这里 y_i 表示 x 平方根的第 i 个估计值，y_{i+1} 是下一个也是更好的一个估计值。若我们想生成 2 的平方根（即 $x = \sqrt{2}$）。假设初值 $y_0 = 1$。前 3 次迭代结果如下

$$y_1 = y_0 - 1/2(y_0 - x/y_0) = 1 - 1/2(1 - 2/1) = 1 - 1/2(-1) = 1.5$$
$$y_2 = y_1 - 1/2(y_1 - x/y_1) = 1.5 - 1/2(1.5 - 2/1.5) = 1.5 - 1/2(0.1666667) = 1.4166667$$
$$y_3 = y_2 - 1/2(y_2 - x/y_2) = 1.4166667 - 1/2(1.4166667 - 2/1.4166667) = 1.41421569$$

仅仅经过 3 次迭代，结果就已经很接近真实值 $\sqrt{2} = 1.41421356$ 了。同样，我们可以迭代地使用表达式 $y_{i+1} = y_i(2 - x \cdot y_i)$ 计算数 x 的倒数。倒数的计算十分重要，因为可用它来完成除法，因为 $A/B = A \cdot 1/B$。

本章小结

计算机使用两个状态的二进制系统表示信息，因为这是最划算的信息表示方法。读者已经看到了如何将数字表示为有符号和无符号整数。现代计算机总是使用二进制补码表示有符号整数，因为当一个（或两个）数为负数时，减法可以通过两个二进制补码数的加法完成。

读者还看到了科学计算（例如图形学中的图着色）中浮点数的表示方法。因为浮点数并不能准确地表示实数，本章还讨论了浮点数的误差以及它们所带来的后果。本章简要讨论了计算机实现复杂数学函数（如 cos 和 tag）的方法，解释了有很多方法可以完成这些操作，且需要在开销、速度和精度之间折中。

习题

2.1 为什么数字计算机会使用二进制算术？

2.2 我们说二进制值没有固有的含义（所有其他数据表示也是如此）。宇宙飞船旅行者 I 号中带有大量音乐和其他信息样本，是第一艘离开太阳系前往其他星系的人造飞船。如果数据没有固有含义，为什么可以用二进制信息进行通信？

2.3 与十进制整数运算相比，二进制整数运算有哪些不精确的地方？能否提高二进制计算机的准确度，使其与十进制计算机同样精确？

2.4 a. 为什么计算机是面向字节的？

b. 要获得 0.001% 的计算精度，需要多少位数据？

2.5 与以下数（假设它们是位置记数法的无符号整数）相等的十进制数是什么？

    a. 10110111_2 b. 10110111_3 c. 10110111_4 d. 10110111_{-2}

2.6 为什么要使用八进制和十六进制运算？

2.7 将下面的十进制数转换为 (a) 二进制 (b) 十六进制。

    a. 36   b. 360   c. 3600   d. 36666

2.8 将下面的无符号二进制数转换为十进制。

    a. 11   b. 1110   c. 11011   d. 11100110

2.9 将下面的十六进制数转换为十进制。

    a. FC   b. D1C   c. 57B21   d. CCDDEE

2.10 将下面的十六进制数转换为二进制。

    a. BF   b. 941D   c. 6FC01   d. DF0172

2.11 将下面的十进制小数转换为 16 位无符号二进制数。采用 8 位精度。

    a. 0.6   b. 0.700164   c. 0.2331   d. 0.0876

2.12 按照要求的基数完成下面的算式。

    a. 00110111_2 b. 00111111_2

         $+11110101_2$ $+10111011_2$

    c. 00120121_{16} d. $00ABCD1F_{16}$

         $+179DC06E_{16}$ $+2760FD01_{16}$

2.13 什么是算术溢出？它是怎样发生的？如何检测？

2.14 一个 n 位二进制补码整数 N 可被记作 $a_{n-1}a_{n-2}\cdots a_1a_0$。请用二进制补码表示证明，对于一个 n 位有符号二进制数，由其符号位和其本身可以将它表示为 $n+1$ 位有符号二进制数。例如，若 $n = -12$，用 5 位二进制数表示为 10100，用 6 位二进制表示为 110100。

2.15 a. 将 1234.125 转换为 32 位 IEEE 754 浮点格式。

    b. 32 位 IEEE 浮点数 CC4C0000 对应的十进制数是什么？

2.16 二进制补码数上溢与浮点数上溢之间的区别是什么？

2.17 在负二进制系统中，一个 i 位二进制数 N 用位置记数法表示为：

$$N = a_0 \times -1^0 \times 2^0 + a_1 \times -1^1 \times 2^1 + \cdots + a_{i-1} \times -1^{i-1} \times 2^{i-1}$$

这与传统的 8421 二进制加权自然数相同，除了额外的权值 +1 与 −1 不同。例如，1101 = $(-1 \times 1 \times 8)+(+1 \times 1 \times 4)+(-1 \times 0 \times 2)+(+1 \times 1 \times 1) = -8 + 4 + 1 = -3$。下面的 4 位二进制数被表示为负二进制形式。请将其转换为十进制。

    a. 0000   b. 0101   c. 1010   d. 1111

2.18 完成以下 4 位负二进制数的加法运算。结果为 6 位负二进制数。

    a. 1101   b. 1111   c. 1010   d. 0000

    +1011   +1111   +0101   +0001

2.19 当进行二进制补码加法运算时，若两个正数相加得到一个负数结果，或若两个负数相加得到一个正数结果，会产生算术溢出。即如果操作数 A 和 B 的符号位相同，但与结果的符号位不同，则发生了算术溢出。如果 a_{n-1} 为 A 的符号位，b_{n-1} 为 B 的符号位，S_{n-1} 为 A 与 B 之和的符号位，那么溢出可被定义为

$$V = a_{n-1} \cdot b_{n-1} \cdot \overline{s_{n-1}} + \overline{a_{n-1}} \cdot \overline{b_{n-1}} \cdot s_{n-1}$$

实践中，真实系统在运算的最后根据 $C_{\text{in}} \neq C_{\text{out}}$ 检测溢出。即根据下式检测溢出

$$V = \overline{c_n} \cdot c_{n-1} + c_n \cdot \overline{c_{n-1}}$$

请证明该表达式是正确的。

2.20 a. 截断误差与舍入误差有何不同？

    b. 什么是 NaN 数？它对浮点运算有怎样的重要性？

c. 基数为 13 的最大三位数是多少？

2.21 计算机中有很多方法表示正数和负数。请列出一些表示有符号数的方法。你还能否想出其他一些表示有符号数的方法？

2.22 请写下最大的 n 位基 5 正整数和 m 位的最大基 7 数。要将 n 位基 5 数表示为 7 进制。要表示所有的 n 位基 5 数，所需 m 位基 7 数的最小位数 m 是多少？提示：最大 m 位基 7 数应该大于或等于最大的 n 位基 5 数。

2.23 请计算 $x^2 - y^2$，这里 $x = 12.1234$，$y = 12.1111$。若要进行 6 位有效数字（十进制）的算术运算，使用表达式 $x^2 - y^2$ 或 $(x + y)(x - y)$ 是否有必要？

2.24 计算函数 $x^4 + x^2 + 10x + 8$，$x = 2$。如果 x 的误差为 R_x，那么计算误差是多少？

2.25 以下 ASCII 码字符串的含义什么？每个字符用十六进制表示。

$$43, \ 6F, \ 6D, \ 70, \ 75, \ 74, \ 65, \ 72, \ 2E$$

2.26 为什么浮点运算很少被用于金融计算？

2.27 对于下面的，请指出它们的基数 p, q, r, s, t, u 分别是多少？

a. $100001_p = 33_{10}$ b. $25_q = 13_{10}$ c. $25_r = 23_{10}$

d. $25_s = 37_{10}$ e. $1010_t = 68_{10}$ f. $1001_u = 126_{10}$

2.28 现代计算机会使用无符号整数运算、浮点运算、二进制补码运算和浮点运算。

a. 能否从一个二进制数看出表示它的数值系统？

b. 为什么有这么多表示数值的方法？

c. 我们是否需要所有这些机制？

2.29 一个数字逻辑元件用 2.8 ～ 2.95V 电压间的输出表示高状态。相同的逻辑元件在 2.1 ～ 3.0V 电压范围内的输入为高状态。为什么会有这样的不同？它有何实践意义？

2.30 请给出图 P2.30 中电路的中间值和输出值的真值表。

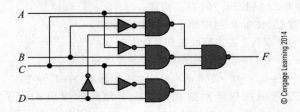

指令集体系结构

第一部分介绍了计算机，也涵盖了介绍中央处理器所需的背景知识。第二部分包括第3、4、5章，从程序员的角度来看计算机，而不再聚焦于计算机的内部组成。我们将在机器级，也就是本地指令的层次上，来考察计算机的运行。在第二部分，我们感兴趣的是计算机能做什么，而不是计算机如何去做。

第二部分从介绍**存储程序计算机**的体系结构以及它的指令集开始。我们将展示从存储器读出指令到执行指令的过程中，信息是如何在计算机的各个部件之间流动的。为了更好地解释计算机能做什么，本教材将使用两种计算机，一种是现成的真实计算机，另一种则是虚构的教学计算机。其实计算机反映出生活中的一些复杂性、不规则性以及不一致性，可能会带给读者一条陡峭的学习曲线。理想化的教学计算机很完美、很规则、不复杂，也没有任何瑕疵——但是它是人为的，无法表现计算机设计者被迫做出的妥协与折中。本教材选用的实际计算机是 ARM。

ARM 处理器由 ARM 股份有限公司设计，广泛应用于嵌入式系统，比如蜂窝电话、MP3 播放器。ARM 为计算机体系结构教学提供了非常优秀的平台，因为它简单、容易理解，而且集成了强大的功能。实际上，我坚持认为 ARM 处理器拥有一个非常优雅简洁的体系结构。ARM 也是一个理想的教学平台，因为 ARM 处理器在市场销售上做得非常好，得到了广泛的应用。

处理器体系结构之间存在着一定差异。有时这种差异很小（例如同一系列不同成员的体系结构差异就相对较小，比如 Core i5 和 Core i7）；有时这种差异就比较大（例如 MIPS 与 SPARC 这两种 RISC 处理器之间的差异就比较大）；有时这种差异会非常显著，例如 Intel Core i7 与 ARM 之间的差异就非常大，因为 Core i7 是典型的 CISC 体系结构，而 ARM 则

是 RISC 体系结构。[注]

分析不同处理器之间的差异会使读者更容易理解计算机。例如，在介绍 ARM 寄存器时也谈到它与 Intel IA32 或 Freescale 68K 系列（已经改名为 ColdFire）之间的差异。这种方法实践效果不好，读者很容易就迷失在各种细节之中。第 3 章主要介绍 ARM 处理器，而第 4 章主要谈一谈不同处理器之间的差异。

之前只是通过定义指令集来介绍计算机体系结构，这有点儿像仅学习了一些空气动力学理论就去学开飞机，然后就爬进飞机舱里开始单飞。有关体系结构的课程通常还包括学习计算机汇编语言的实验部分，所以本教材也含有编写 ARM 程序并在 PC 机上模拟运行的内容，以便读者能理解 ARM 指令集结构。为了更好地理解计算机能做什么，本书还关注使用汇编语言去编写实际的程序。本书的目的不是去培养汇编语言编程专家，而是展示微处理器体系结构是如何支持高级语言的，以及如何使用体系结构资源的。通过理解汇编语言指令的结构，读者就可以更好地理解工程师和设计师在设计实际指令集时必须要做的权衡和折中。

第 4 章有两个目标。第一个目标就是介绍栈（stack），栈在函数设计、局部变量管理、参数传递中起到了非常重要的作用。本章介绍了微处理器的指令集是如何在编程环境中支持栈、指针、参数传递，以及为局部变量分配空间的。但是，由于 ARM 体系结构并没有完全实现在一些 CISC 处理器中实现了的全部栈处理机制，本章还介绍了其他处理器及其栈处理方法。第 4 章更深入地分析了机器指令，并介绍了一些 ARM 和其他处理器提供的有趣操作。

第二部分的最后一章，也就是第 5 章，专门讨论了体系结构对多媒体的支持，多媒体主要是指对声音和图像的处理与操作。第 5 章首先介绍了几个来自多媒体领域的例子，比如图形处理和图像压缩，以便使读者了解现代处理器所必需完成的操作类型。多媒体应用以不可想象的方式极大地促进了今天计算机的发展。例如，一段视频中所包含的信息量超过了一台 IBM System/360 计算机在其整个生命周期（即 20 世纪 60 年代中期到 20 世纪 70 年代）内所处理的信息量。本章最后将介绍多媒体的实践特征并分析专用指令集，比如，Intel 的短向量 SIMD 指令是如何有效处理声音和视频信号的。

[注] 目前还没有介绍术语 CISC 和 RISC。为了当前需要，可以认为 RISC 体系结构的指令集规整且指令长度固定，唯一能够访问内存单元的操作是载入（load）寄存器和存储（store）寄存器。CISC 体系结构指令集不规整且指令长度可变，允许诸如把内存单元 P 的内容与寄存器 Q 的值相加，然后再把结果存储到内存单元 P 中等指令访问存储器。RISC 处理器的典型实例有 ARM、MIPS、SPARC 等，而 CISC 处理器的实例则有 Pentium 系列以及 Freescale 68K 系列。

体系结构与组成

"一切应该尽可能简单，但也不能过于简单。"

——爱因斯坦

"未来计算机不会重于 1.5 吨。"

——大众机械，1949

"任何人都可以建立一个快速 CPU。诀窍是建立一个快速系统。"

——西摩·克雷

计算机的指令集体系结构（ISA）从汇编语言程序员的角度描述了计算机，并强调了计算机的功能，而不是它的内部组成或实现。ISA 说明了计算机能做什么，而计算机组成则说明了它是如何做的。在后面的章节里，我们将介绍处理器的组成，并说明一个给定的 ISA 是如何实现的。本章的学习目标如下：

- 分析存储程序计算机并演示指令如何执行。
- 介绍存储器 – 存储器、寄存器 – 存储器、寄存器 – 寄存器等操作的指令格式。
- 说明处理器如何根据测试结果从两个可选动作中选择一个，来实现条件行为的。
- 描述了计算机指令集，并展示了计算机是如何存取数据（寻址模式）的。
- 介绍了 ARM 的开发系统，并展示了如何编写 ARM 程序。
- 说明 ARM 如何使用条件执行来编写高效代码的。

因为真实的 ISA 有一条陡峭的学习曲线，因此本章从一个一般的计算机体系结构开始，它带有实际计算机的基本特性，但又没有那么复杂。而且，这里所用的计算机结构基于寄存器、总线和 ALU 模型，非常适合描述指令执行。之后，将介绍另外一种描述计算机结构的方式，它非常适合解释流水线—— 一种所有现代处理器都使用了的技术。第 6 章将详细介绍流水线。

3.1 存储程序计算机

ARM 这一类处理器采用了存储程序体系结构，它将程序和数据放在同一个存储空间内，采用取指 – 执行模式执行，即按照顺序从内存读取指令、译码、执行。这样一台计算机带有寄存器、算逻运算单元（ALU）、存储器以及用来连接各个功能部件的总线。读者可能奇怪程序是如何被加载到内存中的。实际上，程序或者被保存在只读存储器（将在《计算机存储与外设》第 2 章介绍）中，或者由操作系统从硬盘加载到内存中。

寄存器是位于 CPU 内部的存储单元，类似于内存中的存储单元。有些 CPU，比如嵌入式应用中的处理器，带有的寄存器一般不超过 20 个；而另一些计算机的寄存器可能超过 100 个。寄存器使用名字而不是地址来访问，比如 r0, r1, …, r15（ARM 的命名）；或是 AX, BX, CX, DX, SP, BP, SI（Intel 的命名）；或是 D0, D1, …, D7（Freesacle 的命名）。这样，计算机指令的操作码就可以使用很少的几位来引用寄存器；指令中用来选择寄存器的字段一般为 3 ~ 5 位，具体数值取决于计算机中程序可见寄存器的个数。因为主存的容量（例如 4GB）远远超过寄存器的，用来访问存储单元的地址可能为 32 位或者 64 位长。一台带有 32 个通用寄存器的计算机只需在指令中使用 5 位即可指定一个寄存器，而为了唯一地访问 4GB 存储空间中的一个字节则需要使用 32 位地址。$^{\ominus}$

计算机体系结构

  计算机体系结构（Computer architecture）中的术语"体系结构（architecture）"一词类似于建筑界中的同一个词，因为它既指明了结构（structure），也包括设计和规划。计算机体系结构从程序员或者编译器设计者的角度描述了计算机的结构，并没有从电子工程师的角度来看问题。

  计算机体系结构的起源可以追溯到 20 世纪 60 年代早期，那时的每一台新的计算机都与其前代不同，都带有自己独立的指令集。IBM 改变了 System/360 系列计算机的计算模式，它们都拥有一个共同的体系结构和指令集。每个产品执行同样的指令集，因此可以从低成本计算机升级而无需重写所有程序。这在 1964 年可是一个革命性的创新。而在 40 年以后这种做法却十分普通。

  CPU 中的寄存器有几个功能。一些寄存器是高速暂存（Scratchpad）寄存器，用于保存数据或者数据单元的地址（即指针）。另外一些则是特殊功能寄存器，比如对一个循环的次数进行计数的循环计数器，有的则用来记录处理器的状态。CPU 中最重要的寄存器是程序计数器（PC），它记录了要执行的下一条指令的地址；也就是说，程序计数器保持对程序执行的跟踪。有时 PC 也叫指令指针，这更反映出它的功能。

  计算机指令有多种格式。为简便起见，假设通用计算机提供了以下 3 种指令格式：$^{\ominus}$

LDR **寄存器**目的，存储单元源

STR 寄存器源，**存储单元**目的$^{\oplus}$

Operation **寄存器**目的，寄存器源 1，寄存器源 2

  例如 LDR **r1**,1234、STR r3,**2000**、ADD **r1**,r2,r3 以及 SUB **r3**,r3,r1 都是合法的指令。

  LDR$^{\circledR}$指令把数据从存储器复制到寄存器，而 STR 指令则执行相反的操作，即把数据从寄存器传输到存储器。例如，LDR **r1**,1234 将把地址为 1234 的存储单元中的数据读到寄存器 r1 中，而 STR r2,5000 则将寄存器 r2 的值写入地址为 5000 的存储单元。

  第三种指令类型带有 3 个操作数，每个操作数都引用了一个寄存器。指令中的操作

 $\ominus$ 假定计算机能访问内存中单个字节。如果计算机只能访问 32 位的字（word），则只需要 30 位地址就可以指定一个字。

 $\ominus$ 注意，本书中的目的操作数都采用粗体，而目前的汇编语言指令格式并没有书写标准。有些处理器的指令格式为：操作 源操作数，**目的操作数**，另一些处理器的指令格式则为：操作 **目的操作数**，源操作数。采用粗体表示目的操作数就不用担心采用的是哪一种处理器的指令格式约定了。

 $\circledcirc$ 从一致性来说，该指令应该写为 STR **目的存储单元**，源寄存器，目的操作数应该放在左边。不过，ARM 在 Load 和 Store 操作中经常把寄存器放在左边，为避免读者从简单处理器转换到 ARM 处理器时产生概念混淆，本书决定采用 ARM 的这种格式。

 $\circledR$ 为了方便读者理解，本应采用 LOAD、STORE 等指令助记符，而不是 LDR 和 STR。之所以还要使用 LDR 和 STR 是为了保持与 ARM 指令集一致。

码[⊖]部分被表示为 operation，它定义了 CPU 完成的操作（例如 ADD、SUB、AND）。操作码后面的 3 个操作数字段指定了参与操作的寄存器。源操作数指明了数据的来源，目的操作数指明了结果存放在哪里。这种三操作数的寄存器 – 寄存器型指令格式是 ARM、MIPS 和 PowerPC 等 RISC 处理器的典型指令格式，与 Intel Pentium 系列等 CISC 微处理器的两操作数指令格式完全不同。

请注意，指令 ADD **r1**,r2,r3 将寄存器 r2 与 r3 的内容相加，然后把和写入寄存器 r1，因此寄存器 r2 和 r3 的内容保持不变。

下面来看一看我们的简单计算机是如何从内存中读出并执行一条指令的。图 3-1 描述了第 1 章中介绍的存储程序计算机的功能框图。中央处理单元（CPU）包括了算逻运算单元（ALU）、寄存器和总线。CPU 中还包括控制单元，它是一个硬件子系统，负责取指、译码，并根据译码得到的信息来控制数据在寄存器和功能单元（比如 ALU）之间的流动，它也是一个输入 / 输出接口。第 6 章会详细介绍指令是如何译码和执行的。

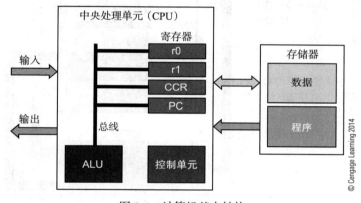

图 3-1　计算机基本结构

图 3-2 给出了虚构的存储程序计算机的结构。[⊖]图中最浅的阴影部分目前暂时可以忽略。图 3-2 中的寄存器定义如下。

MAR　存储器地址寄存器，保存了读或者写操作正在访问的存储单元的地址。

MBR　存储器数据寄存器，保存了刚从存储器中读出的数据，或将写入存储器的数据。

PC　程序计数器，保存了要执行的下一条指令的地址。因此，PC 指向存放了下一条指令的存储单元。

IR　指令寄存器，存放最近从存储器中读出的指令。也就是当前正在执行的指令。

r0-r7　寄存器文件，包括 8 个通用目的寄存器 r0, r1, r2, …, r7，用于存放临时（工作）数据（例如计算的中间结果）。一台计算机至少需要一个通用寄存器。我们的简单计算机中有 8 个通用寄存器。

⊖　术语操作码和指令偶尔会交替使用。本书中，指令表示可在程序中指明的最原始的机器级行为。指令用操作码表示特定的动作（例如 ADD、MOVE、STR），也包括操作数。

⊖　计算机在两个重要的方面是虚构的：一是简化的指令集；二是当前指令执行完毕才开始下一条指令。后面会介绍指令执行如何重叠进行，也就是当前指令还未执行完毕就已经开始下一条指令。这种机制就是流水线，它是所有计算机的基础。

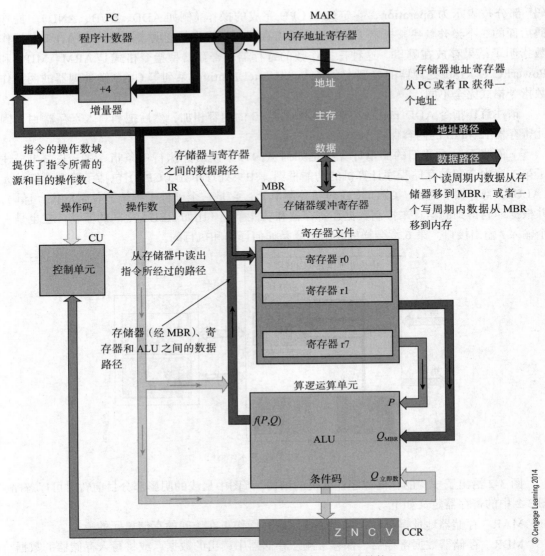

图 3-2   虚构的存储程序计算机的部分结构

除寄存器外，图 3-2 中的计算机还带有用来在寄存器之间以及寄存器与算逻运算单元（ALU）之间传送信息的总线。ALU 通过单操作数运算（单值或一元运算）或者双操作数运算（双值或二元运算）对数据进行处理。一元运算的典型例子有取负、递增、清除（置为 0）；二元运算的典型例子有与（AND）以及异或（XOR）等逻辑运算。后面还会遇到三操作数指令，比如 $a + b \cdot c$，它首先计算 b 与 c 的积，再将其与 a 相加。

图 3-2 中的控制单元（CU）将解释执行指令寄存器（IR）中的指令；也就是说，它使得指令操作码所指定的指令被执行。它利用时钟脉冲流和操作码生成控制计算机总线、存储器、寄存器与功能单元的信号。请回顾第 2 章中控制单元使用三态门和寄存器时钟使数据在计算机中移动的内容。

图 3-2 中地址总线和数据总线分别见图侧的图示。地址就是存储器中一个字位置的二进制表示。图 3-2 中的处理器采用寄存器－寄存器型体系结构，在执行一条形如 ADD r1,r2,r3

的指令时需要 3 个寄存器地址。当计算机在寄存器与存储器之间传递数据时需要两个操作数：寄存器和存储单元地址。一条载入寄存器指令，$^{\ominus}$ 比如 LDR r1,1234，用 RTL 语言定义为 [r1] ← [1234]。第 1 章已经介绍了 RTL，符号←指明了数据的传送方向，而 [] 则代表寄存器或者存储单元的内容。

下述 RTL 记号表明了图 3-2 中的处理器如何读出并执行指令 LDR r1,1234 的。第一列（例如 FETCH）为标号字段，用于识别代码。请注意最右边以分号开始的字段为注释，用于辅助理解代码。本教材约定使用分号来分隔代码与注释（这也是 ARM 的约定）。

```
FETCH   [MAR]  ← [PC]           ; 把 PC 的值复制到存储器地址寄存器

        [PC]   ← [PC]+4         ; PC 递增，指向下一条指令

        [MBR]  ← [[MAR]]        ; 读出地址为 MAR 的指令

        [IR]   ← [MBR]          ; 将指令从 MBR 复制到 IR


LDR     [MAR]  ← [IR(地址)]      ; 把 IR 中的操作数地址复制到 MAR

        [MBR]  ← [[MAR]]        ; 将地址为 MAR 的操作数读到 MBR 中

        [r1]   ← [MBR]          ; 把操作数移到寄存器 r1
```

下面详细分析每一个操作。

[MAR] ← [PC]　程序计数器，包含下一条要执行的指令的地址，它被复制到存储器地址寄存器中，用来访问存储器，读出将要被执行的指令。

[PC] ← [PC]+4　程序计数器加 4，即指向下一条要执行的指令。指令按照顺序执行，除非有流控制指令改变了原来的顺序。增量为 4 而不是 1 是因为 ARM 指令长为 4 个字节。

[MBR] ← [[MAR]]　MAR（存储地址）所指的存储单元的内容被复制到存储器数据寄存器（MBR）中。因为 MAR 包含要执行的下一条指令的地址，MBR 则存放了当前指令的操作码。符号 [[MAR]] 表示地址存放在 MAR 中的存储单元的内容。

[IR] ← [MBR]　将存储器数据寄存器的内容复制到指令寄存器 IR 中。现在 IR 中存放了要执行的指令。控制单元用指令中的位生成实现该指令所需的控制信号。

寄存器可见性

寄存器有 3 种类型。通用寄存器用来保存计算过程产生的临时数据。ARM 处理器有 16 个通用寄存器，名为 r0, r1, …, r15。寄存器 r14 和 r15 是通用寄存器，因为程序员可以使用与访问 r0 ~ r13 相同的指令来访问这两个寄存器。然而，r14 与 r15 又在 ARM 处理器体系结构中扮演着特殊的角色。

特殊功能寄存器用于特定的功能。例如，PC 指向要执行的下一条执行指令。其他特殊功能寄存器还有状态寄存器、栈指针寄存器以及 CPU 标识寄存器，后者存放制造商的名称以及 CPU 的型号。

还有一些寄存器是程序员不可见的，不属于处理器体系结构的一部分，不能被程序员直接使用。例如，指令寄存器 IR 和内存地址寄存器 MAR 都是程序员不可见的寄存器。这些都是实现计算机所必需的，但又不属于其 ISA 的一部分。

$\ominus$　Load/Store 计算机，如 ARM，不支持直接从指定的内存单元（比如 1234）加载数据，而是通过寄存器指针间接指定内存单元（例如，LDR r1, [r2], r2 寄存器中包含实际内存单元的地址）。CISC 处理器，如 IA32，允许直接内存访问。这里使用直接内存寻址方式，因为它比较容易理解。

使用多路选择器实现数据流

下图描述了如何使用第 2 章所介绍的多路选择器来实现图 3-2 中一部分概念电路图。多路选择器用来控制被送往 PC 或者 MAR 的数据流。多路选择器由控制单元产生的信号来控制。

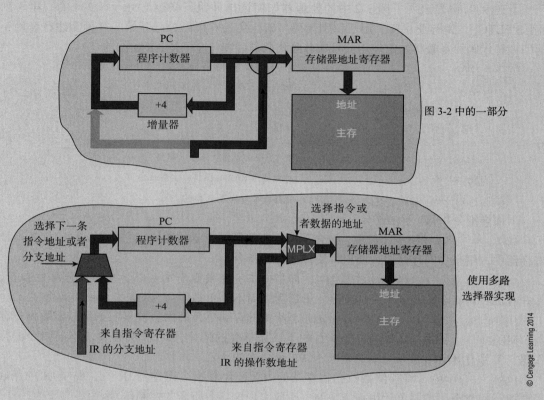

为什么程序计数器要加 4

计算机存储器按字节编址，它的各个字节存储单元依次命名为 0, 1, 2, …。但是，32 位微处理器使用 32 位指令和 32 位字数据。因此，每一次取指后 PC 必须加 4，因为 4 字节 ×8 位 / 字节 =32 位 =1 指令字。

4 个 RTL 操作构成了处理周期的取指阶段，该阶段从存储器中读出指令，程序计数器加 4，为读取下一条指令做好准备。第二组的 3 个操作，标记为 LDR，构成了处理周期的执行阶段。每条指令都从同样的取指阶段开始。但是，每条指令的执行阶段却由指令寄存器 IR 中的指令字所决定。图 3-3 说明了取出并执行指令 LDR r1,1234 的操作序列。

3.1.1　扩展处理器：常量处理

前面已经介绍了计算机如何使用 LDR r1,1234 之类的指令存储器中的数据，这里的 "1234" 是指地址为 1234 的存储单元的内容。假设现在要将数值 1234 载入寄存器 r1 中。这样的数字叫作立即操作数。[⊖]

⊖　在计算机科学的文献中，术语 "immediate value" 和 "literal value" 可以互换使用。

立即数（literal）是一个在运算中可以直接使用的数，与存储单元的值完全不同，需要用哈希符号 (#)[⊖]前缀来声明。汇编语言指令 LDR r1,200 将地址为 200 的存储单元的内容加载到寄存器 r1 中，用 RTL 语言描述为 [r1] ← [200]。汇编语言指令 LDR r1,#200 把常量 200 直接加载到寄存器 r1 中，用 RTL 语言描述为 [r1] ← 200。另一个使用立即数的例子是 ADD r0,r1,#25，它把立即数 25 与寄存器 r1 的内容相加，并将结果保存到 r0 寄存器中。

一些常用指令

在继续介绍后续内容之前，需要介绍后面一些例子中使用的简单指令。下面是一些类 ARM 指令，因为它们采用了 ARM 的汇编语言格式。但是，请注意 ARM 的 load 和 store 指令并不支持直接（绝对）存储地址。

LDR **r0**,address	把地址为 addr 的存储单元的内容加载到寄存器 r0 中。
STR r0,**address**	把寄存器 r0 的值保存到地址为 addr 的存储单元中。
ADD **r0**,r1,r2	寄存器 r1 的内容与寄存器 r2 的内容相加，结果保存在寄存器 r0 中。
SUB **r0**,r1,r2	寄存器 r1 的内容减去寄存器 r2 的内容，结果保存到寄存器 r0 中。
BPL target	如果前一操作的结果大于或等于 0，则跳转到地址 target 处。请

注意 target 是一个数值——此处使用符号名是为了方便阅读。

BEQ target	如果先前操作的结果为 0，则跳转到地址 target 处。
B target	无条件跳转（即 jump）到地址为 target 的指令，即执行地址

target 处的指令。

请注意伪指令 LDR r0,addr 和 STR r0,addr，它们不属于 ARM 处理器的指令集，汇编器会自动把它们翻译成其他的等效指令。后面会介绍这样做的原因。

图 3-4 描述了实现立即数操作所需的新数据路径。一条从指令寄存器 IR 出发，将立即数送到寄存器文件、MBR 和 ALU 的通路。例如，当执行指令 ADD r0,r1,#25 时，要与寄存器 r1 相加的立即数来自指令寄存器 IR 的操作数字段，而不是由存储器系统经过 MBR 送来的。

3.1.2 扩展处理器：流控制

流控制是指任意能够改变程序中指令顺序执行的动作。换句话说，它是指计算机非顺序执行指令的能力。通常，流控制是指转移到程序中特定位置的分支和跳转指令[⊜]、子程序/过程调用、返回、中断以及操作系统调用。必须强调的是，流控制是反映计算机做出决策并在多个动作序列间选择的能力的关键因素，这一点十分重要。

流控制的典型例子就是条件行为，它允许处理器在两个可能的动作序列中选择一个执行。读者已经在第 1 章和第 2 章遇到了这个概念，下面将说明它如何在汇编语言中使用。计算机通过测试一个操作的结果，然后执行程序中两条路径中的一个来实现条件行为；也就是说，测试结果决定了要将两个不同地址中的哪一个加载到程序计数器中。相应地，存储器将会从两个可能候选指令中读出一个，并将其加载到指令寄存器中。

⊖ 在 ARM 和 Freescale 汇编语言中，符号 # 用来声明立即数。但这并不是通用的。

⊜ 术语"分支"和"跳转"是同义词，尽管有些人用分支表示两个可能路径中的一个，而用跳转表示无条件的 goto。

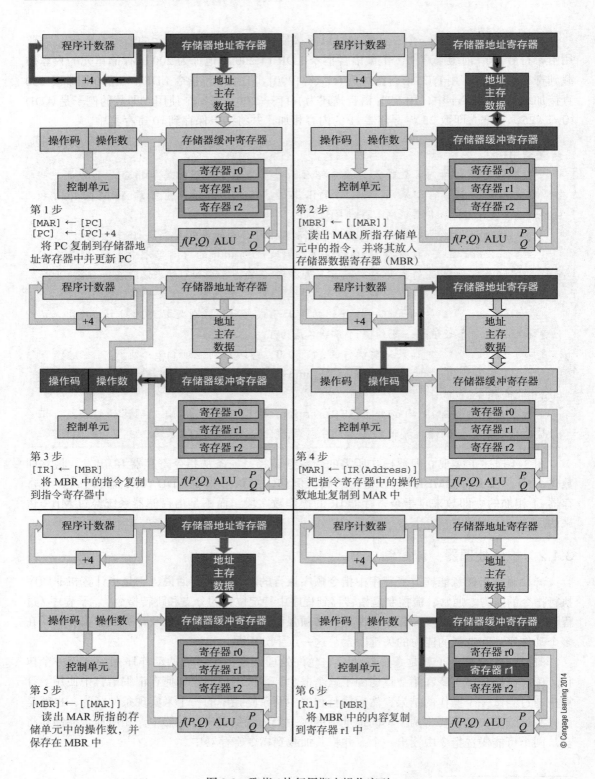

第1步
[MAR] ← [PC]
[PC] ← [PC]+4
将 PC 复制到存储器地址寄存器中并更新 PC

第2步
[MBR] ← [[MAR]]
读出 MAR 所指存储单元中的指令，并将其放入存储器数据寄存器（MBR）

第3步
[IR] ← [MBR]
将 MBR 中的指令复制到指令寄存器中

第4步
[MAR] ← [IR(Address)]
把指令寄存器中的操作数地址复制到 MAR 中

第5步
[MBR] ← [[MAR]]
读出 MAR 所指的存储单元中的操作数，并保存在 MBR 中

第6步
[R1] ← [MBR]
将 MBR 中的内容复制到寄存器 r1 中

图 3-3　取指 / 执行周期中操作序列

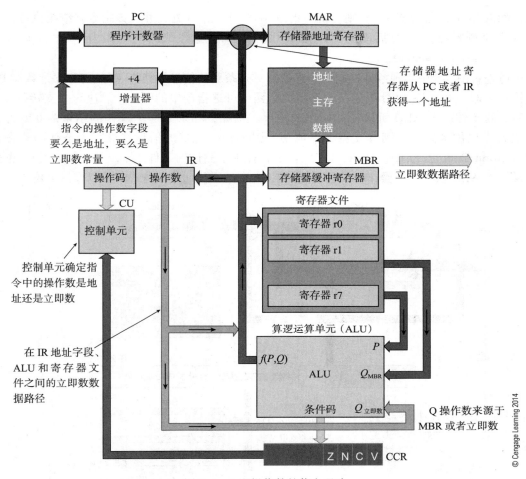

图 3-4　立即操作数的信息通路

　　图 3-5 显示了计算机实现条件控制所需的信息通路。BEQ 那样的条件指令的结果要么是程序正常地顺序执行，下一条指令地址为 PC+4；要么将一个新的地址加载到 PC 中并执行分支，跳转到另外一段代码中。下述代码段描述了一个条件分支的行为。

```
        SUBS   r5,r5,#1        ; r5 减 1
        BEQ    onZero          ; 如果 r5 为 0 则跳到标号 'onZero' 处执行
notZero ADD    r1,r2,r3        ; 否则继续执行
               .
               .
               .
onZero  SUB    r1,r2,r3        ; 分支的转移目的地
```

　　在这个例子中，第一条指令 SUBS r5,r5,#1 将寄存器 r5 的值减 1。[⊖] 完成该操作之后，寄存器 r5 的值或许是 0 或许不是 0。下面将测试该结果是否为 0。

　　如果上一条指令的结果为 0，下一条指令 BEQ onZero 会跳转到标号 'onZero' 处。因

⊖　有些读者可能注意到，减法指令的助记符为 SUBS 而不是 SUB。ARM 处理器不会自动更新条件码寄存器。
　　为了确保更新条件码寄存器，程序员必须在指令后面添加 S。

此，如果 r5 寄存器的值为 0，则会跳到指令 SUB r1, r2, r3 处，并从该指令处继续执行。否则就会执行紧跟在 BEQ 后面的那条指令（即 ADD）。这段代码的功能为：if zero then r1=r2-r3 else r1=r2+r3。

请查看图 3-5 中实现条件控制的信息通路。这条新的信息通路将 ALU 与程序计数器 PC 连接在一起，并允许 ALU 决定接下来要执行两个可选指令中的哪一个。决定分支转移（不转移）的条件就是 ALU 所执行的操作的结果。例如，如果上一个操作的结果为 0 或者为负或者进位位被置位，则分支将转移成功。图 3-5 中 ALU 的信息将被写入条件码寄存器（Condition Code Register，CCR），它保存了各种用于测试的条件（如，零、负、正）。也就是说，当 ALU 执行一个操作时，它会更新 CCR 中的零位、借位位、负位以及溢出位。

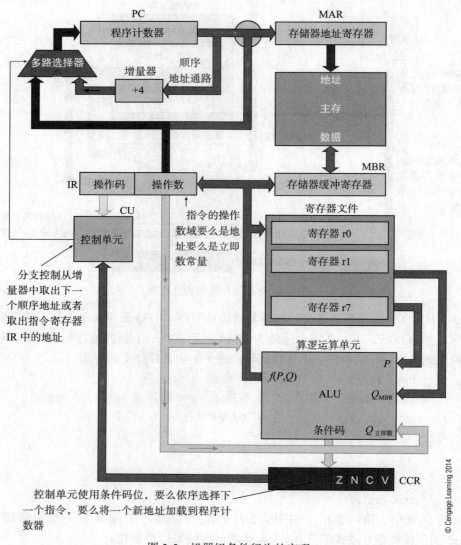

图 3-5　机器级条件行为的实现

寄存器 CCR 与控制单元相连。控制单元负责指令译码，并生成必要的控制信号以执行指令。当 BEQ 等条件分支指令执行时，控制单元从 CCR 中选择所需的条件位并进行测试

（此时将测试零位）。如果测试的条件位为 false，则 CPU 按照正常顺序执行下一条指令（即 PC+4 所指的指令）。如果测试的条件位为 true，则 CPU 就会跳到条件指令分支字段所指定的地址处，该地址被称作分支目标地址（Branch Target Address, BTA）。

　　BPL Error（正则跳转）是一条典型条件的指令，如果前一个操作的结果为正，它会跳转到标号为 "Error" 的代码区域。在图 3-5 中，指令寄存器中的地址字段与程序计数器之间的地址总线允许将一个非顺序地址加载到程序计数器 PC 中。

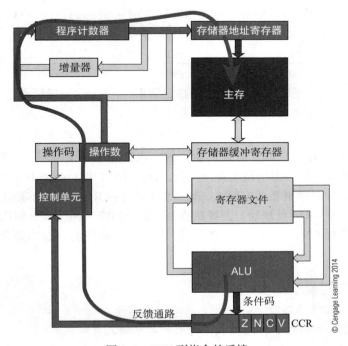

图 3-6　ALU 到指令的反馈

　　图 3-6 说明了 ALU 运算的结果如何被反馈给程序计数器 PC，以选择实现控制转移的指令。

　　我们从使用程序计数器中的地址到存储器地址中取出条件分支指令开始。分支指令读出条件码寄存器 CCR 的内容，其内容由上一条指令的结果决定。

　　在执行时，条件分支指令时将完成以下两个动作中的一个：

- 如果 CCR 中的测试位为 false，则处理器从 [PC]+4 处取出下一条指令。
- 如果 CCR 中的测试位为 true，则程序计数器 PC 从指令寄存器的操作数字段载入新的地址，并跳转到新地址处执行。

1. 状态信息

　　下面进一步分析条件分支是如何实现的。计算机执行一个操作时，它将状态或者条件信息保存在图 3-5 的 CCR⊖ 中。处理器记录下结果是否为 0（Z），结果的二进制形式是否为负（N），是否产生进位位（C），或者是否算术溢出（V）。请考虑下述例子中 8 位加法对 CCR 中

⊖　计算机厂商使用不同的术语描述状态寄存器。本书使用 CCR（条件码寄存器）描述计算机操作的结果。ARM 将它叫作 "当前处理器状态寄存器（CPSR）"，而 Intel 叫它 "状态寄存器"。

位的影响。我们还给出了相同的十进制运算对条件码位影响的例子。

例1	例2	例3	例4
00110011	11111111	01011100	11011100
+01000010	+00000001	+01000001	+11000001
01110101	100000000	10011101	110011101
Z=0，N=0	Z=1，N=0	Z=0，N=1	Z=0，N=1
C=0，V=0	C=1，V=0	C=0，V=1	C=1，V=0
51	−1	92	−36
+66	+1	+65	+63
117	0	−99	−99
正确结果	正确结果	错误结果	正确结果
	结果为0	结果为负	结果为负
	产生进位	产生溢出	产生进位

CCR 中的位会在每一次操作后被更新，这一说法并不完全准确。实际情况非常复杂，一个处理器与另外一个处理器的情况完全不同。Intel IA32 和 Freescale 68K 那样的 CISC 处理器会在每次操作后自动更新状态标志，而 ARM 那样的 RISC 处理器则需要程序员来强制更新状态标志。对于 ARM 处理器，需要在指令中添加后缀 "S"（例如 SUBS、ADDS）来完成。一些指令，比如 CMP（比较）和 TST（测试），会自动更新状态标志位，不需要添加后缀 "S"。

更新 CCR 还是不更新 CCR？

RISC 程序员会选择何时更新 CCR，是通过在指令操作码后添加 "S"（ARM 处理器的情形）显式更新，还是使用 CMP 指令进行比较来隐式更新。

CISC 处理器一般会在每次操作后自动更新 CCR。然而，不同 CISC 处理器系列间也有很大的不同。例如，有些处理器会在 Load 指令后更新 CCR，有些则不会。68K 既有数据寄存器也有地址寄存器。如果在数据寄存器上执行操作则会更新 CCR。如果在地址寄存上器执行操作则不会更新 CCR。这是因为地址寄存器上的操作会生成指针，我们不赞同通过更新指针去修改 CCR。

每一条指令执行后自动更新 CCR 的优点是，无需在指令字中设置代表更新或不更新的控制位（指令位是非常宝贵的）；其缺点是有时可能希望把状态保留到几条指令后而不是每次操作后都破坏状态位。

---

2. 分支指令例子

下面将说明如何使用条件分支指令 BEQ address 来实现高级语言结构。首先，处理器用 IR 中 BEQ 指令的操作码字段选出 CCR 中的一位进行测试（例如 Z、N 或 C 位）。如果被测试的位为 1，则 PC 会载入一个新地址（即分支目标地址），否则 PC 不变。汇编语言结构

```
BEQ address                ;如果 Z 标志位被置位，则跳转到 address 处
```

用 RTL 表示为 IF [Z] = 1 THEN [PC] ← <address>，这里 [Z] 表示 CCR 的 Z 位。请考虑下面的高级语言代码段：

```
X = P - Q
```

```
IF X ≥ 0    THEN X = P + 5
            ELSE X = P + 20
```

下面用前面定义好的 ARM 指令集子集把这段代码翻译为 ARM 代码。在下述代码中，加阴影的行是汇编伪指令，为汇编语言代码提供运行环境。汇编伪指令本身不会被执行。伪指令 DCD 为 3 个操作数保留存储单元。例如，P DCD 12 相当于给当前存储单元分配符号名 P，且将 12 保存在该单元中。也即，把数字 12 存放在指定的存储单元中，且把该存储单元命名为 P。这条汇编语句等价于 C 语言语句 int P = 12。后面讨论汇编语言时会更详细地介绍汇编伪指令。

```
            LDR     r0,P            ; 将存储单元 P 的值加载到寄存器 r0 中 ⊖
            LDR     r1,Q            ; 将存储单元 Q 的值加载到寄存器 r1 中
            SUBS    r2,r0,r1        ; P 的值减去 Q 的值得到 X = P - Q ⊜
            BPL     THEN            ; 如果 X ≥ 0 则执行 THEN 部分代码
            ADD     r0,r0,#20       ; 否则 r0 加 20 得到 P + 20
            B       EXIT            ; 略过 THEN 部分跳转到 EXIT 部分
THEN        ADD     r0,r0,#5        ; 否则 r0 加 5 得到 P + 5
EXIT        STR     r0,X            ; 把 r0 的值存到内存单元 X
            STOR
P           DCD     12              ; 下面三行代码为三个操作数 P、Q、X 保留
Q           DCD     9               ; 存储空间。存储地址分别为 36、40 和 44。
X           DCD                     ;
```

上述汇编语言指令可用 RTL 符号表示为：

```
            LDR     r0,P            ;[r0] ← [P]
            LDR     r1,Q            ;[r1] ← [Q]
            SUBS    r2,r0,r1        ;[r2] ← [r0] - [r1]
            BPL     THEN            ;IF [r2] ≥ 0 [PC] ← THEN
ELSE        ADD     r0,r0,#20       ;[r0] ← [r0] + 20
            B       EXIT            ;[PC] ← EXIT
THEN        ADD     r0,r0,#5        ;[r0] ← [r0] + 5
EXIT        STR     r0,X            ;[X] ← [r0]
```

图 3-7 说明了上述代码是如何在前面讨论的虚拟计算机上执行的。它考虑了以下两种情形：

情形 1：$P = 12$，$Q = 9$，分支转移成功（控制转移到分支目标地址）；

情形 2：$P = 12$，$Q = 14$，分支转移不成功（控制转移到 PC+4）。

图 3-7 给出了这个代码段的两个存储映射。这两个映射的唯一区别在于存储单元 40 中的 Q 值不同。每个映射下方是相应代码所执行的指令序列。图中还列出了每条指令开始和结束时 PC 的值，以及指令结束时寄存器的内容。

下面请看另外一个例子，它在循环中使用条件分支来计算 $1 + 2 + 3 + \cdots + 20$。在这个例子里，计数值从 1 递增到 20。在最后一次迭代中，计数值变为 21。操作 ⑤ CMP r0, #21 通

⊖ 请记住 LDR r0,P 是伪指令，并没有在 ARM 处理器中实现。这里使用它是为了帮助读者理解（所有 CISC 处理器都实现了这种形式的指令；也就是，把指定存储单元的内容加载到寄存器中）。

⊜ ARM 处理器不会在每次操作后更新条件标志，除非在指令后添加后缀 S 来强制更新。

⑤ 请注意操作码是 CMP 而不是 CMPS。既然比较的目的是在分支前设置条件码，就没有必要在助记符后添加后缀 S 了。

过减法比较 r0 中的计数值与立即数 21。除非前面的结果为零，下一个操作 BNE Next 会跳转到前面标号为 Next 的指令处。在第 20 次迭代时结果变为零，分支转移不成功，循环退出。

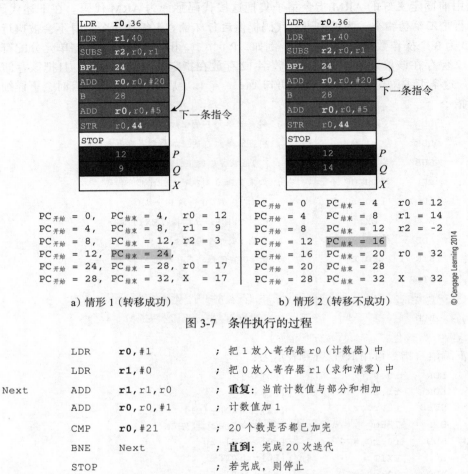

a) 情形 1（转移成功）　　　　b) 情形 2（转移不成功）

图 3-7　条件执行的过程

© Cengage Learning 2014

```
            LDR     r0,#1       ; 把 1 放入寄存器 r0（计数器）中
            LDR     r1,#0       ; 把 0 放入寄存器 r1（求和清零）中
Next        ADD     r1,r1,r0    ; 重复：当前计数值与部分和相加
            ADD     r0,r0,#1    ; 计数值加 1
            CMP     r0,#21      ; 20 个数是否都已加完
            BNE     Next        ; 直到：完成 20 次迭代
            STOP                ; 若完成，则停止
```

　　下面将深入分析 ARM 处理器。然而，在此之前，需要更详细地讨论指令集体系结构（ISA）这个概念。

分支——概念（再次讨论）

　　在结束有关分支的讨论之前，我们将再一次说明分支操作是如何在逻辑层实现的，这有助于读者理解怎样用简单的逻辑器件实现计算机操作。下图展示了一个虚拟的分支电路。粗线表示 16 或者更多的程序计数器位；也就是同时有 16 个或者更多的多路选择器——每个代表 1 位地址。尽管被简化了，但这幅图的确能够说明所涉及的基本原理（条件分支的本质、程序计数器和条件码寄存器的作用，以及硬件和软件之间的关系）。程序计数器要么从增量器（顺序地址）要么从当前指令的分支地址字段（分支目标地址）获取它的下一个输入。程序计数器的输入由多路选择器控制。

　　程序计数器的输入多路选择器，是由指令寄存器的操作码字段控制的。如果当前指令是条件分支，则操作码字段中的一位将使能一个两输入与门，这个与门控制了程序计数器的多路选择器。当与门的输出为 0 时，程序计数器的输入就是顺序的下一个地址；否则，程序计数器的输入就是分支目标地址。

指令的第二个字段是条件选择字段，它指明了分支转移条件，即为零时转移（Z 标志），为负时转移（N），有进位时转移（C）或者溢出时转移（V）。一个二－四译码器把两位条件选择字段译码为 4 个控制信号中的一个。这些控制信号被送入一个四输入条件多路选择器，它会从条件码寄存器中选择合适的位，并将其送往一个控制多路选择器的与门。

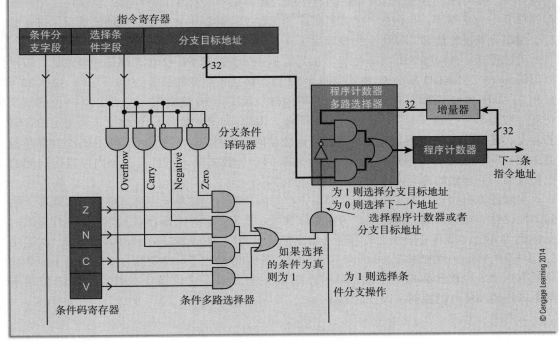

3.2　ISA 的组成

在详细介绍真正的微处理器之前，必须介绍一下 ISA 的 3 个组成部分：寄存器集、寻址方式和指令格式。它们共同定义了汇编语言程序员看待处理器的视角。实际上有两个汇编语言程序员：人和编译器。编写汇编语言程序的人类程序员要么是正在课堂里学习计算机体系结构的学生，要么是正在编写计算机代码或者正在汇编语言级进行系统调试的专家。绝大多数低级或机器代码由编译器自动生成，编译器把高级语言翻译为低级或机器代码。

人与编译器的区别对于计算机指令集设计来说十分重要。高效地使用汇编语言，人们可以编写出很短的代码。人类有智慧，善于发明和创造。人们可以充分利用机器指令集编写出相当紧凑或高效的代码。但用这种方法编写大型程序非常困难。而且，一个人使用精妙的设计技巧编出的汇编语言代码对于另外一个人来说通常是很难理解并且不可读的。人们编写的高级语言代码比低级语言代码更加有效、更加可靠。因此，如今世界上多数程序员都使用高级语言编程，然后由编译器产生机器代码。

编译器能够自动地将高级语言程序生成机器代码。但它们的代码自动转换方法在利用机器特性方面还往往很低效。尽管计算机体系结构可能设计出一条非常巧妙的机器指令，但编译器却永远不会用到它。编译器还无法挖掘出处理器的所有特性。一个对人们来说很好的体系结构对编译器而言并不一定优秀。在 20 世纪 70 时代和 80 时代微处理器开始发展时，制造商曾设计出一些令人感兴趣的机器指令，但从编译器的输出可以看出它们完全没有用。这一观察结果成为 20 世纪 80 年代所谓的 RISC 革命背后的驱动力之一。

3.2.1 寄存器

从概念上来看，寄存器是计算机中最没有用的一部分。它甚至是没有必要的，也不参与任何计算。实际上，20 世纪 70 时代的有些微处理器根本没有片上寄存器；它仅仅是用一组存储单元作为寄存器。片内的一个指针寄存器保存了存储器中寄存器的地址。然而，寄存器对于提高计算机性能和实际指令集设计是很有必要的。

可以设计一条形如 ADD P = Q + R 的计算机指令，这里 P、Q 和 R 都是存储地址。假设操作码为 16 位（ADD 部分），地址空间为 32 位，则这条指令的长度为 16 + 32 + 32 + 32 = 112 位，如图 3-8a 所示。典型的真实计算机的指令长度为 16 位或 32 位，所以 112 位的指令长度一般是不可行的。而且访存也会是个问题，因为从 CPU 发出 32 位地址送到指定的存储芯片上，还要进行一定的逻辑处理（称为地址译码）。存储单元的访问时间也比片上寄存器的访问时间长很多，理解这一点也是非常重要的。一般来说，CPU 寄存器内可直接访问的数据越多，处理器的速度就越快。

实际计算机用寄存器实现片上存储，寄存器的功能与存储单元一样，唯一的区别在于访问的便捷性和响应时间。仅需很少的指令位就可以指定一个片上寄存器。例如，某计算机的操作码为 8 位，带有 8 个片上寄存器（用 3 位就可访问 r0, r1, r2,···, r7 中的一个），就能用 8 + 3 + 3 + 3 = 17 位实现指令 ADD P = Q + R。图 3-8b 给出了一个更切合实际的例子，某计算机有 3 个 5 位操作数地址字段，可以寻址 32 个寄存器。32 位指令字中余下的 17 位用于指令操作码和额外的控制字段。

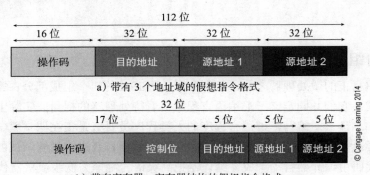

a）带有 3 个地址域的假想指令格式

b）带有寄存器 – 寄存器结构的假想指令格式

图 3-8　操作数地址宽度图解

由于计算机中只带有少量的片内寄存器，因此有必要通过将数据载入寄存器的指令和将寄存器中数据存入存储器的指令在内存和寄存器之间传递数据（前面已经使用了 LDR 和 STR 操作）。所有数据处理操作都只能针对寄存器的内容，这类计算机叫作载入和存储（load-store）计算机，它表明对存储器进行的操作只能是将数据传送到寄存器中或者从寄存器中取出数据。这些计算机总是被归于 RISC 一类。

寄存器的大小（它的位宽）通常等于计算机完成的数据处理操作的最大位宽。例如，16 位计算机的寄存器为 16 位，这样可以用一个操作完成两个 16 位数的加法。

有些计算机允许对寄存器的部分内容（子集）进行操作。例如，32 位寄存器包含 4 个字节 ABCD，对该寄存器进行的 16 位操作只处理字节 C 和 D，而保持字节 A 和 B 不变。

一些寄存器将其内容作为二进制补码处理，对寄存器部分内容进行操作的结果被符号扩展到整个字。例如寄存器 r1 的值为 12345678_{16}，与 00002122_{16} 进行 16 位有符号数加法的结果为 $0000779A_{16}$。然而，如果将 12345678_{16} 与 00003122_{16} 相加，结果却是 $FFFF879A_{16}$，因为负的 16 位有符号数经过符号扩展会得到一个负的 32 位有符号数。下面来验证一下这个结果的正确性。初始值 12345678_{16} 被转换为 16 位进行加法运算，即 5678_{16}。将它与 16 位值 3122_{16} 相加，可得 $5678_{16} + 3122_{16} = 879A_{16}$。由于它的二进制表示为 1000011110011010_2，最高位为 1，它将被符号扩展为 32 位数 $11111111111111111000011110011010_2 = FFFF879A_{16}$。图 3-9 说明了对寄存器部分内容进行操作的一些可能的结果。

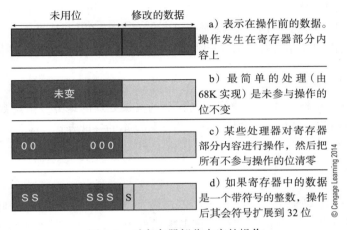

图 3-9　对寄存器部分内容的操作

通用寄存器 vs 特殊功能寄存器

8086 所用的 IA32 体系结构使用了一组特定的 16 位寄存器，叫作 AX、BX、CX 和 DX，每个寄存器可被分解为一对寄存器（例如 AH 和 AL），用作字节寄存器。它还有 4 个变址（指针）寄存器和 4 个段寄存器（用于打破因 16 位指针寄存器导致的 64K 页大小限制）。需要强调的是，8086 的寄存器都是高度专用的，程序员必须记住每个寄存器能做什么以及哪条指令使用哪个寄存器。例如，寄存器 C 是专用的计数寄存器。8086 寄存器结构之所以这样，是为了确保与 Intel 早期的 8 位处理器 8080 保持足够兼容。即便如此，兼容性还是比较差，因为 8080 代码不能在 8086 上运行。但是，由于存在一定的相似度，可以预见自动把 8080 代码映射到 8086 体系结构上是很容易的。

提供特殊功能寄存器意味着无需在指令字中分配一些位去指明它的用途。例如，如果寄存器被定义为计数器，那么增加计数值的指令就可以不需要寄存器地址，因为计数器已经与指令绑定在一起。使用专用寄存器会使代码更加紧凑，这在微处理器发展的早期是一个非常重要的特性，因为早期存储器的价格是现在的数百万倍。是的，数百万倍！

Motorola[⊖]，Intel 曾经的竞争对手，在 8086 之后不久就研发了 68K 处理器。这是一个使用 32 位寄存器的 32 位处理器。Motorola 采用了不同于 Intel 的寄存器结构，它使用通用寄存器，包括 8 个数据寄存器 D0 ～ D7 和 8 个地址（指针）寄存器 A0 ～ A7。所有寄存器都

⊖ Motorola 在 2004 年把它的半导体产品部门重新命名，所以现在是指 Freescale 处理器而不是 Motorola 处理器。

可以互换使用，比如对 D0 进行的所有操作都可以用于 D1，等等。当然，采用这种方法意味着所有基于寄存器的指令都需要 3 位寄存器选择字段以区分寄存器 {D0, D1, D2, …, D7}。请注意 Motorola 在区分数据和地址寄存器时有些麻烦——像 ARM 那样的 RISC 处理器一般不采用这种方式，这一点也很有趣。但这是一个很有争议的做法，在当时引起了大量的争论。有些人不喜欢 A0 只能保存一个地址，他们反对这一做法，认为将数据和地址寄存器分开效率会很低，比如在有 12 个数据元素和 4 个地址时。另一方面，它允许指令以恰当的方式处理地址和数据值。例如，地址寄存器上的算术运算总会将结果符号扩展为 32 位，因为地址是单个实体而数据可被划分为多个字段。这两种方法各有优点，但是通用的方法已经占据了上风。

ARM 有 16 个通用寄存器 r0 ～ r15。寄存器 r0 ～ r13 可互换使用，行为相似。寄存器 r14 和 r15 还有额外的功能（r14 为链接寄存器，保存子程序返回地址；r15 为程序计数器）。尽管人们希望能自由地使用寄存器 r13，但良好的编程实践却要求保留 r13 以使用栈指针。

3.2.2   寻址方式概述

指令对数据进行操作，并且必须将数据移动到其被处理的地方。指定数据的方式统称为"寻址方式"。尽管有许多变种，但原则上一共有 3 种基本的寻址方式。这 3 种基本寻址方式为：

- 立即数寻址；
- 直接寻址；
- 间接寻址。

读者在前面已经见到过这些寻址方式。最简单的寻址形式是立即数寻址（literal addressing），其操作数是指令的一部分。请考虑操作 $P = Q + 5$，这里的 5 就是立即操作数，因为它是组成指令的一部分；也就是说，由于它是指令的一部分，它没有被保存在存储单元或者寄存器中，而成为指令的组成部分。立即数寻址意味着操作数为常数，它的值不能在程序执行过程中改变。操作 $P = Q + 5$ 总是将 5 加到 Q 上。Q 的值可以改变，而常数 5 永远不会改变。

这种寻址方式也叫作立即寻址（immediate addressing），因为操作数立即可用（无需从寄存器或存储器读取）。计算机也会使用立即数寻址来设置在程序执行过程中不会改变的常量（例如循环计数值或计数范围）。

正如读者已经看到的，ARM 处理器使用前缀 # 指定立即操作数。例如，指令 ADD r1,r2,#5 完成了操作 [r1] ← [r2] +5。

第二种寻址方式是直接寻址（direct addressing），也称作绝对寻址。这种寻址方式是把操作数地址用作指令的一部分。例如，指令 ADD P,Q,R 表示将存储单元 Q 的内容与存储单元 R 的内容相加，并将结果保存在存储单元 P 中。

你也许会认为直接寻址是存储程序（冯·诺依曼）计算机的基本寻址方式，存储程序计算机会在取指阶段读出指令，在执行阶段从存储器中读出指令指定的操作数并执行指令。直接寻址方式在 CISC 计算机上得到了广泛使用，比如 Intel IA32（例如 Pentium）或 68K 系列。例如，IA32 指令 mov ax,[2468h] 把存储单元 2468_{16} 的内容复制到寄存器 ax 中。同样，Freescale 68K 指令 ADD 1234,D2 将存储单元 1234 的内容加到寄存器 D2 上。请注意 Intel 和 Freescale 的汇编指令格式在以下几个方面有差别：寄存器名、操作数次序、指定直接地址的方式。不幸的是，从来就没有标准的汇编指令格式。

Load-store 型计算机，比如 ARM，没有实现直接寻址。所有存储器操作数要么被指定为立即数，要么通过寄存器指针间接指定。

第三种寻址方式有许多名称——本书中叫作间接寻址，或者更严格地说，叫作寄存器间接寻址。在寄存器间接寻址中，指令中给出了包含操作数地址的寄存器的地址。如前所述，获得一个操作数需要 3 次访问：读指令，读含有操作数地址的寄存器，以及最后读出实际的操作数。

含有操作数地址的寄存器称作指针寄存器。Load-store 型计算机（比如 ARM），使用这种寻址方式访问存储器操作数。例如，ARM 指令 LDR r1,[r2] 表示将寄存器 r2 所指的存储单元的内容加载到寄存器 r1 中。以下分别是 ARM、Intel IA32 和 Freescale 68K 的汇编语言语句：

```
LDR      r1,[r2]      ; 将寄存器 r2 所指存储单元的内容复制到寄存器 r1 中
MOV      ax,[bx]      ; 将寄存器 bx 所指存储单元的内容复制到寄存器 ax 中
MOVE     (A5),D2      ; 将寄存器 A5 所指内存单元的内容复制到寄存器 D2 中
```

寄存器间接寻址对访问表格和数组非常有用，因为它可以操作指针寄存器访问数组元素。

寄存器间接寻址有许多变种。最常用的格式是带偏移量的寄存器间接寻址，其中操作数的地址由寄存器内容加上常量或者偏移量指定。这一寻址方式的典型格式如下：

```
LDR      r2,[r3,#8]   ; 把寄存器 r3+8 所指存储单元的内容复制到寄存器 r2 中
MOV      ax,[12,bx]   ; 把寄
```
存器 bx+12 所指存储单元的内容复制到寄存器 ax 中

```
MOVE     (16,A5),D2   ; 把寄
```
存器 A5+16 所指存储单元的内容复制到寄存器 D2 中

这一寻址方式带有一个立即数常量，它在编写程序的时候就已经确定。带偏移量的寄存器间接寻址允许使用指针指向数据区的基地址，而用偏移量指明数组中给定的元素。图 3-10 描述了这些寻址方式的处理过程。

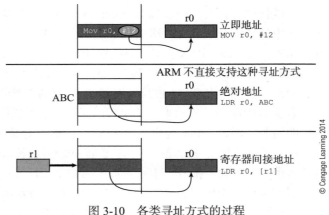

图 3-10　各类寻址方式的过程

© Cengage Learning 2014

程序计数器相对寻址

寄存器间接寻址使我们可以通过寄存器来指定操作数的地址。例如，指令 LDR r0,[r1,#16] 表明操作数地址相对 r1 有 16 个字节的正偏移。现在，假定使用 r15，即 PC，来产生地址，并将指令写为 LDR r0,[PC,#16]。此时操作数地址相对于 PC 的偏移量为 16 字节或相对于当前指令的偏移量为 8 + 16 = 24 字节。（ARM 的 PC 总是当前指令地址 +8，因为一种叫作流水线的机制，总会在执行当前指令时自动读取下一条指令）。

在程序计数器相对寻址中使用 PC 的能力是 ARM 体系结构的重要特征。它允许通过正在访问操作数的程序来生成操作数的地址。即使将程序和数据重新定位到存储器中

的另一个位置，但是相对的地址偏移量是不会改变的。我们会发现程序计数器相对寻址是 ARM 能够使用伪指令处理 32 位常量的基础。

存储器与寄存器寻址

前面已经指出，寄存器与存储单元之间没有本质区别。其区别主要体现在它们的相对访问速度以及指定一个寄存器和一个存储单元所需的地址位数上。在实践中，这意味着 8 位计算机时代计算机指令不能实现较长的存储器地址。若没有意外，一条指令仅能提供一个存储器地址。

由此可以推出，这些计算机不支持存储器 – 存储器型操作（即源操作数和目的操作数都在存储器中）。因此，微处理器一般提供 3 种指令模式：

存储器 – 寄存器型：源操作数在存储器中，目的操作数在寄存器中；

寄存器 – 存储器型：源操作数在寄存器中，目的操作数在存储器中；

寄存器 – 寄存器型：两个操作数都在寄存器中。

Freescale 68K 确实支持存储器 – 存储器型操作（仅支持 MOVE 指令），这时源操作数和目的操作数都在内存中。这条指令长 10 个字节（80 位），因为它需要在 16 位指令字后跟两个 32 位的地址。

3.2.3　指令格式

体系结构就是计算机指令本身，这是指令集的重点所在。指令指明了下一步要执行的操作——尽管以后会发现一些像 Itanium（IA 64）系列那样的处理器中有些指令会指定多个操作。因为是简单介绍，所以这里仅考虑指令长为一个字的情形，它指定了要执行的操作以及其他额外信息（即立即数、寄存器或地址）。

RISC 计算机，比如 ARM 和 MIPS，其指令受到了严格限制；指令长度必须规整为一个字。如果计算机字长为 32 位且寄存器也是 32 位，则其指令字长为 32 位宽。因此，指令集设计者受到指令字长的约束。CISC 计算机通过允许指令长度扩展为几个字解决了固定指令长度的问题。例如，68K 处理器使用 5 个 16 位字存放一个操作码（16 位）、一个源地址（32位）和一个目的地址（32 位）。下一章将讨论多字长指令。必须指出多个字长指令给计算机设计者带来了巨大的挑战。本章只考虑固定字长计算机。

下面来看一个例子，设计者决定某 32 位处理器中的所有指令都包含 3 个字段，指令格式为：操作，立即数，存储单元位置。现在假设设计者决定立即数的范围为 0 ～ 900，存储器大小为 250 000 个单元。请问采取这种安排能够实现多少条独立的指令？

立即数需要 10 位编码，因为 $2^{10}>900>2^9$，而存储器操作数需要 18 位，因为 $2^{18}>250000>2^{17}$。这两个字段共占用 10+18=28 位，只留下 32-28=4 位用于指定实际操作。因此，该计算机的指令集仅能包含 $2^4 = 16$ 个操作。这个例子说明应该在指令（操作码）数量、立即数范围和能够直接寻址的存储器大小之间进行折中取舍。增加一个字段的范围就必须减少其他字段的范围。

计算机设计的历史中充斥着各种试图打破这一约束的尝试，即操作码位数 + 操作数位数 = 计算机字长。然而，这个例子还说明了"一点点创造力就会大有帮助"。记得前面曾说过立即数的范围为 0 ～ 900。使用一个 10 位的字段可以编码范围为 0 ～ 1023（0 到 $2^{10}-1$）内的立即数。因此，从 901 到 1023 之间的 123 个立即值可以分配给新的指令。当然，这些新指令只能完成那些不需要立即数的操作。如果说"天下没有免费的午餐",那么在指令集设计领域也是如此。

3.2.4　操作码与指令

可以用几种方法将指令分组或者分类。计算机体系结构设计中最重要的一个因素是每条指令中操作数地址的数量。例如,实现了指令 ADD r1,r2,r3 的指令集是三地址计算机,而实现了 ADD r1,r2 指令的计算机是双地址的。在此主要介绍三地址、双地址、单地址与零地址的计算机。也可以按照操作的性质来将指令分组。例如,数据移动指令把数据从一个地方移到另一个地方;数据处理指令进行数据运算,而流控制指令修改指令执行的顺序。

请考虑下面的例子,指令带有 $0 \sim 3$ 个操作数。在这些例子中,操作数 P、Q、R 是存储单元或寄存器。

操作数	指令		作用
3 个	ADD	**P**,Q,R	Q 与 R 相加,结果存放在 P 中
2 个	ADD	**P**,Q	Q 与 P 相加,结果存放在 P 中
1 个	ADD	P	P 与累加器相加,结果存放在累加器中
0 个	ADD		从栈顶弹出两个数相加,结果放在栈顶

一条三地址指令可写为:`operation destination,source1,source2`,这里 operation 定义了指令的性质,source1 是第一个源操作数的地址,source2 是第二个源操作数的地址,而 destination 则是存放结果的地址。前面已经解释过微处理器不实现三存储器地址指令的原因。一个典型 RISC 处理器可以通过 3 个 5 位的操作数地址字段在指令中指定 3 个寄存器地址,如图 3-11 所示。[⊖] 这里要使用 ADD 指令将寄存器 r2、r3、r4 和 r5 中的 4 个值相加,下面就是典型 RISC 处理器(比如 ARM)的代码。

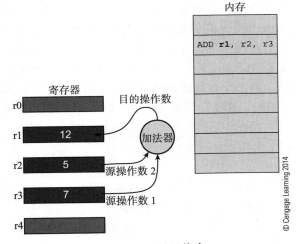

图 3-11　三地址指令

```
ADD  r1,r2,r3    ;r1 = r2 + r3
ADD  r1,r1,r4    ;r1 = r1 + r4
ADD  r1,r1,r5    ;r1 = r1 + r5 = r2 + r3 + r4 + r5
```

1. 双地址计算机

CISC 计算机(像 Pentium 或 68K)采用双地址指令格式。明确地说,不能仅用两个操作数就完成指令 $P = Q + R$。但可以执行操作 $Q \leftarrow P + Q$。有个操作数出现了两次:第一次作为源操作数,第二次作为目的操作数。操作 ADD P,Q 执行运算 $[Q] \leftarrow [P]+[Q]$。双操作数指令格式的代价是一个源操作数的内容会因为覆写而遭到破坏。绝大多数计算机指令不能直接访问两个存储单元。典型情况下,操作数要么是两个寄存器,要么是一个寄存器和一个存储单元。例如,68K 的 ADD 指令可以写成

⊖　ARM 有 16 个通用寄存器(实际上 r13、r14 和 r15 带有特殊功能,r13 被保留用作栈指针)。ARM 的指令集比一些 RISC 处理器丰富得多,精简了寄存器的数量,以便为操作码提供更多的位数。

指令	RTL 定义	模式
ADD D0,**D1**	$[D1] \leftarrow [D1]+[D0]$	寄存器 – 寄存器
ADD P,**D2**	$[D1] \leftarrow [D1]+[P]$	存储器 – 寄存器
ADD D7,**P**	$[P] \leftarrow [P] +[D7]$	寄存器 – 存储器

2. 单地址计算机

单地址计算机在指令中仅指定了一个操作数。第二个操作数是一个叫累加器的固定寄存器，它无需指定。例如，单地址指令 ADD P 意味着 $[A] \leftarrow [A]+[P]$。符号 $[A]$ 指累加器的内容。简单操作 $R = P + Q$ 可以由以下第一代八位 6800 处理器上的 8 位代码段来实现。

```
LDA  P    ; 把 P 加载到累加器中
ADD  Q    ; Q 与累加器相加
STA  R    ; 将累加器的值保存到 R
```

八位计算机采用单地址结构。可以想象，8 位代码是很冗长的，因为必须将数据加载到累加器中进行处理，然后把结果存放起来以避免被下一条数据处理指令覆盖。目前单地址计算机仍被广泛地应用于超低功耗、低性能的系统中，比如玩具。

3. 零地址计算机

零地址计算机使用根本没有地址的指令。零地址计算机对位于栈顶的数据进行处理，因此通常也被称做栈计算机。当然，一个纯粹的零地址计算机是不实用的。需要通过 load 和 store 指令从存储器中读出数据或把数据保存到存储器中。

单操作数运算（一元运算，如取负、清零、递增、递减）作用于栈顶数据，而双操作数运算（二元运算，如加、乘、逻辑或）首先从栈顶取出两个元素，进行运算，然后将结果入栈。将一个数据放到栈顶的操作叫作入栈（PUSH），而从栈顶取出一个数据的操作叫作出栈（POP）。用于计算表达式 $Z = (A + B) \cdot (C - D)$ 的代码可写为：

```
PUSH   A    ; A 入栈
PUSH   B    ; B 入栈
ADD         ; 栈顶两个数据出栈，相加，然后结果 A+B 入栈
PUSH   C    ; C 入栈
PUSH   D    ; D 入栈
SUB         ; 栈顶两个数据出栈，相减，然后结果 C-BD 入栈
MUL         ; 栈顶两个数据出栈，相乘，然后结果入栈，即 (A + B) · (C - D)
POPZ        ; 栈顶数据出栈（结果）
```

栈计算机还能处理布尔逻辑。请考虑操作 if $(A < B)$ or $(C = D)$。该表达式生成的结果为布尔类型——true 或 false。它可用以下代码实现：

```
PUSH   A    ; A 入栈
PUSH   B    ; B 入栈
LT          ; A 和 B 出栈并进行比较；然后根据结果将 true 或 false 入栈
PUSH   C    ; C 入栈
PUSH   D    ; D 入栈
EQ          ; C 和 D 出栈并测试二者是否相等；将 true 或 false 入栈
OR          ; 把栈顶的两个结果出栈（布尔值）；进行或运算并将结果入栈
```

栈顶的布尔值可以与为真时分支或为假时分支命令一起使用，就像其他计算机一样。

除了常规数据处理运算外，零地址计算机也包括使堆栈编程更加方便的数据控制运算。例如，支持栈顶数据项复制或者栈顶两个数据项交换的指令。

1980 年，查尔斯·摩尔（Charles Moore）发明了基于栈的编程语言 Forth，主要用于控制应用（例如望远镜、机器人等等）。高级语言 Java 被编译成一种低级的基于栈的语言，叫作字节码（bytecode），并在真实计算机上解释执行。有些 ARM 处理器集成了 Jazelle 直接字节码执行（Direct Bytecode eXecution，DBX），能够直接执行字节码。由硬件直接执行字节码（而不是解释执行）提高了 ARM 运行 Java 应用时的性能。

4. 一个半地址计算机

Intel IA32 系列与 Freescale 系列通常叫作一个半地址计算机，这是因为它们的指令指定了两个操作数，一个操作数是存储器地址，另外一个操作数则是寄存器地址。寄存器地址被讽刺地称为半个地址，因为与 GB 量级的存储空间相比，寄存器的数量很少。以下的 68K 代码说明了表达式 $(A + B) \cdot (C - D)$ 的计算过程：

```
MOVE A,D0      ; 将 A 从存储器加载到寄存器 D0 中
ADD  B,D0      ; 将存储单元 B 的值加到寄存器 D0 上
MOVE C,D1      ; 把 C 从存储器加载到寄存器 D1 中
SUB  D,D1      ; 从寄存器 D1 减去存储器单元 D 的值
MULU D0,D1     ; 寄存器 D1 乘以寄存器 D0
MOVE D1,X      ; 把寄存器 D1 保存到存储单元 X
```

将它与下面基于累加器的单地址计算机代码进行比较：

```
LDA A          ; 将 A 从存储器加载到累加器中
ADD B          ; 将存储器变量 B 加到累加器上
STA P          ; 把累加器的值保存到存储单元 P
LDA C          ; 将 C 从存储器加载到累加器中
SUB D          ; 累加器减去存储单元 D 的值
MUL P          ; 累加器乘以存储单元 P 的值
STA X          ; 把累加器的值保存到存储单元 X
```

现在已经介绍了处理器的基本结构以及 ISA 的基本组成，下面将把注意力转到实际的微处理器——ARM 上。ARM 处理器的体系结构已经发展了很多年，而且分成了几个系列，每个系列都面向特定的市场，比如嵌入式微控制器或高性能计算机。本章将讨论 A 系列处理器，比如 A8、A9 和 A15。

3.3 ARM 指令集体系结构

20 世纪 80 年代是 RISC 处理器的时代，一些学术界人士分析了当时处理器的性能，并发现了他们所想要的处理器，他们推动了 RISC 的发展。研究者们分析了微处理器所执行的代码，得到了一些有趣的观察结果。例如，他们发现 20 世纪 80 年代的处理器中有些指令很少有机会被执行。这些指令浪费了宝贵的芯片面积。他们提出了精简指令集（Reduced Instruction Set，RISC）处理器，作为一种用于提高微处理器效率的手段。计算机设计者又回到了基本原理。

曾经有一段时间，RISC 与 CISC 的争论十分激烈，但这种争论最终还是偃旗息鼓了。Intel 体系结构由于其庞大的用户基础而保留下来。而且，Intel 付出了巨大的努力扩展 IA32

体系结构，以便它能更好地适应自己的角色，同时也改善了其微体系结构以增强计算效率。尽管 RISC 处理器没有横扫 CISC 处理器，但有些计算机公司，比如英国艾康计算机公司（Acorn Computers）能够用很少的资源设计出高性能 RISC 处理器，它所用的资源仅仅是 Intel 和 Freescale 等巨人的极小一部分。

下面将讨论 ARM 的 ISA，并介绍如何用 ARM 的本地汇编语言来编程。本书使用 ARM 作为工具来讲授基本原理，因为它是一个简单且完美的计算机，没有许多其他类型处理器那样的陡峭的学习曲线。

ARM

ARM 体系结构的知识产权属于总部位于英国剑桥的 ARM 公司。该公司最初是由艾康计算机公司（Acorn Computers）、苹果计算机公司（Apple Computers）和 VLSI 技术公司（VLSI Technology）于 1990 年共同创建的先进 RISC 计算机（Advanced RISC Machines）公司。

ARM 一词最初来源于 Acorn RISC Machine 的英文首字母缩写。艾康计算机公司基于 8 位的 6502 设计了 BBC 微型计算机，该计算机被广泛应用于英国的高级中学。艾康的工程师受到伯克利 RISC 项目的启发设计了自己 RISC 处理器，即 Acorn RISC Machine（ARM）。

艾康设计的第二代 ARM 32 位微处理器仅用了 20 000 个晶体管——只有 Freescale 68K 所用晶体管数量的一半。1990 年，ARM 项目导致了一个叫作先进 RISC 计算机的新公司的诞生。

不像 Intel、AMD 和 Freescale，ARM 不生产芯片，仅授权其处理器核应用于片上系统（SoC）和微控制器中。到 2008 年为止，全球已经生产出 100 亿个 ARM 处理器核，而且据估计 2011 年的发货量就会达到 50 亿个 ARM 核。

ARM 技术被授权给包括 Intel、Freescale、德州仪器、飞利浦、富士以及索尼等在内的半导体公司。

ARM 是一个 32 位的计算机，采用寄存器-寄存器型的体系结构，使用 load/store 指令在存储器和寄存器之间移动数据。所有操作数都是 32 位宽，除了几条乘法指令会产生 64 位结果并保存在两个 32 位寄存器中。第一代 ARM 支持 32 位的字以及无符号字节，而后续版本也支持 8 位有符号字节、16 位有符号和无符号半字。⊖

许多微处理器流行了一段时间后就销声匿迹了，但 ARM 取得了巨大的成功。68K 曾经被很多人认为比 Intel 8086 更完美、更强大（的确如此，当 8086 是 16 位计算机时 68K 已经是真正的 32 位计算机）。68K 被 Apple Mac、Atari 以及 Amiga 计算机所采用，这些都曾是家用计算机市场的主要产品。为什么简陋的 8086 会在竞争中获胜呢？是因为 IBM 为它的新型个人计算机选择了 8086，而其他的则成为历史。

ARM 不仅幸存了下来，而且成功地瞄准了移动设备市场，比如上网本、平板电脑和蜂窝电话。ARM 处理器集成了一些有趣的体系结构特征，它们使 ARM 超越了其竞争对手。在介绍 ARM 指令之前，我们将首先讨论其寄存器集，因为所有数据处理指令都只能对寄存器的内容进行操作。

⊖ 在 ARM 术语中，8 位为一个字节，16 位为一个半字，32 位为一个字。

3.3.1　ARM 寄存器集

图 3-12 列出了 ARM 的 16 个程序员可见寄存器（r0 ～ r15）以及它的状态寄存器。ARM 共有 14 个通用寄存器 r0 ～ r13。寄存器 r14 存放子程序返回地址，r15 为程序计数器。由于 r15 能够被程序员访问，因此能够执行可以计算的分支（例如高级语言 case 语句中所用的操作类型）。ARM 仅有 16 个通用寄存器，作为一个 RISC 处理器还是很少见的。16 个寄存器需要 4 位地址，相对于带有 32 个寄存器（5 位地址）的 RISC 处理器来说每条指令可节约 3 位。这种方法使得 ARM 的指令比一些 RISC 处理器丰富得多。寄存器 r13 被保留用作栈指针。与特殊功能寄存器 r14 和 r15 不同，它们的附加功能由 ARM 的硬件实现，仅当程序员需要使用 r13 作为栈指针时它才会成为栈指针。

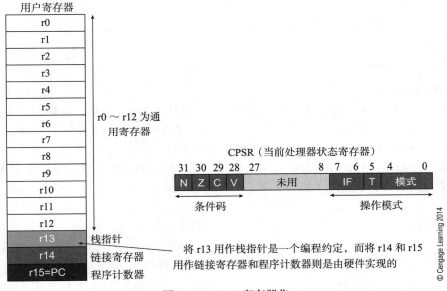

图 3-12　ARM 寄存器集

ARM 的当前处理器状态寄存器（CPSR）包括 Z（零）、N（负）、C（进位）和 V（溢出）等标志位，类似于其他处理器中的条件码或状态寄存器。CPSR 的低 8 位包含系统信息，比如 ARM 的工作状态和中断处理机制，本书后面会介绍这些内容。

如前所述，由于仅实现了 16 个寄存器，所以 ARM 的指令集比较丰富。例如，一些指令实现了四操作数格式。请考虑指令 ADD r1,r2,r3,LSL,r4 和 MLA r1,r2,r3,r4。后面将会详细介绍这些指令。

图 3-12 进行了一个很重要的简化。有些 ARM 寄存器有多个版本或实例。目前还不必考虑这些特点。然而，当 ARM 遇到异常时，它会自动在寄存器体之间切换，以避免操作系统去处理中断之前保存正在使用的寄存器。后面会详细介绍这一特点。

3.3.2　ARM 指令集

今天的高性能处理器与第一代微处理器在指令集体系结构方面的改动很小。ARM 所实现的指令大体上与 Pentium 或 68K 的相同，可被分为几种基本类型，即便个别作者会采用不同的方法对指令集进行分类。我们采用了目前被广泛使用的分类方法：数据移动、算术运算、逻辑运算、移位和程序控制。

表 3-1 描述了 ARM 的寄存器－寄存器体系结构的指令集。乍一看，这个指令集似乎一点不令人兴奋。ARM 指令集看起来的确相当小，它忽略了很多东西，比如移位操作。很快我们就会发现表 3-1 并没有列出 ARM 的全部指令。

表 3-1 ARM 的数据处理、数据转移以及比较指令

指令	ARM 助记符	RTL 定义
加法	ADD **r0**,r1,r2	[r0] ← [r1] + [r2]
减法	SUB **r0**,r1,r2	[r0] ← [r1] − [r2]
与	AND **r0**,r1,r2	[r0] ← [r1] · [r2]
或	ORR **r0**,r1,r2	[r0] ← [r1] + [r2]
异或	EOR **r0**,r1,r2	[r0] ← [r1] ⊕ [r2]
乘	MUL **r0**,r1,r2	[r0] ← [r1] × [r2]
寄存器－寄存器移动	MOV **r0**,r1	[r0] ← [r1]
比较	CMP r1,r2	[r1] − [r2]
相等跳转	BEQ label	[PC] ← label（跳转到 label 处）

更新 ARM 条件码

正如前面已经指出的，与绝大多数 CISC 体系结构不同，ARM 不会在算术和逻辑运算后自动更新状态标志。ARM 提供了一种按需更新模式，仅在当前指令助记符带有后缀 S 时才会自动更新条件码。例如，指令 ADD r1,r2,r3 进行加法操作而不更新状态标志，而指令 ADDS r1,r2,r3 则会更新状态标志。这一功能特点使程序员可以先完成测试，然后执行其他指令而保持状态标志不变。

```
SUBS   r1,r1,#1        ;r1 减 1 并设置状态位
ADD    r2,r2,#4        ;计数器递增（不更新状态位）
MUL    r5,r3,r4        ;r3 与 r4 相乘（不更新状态位）
BEQ    Error          ;如 r1 为 0 则跳转去处理问题
```

在这个例子里，在减法和根据减法结果进行条件分支的指令之间执行了两条指令（ADD 和 MUL）。由于 ADD 和 MUL 不带后缀 S，所以它们都不会更新处理器状态位。

3.4 ARM 汇编语言

所有处理器的汇编语言都来源于芯片设计者的精雕细琢，尽管第三方设计者也可能会设计一种不同的处理器汇编语言。读者已经看到了一部分 ARM 汇编语言，下面将介绍 ARM 汇编语言中一些使读者能够编写在 ARM 环境下运行的程序的特征。ARM 指令的格式如下

```
Label  Op-code operand1, operand2, operand3   ;comment
```

请考虑下面的循环例子

```
Test_5 ADD    r0,r1,r2        ; 计算 TotalTime = Time + NewTime
       SUBS   r7,#1           ; 循环计数器递减
       BEQ    Test_5          ; 为零则跳转到 Test_5 处
```

Label 是用户定义的标号，由其他指令（如条件分支指令）使用，用来引用标号所在的那一行。请注意操作数列表中逗号后是否有空格并不重要；可以写为 operand1,operand2 或 operand1, operand2。分号后的文本为注释字段，会被汇编器忽略。注释字段提高了程序的可读性。下面仅对 ARM 汇编器进行基本介绍。商业汇编器很复杂，提供了很多功能帮助程

序员编写汇编程序。例如，宏用来重复机器指令序列，而条件汇编可以在汇编时包含或忽略一部分程序。

请看下面一段简单的 ARM 代码。假设我们希望计算数字 1 ～ 10 的立方和。可以使用乘累加指令实现，如下所示：

```
        MOV     r0,#0           ; r0 = 0
        MOV     r1,#10          ; FOR i = 1 to 10（向下计数）
Next    MUL     r2,r1,r1        ; 计算平方
        MLA     r0,r2,r1,r0     ; 计算立方并累加
        SUBS    r1,r1,#1        ; 计数器递减（置标志位）
        BNE     Next            ; END FOR（计数值不为零时跳转）
```

这段汇编语言代码语法正确，实现了正确的算法。但它不是一段能运行的程序。例如，必须指定代码在存储器中的位置并定义所需的资源。汇编程序由两部分语句组成：计算机可执行指令和告诉汇编器运行环境有关信息的汇编伪指令。例如，汇编伪指令 END 是不可执行的——它只是简单地告诉汇编器已到达程序末尾。汇编伪指令告诉汇编器代码在存储器中的位置，为变量分配存储空间，以及设置程序运行时所需的初始数据。

3.4.1 ARM 程序结构

首先来看一段能够在 ARM 计算机或者带有 ARM 交叉开发系统的 PC 机上运行的程序。下述代码段描述了一个简单的程序结构，也就是上面介绍的计算整数 1 ～ 10 立方和的程序。加阴影的文字表示汇编伪指令而不是可执行的 ARM 代码。

```
        AREA ARMtest, CODE, READONLY
        ENTRY
        MOV     r0,#0           ; r0 = 0
        MOV     r1,#10          ; FOR i = 1 to 10
Next    MUL     r2,r1,r1        ; 计算平方
        MLA     r0,r2,r1,r0     ; 计算立方并累加
        SUBS    r1,r1,#1        ; 计数器递减
        BNE     Next            ; END FOR
        END
```

汇编伪指令 AREA 定义代码段。在这个例子里，这个段的名字为 ARMTest，属性为 CODE 和 READONLY。⊖汇编伪指令 ENTRY 告诉汇编器在哪里找到要执行的第一条指令。伪指令 END 是强制的，它告诉汇编器已经到达程序末尾。图 3-13 显示了 Keil 公司的 ARM 集成开发系统编辑器窗口内的源代码程序。有关该开发系统的详细情况可参考本教材配套的 Web 网站。请注意本章中来自于 ARM 集成开发系统的图片不是彩色的。

汇编程序编写完毕后就可以汇编和执行了。下面请看一段反汇编代码（见图 3-14）。该窗口给出了源代码和反汇编代码。反汇编就是将汇编器产生的代码转换回汇编语言源程序，这样就能看到代码和指令。反汇编代码窗口从左起依次显示了指令的存储器地址，指令的十六进制编码，然后是反汇编得到的汇编指令。例如，在地址 0x00000008 处，指令的十六进制编码为 E0020191，相应的汇编指令为 MUL r2,r1,r1。该例子也说明存储在存储器中的指令/代码不是文本的而是二进制的；在本例中，指令为 0xE0020191 或 11100000000000100000000110010001₂。

图 3-15 显示了程序运行期间的状态。下面已把不必要的窗口都关掉，只留下寄存器窗口和代码窗口。寄存器窗口显示了程序运行期间每个寄存器的内容，有助于程序调试。

⊖ 可写的内存区域则指定为 READWRITE。

图 3-15 中的箭头指向一个按钮，点击它就会执行指令。图 3-16 显示了执行 4 条指令之后同样的两个窗口。请注意此时 r1 的值为 0x0A，PC 为 0x0C，而 r2 为 0x64，即 100 或者 10^2。

ARM® Software

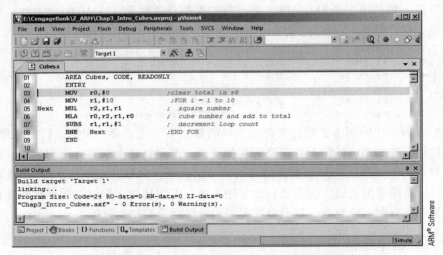

图 3-13　使用 Keil 的 ARM IDE 汇编一段汇编程序

ARM® Software

图 3-14　反汇编窗口，带有程序生成的十六进制代码

ARM® Software

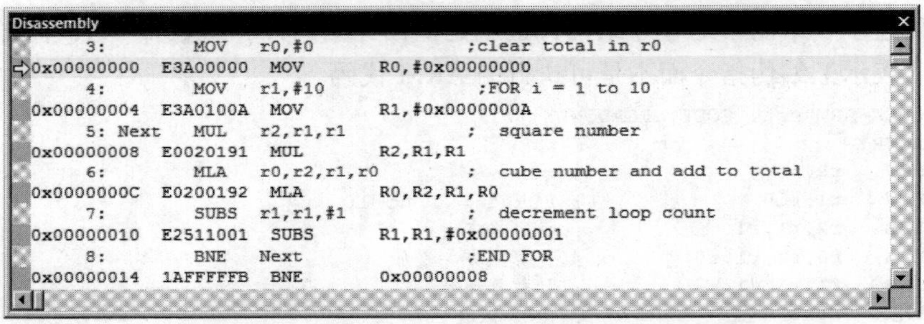

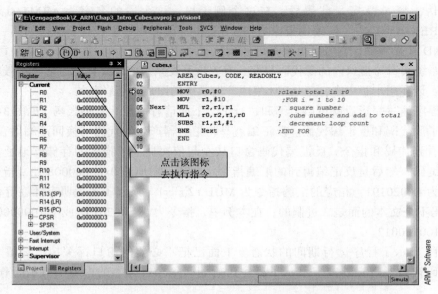

图 3-15　正在运行的程序及其寄存器集

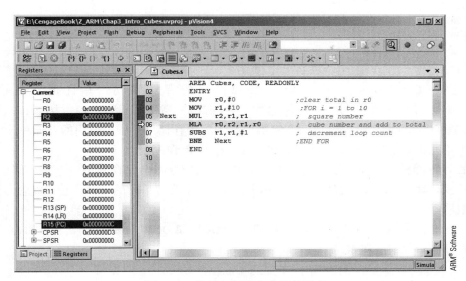

图 3-16　执行 4 条指令之后的程序

3.4.2　汇编器的实际考虑因素

在深入探讨 ARM 体系结构之前，需要分析一些编写汇编语言程序所用的约定，并说明如何为常量和变量预留存储空间。读者已经看到了前缀 # 可将立即数用作操作数。数字一般被视作十进制的，除非带有前缀 0x 表示它是十六进制的。例如，MOV r0,#0x2C。ASCII 字符采用单引号表示。例如，

```
CMP   r0,#'A'          ; 是字母'A'吗?
```

EQU 和 DCD 是两个重要的汇编伪指令，EQU 把一个名字与一个值绑在一起，DCD 在程序运行前将数据提前载入存储空间。伪指令 EQU 很容易理解。它把一个数字值绑定（即附加）到一个名字上。假设有如下语句：

```
Tuesday EQU 2
```

这个汇编伪指令将字符串 Tuesday 绑定到数值 2 上。如有指令 ADD r1,r2,#Tuesday，则编译器将把它视作 ADD r1,r2,#2 来处理。用名字来代替数值的原因是为了增加程序的可读性。如果令 Tuesday 等于 2，则无论何时遇到 Tuesday，汇编器都简单地将其替换为 2。

汇编语言程序（像高级语言程序一样）可以使用常量、变量和数据结构。它们都被存储在存储器中的某些位置。计算机用户从来不必关注这些，因为操作系统和系统软件会自动为数据分配存储空间。高级语言程序员一般通过变量或常量声明来分配存储空间。例如，请考虑下面的 C 代码：

```
int   x;
int   y;
char  key;
int   p = 4;
```

在这个例子里，共定义了 4 个数据元素并为它们分配了存储空间。3 个为整型变量，一个为字符变量。请注意变量 p 分配了存储空间且被初始化为 4。

ARM 的汇编器伪指令 DCD 为常量和变量预留存储空间。请考虑下面的例子。

```
Value1 EQU    12            ; 将名字 Value1 与 12 关联
Value2 EQU    45

Table  DCD    Value1        ; 将字 12 保存在存储器中
       DCD    Value2        ; 将字 45 保存在存储器中
```

助记符 DCD 在存储器中预留一个 32 位字的存储空间，并且把它右边表达式的值加载到该存储单元中。本例中，'Value1'等价于数值 12，因此二进制值 00000000000000000000000000001100 将被保存到这个存储单元中。所用的存储单元是顺序的下一个单元（即存储伪指令依次将数据保存到存储单元中）。

位置计数器按 4 字节递增，这样下一个 DCD 或指令将会保存到下一个字存储单元中。术语"位置计数器"是指在程序进行汇编时指向下一个存储单元的指针，它在概念上类似于程序计数器。

不一定非要使用 32 位的值。汇编器伪指令 DCB 和 DCW 分别将一个字节和 16 位的半字保存在存储单元中。例如，

```
Q1     DCB    25            ; 将字节数据 25 保存在存储器中
Q2     DCB    42            ; 将字节数据 42 保存在存储器中
Tx2    DCW    12342         ; 将 16 位数 12342 保存在存储器中
```

尽管可以使用 DCD 将文本字符串保存在存储器中，但这会使读者很难理解。ARM 汇编器提供了一个简单的方法，使用符号"="，后面跟着带双引号的字符串。字符串后面还可带有以逗号分开的其他字节值。例如，

```
Mess1 =     "This is message 1", 0
Mess2 =     "This is message 2", &0C, &0A
      ALIGN
```

汇编器也允许将其写为

```
Mess1 DCB  "This is message 1", 0
```

本例中，ASCII 字符串"This is message 1"被保存在存储器中，后面跟着数值 0。它后面是第二个字符串，然后是字节数据 0C16 和 0A16。请注意这段代码中汇编伪指令 ALIGN 的使用。由于 ARM 的所有指令和字数据需要按 32 位字边界对齐存放，伪指令 ALIGN 告诉汇编器下面不管是什么都必须按照字边界对齐。换句话说，如果存储了 3 个 8 位字符，ALIGN 会跳过一个字节，强制下一个地址为 32 位边界对齐的。下面的代码段说明了存储分配以及伪指令 ALIGN 的用法。

```
       AREA Directives, CODE, READONLY
       ENTRY
       MOV   r6,#XX        ; r6 = 5（即 XX）
       LDR   r7,P1         ; 把 P1 的值加载到 r7⊖
       ADD   r5,r6,r7      ; 冗余指令
       MOV   r0, #0x18     ; 异常代码
       LDR   r1, =0x20026  ; 程序退出入口
       SVC   #0x123456     ; ARM 半主机（原来的 SWI）
XX     EQU   5             ; XX = 5
P1     DCD   0x12345678    ; 存储十六进制 32 位值 12345678
P3     DCB   25            ; 存储字节数据 25
YY     DCB   'A'           ; 存储 ASCII 字符 'A'
Tx2    DCW   12342         ; 存储 16 位值 12342
```

⊖ 该指令似乎看起来是把内存单元 P1 的值加载到 r7，实际上 ARM 处理器不支持这种寻址方式。该指令是伪指令，会被汇编成合适的 ARM 代码。本节后面部分会讨论伪指令。

```
        ALIGN                    ; 确保代码为 32 位边界对齐
Strg1 =     "Hello"
Strg2 =     "X2", &0C, &0A
Z3    DCW   0xABCD
      END
```

这段代码包括魔术代码（magic code），就是那 3 行加阴影的代码。之所以使用术语"魔术代码"是因为它是与系统相关的；即它是运行环境或操作系统的功能，并且程序员必须学习这些代码，因为对于每一个商业系统来说它通常都是一套不同的指令。这些指令把数据送入 r0 和 r1，然后执行 SVC #0x123456（后面会解释 LDR r1,=0x20026）。这段代码的作用就是终止处理器。加载到 r0 和 r1 中的值为参数，而 SVC 指令是操作系统调用。顺便提一下，这里所用的 svc 指令就是 swi（软中断）指令。如果不喜欢魔术代码，可以采用无限循环来结束程序

```
Stop  B    Stop            ;死循环!
```

图 3-17 显示了这段代码对应的模拟器输出结果，图 3-18 则给出了反映存储器分配情况的存储器映射。仔细看看图 3-17 的反汇编窗口，就会发现代码在存储地址 0x00000010（SVC 调用）处结束。代码之后是通过汇编伪指令加载到存储器中的数据。请注意反汇编程序试图反汇编加载到存储器中的数字，这导致右边无意义代码的出现。最后，请注意地址为 0x00000029 的字节存储单元内容为字节 0x00，它由汇编器插入，以确保下一个数据，即 16 位半字 0xABCD 正好位于 16 位地址边界上。

图 3-19 给出了 ARM 调试的另一个会话。本例中使用了一个不同的 IDE——可以使用几个开发系统。此处有代码窗口、寄存器窗口和存储器窗口，使用户可以在代码执行时检查存储器的状态。

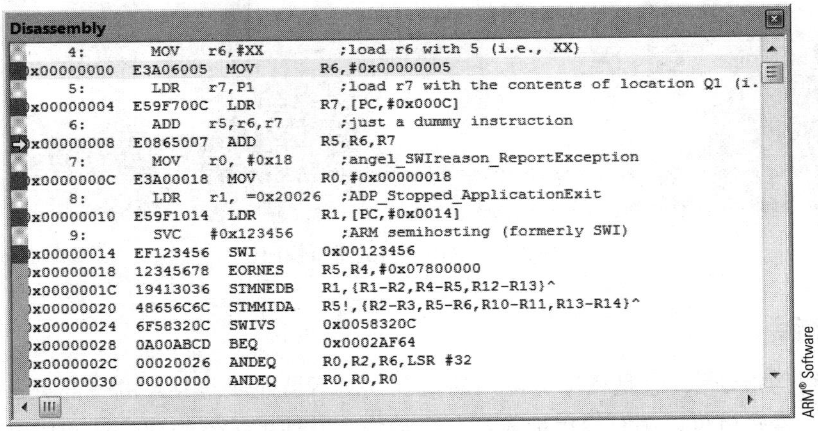

```
Disassembly
    4:      MOV    r6,#XX          ;load r6 with 5 (i.e., XX)
0x00000000 E3A06005 MOV   R6,#0x00000005
    5:      LDR    r7,P1           ;load r7 with the contents of location Q1 (i.
0x00000004 E59F700C LDR   R7,[PC,#0x000C]
    6:      ADD    r5,r6,r7        ;just a dummy instruction
0x00000008 E0865007 ADD   R5,R6,R7
    7:      MOV    r0, #0x18       ;angel_SWIreason_ReportException
0x0000000C E3A00018 MOV   R0,#0x00000018
    8:      LDR    r1, =0x20026    ;ADP_Stopped_ApplicationExit
0x00000010 E59F1014 LDR   R1,[PC,#0x0014]
    9:      SVC    #0x123456       ;ARM semihosting (formerly SWI)
0x00000014 EF123456 SWI   0x00123456
0x00000018 12345678 EORNES R5,R4,#0x07800000
0x0000001C 19413036 STMNEDB R1,{R1-R2,R4-R5,R12-R13}^
0x00000020 48656C6C STMMIDA R5!,{R2-R3,R5-R6,R10-R11,R13-R14}^
0x00000024 6F58320C SWIVS  0x0058320C
0x00000028 0A00ABCD BEQ    0x0002AF64
0x0000002C 00020026 ANDEQ  R0,R2,R6,LSR #32
0x00000030 00000000 ANDEQ  R0,R0,R0
```

ARM® Software

图 3-17 内存数据分配

```
00000018    12      字 0x12345678
00000019    34
0000001A    56
0000001B    78
0000001C    19      字节数据 25
0000001D    41      字符 'A'
0000001E    30      半字 12342
```

图 3-18 内存数据分配——内存映射图

```
0000001F          36
00000020          H              字符串 "Hello"
00000021          e
00000022          l
00000023          l
00000024          o
00000025          X              字符串 "X2"
00000026          2
00000027          0C             字节 0x0C
00000028          0A             字节 0x0A
00000029          00             强制地址对齐
0000002A          AB             半字 0xABCD
0000002B          CD
```

图 3-18（续）

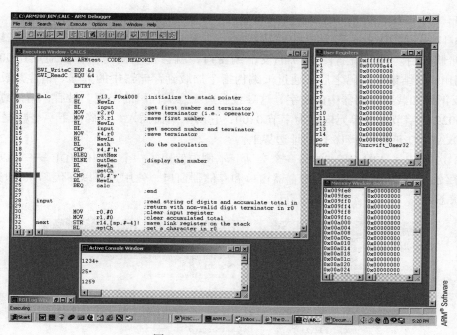

图 3-19   ARM 调试窗口快照

3.4.3   伪指令

下面介绍伪指令[⊖]，它是程序员可用的指令，但不是处理器 ISA 的一部分。伪指令是一种速记形式，程序员可以用它简单地表示一个动作，并使汇编器生成合适的代码。

像 Pentium 那样的 CISC 处理器能够将地址以及 16 位或 32 位数据加载到寄存器中。由于 ARM 规整的 32 位指令格式，它不可能直接实现这样的指令。例如，若想把 32 位十六进制数 0x1234567 加载到寄存器 r0 中，不能写成 MOV r0,#0x1234567。幸运的是，ARM 汇编器提供了能够简化常量加载的方法。

ADR 是 ARM 最有用的指令之一，它把地址加载到目的寄存器中。该指令的格式为 ADR

⊖ 这是一个有点复杂的主题，它使用了一些还没有介绍过的概念。读者可以略过这些内容，以后再来阅读。其要点是 ARM 有两个伪指令，它们指示汇编器生成合适的代码从而将 32 位值加载到寄存器中。

$r_{destination}$,label，这里 label 是程序中有效地址的标号。尽管我们会在程序中看到 ADR，但它并不是一个真正的指令，因为没有指令能把 32 位常量加载到 ARM 寄存器中。ADR 是一个可由程序员使用的伪操作或虚拟指令，之后汇编器将生成能完成同样功能的实际机器代码。伪指令是一种便捷的形式，汇编器将其转换为实际指令，将除程序员从一些事务性工作解脱出来。一般来说，ADR 能够利用 ARM 的 ADD 或 SUB 指令以及 PC 相对寻址方式产生所需要的地址。

下面的代码段说明了 ADR 伪指令的使用方法。

```
        ADR     r1,MyArray          ; 使 r1 指向 MyArray
         ·
        LDR     r3,[r1]             ; 用指针读出一个元素
MyArray DCD     0x12345678
```

本例中，操作 ADR r1,MyArray 会借助汇编器生成的代码将 MyArray 的 32 位地址加载到寄存器 r1 中。程序员不必了解汇编器如何产生实现 ADR 的合适代码。

另一个很有用的伪指令是 LDR rd, = value。在这个例子里，编译器会生成将已知值载入寄存器 rd 中的代码；例如，指令

```
LDR r0, = 0x12345678
```

会把数据 12345678$_{16}$ 加载到寄存器 r0 中。如果允许的话，汇编器会使用指令 MOV 或 MVN，或者它使用一条 LDR r0, [PC, #offset] 指令去访问常数 12345678$_{16}$，该常数被存放在位于存储器中某处的立即数池或常数池。$^{\ominus}$

下面来看一看 ARM 开发系统是如何处理伪指令的。请考虑以下代码段。这是一个虚设的代码段，仅用于说明伪指令的用法；没有其他任何目的。

```
        AREA ConstPool, CODE, READONLY
        ENTRY
        LDR     r0,=0x12345678      ; 将 32 位常量加载到 r0 中
        ADR     r1,Table            ; 将 Table 的地址加载到 r1 中
        ADR     r2,Table1           ; 将 Table1 的地址加载到 r2 中
        LDR     r3, = 0xAAAAAAAA    ; 将 32 位常量加载到 r3 中
        LDR     r4,P3               ; 这条语句的功能是什么？
Table   DCD     0xABCDDCBA          ; 虚拟数据
Table1  DCD     0xFFFFFFFF
P3      DCD     0x22222222
```

图 3-20 通过一张 ARM 调试器运行时源码窗口的快照说明了伪指令 LDR ri, = 和 ADR 的用法。这张快照来自调试器的反汇编窗口。程序的第一个存储单元位于地址 0x00000000 处。指令 LDR r0,=0x12345678 被汇编为 LDR r0,[PC,#0x0018]。现在，由于 ARM 的 PC 值为当前指令地址加 8（原因在于 ARM 的流水线方式），则被加载到 r0 的操作数的地址为 8$_{16}$ + 18$_{16}$ = 20$_{16}$。查看地址为 0x00000020 的存储单元，可以发现其内容为 32 位常量 0x12345678。汇编器把存储器中常量放入立即数池中，然后生成一条使用 PC 相对寻址方式的指令去访问它。

下一条指令是 ADR r1,Table，它是一条伪指令，目的是把标号为 Table 的行的地址加载到寄存器 r1 中。看看图 3-20 就会发现 ADR r1,Table 已经被汇编为 ADD r1,PC,

---

　$\ominus$　我们还没有遇到过 PC 相对寻址。这里需要知道的就是操作数的地址由当前 PC 指定；例如，有效地址 [PC, #12] 表明操作数位于 PC 当前值所指的位置向前 12 字节处。

#00000008。该指令的地址为 0x00000004，因此 PC 值应比它大 8，即 0x0000000C。如果将其加 8，则可以得到值 0x00000014。从图 3-20 可以看出，存储单元 0x00000014 的内容为 0xABCDDCBA，就是存储单元 Table 的内容。

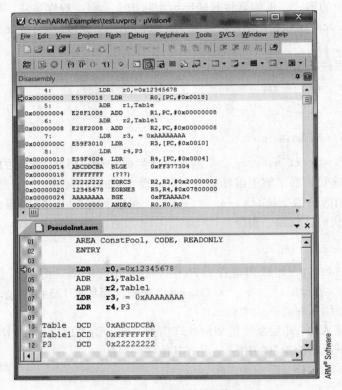

图 3-20　使用伪指令的代码

最后来看看指令 LDR　r4,P3，它不是 ARM 指令，因为 ARM 不能使用直接寻址方式。那会发生什么呢？为什么汇编器不拒绝这条非法指令呢？仔细看看图 3-20，就会发现 LDR r4,P3 被作为伪指令处理，并被汇编为合法指令 LDR　r4,[PC,#0x0004]。该指令将存储单元 PC+4 的值加载到 r4 中；即 0x10（指令地址）+ 0x08（PC 总是当前地址 +8）+4（指令偏移地址）= 0x0000001C。存储单元 0x0000001C 的内容为 0x22222222，它就是 P3 的值。换句话说，尽管 ARM 不支持直接寻址方式，但依然能将指令写成 LDR　r0,address，并且汇编器也生成合适的代码。如果对于 LDR　r4,[PC,#0x0004] 所产生的地址是 [PC] + 4 + 8 感到困惑以及想知道 8 究竟是从哪儿来的，只需要记住两件事即可。首先，PC 自动递增指向下一条指令（就是加 4）。第二，ARM 处理器是流水线实现的（将在第 6 章讨论），这意味着在完成当前指令之前就已经预取出了下一条指令。流水线解释了第二个 4，因此，实际的 PC 就是从当前指令开始 4 + 4 = 8 字节的位置。

3.5　ARM 数据处理指令

下面将要介绍的指令承揽了所有的计算工作。这些指令处理数据并产生新的值——不同于那些将数据从 A 移到 B 的指令，也不同于控制处理器操作和指令执行顺序的指令。这些指令是 ISA 世界的工人阶级。

3.5.1 算术指令

我们从 ARM 的算术运算指令开始，它们对表示数量的数据进行处理。

- 加法　　ADD
- 减法　　SUB
- 取负　　NEG
- 比较　　CMP
- 乘法　　MUL
- 移位[⊖]　LSL、LSR、ASL、ASR、ROL、ROR

1. 加法与减法

除了将两个字相加的"一般化操作"以外，绝大多数微处理器都实现了带进位的加法指令，能够将两个操作数和条件码寄存器中的进位位加到一起。这条指令会使字长大于计算机固有字长的链接运算更加方便。下面将首先使用简单的一位十进制加法来介绍链接运算。请考虑下面 3 个例子。

例 1	例 2	例 3
一位数加法	两位数字加法，无进位 结果错误	两位数加法，有进位 结果正确
4	56	56
+3	+27	+27
7	73	83

　　例 1，两个一位数相加并得到了预期的结果。例 2，先将低位的两个数字相加，6 + 7，结果为 3，进位位被置为 1。然后将高位的两个数字相加，5 + 2，结果为 7。结果（73）是不正确的，因为个位数 6 + 7 的进位没有加到十位上。例 3，通过在十位数的两个数相加时也加上了来自个位的进位输出解决了这个问题。

　　图 3-21 说明了如何使用带进位的加法指令实现链式运算。在图 3-21（a）中，依照约定，指令 ADD r2,r1,r0 将源寄存器 r0 和 r1 的内容相加，然后将结果保存到目的寄存器 r2 中。该操作产生的进位被保存到进位位中。

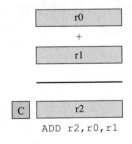

a）单精度加法。r0 与 r1 相加，结果存放到 r2，进位存放到进位标志位

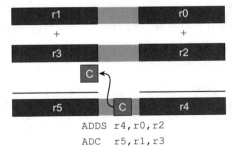

b）双精度扩展加法。r0 与 r1 相加，进位保存到进位位中。r1 与 r3 相加，再与进位位相加。换句话说，ADDS r4,r0,r2 产生的进位由 ADC r5,r1,r3 使用

© Cengage Learning 2014

图 3-21　单精度和扩展精度加法

⊖ 有些是带算术操作的组移位，因为移位可用于乘 2 或除 2。同样，有些包括带逻辑操作的移位，因为它们对整个位组进行操作。

现在，假设使用了 32 位体系结构的 ARM 处理器，且要处理 64 位整数并要完成 64 位加法。图 3-21（b）说明了 64 位算术运算中如何使用 32 位寄存器来传播进位。两个 64 位数已经保存到寄存器对 r1、r0 和 r3、r2 中。

首先使用指令 ADDS `r4`,r0,r2，完成 r0 + r2 并将结果保存到 r4 中。进位输出保存到 CCR 的进位位中（请注意已在 ADD 后添加了后缀 s 以强制更新进位位）。当使用指令 ADC `r5`,r1,r3 将高位的两个数字相加时，进位位也被加到 r1 与 r3 的和中。助记符 ADC 表示带进位的加法。这一原理可被推广到完成任意长整数的扩展精度算术运算。如果想实现 200 位整数的加法，也可以做到。ARM 还提供了 SBC 或带借位的减法指令来支持扩展精度的减法运算。

ARM 提供了一种不常用的逆减法指令 RSB。减法指令 SUB `r1`,r2,r3 被定义为 [r1] ← [r2] − [r3]，而逆减法指令 RSB `r1`,r2,r3 则被定义为 [r1] ← [r3] − [r2]。这个指令看似毫无用处，因为通过指令 SUB `r1`,r3,r2 可以实现 [r3] − [r2]。然而，由于 ARM 认为两个操作数是不平等的，所以逆减法指令还是有用的；后面读者将会看到 ARM 能对第二操作数进行缩放操作。而且，逆减法指令对立即数也有用。例如，指令 SUB `r1`,r2,#10 计算 [r2] − 10，而逆减法指令 RSB `r1`,r2,#10 则会计算 10−[r2]。

2. 取负

取负就是用零减去一个数字。例如，r0 的负数就是 0 − [r0]。ARM 没有这样的取负指令。不过可以使用逆减法来实现，因为 RSB `r1`,r1,#0 就等价于 NEG `r1`。

取反传送是 ARM 提供的另一种有趣但不常用的操作。例如，MVN `r0`,r1 将寄存器 r1 的值逻辑取反后再复制到寄存器 r0 中。这个操作实现了逻辑取反（按位取反），而不是算术取反（符号反转）。

3. 比较

实现条件操作（即循环和 IF…THEN 等结构）所必需的比较运算可分为隐式和显式两种。隐式比较在执行指令 SUBS `r1`,r1,#1 时发生，因为 r1 减去 1 后，若结果为零则 CCR 中的 Z 位会被置为 1。

通过执行指令 CMP Q,P 比较 P 和 Q 时将发生显式比较，这条指令会计算 $Q − P$ 但不会保存结果。例如，CMP `r0`,r1 将计算 [r0] − [r1] 并更新相应的状态位。比较操作会修改条件码寄存器（CCR）的内容，后面的指令会测试该寄存器的值以决定是按照顺序继续执行还是进行跳转。

请考虑下面的例子。

```
          CMP   r1,r2           ; r1= r2 ?
          BEQ   DoThis          ; 如果相等则跳转到 DoThis
          ADD   r1,r1,#1        ; 否则 r1 = r1 + 1
          B     Next            ; 不要忘记跳过 THEN 部分代码
                  .
DoThis    SUB   r1,r1,#1        ; r1 = r1 - 1
Next      ...                   ; 两个分叉汇聚于此
```

4. 乘法

乘法运算将两个 m 位的操作数相乘，得到一个 $2m$ 位的积。结果的位长加倍带来了一个问题。计算机要么自动地将结果截断，这样 32 位数与 32 位数相乘将得到一个 32 位的结果，要么必须设计一个四操作数指令：两个为源操作数，两个为目的操作数（分别保存结果的高半部分和低半部分）。而且，尽管二进制补码加减法运算能够得到正确结果，但乘除法却不一定。即对于有符号和无符号数不能使用同样的乘法操作。

有些微处理器提供了有符号和无符号乘法操作，以及结果为 32 位的 16 位乘法与结果为 64 位的 32 位乘法。下面的信息框给出了有关 ARM 乘法的进一步信息。还要注意的是，ARM 的乘法操作不能与其他操作（比如 ADD 或 AND）归为一类，因为被乘数不能为常量，第二操作数也不能移位（详见后文）。

ARM 乘法

除了 32 位乘法指令 MUL 外，ARM 还包括以下几种乘法指令。

UMULL　　无符号长整型乘法（Rm ×Rd 乘积为 64 位，存放在两个寄存器中）

UMLAL　　无符号长整型乘累加

SMULL　　有符号长整型乘法

SMLAL　　有符号长整型乘累加

ARM 的乘法指令 MUL Rd,Rm,Rs 计算保存在 32 位寄存器 Rm 和 Rs 中的两个 32 位有符号数的积，然后将结果保存在 32 位寄存器 Rd 中，仅存放 64 位积的低 32 位。当然，应保证结果不超出范围。例如，计算 121 乘 96 的 ARM 汇编代码为：

```
MOV     r0,#121      ; 将 121 加载到 r0 中
MOV     r1,#96       ; 将 96 加载到 r1 中
MUL     r2,r0,r1     ; r2 = r0 × r1
```

不幸的是，目的寄存器 Rd 和源寄存器 Rm 不能使用相同的寄存器，因为 ARM 在乘法计算过程中将 Rd 当作临时寄存器使用。这是 ARM 处理器的一个特点。

ARM 有一个乘累加（MLA）指令，它先进行乘法，然后将乘积与另一个数相加。MLA 指令采用四操作数形式：MLA Rd,Rm,Rs,Rn，它的 RTL 定义为 [Rd] ← [Rm] × [Rs] + [Rn]。32 位数与 32 位数的乘积被截断成低 32 位结果。

ARM 的乘累加操作用一条指令完成乘法和加法运算，支持内积计算。内积运算被广泛用于多媒体应用中。例如，假设向量 a 有 n 个元素 $a_1, a_2, \cdots, a_n$，向量 b 有 n 个元素 $b_1, b_2, \cdots, b_n$，则 a 与 b 的内积就是标量 $s = a \cdot b = a_1 \cdot b_1 + a_2 \cdot b_2 + \cdots + a_n \cdot b_n$。

下面的代码段展示了如何使用乘累加指令计算两个 n 元素向量 Vector1 和 Vector2 的内积。尽管还没有介绍 ARM 的寻址方式，但下述例子使用了指令 LDR r0,[r5],#4，它将 r5 所指的数组元素加载到寄存器 r0 中，然后更新 r5 指向下一个元素。

```
        MOV   r4,#n        ; r4 为循环计算器
        MOV   r3,#0        ; 将内积清零
        ADR   r5,Vector1   ; r5 指向 Vector1
        ADR   r6,Vector2   ; r6 指向 Vector2
Loop    LDR   r0,[r5], #4  ; REPEAT 读向量 Vector1 的一个元素并更新指针
        LDR   r1,[r6], #4  ; 读取向量 Vector2 的相应元素
        MLA   r3,r0,r1,r3  ; 乘累加操作（r3 = r3 + r0 × r1）
        SUBS  r4,r4,#1     ; 循环计数器递减（记得更新 CCR）
        BNE   Loop         ; UNTIL 所有计算完毕
```

图 3-22 给出了该程序执行后的一个快照。我们已经建立好运行环境，使用了两个值分别为（1，2，3，4）和（2，3，4，5）的四元素向量，它们的内积为 $1 \cdot 2 + 2 \cdot 3 + 3 \cdot 4 + 4 \cdot 5 = 40$ 或 28_{16}。从图 3-22 可以看到，寄存器 r3 的值就是 28_{16}。图中还有一个存储器窗口，

显示了两个向量在存储器中的情况。

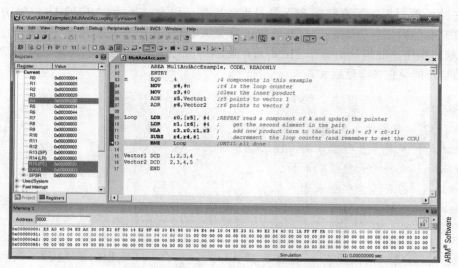

图 3-22　内积计算程序执行后模拟器的状况

5. 除法

除法操作面临着与乘法一样的问题：一个 $2m$ 位数除以一个 m 位数会得到商和余数。同样，有符号和无符号除法需要两个独立的除法指令。ARM 没有实现除法运算（在它的基本模型里），程序员必须自己编写软件除法子程序。

3.5.2　位操作

逻辑操作也叫位（bitwise）操作，因为这些操作被应用到寄存器的每一位。尽管对两个布尔变量一共有 16 个可能的逻辑操作，但微处理器一般只支持 AND、OR、NOT 和 EOR 或操作。下述例子说明了对 $r1 = 11001010_2$ 和 $r0 = 00001111_2$ 进行的逻辑操作。为了简化起见仅使用 8 位运算。

逻辑指令[⊖]	运算	r2 中的最后结果
AND **r2**,r1,r0	11001010·00001111	00001010
OR **r2**,r1,r0	11001010+00001111	11001111
NOT **r2**, r1	$\overline{11001010}$	00110101
EOR **r2**,r1,r0	11001010⊕00001111	11000101

尽管 ARM 不支持 NOT 指令，但可以使用第二操作数为 FFFFFFFF_{16}（寄存器中 32 个 1）的 EOR 指令来实现 NOT 操作，因为 $x \oplus 1$ 就是 $\overline{x}$。NOT 操作也可以通过取反传送指令 MVN 来实现，该指令将数据逻辑取反并复制到寄存器中。

逻辑运算的典型应用就是数据合并，即把多个变量合并到一个寄存器或存储单元中。假设寄存器 r0 包含 8 位数 bbbbbbxx，寄存器 r1 包含 8 位数 bbbyyybb，寄存器 r2 包含 8 位数 zzzbbbbb，这里 x、y 和 z 代表需要的位，而 b 是不需要的位。我们希望把这些位合并在起得到最后结果 zzzyyyxx。通过下述代码可以达到这个目的。[⊖]

⊖　ARM 不支持这种形式的 NOT 指令

⊖　本书用 2_1010111 表示 1010111₂，这与用符号 0h1234 表示 1234₁₆ 类似。传统上也用 %1101 或 0b1101 表示二进制数。Keil 汇编器用前缀 2_ 表示二进制数。

```
AND  r0,r0,#2_00000011          ; 保留 2 位 xx, 其他屏蔽
AND  r1,r1,#2_00011100          ; 保留 3 位 yyy, 其他屏蔽
AND  r2,r2,#2_11100000          ; 保留 3 位 zzz, 其他屏蔽
OR   r0,r0,r1                    ; 合并 r1 和 r0 得到 000yyyxx
OR   r0,r0,r2                    ; 合并 r2 和 r0 得到 zzzyyyxx
```

使用位逻辑操作

假设有一个 8 位二进制串 *abcdefgh*, 需要将 *b*、*d* 两位清零, *a*、*e*、*f* 三位置 1, *h* 位取反。这可以通过 AND、OR 和 EOR 操作完成。

```
AND  r0,r0,#2_10101111          ; 清除 b 和 d 位, 得到 a0c0efgh
OR   r0,r0,#2_10001100          ; a、e、f 位置 1, 得到 10c011gh
EOR  r0,r0,#2_00000001          ; h 位取反, 得到 10c011gh
```

ARM 提供了位清除指令 BIC, 将第一个操作数与第二个操作数的反码进行与操作。例如, BIC r0,r1,r2 实现了 [r0] ← [r1]·[$\overline{r2}$]。如果 BIC 第二个操作数中某位为 0, 则它将第一个操作数中对应的位复制到目的操作数中; 如果第二个操作数中某位为 1, 则把目的操作数中对应的位清零。如果 r1 = 10101010 且 r2 = 00001111, 则 BIC r0,r1,r2 的结果为

$$10101010 \cdot \overline{0000\,1111} = 10101010 \cdot 11110000 = 10100000$$

可用 BIC 指令对寄存器的最低字节清 0。指令 BIC r0,r1,#0xFF 把寄存器 r1 中的 32 位复制到寄存器 r0 中, 然后把 r0 中的第 0 ~ 7 位清零。

3.5.3　移位操作

移位操作就是把字中的位向左或向右移动一个或多个位置。然而, 当移位一个位串时, 串一端的位会被丢弃, 并在另外一端补充新的位。请考虑下面的例子。

源串	方向	移位次数	目的串
0110 0111 1101 0111	左	1	1100 1111 1010 1110
0110 0111 1101 0111	左	2	1001 1111 0101 1100
0110 0111 1101 0111	左	3	0011 1110 1011 1000
0110 0111 1101 011**1**	右	1	0110 0111 1101 0111
0110 0111 1101 01**11**	右	2	0011 0011 1110 1011
0110 0111 1101 0**111**	右	3	0001 1001 1111 0101

目的串中加阴影的位就是移入的位, 源串中粗体的位就是移位后丢弃的位。这里所展示的移位类型是逻辑移位。图 3-23 展示了移位操作的 3 种基本类型: *逻辑移位、算术移位和循环移位*。

所有微处理器都支持逻辑移位操作。有些支持向左或向右移动一位, 其他的支持多位移位。如果移位的位数在指令中被编码为常量, 这种移位叫作静态移位, 因为在运行时不能改变移位位数。如果移位的位数由寄存器的值指定, 则叫作动态移位, 因为可以在程序运行时修改移位的位数。

逻辑移位的典型应用就是从一个字中提取特定的位。假设有一个 8 位的串 bxxxxbbb, x 表示要提取的位, b 代表无需关心的位。可以用下面的代码提取所需的位且将其右对齐 (请注意这些代码仅仅是为了说明问题, 它们不是真正的 ARM 代码)。

```
LSR  r0,r0,#3,                  ; r0 右移 3 位, 得到 000bxxxx
AND  r0,r0,# 2_00001111         ; 屏蔽不需要的位, 得到 0000xxxx
```

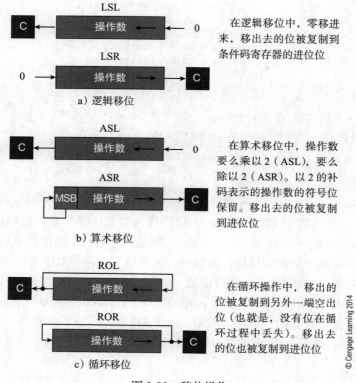

图 3-23　移位操作

ARM 的移位操作是非常特别的，它没有独立的移位指令，移位是作为其他指令的一部分来实现的。ARM 处理器允许对寄存器 – 寄存器型指令的第二个源操作数进行移位。例如，指令 ADD `r0,r1,r2,LSL #4` 先将寄存器 r2 逻辑左移 4 位，然后将移位结果与寄存器 r1 相加。ARM 的移位机制并不会增加完成指令的时钟周期数，因此不用付出额外代价。在介绍了一般的移位操作后，下面来看看 ARM 的移位操作。

1. 算术移位

算术移位将操作数视作一个有符号二进制补码数，可以用来完成除以 2（右移 1 位）或者乘以 2（左移 1 位）等运算，如图 3-23b 所示。算术移位的目的是在进行移位运算时保留二进制补码数的符号，移位运算代表乘以或除以 2 的幂。

算术左移与逻辑左移是等价的。算术右移会保留符号位，每次右移后符号位会自动复制。例如，如果将 8 位数 11001110 算术左移一位，则它将变为 10011100（最低位补零）；而算术右移一位后将变为 11100111（符号位被复制）。一个整数算术左移 m 位相当于乘以 2^m，而它算术右移 m 位则相当于除以整数 2^m。

尽管从原理上来讲，算术左移与逻辑左移没有任何区别，但在处理器之间还是有些细微的差别。例如，某个处理器可能会在算术左移后更新所有状态位，但并不会在逻辑左移后更新算术溢出标志。

2. 循环移位

循环操作把寄存器的内容看作一个 LSB 与 MSB 相邻的环，如图 3-23c 所示。当进行移位时，从一端移出去的位会从另一端移进来。与逻辑移位和算术移位相比，循环操作不丢失位。例如，如果将 8 位数 11001110 循环左移一位，则变为 100**1**1101（粗体表示的位从最高位移到最低位）。在图 3-23c 中，移出的位也被复制到进位寄存器。微处理器一般采用这种方法，这样就可以根据移出的位进行条件操作。

有些处理器实现了另一种循环操作，叫作扩展循环移位或带进位的循环移位。这个操作与循环操作一样，只不过循环时包含了进位位，如图 3-24 所示。移出的位被复制到进位位，原来的进位位变成了被移入的位。这个操作被用于链接运算（类似于带进位的加法和带借位的减法）。

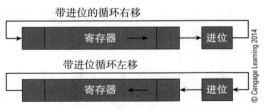

图 3-24 带进位的循环移位

3. ARM 移位操作的实现

ARM 实现移位操作的方法非常独特，它没有独立的移位操作。实际上，移位操作与其他数据处理操作组合到一起，这是因为可以在使用第二个源操作数之前将其移位。图 3-25 描述了 ARM 的移位机制，它在第二个源操作数的数据通路上增加了一个桶形移位器。桶形移位器通过组合逻辑实现数据左移或右移，而没有使用移位寄存器。数据位被简单地从输入端复制到输出端。因此，移位操作的实现不会带来额外的时钟周期。请考虑第二个源操作数被移位的 ADD 操作的例子。该指令可被写为：

```
ADD r0,r1,r2, LSL #1
```

在这个例子里，在将 r2 与 r1 相加之前，会先将 r2 的内容逻辑左移一位。因此该操作等价于

```
[r0] ← [r1] + [r2] x 2
```

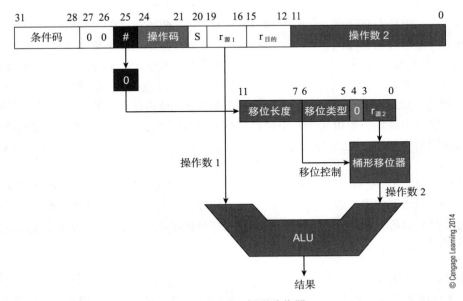

图 3-25 ARM 桶形移位器

如果仅希望对寄存器进行移位操作，而不需要进行其他数据处理，则可以使用下面的数据传送指令，

```
MOV r3,r3, LSL #1
```

由于可完成动态移位，也可使用指令 MOV r4,r3,LSL r1，它以 r1 为移位位数对 r3 进行移位，然后把结果送入 r4。假设 r0 中的数为 0.00000010101111…，希望把它规格化为 0.101…。如果用寄存器 r1 表示指数，则执行指令 MOV r0,r0,LSL r1 就可以在一个周期内完成规格化操作。

除了仅允许移动一位 RRX 指令外，ARM 支持静态和动态移位。静态移位在编程时就已经确定了移位的位数，而动态移位则允许在执行代码时改变移位位数。比如指令 MOV r3,r3,LSL r2 以 r2 的值为移位位数对 r3 进行逻辑左移。r2 的值可被看作模 32 的数，因为移位不能超过 32 次。

ARM 仅实现了以下 5 种移位操作（程序员必须使用它们完成其他的移位操作）。

LSL   逻辑左移

LSR   逻辑右移

ASR   算术右移

ROR   循环右移

RRX   带进位的循环右移（移位一次）

尽管没有循环左移操作，但借助循环右移也可轻而易举地实现它。下面的例子说明了 4 位二进制数的循环左移和循环右移。经过 4 次循环移位，操作数没有变化。正如读者所看见的，循环左移和循环右移是对称的。对于 32 位数，循环左移 n 位等价于循环右移 $32-n$ 位。

循环右移		循环左移	
1101	开始	1101	开始
1110	循环右移 1 次	1011	循环左移 1 次
0111	循环右移 2 次	0111	循环左移 2 次
1011	循环右移 3 次	1110	循环左移 3 次
1101	循环右移 4 次	1101	循环左移 4 次

ARM 也没有实现带进位的循环左移操作。但通过指令 ADCS r0,r0,r0 也可实现带进位的循环左移。这看起来似乎很奇怪，因为它把 r0 与 r0 以及进位位一起相加，并将结果保存到 r0 中（即它生成结果 $2 \times [r0] + C$）。现在请考虑带进位的循环左移。左移等价于乘以 2。而把进位位移动到最低位等价于加上进位位，这样可以得到 $2 \times [r0] + C$。请注意指令后添加了 S 会强制更新 CCR，这可以确保进位输出被加载到 C 位。因此，ADCS r0,r0,r0 与 RXL r0 是等价的。

这个例子阐明了一个有关汇编语言的重要事实：可以通过貌似晦涩难懂的代码来完成有趣的操作。这一特点使得汇编语言在一些黑客之间非常流行，但却令很多计算机科学家感到厌烦。它使得汇编语言很难理解，因此会影响程序员的编程效率、代码的可靠性以及对现有代码的调试能力。

操作数缩放与 C 语言

通过移位运算缩放操作数的能力对 C 语言指针处理非常有用。例如，*P_int 是一个指向 32 位整数 x 的指针，现在增加指针的值去访问一个距离当前指针的偏移量为 offset 的元素。请考虑下面的语句：

```
*P_int = *P_int + 4 * offset;
```

如果指针 *P_int 在寄存器 r0 中，而偏移量 offset 在寄存器 r1 中，则可以通过下面的指令计算该元素与 x 的偏移量 offset

```
ADD r0,r0,r1, LSL #2
```

在将偏移量 offset 与 r0 相加之前，通过逻辑左移操作将 offset 放大了 4 倍。

3.5.4 指令编码——洞察 ARM 体系结构

设计者面临的指令编码约束可以帮助读者了解指令集是如何构造的。我们先来简单地看一看 ARM 的移位操作是如何编码的。尽管本章的重点是 ARM 指令集体系结构而不是其内部组成，但是指令的编码方式也是十分重要的，因为它决定了底层的微体系结构是如何设计的。

图 3-26 给出了 ARM 数据处理指令的二进制编码。它遵循其他 RISC 体系结构的一般模式，包括一个操作码、两个寄存器操作数以及第三个多目的操作数。寄存器操作数 r$_\text{源}$ 和 r$_\text{目的}$ 定义了第一个源操作数和目的寄存器。0 ~ 11 位是第二个源操作数的编码。

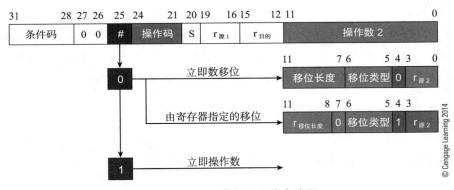

图 3-26 ARM 数据处理指令编码

根据第 25 位的状态，0 ~ 11 位要么是表示第 3 个操作数的寄存器，要么是个立即数。如果操作码的第 25 位为 0，则操作数 2 会给出表示第 2 个操作数的寄存器和一个移位操作。第 4 位决定移位的位数是立即数还是由第 4 个寄存器的内容所指定。如果指令的第 4 位为 0（指定立即数移位位数），则第 7 ~ 11 位定义了移位的位数（0 ~ 31 位），而第 5 ~ 6 位指定移位类型。

3.6 ARM 的流控制指令

计算机按照严格的顺序执行指令。⊖流控制改变了默认的顺序执行方式。前面已经介绍了强制跳转到程序中某个非顺序位置的无条件分支，以及依据测试结果进行跳转的条件分支。这里将介绍子程序调用和返回指令，它们会通过跳转到一个指令块、执行这些指令、然后返回到子程序调用指令后的一个位置来修改控制流。

⊖ 严格地说这句话并不正确。为了提高性能，现代微处理器会并行地甚至乱序地执行指令。然而，它们却依然展示出顺序执行的表象，因为它们所完成的任何乱序执行都不得改变程序的语义（含义）。

3.6.1　无条件分支

ARM 无条件分支指令的格式为 B target，这里 target 指分支目标地址（branch target address，BTA），也就是要执行的下一条指令的地址。下面这段代码说明了如何使用无条件分支指令。

```
..    do this      ; 一些代码
..    then that    ; 另一些代码
      B    Next     ; 跳过下面的指令
..                  ; …被略过的代码
..                  ; …被略过的代码
Next ..             ; 分支目标地址，由标号 Next 表示
```

在高级语言中，无条件分支叫作 goto，而且它的使用被认为是一种比较糟糕的编程风格。然而，在汇编语言（低级）程序设计中，它是很难避免的，因为本地指令集不支持高级语言结构，比如 if…then…else。

无条件分支并不是一个令人兴奋的指令。人们总是在执行了程序中一段特别的路径之后用它返回到某个公共位置。无条件分支实际上就是"返回"指令。

3.6.2　条件分支

ARM 的条件分支与其他 RISC 和 CISC 处理器的类似。包括助记符 B。。和一个目标地址，这里下标定义了转移成功时必须满足的 16 个条件之一，而目标地址就是分支转移成功时要继续执行的代码的地址。下面的结构给出了高级语言中实现条件行为的典型例子。

```
IF (X == Y)
    THEN Y = Y + 1;
    ELSE Y = Y + 2
```

在本例中，首先执行测试（即比较 X 和 Y），然后根据测试结果执行两个动作中的一个。可以将它们翻译为 ARM 汇编语言，如下所示：

```
      CMP  r1,r2    ; 假设 r1 包括 y，r2 包括 x；将它们做比较
      BNE  plus2    ; 如果不相等则跳到 ELSE 部分
      ADD  r1,r1,#1 ; 如果相等则继续，y 加 1
      B    leave    ; 现在跳过 ELSE 部分
plus2 ADD  r1,r1,#2 ; ELSE 部分，Y 加 2
leave …             ; 从这里继续
```

条件分支指令测试处理器中条件码寄存器中的标志位，如果测试结果为真则转移成功。由于条件码寄存器包括零位（Z）、负位（N）、进位位（C）和溢出位（V），因此基于单个位的状态一共有 8 种可能的条件分支（4 种在结果为真时跳转，4 种在结果为假时跳转）。表 3-2 定义了 ARM 的所有条件分支。请注意这里有一条总是转移指令和一条从不转移指令。

表 3-2　ARM 条件执行和分支控制助记符

编码	助记符	分支标志状态	执行条件
0000	EQ	Z 置位	相等（即零）
0001	NE	Z 清零	不等（即非零）
0010	CS	C 置位	无符号大于等于
0011	CC	C 清零	无符号小于
0100	MI	N 置位	负
0101	PL	N 清零	正或零
0110	VS	V 置位	溢出

（续）

编码	助记符	分支标志状态	执行条件
0111	VC	V 清零	未溢出
1000	HI	C 置位且 Z 清零	无符号大于
1001	LS	C 清零且 Z 置位	无符号小于等于
1010	GE	N 置位且 V 置位，或 N 清零且 V 清零	大于等于
1011	LT	N 置位且 V 清零，或 N 清零且 V 置位	小于
1100	GT	Z 清零，要么 N 置位且 V 置位，要么 N 清零且 V 清零	大于
1101	LE	Z 置位，要么 N 置位且 V 清零，要么 N 清零且 V 置位	小于等于
1110	AL		总是（缺省）
1111	NV		从不（保留）

分支指令可以使用有符号数据或无符号数据。请考虑两个 4 位二进制数 $x = 0011$ 和 $y = 1001$。假设希望在 y 大于 x 时跳转。如果使用无符号算术运算，$x = 3$ 且 $y = 9$，因此 $y > x$。然而，如果把它们看作有符号数，则 $x = 3$ 且 $y = -7$，因此 $y < x$。显然，对于无符号算术运算必须选择无符号比较操作，对于有符号算术运算必须选择有符号比较操作。

有些微处理器对于一些条件分支操作会有同义词；也就是说，同一个条件分支指令有两个助记符。例如，进位位分支（BCS）也可写作 BHS（大于等于时跳转），因为进位为 1 实现了无符号算术运算中的大于等于操作。同样地，BCC 也可写作 BLO（小于时跳转），因为进位为 0 实现了小于这个无符号数比较运算。

3.6.3　测试与比较指令

ARM 有 4 条测试与比较指令（CMP、CPN、TST、TEQ）。这些指令会显式地更新条件码标志，因此无须在指令后添加 S。在前面我们已经遇到过比较指令。

- 相等测试指令（TEQ）确定两个操作数是否相等。如果相等则将 Z 位置 1，否则将 Z 位清 0。例如，指令 TEQ r1,r2 完成 RTL 操作 [r1] - [r2]，如果 r1 和 r2 的值相同，则 Z 位被置 1。TEQ 与常规比较（CMP）指令类似，除了测试时 TEQ 不影响溢出标志的状态而仅修改 Z 位。相反地，CMP 会更新溢出标志。

- 测试指令（TST）通过与操作来比较两个操作数，然后根据测试结果更新标志位。可以用 TST 来测试一个字中的每一位。例如，由于小写 ASCII 字母的第 5 位为 1，所以通过下面的代码来判断 r0 中的 ASCII 字母是否为小写字母。

```
TST     r0,#2_00100000          ; r0 与 00100000 进行与操作，测试第 5 位的状态
BEQ     LowerCase               ; 如果第 5 位为 1 则跳到小写字母处理部分
```

在这个例子里，r0 中的字母和二进制立即数 00100000_2 进行与操作，然后根据结果为零（转移不成功）或不为零（转移成功）进行分支。

- ARM 的比较指令用第一个源操作数减去第二个，然后更新条件码。例如，指令 CMP r1,r2 计算 [r1] - [r2]，然后设置 CPSR 中的 N、Z、C 和 V 位。

- 取负并比较指令 CMN 在进行比较操作之前先将第二个源操作数取负。例如，指令 CMN r1,r2 计算 [r1] - [-r2]，然后设置 CPSR。请注意 [r1] - [-r2] 的值与 [r1] + [r2] 的相同。

3.6.4 分支与循环结构

用经典的循环结构来介绍流控制概念是最合适的，循环是结构化编程的核心。下面的代码说明了 FOR、WHILE 和 UNTIL 循环的结构。

1. FOR 循环

```
        MOV    r0,#10        ; 设置循环计数器
Loop    code ...             ; 循环体
        SUBS   r0,r0,#1      ; 循环计数器减 1 并设置状态标志
        BNE    Loop          ; 继续直到计数值为零——不为零时跳转
        Post   loop ...      ; 计数值为零的后续代码
```

2. WHILE 循环

```
Loop       CMP    r0,#0         ; 循环开始执行测试
           BEQ    WhileExit     ; 测试结果为 true 则退出
           code ...             ; 循环体
           B      Loop          ; 为 true 时重复
WhileExit  Post   loop ...      ; 退出
```

3. UNTIL 循环

```
Loop    code ...             ; 循环体
        CMP    r0,#0         ; 循环末尾进行测试
        BNE    Loop          ; 重复直到 UNTIL 为 true
        Post   loop ...      ; 退出
```

4. 组合循环

组合循环将上面 3 种循环的特点结合在一起。FOR 部分指定了最大计数值，限制了循环的执行次数。WHILE 部分测试 r1 中的初始条件，如果条件不为 true 则立即退出。UNTIL 部分则在循环体末尾 r2 为 true 时退出。

```
           MOV    r0,#10        ; 设置循环计数器
LoopStart  CMP    r1,#0         ; 以 WHILE 测试开始
           BEQ    ComboExit     ; 为 true 退出循环

           Code   ...           ; 循环体

           CMP    r2,#0         ; 测试 UNTIL 条件
           BEQ    ComboExit     ; 为 true 退出循环
           SUBS   r0,r0,#1      ; 循环计数器减 1 并设置状态标志
           BNE    LoopStart     ; 继续直到计数器为零——不为零则转移
ComboExit  Post   loop ...      ; 退出
```

下一节将介绍 ARM 系列处理器最有趣的特点之一——条件执行，即根据处理器当前的状态决定是否执行当前指令。

3.6.5 条件执行

ARM 最不寻常的特点之一就是每条指令都是条件执行的。可将指令与逻辑条件（表 3-2 中列出的 16 个条件之一）关联在一起。当指令准备执行时，如果所述条件为真，则指令正常执行；否则指令会被旁路（无效或转换为空操作）。到目前，所有 ARM 指令都是正常执行的，因为我们总是将指令与缺省条件"总是执行"关联在一起。例如，指令 ADDAL r0,r1,r2 表明我们希望 ADD 总会被执行。但实际上没有人会这样写指令，因为条件 AL 是缺省的。

图 3-26 中的 ARM 指令编码使用第 28 ～ 31 位以选择执行指令时必须满足的条件。除了缺省条件为"总是执行（AL）"，另一个的特殊的条件是"从不执行（NV）"，ARM 将其保留

用作未来的扩展。汇编语言程序员在指令助记符后添加合适的条件以指明条件执行模式。例如，助记符

```
ADDEQ   r1,r2,r3
```

指定仅当条件码寄存器中的 Z 位因为前一个结果为 0 而被置为 1 时，加法操作才会被执行。该操作的 RTL 形式如下

```
IF Z = 1 THEN [r1] ← [r2] + [r3]
```

当然，条件执行和移位操作可以组合在一起，因为指令中的分支和移位字段是无关的。可以写出下面的指令

```
ADDCC   r1,r2,r3 LSL r4
```

它被解释为 IF C = 0 THEN [r1] ← [r2] + [r3] × $2^{[r4]}$。

ARM 的条件执行模式使得在高级语言中实现条件操作更为容易。请考虑下面的 C 代码段。

```
if (P == Q) X = P - Y ;
```

如果假设 r1 为 P，r2 为 Q，r3 为 X 以及 r4 为 Y，则可以写为

```
CMP    r1,r2          ; 比较 P == Q
SUBEQ  r3,r1,r4       ; 如果 (P == Q) 则 r3 = r1 - r4
```

请注意这里是通过将不希望执行的指令转换为空操作而不是通过旁路这些指令来实现该操作的，即没有使用分支来实现。在本例中，如果比较结果为 fasle，则减法被转换为空操作。现在请考虑一个更复杂例子，一个带有组合条件的 C 结构：

```
if ((a == b) && (c == d)) e++;
        CMP    r0,r1          ; 比较 a == b
        CMPEQ  r2,r3          ; 如果 a == b，则比较 c == d
        ADDEQ  r4,r4,#1       ; 如果 a == b 且 c == d，则 e 加 1
```

第一行，CMP r0,r1，比较 a 和 b。下一行，CMPEQ r2,r3，只有在第一行的结果为 true（即 $a == b$）时才会进行条件比较。第三行，ADDEQ r4,r4,#1，仅当前一行的结果为 true（即 $c == d$）时才会执行，以实现 e++。若不使用条件执行，则可写为：

```
        CMP    r0,r1          ; 比较 a == b
        BNE    Exit           ; a != b 则退出
        CMP    r2,r3          ; 比较 c == d
        BNE    Exit           ; c != d 则退出
        ADD    r4,r4,#1       ; 否则 e 加 1
Exit
```

正如读者所看见的，采用常规方法实现组合逻辑条件需要 5 条指令。也可以处理一些带有多个条件的测试。请考虑：

```
if (a == b) e = e + 4;
if (a < b) e = e + 7;
if (a > b) e = e + 12;
```

采用与前面相同的寄存器分配，可以使用条件执行来实现上述代码，如下所示：

```
CMP    r0,r1          ; 比较 a == b
ADDEQ  r4,r4,#4       ; 如果 a == b，则 e = e + 4
ADDLE  r4,r4,#7       ; 如果 a < b，则 e = e + 7
ADDGT  r4,r4,#12      ; 如果 a > b，则 e = e + 12
```

再一次使用常规的无条件执行，必须使用下面的代码来实现这个算法。

```
              CMP     r0,r1       ; 比较 a == b
              BNE     Test1       ; 不相等则跳转到 Test1 进行下一次测试
              ADD     r4,r4,#4    ; a == b，则 e = e + 4
              B       ExitAll     ; 退出
Test1         BLT     Test2       ; 如果 a < b，则跳转到 Test2
              ADD     r4,r4,#12   ; 此处 a > b，因此 e = e + 12
              B       ExitAll     ; 退出
Test2         ADD     r4,r4,#7    ; 此处 a < b，因此 e = e + 7
ExitAll
```

这段代码比先前的版本复杂许多。

3.7 ARM 寻址方式

寻址方式指的是确定操作数位置的方式。本章开始介绍的简单体系结构计算机支持绝对寻址和立即数寻址方式，但是支持访问复杂数据结构（比如表、向量、数组和列表）还是有困难。尽管 3.1 节介绍的基本体系结构仅支持立即数寻址和绝对寻址方式，当讨论 ARM 的加载（load）与存储（store）指令时，还引入了寄存器间接寻址方式。把这 3 种寻址方式总结如下：

助记符	RTL 格式	描述
ADD **r0**,r1,#Q	[r0] ← [r1] + Q	立即数寻址：把整数 Q 与寄存器 r1 的内容相加
LDR **r0**,Mem	[r0] ← [Mem]	绝对寻址：将存储单元 Mem 的内容加载到寄存器 r0 中。ARM 不支持这种寻址方式，但所有 CISC 处理器都支持。
LDR **r0**,[r1]	[r0] ← [[r1]]	寄存器间接寻址：把 r1 所指的存储单元的值加载到寄存器 r0 中。

下面详细叙述 ARM 的 7 种寻址方式（如图 3-27 所示）。再一次强调 ARM 不支持简单的存储器直接（绝对）寻址方式，没有提供 LDR r0,address 这样实现直接寻址、把 address 所代表的存储单元的内容加载到寄存器中的指令。Pentium 和 68K 那样的 CISC 处理器支持存储器直接寻址（见下面的文本框）。

直接（绝对）寻址——提示

在直接寻址中，指令的地址字段提供了当前指令操作数的实际存储地址。直接寻址允许程序员指定变量（即用户选择的符号名），在程序的执行过程中能够动态改变。有人将这种寻址模式叫作绝对寻址，因为指令提供了操作数的实际地址。

高级语言语句 $P=Q+R$ 能被翻译成一个半地址的通用微处理器汇编语言，如下所示：

助记符	RTL 描述	文字描述
MOV **r0**,Q	[r0] ← [Q]	把存储单元 Q 的值加载到寄存器 r0 中
ADD **r0**,R	[r0] ← [r0]+[R]	把存储单元 R 的值与寄存器 r0 相加
MOV **P**,r0	[P] ← [r0]	把结果存放入存储单元 P

这儿 P、Q 和 R 为符号名，表示变量在主存中的位置。每条指令采用直接寻址访问它的操作数。

绝对寻址受到一些严重限制。它不支持可重定位代码，可重定位代码可以被移动到存储器中任何位置而无需计算新的操作数地址。它也不支持可重入代码，可重入代码可以被操作系统中断，然后中断程序可再次使用该代码而不会覆盖之前的代码实例所用的数据。可重定位代码对于多处理十分重要，存储器中的多个程序可以同时在处理器中处于活跃状态。同样，可重入代码对嵌入式处理十分有用，频繁的中断会使运行进程的状态变得很复杂。

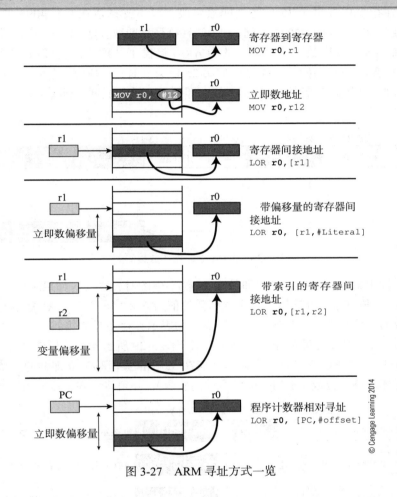

图 3-27 ARM 寻址方式一览

© Cengage Learning 2014

3.7.1 立即数寻址

前面已经讨论过这一内容，在介绍 ARM 如何实现立即数寻址之前，先来看一个使用立即数寻址的实例。高级语言结构常用立即数寻址来指定一个常量而不是变量，比如：

IF I > 25 THEN J = K + 12，

这里常量 12 和 25 均由立即数寻址指定。可将它们表示为

```
                        ; 假设 I 在 r0 中，J 在 r1 中，K 在 r2 中
    CMP    r0,#25       ; 把 I 与 25 比较
    BLE    Exit         ; 如果 I ≤ 25，则退出
    ADD    r1,r2,#12    ; 否则 K 加 12
Exit                    ; ……
```

也可使用条件执行来简化上述代码，如下所示。

```
CMP     r0,#25              ; 把 I 与数值 25 比较
ADDGE   r1,r2,#12           ; 如果 I > 25，则 J = K + 12
ADDGT
```

ARM 的实现方法

ARM 实现立即数的方法与 IA32、68K 或 MIPS 等其他处理器完全不同。读者也许已经认为，ARM 在指令中提供了 12 位的立即数字段，但不支持值在 0 ~ 4095 之间的 12 位无符号立即数或值在 −2048 ~ 2047 之间的 12 位有符号立即数。实际上，ARM 提供的是可按照 2 的幂缩放的 8 位立即数。甚至可以认为 ARM 提供了某种浮点立即数。图 3-28 给出了 ARM 立即操作数的编码结构。当操作码的第 25 位为 0 时，ARM 将进行一次移位操作。当第 25 位为 1 时，操作数 2 字段将编码 12 位立即数，它被分成两个部分：8 位立即数和 4 位对齐码。

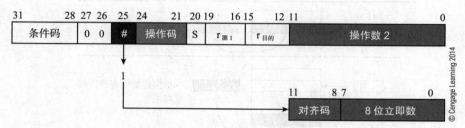

图 3-28   ARM 立即操作数编码图

立即数字段中最高 4 位指定了立即数在 32 位字中的对齐方式。如果 8 位立即数为 N，4 位对齐码为 n（范围在 0 ~ 12 之间），则立即数的值为 $N \times 2^{2n}$。因此，ARM 提供了一个可按照 2 的幂缩放的 8 位立即数。当然，这与浮点数的表示和存储方法相似。

下面来看一个 ARM 立即数缩放的例子。对于图 3-29 所示 4 种情形中的每一种，8 位立即数是 11010110。该图说明了对齐字段是如何在 32 位框架里移动立即数的。请记住为了得到将立即数循环右移的位数（是的，就是右移的次数），必须将对齐字段的数字翻倍。

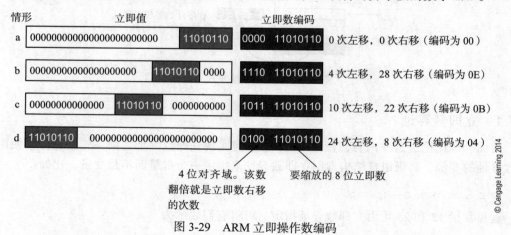

图 3-29   ARM 立即操作数编码

假设希望将寄存器中除了最高字节（第 24 ~ 31 位）外的所有位清 0。将寄存器与立即数 $FF000000_{16}$ 进行与操作就可清除指定的位，如下所示：

```
AND r0,r0,#0xFF000000
```

尽管不能直接指定 32 位立即数，但是 ARM 的缩放结构可表示常量 $FF000000_{16}$，即用 8 位数 FF_{16} 左移 24 位（即右移 8 位）来表示。

取反传送指令，MVN r0,r1,#literal，能够指定一个不必移位且范围在 0xFFFFFF00 到 0xFFFFFFFF 的常量。程序员不用担心如何产生移位的常量，这是汇编器的工作。立即数的缩放不是伪操作。起初，ARM 用户很容易对立即数能表示 8 位数，而且这些 8 位数能够放在 32 位槽中的任意位置这一想法感到困惑。

图 3-30 用如下 3 个例子说明了立即操作数的编码。图中还给出了反汇编窗口，这样可以看到汇编器产生的代码。例如，指令 MOV r1,#0x0000FF00 的二进制代码为 $E3A01CFF_{16}$。

```
MOV    r0,#0xFF
MOV    r1,#0x0000FF00
MOV    r2,#0xFF000000
```

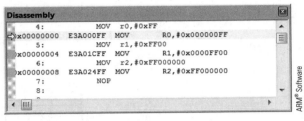

图 3-30 ARM 立即数编码实例

图 3-28 告诉我们指令最右边的 12 位定义了立即数。如果以指令 MOV r1,#0xFF00 为例，立即数编码为 CFF_{16}，就是 110011111111_2，对齐码为 C_{16} 或 12_{10}。实际移位位数是这个数的 2 倍或 24，通过循环右移来实现。24 次循环右移操作等于 8 次循环左移操作，这是将 FF_{16} 移位为 $FF00_{16}$ 所需的。最后来看看 0xFF000000，它将十六进制数左移了 6 次，相当于将二进制左移 24 次。不过，这里使用循环右移，等价于循环右移 8 次。要保存的缩放常数是移位次数的一半，即 4。现在来看看图 3-30 中第 6 行的指令编码，可看到常量编码为 4FF。

3.7.2 寄存器间接寻址

前面已经遇到过这种寻址方式，即操作数的地址保存在寄存器里。这种寻址方式叫作寄存器间接寻址，因为指令指定的寄存器是指向实际操作数的指针。在 ARM 文献里，这种寻址方式也叫索引（变址）寻址，有些人也把它叫作基址寻址。寄存器间接寻址方式需要通过 3 个读操作来访问一个操作数：

- 读指令得到指针寄存器；
- 读指针寄存器得到操作数地址；
- 读操作数地址所指的存储单元得到操作数。

寄存器间接寻址非常重要，因为可以在运行时修改寄存器的内容，而寄存器中含有指向实际操作数的指针，因此地址是变量，允许访问如数组、列表、矩阵、向量和表格等数据结构。

图 3-31 通过 ARM 的加载指令 LDR r1,[r0] 说明了存储器间接寻址。指针寄存器 r0 的值为 n，因此指向或引用存储单元 n。指令 LDR r1, [r0] 将把寄存器 r0 所指的存储单元的内容加载到寄存器 r1 中。

假设接下来要执行指令 ADD r0,r0,#4，将寄存器 r0 的内容加 4。由于 ARM 的存储器按字节编址，连续两个字的地址正好相差 4，所以 r0 将指向存储器中下一个 32 位字，如图 3-32 所示。LDR r1,[r0] 和 ADD r0,r0,#4 这两个操作的 RTL 定义如下

```
[r1] ← [[r0]]        ; 读取 r0 所指存储单元的值
                     ; [[r0]] 就是 r0 所指存储单元的值
[r0] ← [r0] + 4      ; 指针递增指向下一个存储单元
```

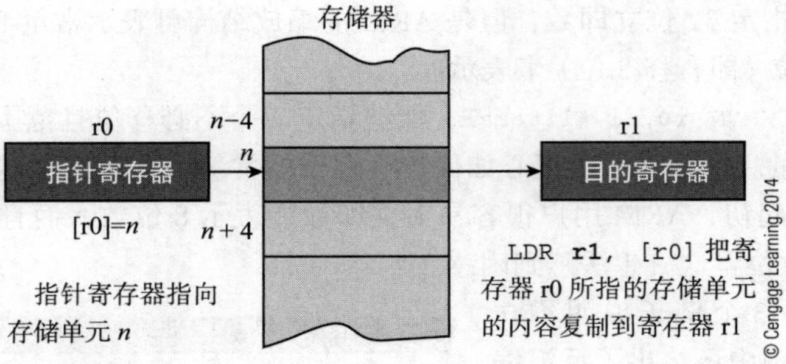

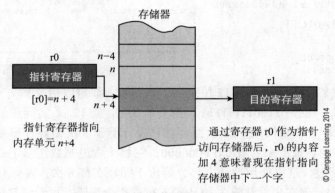

图 3-31   寄存器间接寻址

图 3-32   指针寄存器递增的效果

请考虑下面的例子，表格中的 7 个项分别代表一个星期的每一天。D_1 代表星期一，D_2 代表星期二，等等。如果 D_i 是第 i 天，则 D_{i+1} 就表示下一天。为了从一天移到下一天，要做的就是将索引 i 加 1。这就是需要变址的原因。

```
        ADR  r0,week          ; r0 指向数组 Week
        ADD  r0,r0,r1, LSL #2 ; r0 现在指向 r1 所含那一天
        LDR  r2,[r0]          ; 读取这一天的数据到 r2
Week    DCD                   ; 第 1 天的数据
        DCD                   ; 第 2 天的数据
          .
        DCD                   ; 第 7 天的数据
```

在这个例子里，假定天数的索引为 0 ～ 6。天数的索引必须乘以 4，因为这里的数组是字的数组（每个字 4 字节），连续两个元素的地址之差为 4。

字符串是一个很好的使用基于指针的寻址的例子。假设要找到某个特定字符在字符串中的位置，可以写出下面的代码。这不是 ARM 代码，因为还没有介绍字节操作。下面使用下标表明操作数的大小，因为作者希望说明数据操作与指针操作的区别。

```
        LDR₃₂  r0,#String    ; r0 指向 String
Loop    LDR₈   r1,[r0]       ; REPEAT 读取字符
        ADD₃₂  r0,r0,#1      ; 更新字符指针
        CMP₈   r1,#Terminator ; UNTIL 发现终止符（终止符为行结束字符）

        BNE    Loop
```

有些计算机将寄存器间接寻址与指针更新结合在一起，这样指针在被使用过之后就可以自动地指向下一个存储单元。例如，68K 系列使用符号 (A0)+ 表明 A0 是指向操作数的指针，

在访问了操作数之后该指针将自动递增（也称为后递增或后索引方式）。读者很快就会看到 ARM 也实现了指针自动更新。

ARM 实现了加载和存储操作：LDR 和 STR，能进行寄存器 – 存储器和存储器 – 寄存器的数据传输，它们可被写作：

```
载入 LDR   r0,[r1]；把 r1 所指的字数据加载到 r0 中
存储 STR   r2,[r3]；把 r2 中的字数据存储到 r3 所指的存储单元
```

请考虑下面的 C 代码段

```
for (i = 0; i < 21; i++)
    {
    j[i] = j[i] + 10;
    }
```

程序中数 0、21 和 10 是汇编期间由立即数寻址方式指定的常量。可把上面的高级语言代码翻译为下面的 ARM 汇编语言：

```
     MOV   r0,#0        ; 设 r0 为计数器 i 并初始化为 0
     ADR   r8,j         ; 索引寄存器 r8 指向数组 j（伪指令）
Loop LDR   r1,[r8]      ; REPEAT 取 j[i]
     ADD   r1,r1,#10    ;        j[i] 加 10
     STR   r1,[r8]      ;        保存 j[i]
     ADD   r0,r0,#1     ;        计数器 i 递增
     CMP   r0,#21       ;        把计数器与终止符的值 +1 进行比较
     BNE   Loop         ; UNTIL i = 21
```

注意这是从 0 开始向上计数。如果把 21 加载到 r0，则可以使用指令 SUBS **r0**,r0,#1 使计数值递减，后面再跟 BNE Loop 就可节约一条指令。

寻址方式：术语注解

由于计算机科学是一个相对比较新的学科，经常受到工业界的引导，它的一些词汇仍然没有统一。术语寻址方式就是其中明显的一个。下面就是一些例子。

名字	可选名字	ARM 例子	68K 例子
字面	立即数	MOV r0,#4	MOVE #4,D0
直接	绝对		MOVE MemAdr,D0
寄存器间接	索引、基址	LDR r0,[r1]	MOVE (A1),D0
带偏移量的寄存器间接	前索引、带位移基址	LDR r0,[r1,#4]	MOVE (4, A0),D0
后递增寄存器间接	后索引、自动索引	LDR r0,[r1],#4	MOVE (A0)+,D0
前递增寄存器间接	前索引、自动索引	LDR r0, [r1, #4]!	MOVE -(A0), D0
寄存器间接	双寄存器间接 寄存器索引	LDR r0, [r1, r2]	MOVE (A0, D2), D0
带缩放寄存器间接	带缩放双寄存器间接 带缩放寄存器索引	LDR r0, [r1, r2, LSL #2]	

3.7.3　带偏移量的寄存器间接寻址

ARM 支持一种存储器寻址方式，即操作数有效地址是寄存器的内容加上编码在 load / store 指令的立即数偏移量。这种寻址方式经常也叫基址加位移寻址。ARM 的立即数偏移量为 12 位。它确实是 12 位立即数，不是 8 位可缩放的值。图 3-33 用指令 LDR **r0**,[r1,#4] 来说明这一概念。图中的有效地址是指针寄存器 r1 的内容加上偏移量 4 的和；即操作数距离

指针所指的地址 4 个字节。

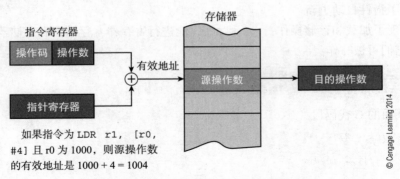

图 3-33　带偏移量寄存器间接寻址

可以使用这种寻址方式实现绝对寻址，因为若 r1 置为零，则指令 LDR **r0**,[r1,#8] 的作用等同于 LDR **r0**,[#8]。然而，由于偏移量为 8 位可缩放的常数，这样的绝对寻址并不是一个很有用的技巧。

下面看一个简单但很典型的偏移寻址实例。下述代码段说明了如何使用偏移量实现数组访问。由于偏移量是常量，在运行时不能改变。

```
Sun      EQU 0                    ; 一星期中每一天的偏移量
Mon      EQU 4
Tue      EQU 8
.
Sat      EQU 24

         ADR r0, week             ; r0 指向数组 Week
         LDR r2,[r0,#Tue]         ; 读取星期二的数据到 r2
         LDR r3,[r0,#Wed]         ; 读取星期三的数据到 r3
         ADD r4,r2, r3            ; 星期二的数据与星期三的数据相加
         STR r4,[r0, #Mon]        ; 把结果存放到星期一
Week     DCD                      ; 第 1 天的数据（星期天）
         DCD                      ; 第 2 天的数据（星期一）
         DCD                      ; 第 3 天的数据（星期二）
         DCD                      ; 第 4 天的数据（星期三）
         DCD                      ; 第 5 天的数据（星期四）
         DCD                      ; 第 6 天的数据（星期五）
         DCD                      ; 第 7 天的数据（星期六）
```

图 3-34 显示了这段程序产生的二进制代码以及对应的反汇编代码。寄存器的值是代码执行结束时寄存器的值。可以看到星期二和星期三的数据已被加到一起。

ARM 允许指定第二个寄存器作为偏移量，这样就可以使用运行时可以修改的动态偏移量（见图 3-35）。

```
LDR r2,[r0,r1]           ; [r2] ← [[r0] + [r1]] 把 r0 加 r1 所指存储单元的值加载到 r2 中
LDR r2,[r0,r1,LSL #2]    ; [r2] ← [[r0] + 4 × [r1]] 将 r1 乘 4
```

在第二个例子里，寄存器 r1 扩大了 4 倍。当处理数组时，这允许使用一个被缩放的偏移量。例如，如果 r0 指向数组 X 且 r1 包括索引 i，则元素 i 的地址为 $X+4i$。这样就可以使用指令 LDR **r2**,[r0,r1,LSL #2] 访问该元素。

前面已经说明可以通过向基址寄存器增加立即数偏移量或寄存器偏移量来扩展寄存器间接寻址方式，如图 3-35 所示。在 ARM 术语中，基址寄存器加偏移量的寻址方式叫作前索引，因为是在访问操作数之前把偏移量加到指针上。ARM 指令 LDR **r0**,[r1,#8] 指定了前索

引寻址方式，操作数的有效地址由 [r1] + 8 给出。这里，前索引表示偏移量 #8 在 load 操作的读阶段访问存储器之前就被加到基址寄存器 r1 上。

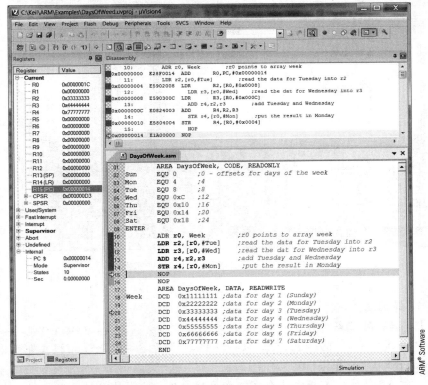

图 3-34 带偏移量寄存器间接寻址实例

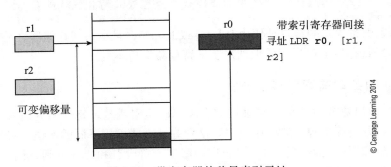

图 3-35 带寄存器偏移量索引寻址

前索引寻址方式可用来访问数组 X 的元素 i。例如，

```
ADR   r0,X          ; 寄存器 r0 指向数组 X
LDR   r1,[r0,i]     ; 读出元素 i
```

把这些指令转换成可执行代码并在模拟器中运行。图 3-36 显示了这两行代码执行后模拟器输出的快照。数组 X 为哑元，已用某些数据初始化。请注意索引 i 的值为 2，但实际上它等于 2×4，因为数组中每一个元素为 4 字节，所以字节偏移量为 8。如上所示，代码执行后寄存器 r0 包含的值为 0x00000008（数组第一个字数据的地址），而 r1 的值为 0xabababab，它是数组中的第三个元素（请记住第一个元素的偏移量为 0，所以索引为 2 的元素就是第三

个元素)。

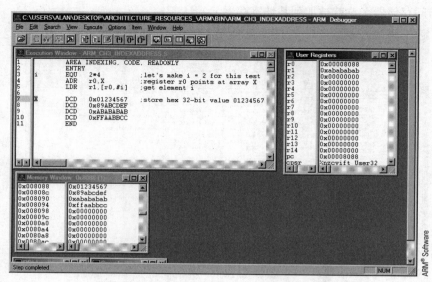

图 3-36　前索引寄存器间接寻址实例

什么时候 12 真的是 12

　　请回忆 ARM 处理器指定 12 位常量作为立即操作数(例如,ADD `r0,r1,#123`)。常量为 8 位数并通过 4 位对齐码进行放大,这样就可以得到以下形式的立即数:0xAB、0xAB0、0xAB000,等等。

　　然而,当 ARM 处理器指定某个立即数偏移量作为索引地址的一部分时,它就是真正的 12 位数。因此 ARM 处理器使用的立即数就是可缩放的 8 位数或者真正的 12 位数。

　　总之,前索引寄存器间接寻址使用 [r0,#d] 或 [r0,r1],且在访问存储器之前将偏移量(#d 或 r1)加到基址寄存器上产生有效地址。基址寄存器保持不变。

3.7.4　ARM 的自动前索引寻址方式

　　下面探讨 ARM 在寄存器间接寻址期间自动修改索引或基址寄存器的内容,这有助于读取向量、表格和数组等结构中的有序数据。这种寻址方式可用不同的术语来描述。例如,使用术语自动递增和自动递减来强调指针的自动修改,前索引和后索引则强调什么时候递增。本节将使用 ARM 的术语。

　　由于数组、表格或类似数据结构中的元素经常被顺序访问,ISA 设计者就实现了自动索引寻址方式,指针寄存器在使用之前或之后就被自动调整为指向下一个元素。通过将偏移量加到基址寄存器(指针寄存器)上 ARM 实现了两种自动索引方式。这两种方式的差别在于基址寄存器递增的时机——要么在访问存储器之前,要么在之后。

68K 的自动索引

　　68K 采用了一个较为简单的自动索引方案。基址 / 索引寄存器每使用一次就自动更新。仅允许两种方式:前递减和后递增。例如,

```
MOVE -(A0),D0              ;A0 递减，然后把 A0 所指存储单元的值加载到 D0 中
MOVE (A0)+,D0             ;把 A0 所指存储单元的值加载到 D0 中，然后 A0 递增
```

ARM 的自动前索引寻址方式是在有效地址后面添加后缀！来表示。请考虑 ARM 指令：

```
LDR      r0,[r1,#8]!              ;将寄存器 r1+8 所指存储单元中的字加载到 r0 中，
                                  ;然后将 r1 加 8 以更新指针
```

该指令 RTL 的定义如下：

[r0] ← [[r1] + 8]   访问地址为基址寄存器 r1+8 的存储单元

[r1] ← [r1] + 8   加上偏移量更新指针（基址寄存器）

自动索引方式不会带来额外的执行时间，因为它与存储器访问并行完成。请考虑下面两个数组相加的例子。

```
Len      EQU  8                   ; 数组长度为 8 个字
         ADR  r0,A - 4            ; 寄存器 r0 指向数组 A
         ADR  r1,B - 4            ; 寄存器 r1 指向数组 B
         ADR  r2,C - 4            ; 寄存器 r2 指向数组 C
         MOV  r5,#Len             ; 寄存器 r5 用作循环计数器
Loop     LDR  r3,[r0,#4]!         ; 取出 A 的元素
         LDR  r4,[r1,#4]!         ; 取出 B 的元素
         ADD  r3,r3,r4            ; 两元素相加
         STR  r3, [r2,#4]!        ; 和保存到 C 中
         SUBS r5,r5,#1            ; 测试循环是否结束
         BNE  Loop                ; 重复直到全部完成
```

每一次执行指令 LDR r3,[r0,#4]! 时，从地址为 r0+4 的存储单元中取出操作数，然后 r0 的值加 4 指向下一个元素，为下一次循环做好准备。前面已经将指针设置为每个数组首地址减 4 个字节，因为指针是在使用前递增的。幸运的是，汇编器允许指令 ADR r0,A-4（即汇编器在汇编指令之前产生 A 的地址并用该地址减去 4）。图 3-37 显示了代码执行后系统的寄存器映射和存储器映射。

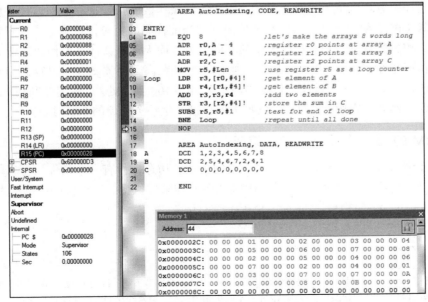

图 3-37 执行带自动索引代码后的寄存器、代码和内存数据

3.7.5　ARM 的自动后索引寻址方式

ARM 也提供自动后索引寻址方式，它首先访问基址寄存器所指的存储单元中的操作数，然后将基址寄存器递增。请考虑下面的代码段：

```
LDR        r0,[r1],#8        ; 将 r1 所指的字加载到 r0 中
                             ; 然后完成后索引，即 r1 加 8
```

后索引把偏移量放在中括号的外面（例如 [r1], #8）。该指令的 RTL 定义为：

```
[r0] ← [[r1]]             访问基址寄存器 r1 所指存储单元
[r1] ← [r1] + 8           加上偏移量更新指针（基址寄存器）
```

图 3-38 说明了 ARM 索引寻址的各种变化。对于每一种情形，基址寄存器都是 r1，偏移量为 12，目的寄存器是 r0。

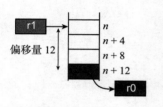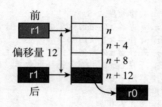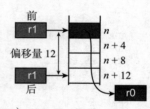

a) LDR **r0**, [r1, #12]　　　b) LDR **r0**, [r1, #12]!　　　c) LDR **r0**, [r1], #12
偏移量加到基址寄存器产生有效地址。操作数在有效地址处被访问。基址寄存器保持不变　　　偏移量加到基址寄存器产生有效地址。操作数在有效地址处被访问。基址寄存器在访问后更新　　　有效地址由基址寄存器指定。操作数在有效地址处被访问。在访问后偏移量加到基址寄存器

图 3-38　带偏移量的寄存器间接寻址

3.7.6　程序计数器相对寻址

任何一个 ARM 寄存器可用于实现寄存器间接寻址。然而，寄存器 r15 不仅仅是任何一个寄存器，它还是程序计数器。如果把 r15 用作访问操作数的指针寄存器，这种寻址方式叫作程序计数器（PC）相对寻址，操作数地址由其与当前代码的相对位置确定。这意味着可以将代码及与之相关的数据移动到存储器中的不同地方，而无需重新计算操作数地址。

假设要执行指令 LDR **r0**,[r15,#100]。操作数地址距离寄存器 r15 的内容的相对偏移为 100 字节（25 个字）。因此，操作数位于当前位置偏移 100 字节处。⊖汇编器利用 PC 相对寻址实现伪指令。例如，它用 PC 的当前值加上偏移量产生一个临近的 32 位地址。

3.7.7　ARM 的 load 与 store 指令编码

图 3-39 介绍了 ARM 的 load 和 store 指令的格式。访存操作有一个条件执行字段，即操作码的第 28～31 位，它们可以像其他 ARM 指令一样条件执行。这样代码可以写为：

```
                   ;if (a == b) then x = p else x = q
CMP      r1,r2     ;if (a == b)
LDREQ    r3,[r4]   ;then x = p
LDRNE    r3,[r5]   ;else x = q
```

⊖ 请注意这与 PC 相对寻址模式中与当前指令的偏移量为 100 个字节不同，因为 PC 在取指周期中被使用之后会递增。而且，PC 的状态也会受到 ARM 流水线机制的影响，流水线机制会将操作重叠执行。ARM 的 PC 值与当前指令地址相差 8 个字节。

操作码第 20 位选择数据传送的方向；即指令是 load 还是 store。第 25 位（# 位）决定了偏移量是带可选移位的寄存器内容还是 12 位常量。第 22 位选择操作数大小，并确定 ARM 是传送 32 位字还是 8 位字节。当字节被加载到 32 位寄存器中时，寄存器的第 8～31 位将被置为零（即字节不会被符号扩展）。ARM 系列的后续版本则扩展了 ISA 以允许符号扩展。

在图 3-39 中，基址寄存器 r基址是存储器指针，U 位定义了有效地址的计算是加上还是减去偏移量。W 位和 P 位决定了索引是如何实现的。W 位决定了当前指令结束时基址寄存器是否会被更新。W=1，则会更新基址寄存器。P 位控制偏移量是在计算有效地址之前还是在之后被加到基址寄存器上。因为 P 位决定了对偏移量进行加法还是减法，ARM 能使用以下寻址方式

```
        LDR     r0,[r1,+r2]          ; 有效地址是 [r1] + [r2]
和
        LDR     r0,[r1,-r2]          ; 有效地址是 [r1] - [r2]
```

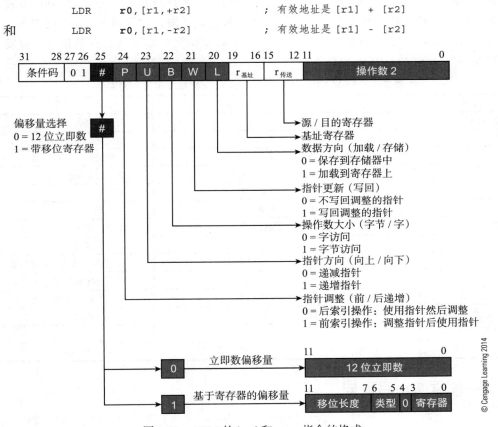

图 3-39 ARM 的 load 和 store 指令的格式

虽然指定有效地址的第二部分是从基址寄存器里加还是减这一功能不太常用，但在某些应用中还是很有用的。表 3-3 总结了 ARM 基于寄存器的寻址方式。

表 3-3 ARM 索引寻址方式总览

寻址方式	语法	有效地址	r1 的最终值
前索引，基址不变	LDR r0, [r1, #d]	[r1] + d	[r1]
前索引，基址更新	LDR r0, [r1, #d]!	[r1] + d	[r1] + d
后索引，基址更新	LDR r0, [r1], #d	[r1]	[r1] + d

ARM 的 load/store 指令的形式化语法（巴科斯范式，缩写为 BNF）定义为

```
LDR|STR{cond}{B} Rd,[Rn, offset]{!}
```

或者

```
LDR|STR{cond}{B} Rd,[Rn],offset
```

这里大括号 {} 表示字段是可选的，| 表示二中选一。可选 {B} 域指明字节操作数。前面已经用过这个标记法，因为 ARM 文献采用此标记法，是一种定义表达式格式的有用方法。请考虑指令：

```
LDR  r0,[r1, r2,LSL #4]!      ; 有效地址为 r1 + r2 × 2⁴
STRB r9, [r5,-r7,ASR #2]      ; 有效地址是 r5 - r7 × 2⁻²
```

再考虑一个更深入的例子，二进制字符串 01010111001000100100000100000110 表示一条 ARM 指令。可以把这条指令分解成图 3-24 所描述的字段，并得到表 3-4 中的编码，它就是指令 STRPL r4,[r2,-r6,LSL #2]!。如果用 ARM 模拟器汇编且执行这条指令，可发现它存储的指令字为 57224106_{16}。

表 3-4 ARM 指令 STRPL r4,[r2,-r6,LSL #2]! 的编码

域名	值	作用	解释
条件码	0101	PL	为正执行
操作码	01		定义 load/store 指令
#	1	操作数 2 格式	操作数是移位寄存器
P	1	前 / 后调整	在使用前调整指针
U	0	指针方向	递减指针
B	0	字节 / 字	字访问
W	1	指针写回	使用后更新指针
L	0	加载 / 存储	存储数据到内存
r基址	0010	基址寄存器	r2 是基址（指针）寄存器
r传送	0100	源 / 目的寄存器	r4 是存储指令的源操作数
移位长度	00010	移位长度	寄存器移动两个位置
移位类型	00	逻辑左移	r6 按偏移量左移
操作码	0		
移位寄存器	0110	指定移位的寄存器	r6 被左移两次

3.8 子程序调用与返回

子程序（也叫过程、函数，或者用 Java 的说法——方法）是一个能够被调用和执行，然后返回到调用点那条指令的代码段。严格地说，子程序是一个能够被调用和执行的代码块，而函数会被调用并返回参数。而且，当调用子程序时，可以在调用者与子程序之间传递参数。

这一节除了讨论子程序外，还将讨论两个问题：一个是如何将参数传递给子程序或者从子程序中传递出来；另一个是怎样从子程序返回到调用点。第 4 章将更详细地讨论子程序和函数，并讨论局部空间和参数传递的用途。

图 3-40 说明了典型 CISC⊖ 处理器调用子程序的过程。指令 BSR Proc_A 调用子程序 Proc_A。处理器将调用代码中要执行的下一条指令的地址保存到一个安全的地方，然后把目标地址 Proc_A，子程序的第一条指令，加载到程序计数器中。把一个非顺序地址加载到 PC

⊖ ARM 没有 RTS 指令。它使用不同的方法从子程序调用中返回。

就强制跳转到子程序中。在子程序的末尾，从子程序中返回指令——RTS，使处理器返回到子程序调用点的下一条指令。

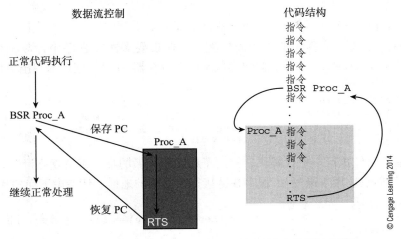

图 3-40　子程序调用与返回（ARM 处理器没有使用该机制）

CISC 处理器采用栈结构为子程序调用与返回提供硬件支持。RISC 处理器一般不会为基于栈的子程序调用提供完全的硬件支持，而是将子程序处理留给程序员完成。本节将详细讨论这些话题。

3.8.1　ARM 对子程序的支持

与其他 RISC 处理器一样，ARM 处理器没有像 Intel IA32 或者 Freescale 68K 等 CISC 处理器那样提供全自动的子程序调用与返回机制。ARM 的分支并链接指令 BL，自动将返回地址保存在寄存器 r14 中。分支指令的格式（图 3-41）中带有一个 8 位操作码和 24 位有符号的相对程序计数器的偏移量。由于分支目标地址是一个字地址，分支地址按 32 位字边界对齐，因此，它首先将 24 位偏移量左移两位，把字偏移地址转换成字节地址；然后 26 位字节地址被符号扩展为 32 位，并被加到程序计数器上。由于分支地址偏移量为 26 位（即 24 + 2），因此条件分支的寻址范围为 PC ± 32M 字节。换句话说，从当前位置可以向前或向后跳转 32M 字节。

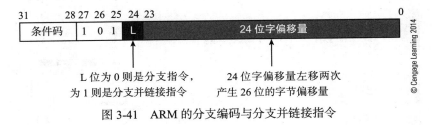

图 3-41　ARM 的分支编码与分支并链接指令

分支并链接指令的行为与对应的分支指令基本相同，但它会将返回地址（即调用指令后的下一条执行指令的地址）复制到链接寄存器 r14。如果执行：

```
BL        Sub_A          ; 带链接跳到 Sub_A
                         ; 保存返回地址到 r14
```

ARM 执行了分支指令，将跳转到标号 Sub_A 指定的目标地址处。它还会将寄存器 r15

中的程序计数器复制到链接寄存器 r14 中，以保存返回地址。子程序的末尾通过把 r14 中保存的返回地址传送到程序计数器中，其返回到主程序。ARM 无需特殊的返回指令；仅需简单地写成：

```
MOV        pc,lr          ; 也可写成 MOV r15,r14
```

下面来看一个关于子程序使用的简单例子。假设要多次在程序中计算函数 if x > 0 then x = 16x + 1 else x = 32x。假定参数 x 已在寄存器 r0 里，则可编写出下面的子程序。

```
Func1   CMP     r0,#0           ; 测试 x > 0
        MOVGT   r0,r0, LSL #4    ; if x > 0 then x = 16x
        ADDGT   r0,r0,#1         ; if x > 0 then x = 16x + 1
        MOVLE   r0,r0, LSL #5    ; ELSE if x ≤ 0 THEN x = 32x
        MOV     pc,lr           ; 恢复保存的 PC，返回
```

这里利用了条件执行。把代码块转换成子程序所要做的唯一事情就是设置入口点（标为 "Func1"）和返回点，用于恢复 BL 保存在链接寄存器中的地址。请考虑下面的代码：

```
LDR   r0,[r4]          ; 取出 P
BL    Func1            ; P = (if P > 0 then 16P + 1 else 32P) 第一次函数调用
STR   r0, [r4]         ; 保存 P
.
. some code
.
LDR   r0,[r5,#20]      ; 取出 Q
BL    Func1            ; Q = (if Q > 0 then 16Q + 1 else 32Q) 第二次函数调用
STR   r0, [r5,#20]     ; 保存 Q
```

图 3-42 展示了在 ARM 模拟器中执行这段代码的情形。使用虚设的数据进行了两次调用；第一次 $P = 3$，第二次 $Q = -1$（$FFFFFFFF_{16}$）。在代码运行结束时，我们希望 P 和 Q 所在存储单元的值为 49（31_{16}）和 −32（$FFFFFFE0_{16}$）。这两个值分别被保存在地址为 0x50 和 0x4C 的存储单元中。请注意这里采用带偏移量的寄存器间接寻址把结果保存到存储器中，例如，STR r4,[r0,#8]。

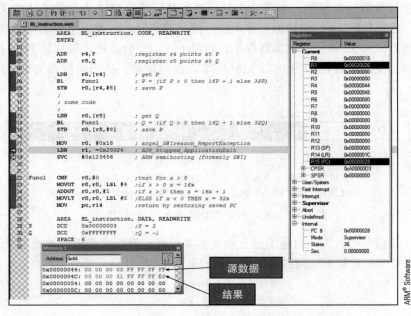

图 3-42　子程序调用演示

3.8.2 条件子程序调用

由于分支并链接指令是条件执行的，所以 ARM 提供了一套完整的条件子程序调用。例如，

```
CMP    r9,r4          ; 如果 r9 < r4
BLLT   ABC            ; 则调用子程序 ABC
```

助记符 BLLT 由 B（无条件分支）、L（分支并链接）和 LT（小于时执行）组成。

3.9 ARM 代码实例

现在通过一些 ARM 汇编语言代码段来看看 ARM 指令集。一些例子来自于 ARM 文献，展示了 ARM 指令集有趣的一面。计算机用户应该知道底层硬件的特性，因为是硬件，无论是 ISA 还是 cache 访问机制，决定了计算机系统的性能。

3.9.1 计算绝对值

假定要得到某个有符号整数的绝对值；即如果 $x < 0$，则 $x = -x$。下述代码段使用了 TEQ 指令和逆减法操作：

```
TEQ    r0,#0          ; 将 r0 与零比较
RSBMI  r0,R0,#0       ; 如果为负，则 0-r0（请注意逆减法的使用）
```

3.9.2 字节操作与拼接

有时，需要重新排列字节在字中的次序。图 3-43 展示了如何处理字中的单个字节。假设要把 r0 和 r1 中的最低字节放到 r2 的高 16 位中，且不能覆盖或修改 r2 的低 16 位。如果 r0 为 00000078_{16}，r1 为 $000000EF_{16}$，r2 为 11223344_{16}，则 r2 中的最终结果应为 $78EF3344_{16}$。

假设一开始 r0 和 r1 的高 24 位都被初始化为零。图 3-43 描述了仅仅使用 3 条指令怎样移动字节数据。

```
ADD  r2,r1,r2, LSL #16.
ADD  r2,r2,r0, LSL #8
MOV  r2,r2,    ROR #16
```

a) 寄存器的初始状态

b) ADD r2, r1, r2, LSL #16 执行后 r2 的状态

c) ADD r2, r2, r0, LSL #8 执行后 r2 的状态

d) MOV r2, r2, ROR #16 执行后 r2 的状态

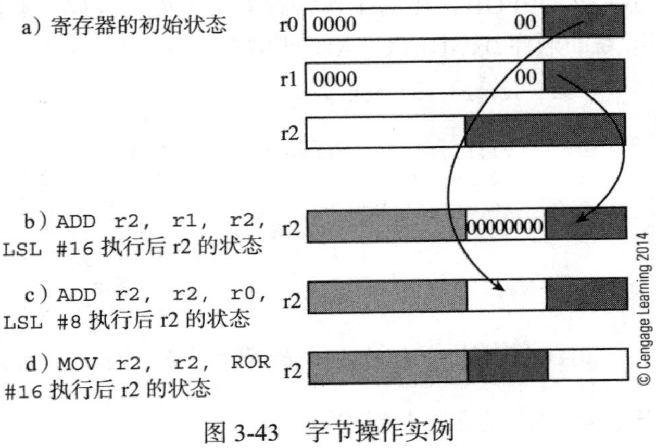

图 3-43 字节操作实例

© Cengage Learning 2014

这些操作的关键在于 ARM 在同一条指令中既能处理数据也能将数据移位。第一个操作是 ADD r2, r1, r2, LSL #16，将 r2 左移 16 位之后再将它与 r1 相加。左移 16 位将 r2 的低 16 位移动到高 16 位且低 16 位被清零。这样就完成了两件事情：保留了 r2 中原有的低 16 的一半；将新的低 16 位清 0，为插入 r0 和 r1 中的字节做好准备。

ADD r2,r1,r2,LSL #16 的加法部分与 r1 相加，得到的情形如图 3-43 b 所示。下一条指令，ADD r2,r2,r0,LSL #8，把 r0 的最低位字节复制到 r2 的第 8 ～ 15 位，因为 r0 先被左移了 8 位。由于移入 r0 的都是零，所以该操作不影响 r2 的第 0 ～ 7 位（参见图 3-44）。这一阶段已经把 r0 和 r1 的最低字节插入 r2 中。

　　若要交换 r2 的高 16 位和低 16 位，可以执行指令 MOV r2,r2,ROR #16。该操作在完成了 16 位循环移位之后将 r2 复制到自身。由于循环操作是非破坏性的，所以不会丢失任何信息，r2 高 16 位被移到了它的低 16 位中。图 3-43 d 将来自 r0 和 r1 的字节拼接到 r2 的高 16 位，而 r2 的低 16 位保持不变。图 3-44 展示了该代码段执行时模拟器的输出。

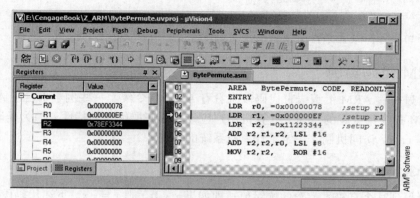

图 3-44　处理字节

3.9.3　字节逆转

　　数据操作的另外一个例子是将大端格式（big-endian）的数据保存在小端格式（little-endian）的存储器中（结尾方式（endianism）将在 3.11.1 节讨论，它关心的是存储器中字节的排列顺序——大端格式将字数据的最高字节放在地址最低的存储单元中，而小端格式则把字数据的最低字节存放在地址最低的存储单元里）。假设需要重新排序的数据在 r0 中，值为 0xABCDEFGH，r1 为工作寄存器。下面的代码（来自 ARM 文献）实现了这一操作，它生成了新的顺序 0xGHEFCDAB(即按字节翻转)。每个操作的注释字段揭示了数据是如何变化的。

```
EOR   r1,r0,r0, ROR #16      ; A⊕E, B⊕F, C⊕G, D⊕H, E⊕A, F⊕B, G⊕C,
                               H⊕D
BIC   r1,r1,     #0x00FF0000  ; A⊕E, B⊕F, 0, 0, E⊕A, F⊕B, G⊕C, H⊕D
MOV   r0,r0,ROR #8            ; G, H, A, B, C, D, E, F
EOR   r0,r0,r1, LSR #8        ; 在 LSR #8 之后 r1 为 0, 0, A⊕E, B⊕F, 0, 0, E⊕A,
                               F⊕B
                             ; G, H, A⊕A⊕E, B⊕B⊕F, C, D, E⊕E⊕A,
                               F⊕F⊕B
                             ; G, H, E, F, C, D, A, B
```

　　请注意表达式 $A \oplus A \oplus E$ 等价于 E，因为 $A \oplus A$ 为 0，而 $0 \oplus E = E$。

3.9.4　乘以 2^n-1 或 2^n+1

　　ARM 在加法或减法之前对操作数进行移位的能力为实现乘以 2^n-1 或 2^n+1 操作提供了一种简便的方法。请考虑下面的代码段，它使用了这一特点和条件执行。

```
;IF x > y THEN p = (2^n + 1)q
;      ELSE IF (x = y) p = 2^n·q
;            ELSE p = (2^n - 1)·q

CMP    r2,r3                ; 比较 x 和 y
ADDGT  r4,r1,r1, LSL #n     ; 如果 > 则计算 p = q · (2^n + 1)
MOVEQ  r1,r1,    LSL #n     ; 如果 = 则计算 p = q · 2^n
RSBLT  r4,r1,r1, LSL #n     ; 如果 < 则计算 p = q · (2^n - 1)
```

3.9.5 多条件的使用

假设正在处理文本，需要检查命令，而命令有时大写，有时小写。一种处理的方法是把所有的文本转换为同一格式。在这个例子里，所有文本将被转换为小写。第 5 位为 0 的 ASCII 字符为大写字母，为 1 的则为小写字母。大写字符很容易检测，因为它们都是连续的，从"A"开始，到"Z"结束。假设要转换的字符在 r0 中，r0 的其余位都被清零，代码编写如下：

```
CMP     r0,#'A'          ; 是否在大写字母范围以内
RSBGES  r1,r0,#'Z'       ; 如果大于等于 A，则检查小于等于 Z 并更新标志位
ORRGE   r0,r0,#0x0020    ; 若在 A 到 Z 之间，则将第 5 位置为 1 强制为小写
```

第一条指令检查字符是"A"还是更大。若是，则检查第二行字符是否小于等于"Z"。请注意这个测试仅当 r0 中的字符大于等于"A"时才会执行，而且这里使用了逆减法指令，因为要测试的是字符"Z"是否为正。该助记符的含义就是"如果大于等于则进行逆减法并更新结果的状态位。"最后，如果在范围内，则执行条件或指令，完成大小写转换。

3.9.6 只用一条指令

下面看看一个 ARM 指令不太常用的应用，它既能说明 ARM 指令集的强大功能，也反映出 ARM 指令所编写代码的字面含义不是很清晰这一问题。请考虑操作 BIC r0,r0,r0,ASR #31。

这条指令做了什么呢？BIC 对第一个操作数和第二个操作数的逻辑反进行逻辑与（AND）操作。在这个例子里，第一个操作数和第二个操作数都由寄存器 r0 指定。ASR #31 是将第二个操作数算术右移 31 位。算术右移会传播符号位；在这个例子里，经过 31 次右位，第二个操作数将只含有符号位的 32 份拷贝。如果该数为正，则第二个操作数为 0；如果该数为负，则第二个操作数为 111,…,11。

由于 BIC 会将第二个操作数取反，如果一开始 r0 为正数，则 r0 与 000,…,00 的反码进行逻辑与操作的结果就是 r0。如果 r0 为负数，则 r0 与 0000,…,00 进行逻辑与操作，结果就是零。即该操作实现了：

```
If (x < 0)   x = 0;
```

3.9.7 实现多段程序

请考虑高级语言的 switch 语句。例如，

```
switch (i) {
   case 0:  do action;  break;
   case 1:  do action 1; break;
   .
   .
   case n:  do action n; break;
   default:  exception
}
```

下面利用 ARM 的程序计数器相对寻址方式来实现这一功能。寄存器 r0 包含选择器 *i*（即 case 值）。

```
ADR     r1, Case         ; 将跳转表地址加载到 r1 中
CMP     r0,#maxCase      ; switch 变量是否在范围内
```

```
        ADDLE  pc,r1,r0, LSL #2    ; 若为 OK，则跳转到对应的 case 处理
                                    ; 这里是缺省的异常处理代码
        .
        .
Case  B    case0                    ; 从 case 表跳转到实际代码
      B    case1
      B    casen
```

这段程序的关键是指令 ADDLE **pc**,r1,r0,LSL #2，它就是计算机的 goto 语句（即它修改了 PC 的值，因而改变了下一条要执行的指令）。这条指令是条件执行的，所以如果 r0 中的 switch 变量值（由前一条语句测试）超出了范围，则跳转语句不会被执行，而去执行缺省的 case 代码。如果变量值在范围内，则将它乘以 4，因为 case 表中的每一个跳转地址都是 4 个字节。幸运的是，没有必要将 r0 中的数乘以 4，因为把 r0 中的第二个操作数左移两位即可。该指令把 r1 的值（即 case 表的地址）加上 case 偏移量后加载到程序计数器中，这样就可以跳转到相应的地址处。可以将一条跳转指令放在 case 表中相应的位置，它的目的地址就是实现了这一特定 case 的实际代码。

3.9.8 简单位级逻辑操作

假设寄存器的最低 4 位为 p，q，r，s，（xxxx xxxx xxxx xxxx xxxx xxxx xxxx pqrs$_2$）位于寄存器的低位，且希望实现以下算法

```
if ((p == 1) && (r == 1)) s = 1;
```

如果 r0 中的字数据包含 p，q，r 和 s，r1 用作工作寄存器，则可以写出下面的代码

```
ANDS     r1,r0,#0x8    ; 清除 r1 中所有位，将 r0 复制到 p
ANDNES   r1,r0,#0x2    ; 如果 p = 1，则清除 r1 中除 r 位外的所有位
ORRNE    r0,r0,#1      ; 如果 r = 1，则 s = 1
```

请注意这里是怎样使用 ARM 的组合或嵌套条件测试的，因为仅当前面两个条件都为真时第三行才会被执行。还请注意，第二行指令 ANDNES **r1**,r0,#0x2 的执行取决于第一条指令的结果，而指令添加的后缀 S 使第三条指令依赖于该指令的结果。

3.9.9 十六进制字符转换

有时必须在 4 位二进制值和对应的 ASCII 字符之间进行转换。也就是要把 0000$_2$（0$_{16}$）～ 1111$_2$（F$_{16}$）之间的数转换成"0"～"F"之间的相应字符。数字字符"0"～"9"对应的 ASCII 码为 30$_{16}$ ～ 39$_{16}$，字母字符"A"～"F"的对应的 ASCII 码分别为 41 ～ 46。下述算法把 0 ～ 9 之间所有的数加 30$_{16}$ 转换成 ASCII 码，然后再将 10 ～ 15 之间的数加 7。

```
character = hexValue + $30
if (character > $39) character = character + 7

        ADD    r0,r0,#0x30    ; 加 0x30 把 0 ～ 9 之间的数转换成 ASCII 码
        CMP    r0,#0x39       ; 检查十六进制数 A ～ F
        ADDGE  r0,r0,#7       ; 如果是 A ～ F，则加 7 转换成 ASCII 码
```

3.9.10 输出十六进制字符

在编写汇编语言程序时，经常希望以十六进制格式将寄存器的内容输出到控制台上。为了做到这点，必须反复使用上面介绍的算法。下面的子程序以十六进制格式将寄存器 r1 的内容打印到控制台上，打印由操作系统调用完成。Keil 模拟器不支持控制台 I/O。

```
         MOV     r2,#8                ; REPEAT（8 次，r2 为循环计数器）
NxtDig   MOV     r0,r1, LSR #28       ;   取 4 位
         ADD     r0,r0,#0x30          ;   转换为字符
         CMP     r0,#0x39
         ADDGE   r0,r0,#7
         SVC     0                    ; 调用 O/S 打印字符
         MOV     r1,r1, LSL #4        ;   左移 4 位
         SUBS    r2,r2, #1            ;   循环计数器减 1
         BNE     NxtDig               ; Until 8 个半字节打印完毕
```

这里使用了操作系统调用 svc 0 完成打印操作——ARM 模拟器通过该指令提供的机制与用户交互。svc 以一个数作为参数（本例中为 0），可由软中断处理程序调用。下一个例子也使用了这一技术。

3.9.11　打印横幅

下面的子程序将打印一个横幅（一个 ASCII 码字符串），它以空字节 00_{16} 结束。在这个例子里，字符串后面跟着换行符和回车符，使光标移到下一行的开头。这段代码使用软中断 svc，调用操作系统功能完成打印。请注意对终止字符使用两个连续测试的方法，这是 ARM 开发系统的特点，而不是 ARM 体系结构的。对于一个字符，如果它不是零，SVCNE WriteC 会将它打印出来。下一条指令，BNE Banner1，对同一条件进行测试以确定是否转移。目前还没有讨论 LDRB 指令。该指令将一个字节加载到寄存器中。请注意后递增是 1 个字节而不是 4 字节。

```
Banner   ADR     r1,String       ; r1 指向要打印的字符串（请注意 ADR 的使用）
Bnner1   LDRB    r0,[r1], #1     ; 读取字符，指针递增
         CMP     r0,#0           ; 字符为 0（终止字符）？
         SVCNE   WriteC          ; 不是则打印（使用 O/S SWI 功能）
         BNE     Bnner1          ; 不是则在打印后跳转
         MOV     pc,r14          ; 为零则返回

String   =       "This is a test",&0A,&0D,0
WriteC   EQU     0               ; 打印字符的 SVC 代码为 0
```

访问 ARM 控制寄存器

ARM 的控制寄存器中含有状态和系统信息位，用户和操作系统都需要访问该寄存器。有两条指令能访问 CPSR 状态寄存器：MRS rd,CPSR 将 CPSR 复制到寄存器 rd 中；上一指令的逆操作 MSR CPSR,rs 将寄存器 rs 的内容或立即数复制到 CPSR 中。

如果 ARM 工作在用户模式下，指令 MSR CPSR,rs 不能将数据复制到 CPSR，这会改变 CPSR 的状态位。在用户模式下，只有条件码标志 Z，N，C 和 V 可以被改变。也可使用 MRS rd,SPSR 和 MSR SPSR,rs 这两条指令来访问 SPSR（备份处理器状态寄存器）。

假定要将 CPSR 中的进位位 C 清零，例如，根据子程序的返回值判断是否产生了错误。下面的 ARM 代码实现了这一功能。

```
ExitOK   MRS     r0,CPSR         ; 把 CPSR 复制到 r0 中
         BIC     r0,r0, #0x2000  ; 清除第 29 位，即进位位
         MSR     CPSR,r0         ; 将其送回 CPSR
         MOV     r15,r14         ; 通过恢复保存的 PC 返回（指示无错误）
```

3.10　子程序与栈

现在介绍栈如何支持子程序调用和返回结构，以及 ARM 的栈处理指令。栈是一种数据

结构，一个后进先出（LIFO）的队列，数据项从一端进入，以相反次序离开。微处理器中的栈由栈指针指向存储器中的栈顶来实现。当数据项添加到栈里（入栈）时，栈指针向上移动；当数据项从栈里移出（出栈）时，栈指针向下移动。

栈及其方向

栈的向上、向下和生长的含义是一些容易混淆的特征。计算机栈与日常生活中的栈类似。如果有一叠期刊杂志，将一本新的期刊放在栈顶，栈就会生长。在计算机存储器中也是如此；向栈中放入一个新的数据项会使它生长。

把一页纸的顶端看作向上，而将底端看作向下。在纸上画出计算机的栈时，它会向页的顶端增长。然而，由于行号一般从页的顶端开始向下编号，所以在提及栈增长时，即便栈是向上生长的，也可能向较低的地址生长。例如，如果栈顶地址为 0x001234 并将返回地址入栈，则栈将向上生长到地址 0x001230 处。

有些作者采用相反的约定，把高地址放在页的顶端，栈向下生长则是向页底端低地址方向生长！所以，栈是向上还是向下生长取决于如何在纸上画出它。

现在，事情变得有些糟糕了。栈可能向高地址方向也可能向低地址方向生长。这取决于计算机采用何种方法实现栈。当有人说栈向上移动，他们说的是纸的方向还是栈地址数值上增长呢？这很难说。因此，当读到栈或者实现它们时，要意识到这些问题。

图 3-45 展示了构建栈的 4 种方法。实现栈时需要做出的两个决定；一是当数据项进栈时栈是向低地址方向向上生长（图 3-45a 和图 3-45b）还是向高位地址方向向下生长（图 3-45c 和图 3-45d）。请注意术语 TOS 表示栈项（top of stack），指明了栈里的下一个数据项。该图表明用栈来保存子程序调用后的返回地址。

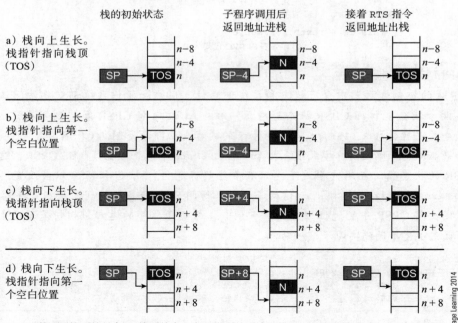

TOS = 栈顶（栈顶的元素）。按照约定，向上指页的顶端及低地址。这容易混淆。这些图假设存储器按照字节编址，栈里元素为 32 位（4 字节）。

图 3-45　可能的栈结构

另外一个决定是栈指针是指向当前位于栈顶的数据项（图 3-45a 和图 3-45c）还是指向栈顶上的第一个空白位置（图 3-45b 和图 3-45d）。栈的实际排列不重要；最重要的问题是行为必须一致。设计栈的实际问题是用于将数据入栈的寻址方式是自动递增的还是自动递减的，栈调整是在数据进栈之前还是之后。

图 3-46 描述了一个栈指针指向栈顶项的栈，以及当一个项被添加到栈中时（进栈），栈指针将会递减。当从栈顶移出一项时，栈指针所指位置的项被移除，栈指针递增。顺便说一句，这样的操作被称为原子的，因为它不能被中断（即计算机不能操作栈指针，只能先做其他的事情然后访问栈）。这对于确保栈的完整性来说是必要的。我们用栈指针 SP 来定义入栈和出栈的动作，如下：

```
PUSH:   [SP]   ← [SP] - 4     ; 栈指针向上移动一个字
        [[SP]] ← data         ; 数据入栈

POP:    data   ← [[SP]]        ; 数据出栈
        [SP]   ← [SP] + 4     ; 栈指针向下移动一个字
```

注意栈指针是按照 4 个字节递减或递增，因为按照约定存储器按照字节编址，栈的数据项长为一个字（4 字节）。

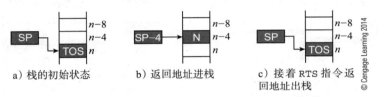

a) 栈的初始状态　　　　b) 返回地址进栈　　　　c) 接着 RTS 指令返回地址出栈

图 3-46　用栈保存返回地址

3.10.1　子程序调用与返回

可以通过先将返回地址入栈，然后跳转到分支目标地址处来实现子程序调用。该操作在 CISC 处理器中由 JSR target 或 BSR target 指令来实现。由于 ARM 没有实现这一操作，因此需通过下述指令来实现该指令。[⊖]

```
                      ; 假设栈朝低地址方向生长且 SP 指向栈的下一个数据项
SUB   r13,r13,#4      ; 栈指针先递减
STR   r15, [r13];     ; 返回地址入栈
B     Target          ; 跳转到目标地址
...                   ; 在这里返回
```

一旦执行完子程序中的代码，就会执行子程序返回指令 RTS，且程序计数器将恢复到指令 BSR Proc_A 被取出之后的那个点。RTS 指令的作用是：

```
RTS:[PC]  ← [[SP]]     ; 把栈中的返回地址复制到 PC
    [SP]  ← [SP] + 4   ; 调整栈指针
```

在图 3-46 中，栈将向上移动 4 个字节，因为每个地址都是 4 个字节。由于 ARM 不支持基于栈的子程序返回机制，则代码应写为：

```
LDR   r12,[r13],#+4    ; 取出保存的 PC，栈指针后递增
SUB   r15,r12,#4       ; 修正 PC 并将其加载到 r15 中以返回
```

该操作将从栈顶读出返回地址并且增加栈指针，将已保存的 PC 出栈并恢复到寄存器 r15

⊖　在后面会看到 ARM 有块移动指令，能够高效地在一个或多个寄存器与栈之间传送数据。

中。然而，必须修改保存的 PC，因为它指向实际返回地址之后 4 字节的位置（由于 ARM 的整数流水线）。然后将 PC 加载到 r15，强制从子程序中返回。图 3-47 说明了执行该代码后 ARM 模拟器的输出。代码执行后显示了代码窗口、反汇编窗口、寄存器窗口和存储器窗口。

> **实践**
>
> 尽管上面的子程序调用方法可以工作，但是有一个更好的使用 ARM 块移动指令的机制，该机制符合 ARM 的编程标准，即：
>
> ```
> STMIA sp! {r6,lr}     ; r6 和链接寄存器入栈
> . . .                 ; 这里是子程序代码
> LDMDB sp! {r6,pc}     ; r6 出栈并取出 PC
>                       ; 返回地址出栈
>                       ; 送到 PC 以返回
> ```
>
> 在第 4 章会更详细地讨论栈。

仔细察看存储器窗口会发现在栈的左侧地址为 0x70 处的值是 0x00000014，它就是之前保存的 PC。既然已保存的 PC 是返回地址加 4，实际返回地址就是 0x00000010。现在，从反汇编代码可以看到在 0x00000010 处的指令是 MOV r0,#0xFF，它就是正确的返回点。

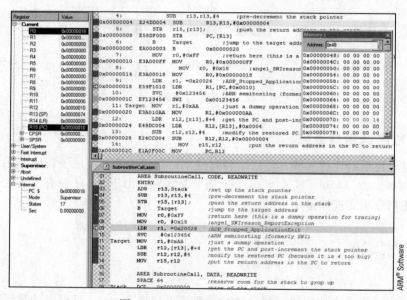

图 3-47　ARM 子程序调用与返回

3.10.2　子程序嵌套

栈的一个重要特性就是它支持嵌套子程序，即其中一个子程序可以调用其他的子程序。当一个子程序完整地嵌入到另外一个子程序中时（即，如果调用一个子程序，总是立即返回到调用点后下一条指令），子程序就是嵌套的。从一个点调用子程序，而从子程序返回到一个完全不同的点，这被认为是一个很差的编程习惯。

图 3-48 说明了嵌套子程序的概念。带阴影的方框显示了一个子程序嵌套在另一个子程序中的情形，而且图右侧的行说明了这个例子中不同子程序之间的控制流。这个安排是假设 CISC 处理器支持基于栈的子程序调用与返回机制。

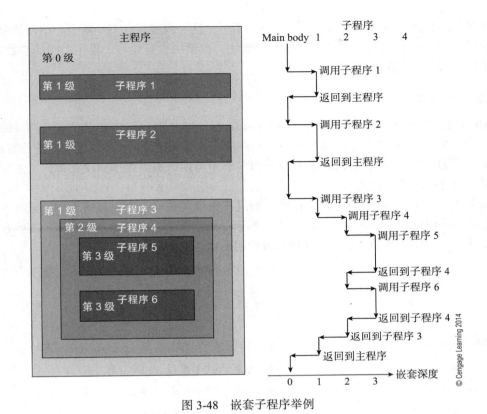

图 3-48　嵌套子程序举例

图 3-49 说明了怎样通过使用栈处理返回地址来实现子程序嵌套。主程序调用子程序 A 并将返回地址入栈。在子程序 A 的执行过程中，会调用第二个、嵌套的子程序 B。子程序 A 中的返回地址会入栈，然后跳转到子程序 B 中。图 3-49 显示了调用和返回过程中栈的状态。正如读者所看到的，返回地址按照与入栈相反的次序出栈。

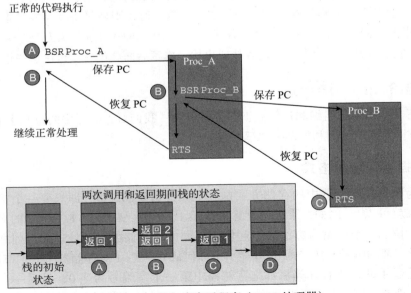

图 3-49　栈与嵌套子程序（CISC 处理器）

到目前为止还没有涉及参数传递的任何细节——这一内容将在下一章中介绍。然而，值得指出的是栈不仅仅被用于管理子程序返回地址，也被用于管理与子程序之间的参数传递，以及子程序的局部变量管理。

3.10.3　叶子程序

ARM 文献中经常提及叶子程序（leaf routines）。叶子程序不调用其他子程序（即它们处于树的末端）。当对带有通用栈结构与子程序调用和返回指令的 CISC 处理器进行编程时，不必担心返回地址。RISC 处理器没有对子程序调用与返回提供直接的栈支持，这迫使程序员必须了解这一细微的差别。

如果使用 BL 指令调用一个叶子程序，则返回地址将被保存到链接寄存器 r14 而不是栈中。返回到调用点由指令 MOV pc,lr 实现。然而，如果该子程序不是叶子程序，不保存链接寄存器就不能调用其他子程序。下述代码段说明了这是如何做到的。

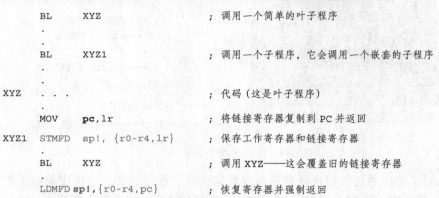

```
        BL      XYZ                    ; 调用一个简单的叶子程序
        .
        .
        BL      XYZ1                   ; 调用一个子程序，它会调用一个嵌套的子程序
        .
        .
XYZ     . . .                          ; 代码（这是叶子程序）
        MOV     pc,lr                  ; 将链接寄存器复制到 PC 并返回
XYZ1    STMFD   sp!, {r0-r4,lr}        ; 保存工作寄存器和链接寄存器
        BL      XYZ                    ; 调用 XYZ——这会覆盖旧的链接寄存器
        LDMFD   sp!,{r0-r4,pc}         ; 恢复寄存器并强制返回
```

子程序 XYZ 是叶子程序，它不会调用嵌套子程序，因此无需担心链接寄存器 r14，而且执行指令 MOV pc,lr 就可以返回。然而子程序 XYZ1 调用了嵌套子程序，为了从 XZY1 返回，就必须保存链接寄存器。保存链接寄存器最简单的方法就是将其入栈。本例使用一条存储多寄存器指令，也保存了寄存器 r0 ～ r4。当从 XYZ1 返回时，则恢复寄存器并且把保存的 r14（链接寄存器里的返回地址）加载到程序计数器。STMFD 和 LDMFD 分别是 ARM 的多寄存器入栈和出栈指令，它们分别将一个寄存器块入栈或出栈。本章后面会进一步讨论这些指令。

3.11　数据的大小与排列

我们的下一个话题与组织和访问数据的方法有关。我们对存储器中的位和字节排列（端格式）以及数据元素的访问和处理方法感兴趣。

3.11.1　数据组织与端格式

一般认为数据在存储器中的存储方式是一个无关紧要的问题（即只要一个接一个地将数据保存起来就可以）。例如，十进制计算机按照 1、9、8、4 或 4、8、9、1 的顺序保存数 1984。然而，位和字节的编号方法会引起使用不同方法存储数据的处理器系列之间的不兼容。首先来看字节的编号方法。图 3-50 显示了如何从 $0 \sim 2^n - 1$ 对存储器中的字节进行编号。

字编号是通用的，所有计算机都把存储器中第一个字编号为字 0，最后一个字编号为 $2^n - 1$。然而处理器之间的位编号是不同的。图 3-51a 显示了从右到左的编号，类似于人们将数字的最低位写在右边。绝大多数微处理器（例如 ARM、Intel 和 Freescale）都采用同样方法，从字的最低位（lsb），就是第 0 位，到最高位（msb），就是第 $m-1$ 位，对字中的各位进行编号。有些微处理器，比如 PowerPC，则与这个方案相反，如图 3-51b 所示。

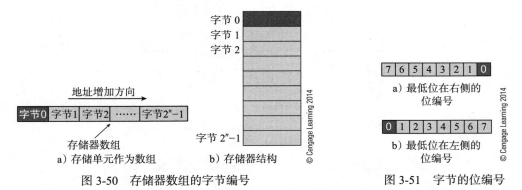

图 3-50 存储器数组的字节编号   图 3-51 字节的位编号

与字节中位的组织方法一样，人们必须考虑字中各字节的组织方法。图 3-52 表明可以使用两种方法对字中的字节编号。要么将最高字节放在字的最高位字节地址处，要么将最高字节放在字的最低位字节地址处。如果将最高字节放在最低地址，这种顺序叫作大端格式（big endian）⊖；如果将最高字节据放在最高字节地址，这种顺序叫作就是小端格式（little endian）。

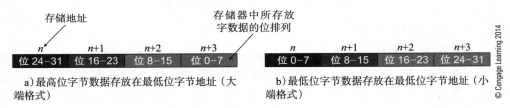

图 3-52 将 4 个字节加载到存储的长字中

Intel 微处理器把最高字节放在最高位字节地址处（小端排列），而 Freescale 微处理器则把最高字节放在最低字节地址处（大端排列）。尽管读者很容易认为这个问题无关紧要并且是个习惯问题，但它对于程序员和硬件设计师却十分重要。首先它会导致编程错误，其次它使得基于 Intel 系统的接口比基于 Freescale 系统的复杂。若要将大端格式的处理器和小端格式的处理器连接在一起（比如在多处理器网络中共享一个存储块）则必须确保按照正确次序传送字节，要么通过软件要么通过特殊接口硬件重新排列需要移动的数据。

图 3-53 显示了 ARM 存储器中大端和小端的字节组织方式。ARM 处理器既可以被配置为大端格式也可以被配置为小端格式，这一点很不寻常。使用 ARM 模拟器时必须选择一种模式——本章使用大端格式。图 3-53 使用一些 ARM 代码完成常量处理。两种模式下的代码和反汇编结构完全一样。然而，如果查看图 3-53b 和图 3-53c 里存储器中的代码和数据，会发现字节次序是完全不同的。

⊖ 在乔纳森·斯威夫特的《格列佛游记》里，战争在这些要求剥开鸡蛋大的一端和剥开鸡蛋小的一端之间爆发了，导致许多人死亡。也可以阅读经典论文《On Holy Wars and a Plea for Peace》[Cohen80]。

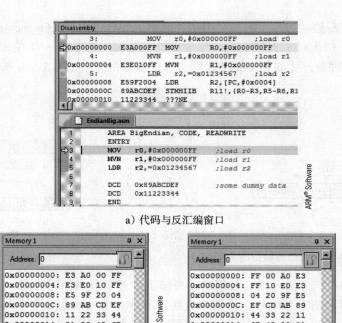

a) 代码与反汇编窗口

b) ARM 大端格式排列　　　c) ARM 小端格式排列

图 3-53　大端格式和小端格式的字节次序

3.11.2　数据组织和 ARM

下面将更详细地讨论 ARM 存储、处理和访问数据的方法。我们已经知道，ARM 存储器是按照字节编址的，连续的两个 32 位字地址相差 4 字节。字数据必须按照 4 字节字边界对齐存放。任何时候 ARM 从存储器中取出一条指令，地址的最低两位总是零，即指令地址的格式为 xxx,…,xxx00$_2$，它能确保地址是边界对齐的。16 位数（半字）按照半字边界地址对齐。图 3-54 说明了 ARM 大端和小端格式的字和半字的边界对齐。ARM 的端格式配置由硬件设置，即将相应引脚设为逻辑 0 或逻辑 1。

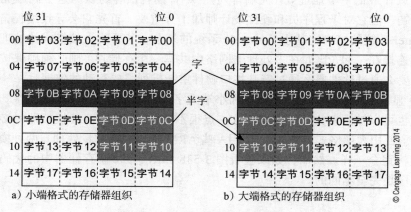

a) 小端格式的存储器组织　　　b) 大端格式的存储器组织

图 3-54　ARM 小端和大端格式

RISC 处理器一般仅支持 32 位算术运算，不能只对寄存器中的几位进行处理。唯一的对 8 位和 16 位的运算来自其 load 和 store 操作以及对整数进行符号扩展的能力，下一节会对其进行介绍（请参见关于 16 位操作的方框）。

一些处理器对于 8 位或 16 位操作也能设置条件码。如果使用 32 位处理器进行 16 位算术操作，必须自己检查溢出和进位位。例如，如果在 16 位无符号数操作期间将 r0 作为目的操作数，可执行 MOVS r_{temp}, r0, LSR #16，对第 17 位检查进位位。该操作把 r0 右移 16 位，所以如果第 16 ～ 31 位都为 0，则存储在临时寄存器里的结果为零且 Z 位置位。如果有进位，临时寄存器的值非零，则 Z 位清零。

测试 16 位有符号数的溢出更复杂。前面曾说过，当算术操作的结果超出该数表示的范围时，算术溢出发生。当两个正数相加符号位为 1 或当两个负数相加符号位为 0，溢出发生。如果 32 位寄存器里有一个 16 位数，要进行 32 位算术操作，则 ARM 从第 31 位的状态检测溢出。如果对 16 位算术操作感兴趣，则必须从第 15 位的状态检测溢出。考虑如下 4 个使用 32 位算术操作进行 16 位加法的例子。

例 1

两个正数的加法（没有溢出）

0000000000000000010100000000000

00000000000000000100110000000000

+00000000000000000101010000000000

例 3

两个正数的加法（溢出）

00000000000000000111000000000000

　0000000000000000101100000000000

+00000000000000001101010000000000

例 2

两个负数的加法（没有溢出）

11111111111111111011100000000000

11111111111111111101110000000000

+11111111111111111001010000000000

例 4

两个负数的加法（溢出）

11111111111111111011100000000000

11111111111111111001110000000000

+11111111111111110101010000000000

可以用下面的代码检测算术溢出，如果数在范围内，会将 Z 位置为 1。

```
MOVS    r1,r0, ASR #15
CMNNE   r1, #1
```

指令 MOVS r1,r0,ASR #15 把 r0 的值右移 15 位后放入 r1。如果先前的指令将 Z 位置为 0，则执行指令 CMNNE r1,#1。该操作将比较 r1 和 −1，即测试 r1 是否为 1111,…,1111（全 1）。请考虑上面 4 个例子里这段代码的作用。

例 1

```
MOVS    r1,r0,ASR #15    ; r1 = 0000000000000000 0111010000000000，Z 位为 1
CMNNE   r1, #1           ; 因为 Z 位为 1，该指令不执行，Z 位继续为 1 则无溢出
```

例 2

```
MOVS    r1,r0,ASR #15    ; r1 = 1111111111111111 1001010000000000，Z 位为 0
CMNNE   r1,r1, #1        ; 因为 Z 位为 0，该指令执行，Z 位被置 1 则无溢出
```

例 3

```
MOVS    r1,r0,ASR #15    ; r1 = 0000000000000000 1101010000000000，Z 位为 0
CMNNE   r1,r1, #1        ; 因为 Z 位为 0，该指令执行，Z 位继续为 0 则溢出
```

例 4

```
MOVS    r1,r0,ASR #15    ; r1 = 1111111111111111 0101010000000000，Z 位为 0
CMNNE   r1,r1, #1        ; 因为 Z 位为 0，该指令执行，Z 位继续为 0 则溢出
```

当考虑对齐（即字对齐，就是字的地址为其大小的整数倍）和端格式时，问题会变得更加复杂。实际上，这些问题是系统设计细节的一部分，实践中工程师要花费大量的时间处理这些问题。ARM 自己的文献用了好几页纸来描述这些问题，例如，要加载一个 16 位的半字到寄存器，而且编写程序时就不知道数据的对齐情况（即不知道程序运行时指针是奇数还是偶数）。下面的代码段先通过两次字节访问来读取一个无符号半字，然后拼接成数据。寄存器 r2 指向第一个字节，寄存器 r0 接收半字（寄存器 r1 用作中间结果暂存器）。

```
LDRB   r0,[r2,#0]          ; 读 r2 所指的字节
LDRB   r1,[r2,#1]          ; 读第二个字节
ORR    r0,r0,r1, LSL #8    ; 拼接两个字节
```

请注意逻辑与指令是怎样把 r1 里的字节放到高地址，实际就是将其左移 8 位，然后与 r0 里的低地址字节拼接在一起。由于低地址字节构成了寄存器的低位，这是一种小端移动。等价的大端移动代码如下

```
LDRB   r0,[r2,#0]          ; 读 r2 所指的字节
LDRB   r1,[r2,#1]          ; 读第二个字节
ORR    r0,r1,r0, LSL #8    ; 拼接两个字节
```

拼接前必须将低地址字节向左移动。从任意对齐的地址处加载 32 位字数据的情形更加复杂，如下面的 ARM 代码所示。假设字数据的地址在 r0 中；操作模式为小端格式，且结果保存在 r1 中。如果字按照字边界地址对齐，则可简单地写出指令 LDR r1,[r0]。然而，必须从存储器中取出两个字，然后根据实际的对齐格式将它们的字节拼接成一个字。

```
BIC    r2,r0,#3            ; 取出地址，屏蔽掉第 0～1 位

LDMIA r2,{r1,r3}           ; 将包含该字的 64 位数加载到寄存器 r1 和 r3 中
AND    r2,r0,#3            ; 现在按字节对齐（在字中的偏移量）
MOVS   r2,r2,LSL #3        ; 现在按位对齐（偏移）
MOVNE  r1,r1,LSL r2        ; 从低 32 位中读数据
RSBNE  r2,r2,#32           ; 余下的偏移量：32- 偏移量
ORRNE  r1,r1,r3, LSL r2    ; 获得高 32 位并与低位组合在一起
```

图 3-55 描述了将未对齐的小端格式字数据加载到存储器中字节地址为 5 的情形。左图显示了字对齐的存储器，而右图显示了字节对齐的存储器。每一个字节地址的最低两位都用粗体表示，以反映上述代码的作用，它们使用这些位来提取字对齐模式。代码首先清除字节偏移量（将地址的低两位清零），然后取出该地址的字数据以及下一个按字对齐地址的字数据。这保证了从从存储器中提取字数据。下一步就是使用偏移量对这两个字数据进行移位，以得到正确位置处的所需字节。最后，通过逻辑与操作把两个字组合在一起。请注意最后 3 条指令都是条件执行的——如果偏移量为零，则是地址是按字对齐的，无需做任何事情。我们将浏览整个代码并介绍它是如何从存储器读取字节的。图 3-56 给出了代码在模拟器中的执行情况。图 3-56 下面的文本框通过介绍访问 16 位数的操作进一步讨论了 ARM 的数据排列。

```
                          ; r0 初始化为 5
BIC    r2,r0,#3           ; r2 为 ( 000101 AND (NOT 000011)) = 000100
LDMIA r2,{r1,r3}          ; 将包含该字的 64 位数据加在到 r1 和 r3 中

                          ; r1 = b7 b6 b5 b4, r3 = bB bA b9 b8
AND    r2,r0,#3           ; r2 = 01
MOVS   r2,r2,LSL #3       ; r2 = 1000
MOVNE  r1,r1,LSR r2       ; r1 = 00 b7 b6 b5（右移 8 位之后）
RSBNE  r2,r2,#32          ; r2 = 32 - 8 = 24
ORRNE  r1,r1,r3, LSL r2   ; r3 左移 24 位为 b8 00 00 00
                          ; r1 是 00 b7 b6 b5 OR b8 00 00 00 = b8 b7 b6 b5
```

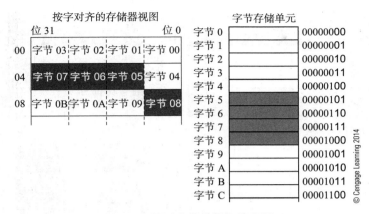

图 3-55　未对齐字数据加载实例

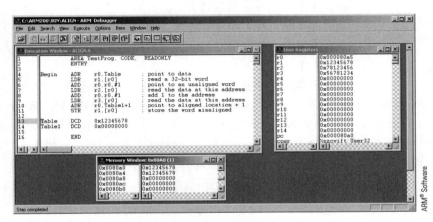

图 3-56　使用 ARM 模拟器演示未对齐读操作

ARM 半字数据传输

　　就像第一代 RISC 处理器一样，ARM 也是面向字的。然而，ARM 通常被用于嵌入式系统，而嵌入式系统的数据大都是面向字节的，所以它的 ISA 被修改为支持 16 位和 8 位数据传输。向已有的指令集中添加新的指令给设计者提出了挑战。实际上，ARM 文献相当坦率，它指出“……半字数据传输……有点硬塞进指令空间……”。下图显示了半字 / 有符号字节指令的结构，它类似于其他存储器访问指令。从 8 位立即数被分成两组——操作码的第 0～3 位以及第 8～11 位，就可以看到指令格式是多么的凌乱。这些指令没有列出 ARM 已有的数据指令的全部功能，因为立即数偏移量被限制为 8 位，而且也不能使用移位的寄存器偏移量。

　　load 和 store 操作采用不同的方法处理。当将 16 位或 8 位数加载到寄存器中时，要么对它进行零扩展要么对它进行符号扩展。因为存储器是按字节编址的，数据被保存在 1、2 或 4 字节宽的单元中，所以零扩展或者符号扩展是毫无意义的。有符号字节寄存器 load 指令把一个字节加载到寄存器，并把 8 位数符号扩展成 32 位数。半字版本允许加载 16 位数到寄存器，然后进行零扩展或者符号扩展。这些指令是现有 LDR 和 STR 指令的修改版本。它们的汇编语言形式如下

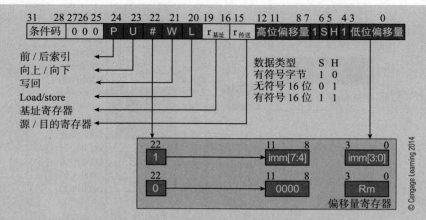

LDRH	加载半字（16 位）到寄存器
LDRSH	加载有符号半字（16 位）到寄存器
LDRSB	加载有符号字节到寄存器
STRH	存储半字到存储器
STRB	存储字节到存储器

像其他 ARM 指令一样，这些指令也可以条件执行。例如，指令 LDREQSH r0,[r1],#2 的含义是：如果 Z 位为 1 则把 r1 所指的有符号半字数据加载到寄存器 r0，且将该操作数符号扩展成 32 位，然后 r1 递增 2。ARM 文献介绍了如何使用有符号 16 位数 load 指令把 16 位有符号数组转换成 32 位有符号数组。

```
        ADR    r0,Source16      ; 加载源数组的首地址
        ADR    r1,Dest32        ; 加载目的数组的首地址
        ADR    r2,SourceEnd     ; 源数组的末尾地址 +2
Loop    LDRSH  r3,[r0], #2      ; REPEAT 读取有符号 16 位半字
        STR    r3,[r1], #4      ; 存储到目的数组
        CMP    r0,r2            ; UNTIL 传输完毕
        BLT    Loop             ;
```

这段代码毫无惊喜可言。它没有使用循环计数器，而是当最后的地址等于源数组最后一个元素的地址 +2 时停止。如果源数组位于 1000_{16} 处，有 256 个半字，则源数组占用 512 个字节且末尾地址为 1200_{16}，所以终止值为 1202_{16}。由于采用后索引寻址方式，所以要加上额外的 2 个字节。

3.11.3　块移动指令

下面介绍 ARM 中最不像 RISC 指令的指令：用一条指令在寄存器组和存储器之间传送数据。下述 ARM 代码说明了怎样从存储器将数据加在到 4 个寄存器。

```
ADR  r0,DataToGo    ; 把数据区的地址加载到 r0
LDR  r1,[r0],#4     ; 把 r0 所指的字数据加载到 r1，并更新指针

LDR  r2,[r0],#4     ; 把 r0 所指的字数据加载到 r2，并更新指针
LDR  r3,[r0],#4     ; 对寄存器 r3 和 r5 也同样如此
LDR  r5,[r0],#4
```

有些 CISC 处理器能在寄存器组和存储器之间拷贝块数据。例如，68K 使用指令 MOVEM {D0-D7},-(A7) 把 8 个数据寄存器 D0 ～ D7 保存到存储器中。指针寄存器 A7 在每次操作前

自动递减。ARM 也有将块移动到存储器的指令 STM 与从存储器移出块的指令 LDM，它们能够在寄存器组和存储器之间拷贝块。这两条块移动指令用两个后缀描述了如何访问数据。

从概念上来说，块移动很容易理解，要么是"将这些寄存器的内容复制到存储器"，要么相反。而在实践中却很复杂，因为 ARM 提供了一整套选项以确定如何进行移动（例如寄存器是从高地址移到低地址还是从低地址移到高地址，存储指针更新是在传输之前还是在传输之后）。我们从把寄存器 r1、r2、r3 和 r5 的内容移动到地址连续的存储器单元开始，指令为

```
STMIA  r0!,{r1-r3, r5}    ; 请注意语法，需要进行移动的寄存器放在大括号里
```

该指令将寄存器 r1 ～ r3 以及 r5 复制到地址连续的存储单元中，它用 r0 作为带自动索引的指针（由后缀！指明）。后缀 IA 表明索引寄存器 r0 将在每一次数据传输后递增，从而使地址变大。尽管 ARM 的块模式指令有几种不同形式，但 ARM 总是把编号最低的寄存器存储到地址最低的位置，接着就是把编号次低的寄存器保存到次低地址处，等等（例如在上述例子里，先保存 r1，然后是 r2、r3，最后是 r5）。图 3-57 给出了 ARM 模拟器在加载并且执行这些指令之后的输出结果。

如果查看图 3-57，就会发现它建立了一个环境——要保存的虚拟的寄存器数据、指向目的寄存器的指针以及指针寄存器的初始值，对 STMIA 指令进行了测试。在程序之后我们用 SPACE 伪指令预留 20 字节的存储空间以保存数据。存储器窗口中有两个数据块：一个在 0x38 处，另一个在 0x4C 处。位于 0x4C 的第二个数据块是常量池，由 LDR r1,=0x11111111 等指令建立。这些数据在程序运行前加载。而位于 0x38 的数据块包括保存在存储器中的 4 个寄存器的数据。查看寄存器列表中的 r0，将看到 0x48，它是存储器中下一个空闲地址，可以确认 r0 会在每一次访存操作后递增。

图 3-57　使用模拟器演示 STMIA 指令

下一个例子使用多寄存器加载指令实现了一个存储区与多个寄存器之间进行块传输。还请注意 LDR、STR 指令对和 LDMIA、STMIA 指令对在汇编语法上的差别。单个加载 / 存储指令将寄存器放在前面，然后是有效地址，而多寄存器加载 / 存储指令则将指针寄存器放在前面，然后是需要保存的寄存器列表。而且，多寄存器加载 / 存储没有把指针寄存器放在大括号中。

```
LDMIA r0,{r3,r4,r5,r9}        ; 把 r0 所指的数加载到 r3
                              ; 把 r0+4 所指的数加载到 r4
                              ; 把 r0+8 所指的数加载到 r5
                              ; 把 r0+12 所指的数加载到 r9
```

请注意它并不是一个栈操作，因为数据传输后指针寄存器 r0 并没有被更新。当使用栈指针移动数据块时，必须通过为基址寄存器（即栈指针）添加后缀！来更新栈指针。如果写成 STMIA r13!,{r3,r4,r5,r9}，则系统栈指针 r13 的值会在每一次移动寄存器时加 4。图 3-58 给出了 ARM 处理器块移动指令的编码。

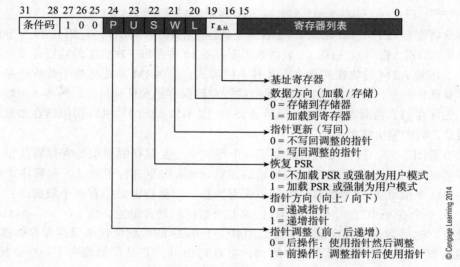

图 3-58　ARM 块移动指令编码

1. 块移动与栈操作

如前所述，ARM 块移动指令形式多样，因为它支持 4 种可能的栈模式，如图 3-45 所示。这些模式之间的区别是栈生长的方向（向上或上升以及向下或下降）以及栈指针是指向栈顶的数据还是指向栈顶的下一个空位置。带硬件栈支持的 CISC 处理器一般仅提供一种固定的栈模式。ARM 文献用 4 个术语描述栈：

- FD　　满下降　　　　图 3-59a
- FA　　满上升　　　　图 3-59b
- ED　　空下降　　　　图 3-59c
- EA　　空上升　　　　图 3-59d

请注意 ARM 分别用术语上升和下降描述栈朝高地址或低地址生长，而不是指在页面向上或向下生长，这十分重要。如果栈指针指向栈顶元素，则这个栈被称为满的。如果栈指针指向栈顶之上的一个空元素，则这个栈被称为空的。

表 3-5 把 ARM 块模式传输后缀与图 3-59 的每一种情况关联到一起。通常假设低地址为页的顶端。例如，栈类型 1 朝低地址方向向上生长，栈指针指向栈顶项。

ARM 有两种方法描述栈，乍一看这有点令人混淆。栈操作可以描述为它做什么或者它如何去做。例如，如果决定实现一个最常用的栈，指向栈顶元素且向低地址方向生长，它就是满下降栈，即 FD（本书采用这种类型）。因此，可以在 r0 和 r1 入栈时使用指令 STMFD sp!,{r0,r1}，而在 r0 和 r1 出栈时使用指令 LDMFD sp!,{r0,r1}。满下降栈通过先将指针递减，然后把数据存储到该地址（入栈）或者先读取栈顶数据，然后指针递增（出栈）来实现。因此可以用指令 STMDB sp!,{r0,r1} 或 LDMIA sp!,{r0,r1} 来代替 STMFD/LDMFD。

表 3-5　栈类型与 ARM 块移动指令后缀

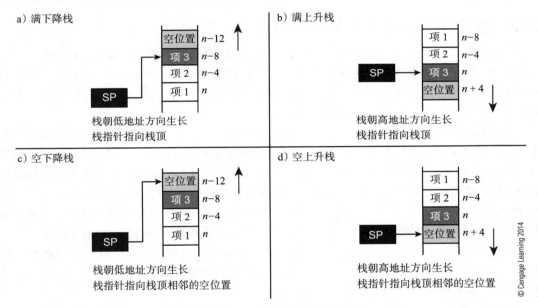

栈类型	1	2	3	4
生长方向	下降	上升	下降	上升
类	满	满	空	空
栈后缀	FD	FA	ED	EA
加载后缀	IA（后递增）	DA（后递减）	IB（前递增）	DB（前递减）
存储后缀	DB（前递减）	IB（前递增）	DA（后递减）	IA（后递增）

a）满下降栈

空位置　$n-12$
项 3　$n-8$
项 2　$n-4$
项 1　n

栈朝低地址方向生长
栈指针指向栈顶

b）满上升栈

项 1　$n-8$
项 2　$n-4$
项 3　n
空位置　$n+4$

栈朝高地址方向生长
栈指针指向栈顶

c）空下降栈

空位置　$n-12$
项 3　$n-8$
项 2　$n-4$
项 1　n

栈朝低地址方向生长
栈指针指向栈顶相邻的空位置

d）空上升栈

项 1　$n-8$
项 2　$n-4$
项 3　n
空位置　$n+4$

栈朝高地址方向生长
栈指针指向栈顶相邻的空位置

图 3-59　ARM 的 4 种栈模式

2. 块移动指令的应用

ARM 块移动指令最重要的应用之一是在进入子程序时保存寄存器和从子程序返回时恢复寄存器。请考虑下面的 ARM 代码：

```
        BL      test                ; 调用子程序 test，将返回地址保存到 r14
        .
test    STMFD   r13!,{r0-r4,r10}    ; 子程序 test，保存 6 个工作寄存器
        .
        body of code        代码主体
        .
        LDMFD   r13!,{r0-r4,r10}    ; 子程序完成，恢复寄存器
        MOV     pc,r14              ; 将 r14 中的返回地址复制到 PC
```

可以减少这段代码的体积，因为指令 MOV pc,r14 是多余的。为什么呢？因为既然使用

了块移动指令从栈中恢复寄存器，自然也可以包括程序计数器 PC。代码可改为：

```
test  STMFD  r13!,{r0-r4,r10,r14}  ; 保存工作寄存器，并将返回地址保存到 r14 中
        :
      LDMFD  r13!,{r0-r4,r10,r15}  ; 恢复工作寄存器，把 r14 送入 PC 中
```

在子程序的开头，首先将包含返回地址的链接寄存器 r14 入栈，然后在子程序末尾将已保存的寄存器出栈，包括返回地址的值，它被送到 PC 来完成返回。

块移动提供了一个在存储区之间复制数据的便捷方法。在下一个例子里，我们将 256 个字数据从 table 1 复制到 table 2。块移动指令允许一次移动 8 个寄存器，如下述代码所示。

```
      ADR    r0,table1    ; r0 指向源表格（请注意伪操作 ADR）
      ADR    r1,table2    ; r1 指向目的表格
      MOV    r2,#32       ; 要移动 32（块）× 8 = 256 字的数据
Loop  LDRFD  r0!,{r3-r10} ; REPEAT 将 8 个字数据加载到寄存器 r3 ～ r10
      STRFD  r1!,{r3-r10} ;       把它们存储到目的表格
      SUBS   r2,r2,#1     ;       计数器减 1
      BNE    Loop         ; UNTIL 32 个块移动完毕
```

3.12 整合——将所有内容放在一起

下面提供一个用汇编语言编写的 ARM 程序的扩展实例。在开发汇编语言程序时，为了测试目的，经常需要简单的方法从程序输入数据或者输出数据。如果在诸如 PC 等开发环境中运行代码，这句话就更加正确了。ARM 汇编器借助于 SWI（软中断）指令解决了这一问题。因为 SWI 已经改名为 svc，因此从现在开始用 svc。

后面的章节会详细讲解中断，这里只简单地介绍一下，以帮助大家理解用来调用操作系统功能的 ARM 软中断指令。执行 svc 会把返回地址保存到 r14_svc 中，把 CPSR 保存到 SPSR_svc，然后进入管理模式（supervisor mode），禁止中断请求，并强制跳转到存储器地址 08_{16} 处。中断处理程序必须确保能在异常处理末尾正确恢复程序计数器和条件码。寄存器 r13 和 r14 是分组的，所以当异常发生时会切换到另外一组物理寄存器 r13 和 r14。ARM 文献把 svc 模式下的 r14 名为 r14_svc。同样，处理器状态寄存器被保存到 SPSR_svc 中。

svc 指令使用一个 24 位的立即操作数。指令本身不使用该操作数，异常处理程序会访问它以决定软中断的类型。也就是说，当遇到软中断指令时，svc 处理代码会读取 svc 的二进制模式，它会造成异常以决定软中断的类型。

ARM 汇编器（与 ARM 开发系统相关）定义了一些可由程序员使用以开发软件的软中断。例如，编号 0 用于在控制台上显示寄存器 r0 中的 ASCII 编码字符。程序员所要做的就是编写下面的代码。

```
SVC    0           ; 打印 r0 中的字符
```

实际上，也可以编写更清晰的代码：

```
WriteC  EQU    0        ; 编号的功能为 "在控制台打印字符"
        .
        .
        SVC    WriteC   ; 调用操作系统打印 r0 中的字符
```

应该强调的是这些 svc 功能是特定开发系统的特性，而不是 ARM 指令集体系结构的一部分。这些功能不能用于 Keil 开发系统，该开发系统主要用于嵌入式系统（即没有 PC 类型的键盘和显示器）。

四功能计算器程序

假设我们希望编写一个框架程序，用于实现一个简单的四功能计算器。用户输入形如 "123 + 4567 =" 的表达式，然后程序打印出结果。请注意假设所有的数均为正，所有输入和结果都在 ARM 32 位数的范围内。

既然程序必须处理可变的数字，可以一直读入十进制数字，直到遇到操作符 +、-、*、/ 或 = 时停止累加运算。用于解决该问题的第一级伪码如下

```
读取第一个数和终止符
把第一个数作为操作数 1，把终止符作为操作符
读取第二个数和终止符
Switch（操作符）
{  Case of +: 做加法
   Case of -: 做减法
   Case of *: 做乘法
   Case of /: 做除法
输出结果
{  While（有效数）
     除以 10
     余数进栈
   endWhile }
打印栈里的数字
```

该代码唯一复杂的部分是它的输出机制。如果结果为 1234，除以 10 余数为 4。把余数进栈。再除以 10 余数为 3，也进栈。最终，栈中包括 1、2、3 和 4。现在就可以按照正确的次序打印数字 1、2、3、4 了。下面就是利用上述算法开发的源代码。

```
        AREA ARMtest, CODE, READONLY

WriteC EQU    &0                      ; 将字符写到控制台的操作系统代码
ReadC  EQU    &4                      ; 从控制台读字符的操作系统代码

Exit   EQU    $11                     ; 退出的操作系统代码

       ENTRY

calc   MOV    r13,#0xA000             ; 初始化栈指针
       BL     NewLn
       BL     input                   ; 读第一个数和终止符
       MOV    r2,r0                   ; 保存终止符（即操作符）
       MOV    r3,r1                   ; 保存第一个数
       BL     NewLn
       BL     input                   ; 读第二个数和终止符
       MOV    r4,r0                   ; 保存终止符
       BL     NewLn
       BL     math                    ; 进行计算
       CMP    r4,#'h'
       BLEQ   outHex
       BLNE   outDec                  ; 显示数字
       BL     NewLn
       BL     getCh
       CMP    r0,#'y'
       BL     NewLn
       BEQ    calc
       SVC    Exit                    ; 结束

 input                                ; 读数字串，累加和在 r1 中
                                      ; 将非法数字终止符保存在 r0 中，返回

       MOV    r0,#0                   ; 将输入寄存器清 0
       MOV    r1,#0                   ; 将累加和清 0
```

```
next    STR     r14,[sp,#-4]!        ; 将链接寄存器进栈
        BL      getCh               ; 将字符读入 r0
        LDR     r14,[sp],#4
        CMP     r0,#'0'             ; 测试数是否在 0 ～ 9 之间
        MOVLT   PC,r14              ; 小于 0 退出
        CMP     r0,#'9'             ; 是 9 以上的数字?
        MOVGT   pc,r14              ; 是, 则退出
        SUB     r0,r0,#0x30         ; 否则把 ASCII 码字符转换为数值
        MOV     r4,r1               ; 需要满足 MUL 指令的要求
        MOV     r5,#10              ; MUL 不能使用立即数
        MUL     r1,r4,r5            ; 之前的和乘以 10
        ADD     r1,r1,r0            ; 然后加上新的数字
        B       next                ; 继续

getCh   SVC     ReadC               ; 字符输入
        MOV     pc,r14              ; 返回

putCh   SVC     WriteC              ; 打印字符
        MOV     pc,r14              ; 返回

math    CMP     r2,#'+'             ; 检查操作符
        ADDEQ   r1,r1,r3
        CMP     r2,#'-'
        SUBEQ   r1,r3,r1
        CMP     r2,#'*'
        MOVEQ   r4,r1               ; 修正 MUL
        MULEQ   r1,r4,r3
        MOV     pc,r14

outHex                              ; 用十六进制格式打印 r1 中的结果
        STMFD   r13!,{r0,r1,r8,r14}
        MOV     r8,#8
outNxt  MOV     r1,r1,ROR #28       ; 得到最高字节的低半字节
        AND     r0,r1,#0xF          ; 把半字节送往 r0 打印
        ADD     r0,r0,#0x30         ; 把十六进制转换成 ASCII
        CMP     r0,#0x39
        ADDGT   r0,r0,#7
        STR     r14,[sp,#-4]!       ; 将链接寄存器保存在栈里
        BL      putCh               ; 打印
        LDR     r14,[sp],#4         ; 恢复链接寄存器
        subs    r8,r8,#1
        bne     outNxt
        LDMFD   r13!,{r0,r1,r8,pc}

outDec                              ; 用十进制格式打印 r1 的结果
        STMFD   r13!,{r0,r1,r2,r8,r14} ; 保存工作寄存器
        MOV     r8,#0
        MOV     r4,#0               ; 数字的个数
outNxt  MOV     r8,r8, LSL #4
        ADD     r4,r4,#1            ; 对数字计数
        BL      div10
        ADD     r8,r8,r2            ; 插入余数 (最低位数字)
        CMP     r1,#0               ; 如果商为零则完成
        BNE     outNxt              ; 否则处理下一位数字
outNx1  AND     r0,r8,#0xF
        ADD     r0,r0,#0x30
        MOVS    r8,r8,LSR #4
        BL      putCh
        SUBS    r4,r4,#1            ; 计数器减 1
        BNE     outNx1              ; 重复直到打印完毕
outEx   LDMFD   r13!,{r0,r1,r2,r8,pc} ; 恢复寄存器, 然后返回
```

```
div10                                    ; r1 除以 10
                                         ; 返回的商在 r1, 余数在 r2
        SUB     r2,r1, #10
        SUB     r1,r1,r1, LSR #2
        ADD     r1,r1,r1, LSR #4
        ADD     r1,r1,r1, LSR #8
        ADD     r1,r1,r1, LSR #16
        MOV     r1,r1,    LSR #3
        ADD     r3,r1,r1, ASL #2
        SUBS    r2,r2,r3, ASL #1
        ADDPL   r1,r1,#1
        ADDMI   r2,r2,#10
        MOV     pc,r14
NewLn                                    ; 新行
        STMFD   r13!,{r0,r14}            ; 栈寄存器
        MOV     r0,#0x0D                 ; 回车
        SVC     WriteC                   ; 打印字符
        MOV     r0,#0x0A                 ; 换行
        SVC     WriteC                   ; 打印字符
        LDMFD   r13!,{r0,pc}             ; 恢复寄存器, 然后返回

        END
```

本章小结

本章首先讲述了基本的存储程序概念,展示了执行机器指令时信息的流动过程。我们从一个简单的虚拟计算机开始,该计算机是 ARM 的简化版本,被本书用作教学计算机。然后对基本计算机进行了扩展,阐述了立即操作数和分支指令是如何处理的。第 6 章会介绍如何在硬件级实现这样的计算机。

本章大部分内容都关注 ARM 的体系结构。ARM 是一种很容易理解的计算机,非常适合用来介绍指令集设计中的许多有趣特点。ARM 集成了常规处理器的大部分算术和逻辑操作,但也包括一些天才般的特点,比如操作数的移位和条件执行。与其他经典 RISC 处理器不同,ARM 处理器使用块移动指令实现了一个非常复杂的栈结构。

本章花费了一些时间来介绍 ARM 汇编语言。尽管只是列出了一些 ARM 指令并定义了它的寻址方式,但还是说明了一些指令在实际中如何使用,因为它们的使用方法往往是不明显的。

习题

3.1 为什么 PC 程序计数器是指针而不是计数器?

3.2 解释下述 CPU 寄存器的功能:IR、PC、MAR、MBR。

3.3 经典处理器标志有 C、N、V 和 Z。条件分支可以根据这些标志是 true 还是 false 来执行(为 0 或不为 0 时转移)。分支也可以根据这些标志的组合(大于或等于 0 时转移)来执行。请列出与标志有关的其他分支条件。

3.4 对下面的 6 位操作,计算 C、Z、V 和 N 等标志的值。

<pre>
          001011   111111   000000
a.   +001101   b.   +001101   c.   -111111

          101101   000000   111110
d.   +011011   e.   -000001   f.   +111111
</pre>

3.5 ARM 的寄存器 r13 和 r14 是重叠(分组或多窗口)的,对于每一种异常模式都有自己独立的物理

寄存器对。请问寄存器重叠是什么意思？请解释 ARM 设计者为什么采用这种方法？

3.6 ARM 文献经常用 BNF 符号描述其汇编语言指令的语法。假设用 BNF 描述的某指令的语法如下：

```
This|That{B}{S}{,P|Q}
```

请给出使用这一格式的合法指令的例子。

3.7 ARM 把程序计数器放入 r15，使它成为程序员可见的。据说 ARM 宣称这样做会暴露 ARM 的流水线。请问这是什么意思？为什么？提示：需要阅读流水线一节才能回答这个问题。

3.8 为什么 ARM 提供实现了 [r0] = [r2] − [r1] 操作的逆减法指令 RSB **r0**,r1,r2？而减法指令 SUB **r0**,r2,r1 也可完成同样的事情。

3.9 与分离的地址和数据寄存器相比，通用寄存器有什么优点和缺点？

3.10 什么是未对齐操作数？为什么未对齐操作数是程序设计的一个重要问题？

3.11 如果 r1 = 11110000111000101010000011111101，r2 = 00000000111111110000011110000 1111，执行指令 BIC **r3**,r1,r2 后 r3 的值是多少？

3.12 指令 MOV **r0**,r0,ASR #31 的功能是什么？

3.13 如果 r1 = 0FFF$_{16}$，r2 = 4，则执行下述指令后 r3 的值是多少（假设每一条指令都使用同样的数据）？

    a. MVN **r3**,r1, LSL r2   b. MVN **r3**,r1, LSR r2

    c. MOV **r3**,r1, LSR r2   d. MOV **r3**,r1, LSL r2

3.14 如果 r1 = 00FF$_{16}$，r2 = 4，则执行下述指令后 r0 的值是多少（假设每一条指令都使用同样的数据）？

    a. ADD **r0**,r1,r1, LSL #2

    b. ADD **r0**,r1,r1, LSL #4

    c. ADD **r0**,r1,r1, ROR #4

3.15 a. 编写一个 ARM 汇编语言子程序，统计 r0 中的 32 位字数据中二进制 1 的个数，将返回结果保存在 r1 中。

    b. 一个字数据中含有字节 b4、b3、b2 和 b1。编写一个函数按照 b1、b3、b2 和 b4 的次序将这些字节重新排序（转置）。

3.16 ARM 指令有个 12 位的立即数。但是立即数的范围不是 0 ～ $2^{12}-1$，ARM 使用 8 位的整数字段和 4 位的对齐字段对整数进行步长为 2 的移位。与直接使用 12 位整数字段相比，这种方式有何优点和缺点？

3.17 写出一条或多条 ARM 指令将 r0 中第 20 ～ 25 位清 0。r0 中其他位应保持不变。

3.18 这是一个经典的汇编语言编程问题。请写出一段 ARM 指令序列，交换寄存器 r0 和 r1 的内容，不能使用其他的寄存器和存储单元（即不能把 r1 移到临时的位置）。

3.19 TEQ 与 CMP 和 CMN 等比较指令有何区别？

3.20 a. 与传统 CISC 的 BSR（条件转移到子程序）指令相比，使用 ARM 的 BL（分支与加载）子程序调用方法有何优点与缺点？

    b. 写出能够实现下述 C 操作的 ARM 指令。

```
int s = 0;
     for ( i = 0; i < 10; i++) {
             s = s + i*i;)
```

3.21 a. 下述寻址方式的作用是什么？

```
STR r0,[r2,r3,ROR #3]!
```

    b. 指令 LDR **r0**,[r5,r6,LSL r2] 的功能是什么？

3.22 ARM 存储器访问指令的编码中位 P、U、N、W、$r_{基址}$、$r_{传输}$和 L 的含义分别是什么?

3.23 下述指令的二进制编码是什么?

    a. STRB **r1**,[r2]   b. LDR   **r3**,[r4,r5]!

    c. LDR   **r3**,[r4],r5   d. LDR   **r3**,[r4,#-6]!

3.24 你正在寻求一份计算机体系结构设计师的工作。面试时你告诉面试小组你对处理器有一些新的想法。例如,设计一条指令将存储单元中的某一位置 1。指令格式如下:

BITSET r0,r1,[(r2),r3,r4 LSR r5, #n]

该指令将地址为 r0 的存储单元中的一位加上从某存储地址开始的 r1 位置为 1,该地址由 r2 所指存储单元的内容加上寄存器 r3 的内容加上寄存器 r4 的内容,然后左移 r5 加常量 n 位给出。

结果你没有得到这份工作,为什么?

3.25 指令 LDR **r0**,[r2,-r3,LSL #1] 产生的有效地址是什么?

3.26 某些计算机有一条 find-first-one 指令,该指令找出一个字中第一个二进制 1 所在的位置。请写出一段 ARM 指令序列,将 r0 中字数据的第一个二进制 1 的位置放入 r1。从左边开始计数,因此如果第 31 位为 1,则返回值为 0。如果只有第 0 位为 1,则返回值为 31。如果没有位为 1,则返回值应为 32。

3.27 将数据从一个位置复制到另外一个位置时,符号扩展有何含义?

3.28 使用 LDR 指令将数据从存储器加载到寄存器时,为什么符号扩展是一个很重要的问题?但是使用 STR 把寄存器中的数据保存到存储器时,则不那么重要?

3.29 假设 r2 的初始值为 00001000_{16}。解释下述 6 条指令的功能,给出每一条指令执行后 r2 的值。

    a. STR   r1,**[r2]**, #8   b. STMFD   r2!,**{r1, r2}**

    c. STR   r1,**[r2, #8]**   d. STR   r1,**[r2]**

    e. STR   r1,**[r2, #8]**!   f. STR   r1,**[r2, r0, LSL #8]**

3.30 绝大多数 RISC 处理器没有块移动指令。ARM 的 LDM 和 STM 指令的优点和缺点是什么?

3.31 指令 STMIB **r13!,{r0-r2,r4}** 的功能是什么?画一张图描述该执行前和执行后 r13 所指的栈的状态。

3.32 两个指令对——LDMIA、SRMDB 和(LDMFD、STMFD),其功能完全相同。但为什么这两个指令对使用不同的或可选的助记符?为何第一指令对有不同的后缀 IA 和 DB?为何第二对有相同的后缀 FD?

3.33 不使用 ARM 乘法指令,写出一条或多条指令(使用 ADD、SUB 和移位指令)乘以下述整数。

    a. 39   b. 2025   c. 6125

3.34 一个字中包括字节 b4、b3、b2 和 b1。编写一个函数将 b3 中的各位取反且将 b2 中的位清 0,而其余位保持不变。

3.35 编写合适的 ARM 代码,实现

if x = y call PQR else call ZXY

3.36 编写 ARM 汇编语言程序扫描由空字节 0x00 结束的字符串,将字符串从 r0 所指的源位置复制到 r1 所指的目的位置。

3.37 重复习题 3.36,但是当传送字符串时删除子串"the"。例如,"and the man said"将变为"and man said"。

3.38 编写一段程序,将文本从 r0 所指的位置复制到 r1 所指的位置。复制后的版本必须是逆序的。假设要复制的字符串非空(即它含有至少一个字符)且由空字节结束。

3.39 编写一段程序,把 r0 所指的含有奇数个字符的字符串翻转。假设要复制的字符串非空(包含至少一个字符)且以字符 0x0D 结束(字符数包括终止符)。不得使用额外的存储器缓冲区(即只能使

用寄存器和字符串存储区域）。

3.40 重复习题 3.37，但是当传送字符串时，反转以"t"开头的所有单词中字母的顺序。例如，"and the man said"将变为"and eht man said"。

3.41 下面这段代码的功能是什么？

```
EQ   r0,#0
SBMI r0,r0,#0
```

3.42 下述助记符的含义是什么（它们有何功能）？

a. LDRSH
b. RSBLES
c. CMPS
d. MRS r0,CPSR
e. MSR SPSR, r0

3.43 下述指令有何错误？

```
MLA r0,r0,r1,r2
```

3.44 将数据从一个位置复制到另外一个位置时，符号扩展有何含义？

3.45 汇编语言中的伪操作是什么？

3.46 请解释以下两个 ARM 伪操作的含义。它们有何功能？如何实现？

a. LDR r0, = 0x1234FEDC
b. ADR r0,table

3.47 假设要在 ARM 计算机上依次执行指令 LDR **r0**,=0x12345678 和 STR r0,[**r1**]，这里 r1 = 0x1000。现假设用指令 LDRB **r2**,[**r1**] 在同一地址读取一个字节。如果：(a)ARM 采用大端格式，r2 的值是多少？ (b)ARM 采用小端格式，r2 的值是多少？

3.48 编写一段 ARM 汇编语言程序，判断在下述约束下，一个奇数长度的字符串是否是回文（例如 mom）。

a. ASCII 码字符串保存在存储器中。

b. 在程序开头，寄存器 r1 含有字符串第一个字符的地址，r2 含有最后一个字符的地址。当退出程序时，如果字符串不是回文，寄存器 r0 为 0；如果字符串是，寄存器 r0 为 1。

3.49 如果回文为奇数或偶数长度，如何处理前一个问题？

3.50 一个单向链表（如下图），r0 指向它的第一个元素，元素的头部为指向链表中下一个元素的 32 位地址，元素的尾部为可变长数据。尾部长度可能是大于 4 字节的任何一个值。链表的最后一个元素指向空地址 0。请编写程序在链表搜索一个元素，它的尾部以数据寄存器 r1 中的字开头。如果找到该元素，则将 r4 置为 0xFF，且 r0 包括该记录的地址。如果没有找到，则 r1 为 0xFFFFFFFF。

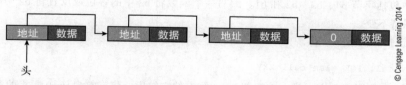

头

3.51 请解释下述代码段中每条指令的作用以及这段代码的功能（假设寄存器 r0 就是感兴趣的寄存器）。请注意 r0 中的数据在入口处不能为 0。

```
       MOV   r1,#0
loop   MOVS  r0,r0,LSL #1
       ADDCC r1,r1,#1
       BCC   loop
```

3.52 下述是一段用 ARM 代码表示的循环。这代码是错的。为什么？

```
        MOV r0,#10      ; 循环计数器——循环 10 次

Next    ADD r1,r1,r0    ; 把循环计数器加入总和

        SUB r0,r0,#1    ; 循环计数器减 1
        BEQ Next        ; 继续直到完成
```

3.53 请考虑下面的 Java 语句。用 ARM 汇编语言表示每一条语句。假设所有变量都是一位布尔值且保存在寄存器中：r0 = A、r1 = B、r2 = C 以及 r3 = D。注：Java 操作符 &、|、! 分别为 AND、OR 和 NOT。操作符 && 和 || 是支持短路求值（short-circuit evaluation）的 AND 和 OR 操作符（即只要可以确定表达式最终的结果为 true（对 ADD）或 false（对 OR），求值过程便可终止）。

a. `A = (B & C)|(!D);`

b. `A = (B && C)||(!D);`

3.54 要交换下述寄存器的值。请用**块移动**指令来完成。

移动前	移动后
r1	r3
r2	r4
r3	r5
r4	r6
r5	r7
r6	r1
r7	r2

3.55 为什么 ARM 块移动指令的汇编语言结构（格式）与一般 ARM 汇编器的规定不一致？如果重新设计 ARM 汇编语言，如何表示这些操作（请记住，改变汇编语言不会改变体系结构——它仅影响程序员的效率和准确度）。

3.56 请编写一个函数（子程序），输入数据位于寄存器 r0 中且返回值也在 r0 中。该函数返回 $y = a + bx + cx^2$，a、b、c 为函数的内置参数（即它们无需传递）。子程序还要进行截断。如果输出大于 d，则将输出限制为 d（截断）。r0 中的输入是一个二进制正数，范围为 0 ~ 0xFF。除了 r0，子程序不得修改其他寄存器。

3.57 寄存器 r15 是程序计数器。该寄存器可用于特定指令，比如 MOV（例如，MOV `pc`,r14）。不过，r15 不能与大多数数据处理指令一起使用。为什么？

3.58 计算机存储器中有 3 个八元素向量：V_a、V_b 和 V_c。向量的每一个元素为 32 位字。请编写一段代码计算 V_c 的所有元素，第 i 个元素的计算公式如下：$Vc_i = \frac{1}{2}(Va_i + Vb_i)$。

指令集体系结构——广度和深度

"艰难登顶。"

——佚名

"世界在变，我心依旧。"

——法国谚语

"不要重新发明轮子，调整就好。"

——Anthony J. D'Angelo

"今天比尔·盖茨是一个非常富有的人……你想知道这是为什么吗？答案只有一个词：版本。"

——Dave Barry

"我只是发明，然后等人来需要我所发明的。"

——R. Buckminster Fuller

上一章介绍了本书的基本主题之一——微处理器体系结构，并介绍了其汇编语言。本章将介绍一些变化，还将更加深入地探讨 ARM 处理器体系结构。读者可以认为本章拓宽并且加深了他们对指令系统及其应用的理解。本章的目的不是用一系列不同的处理器体系结构让读者觉得眼花缭乱，就好像讲授不规则西班牙语动词的连接一样。本章将介绍 ARM 处理器和传统 CISC 处理器的各种指令系统。这样做有很好的实践原因。在以后的生活中，学生们将接触到不同类型的处理器：有人可能设计汽车的引擎控制器，有人可能为工作站上的应用编写驱动程序，等等。学生们有必要对指令系统设计时可能出现的变化有所了解。

在这里介绍体系结构的一些特征还有另外一个原因。对计算而言，不断有新的技术涌现出来，而且一些已经失宠的技术有时又会出现在后面的处理器中。尽管可以不断扩展这一章的内容，但我们必须现实一些，介绍那些趣味性和说明性均很强的机器指令执行方式。本章将讨论以下内容。

栈——栈也许是计算机科学中最基础最重要的数据结构。前面已经介绍了栈并解释了它是怎样管理子程序返回地址的。这里将介绍更多的细节，并说明怎样用栈来保存一个子程序的局部变量（栈帧）以及怎样通过栈与子程序传递参数。本章还会介绍程序设计语言（比如C）是如何使用栈的。这一内容十分重要，因为如果要高效地执行程序，现代计算机必须为高级语言提供有效支持。这部分内容是对前一章的扩展，将更加深入地讨论 ARM 体系结构。

异常和保护模式——当外部设备请求关注或发生了特定类型的错误（异常）并且需要操作系统干预时，计算机总是会用某种方法中断正常执行的流。《计算机存储与外设》第4章将介绍中断处理的硬件细节。这里将介绍如何将异常处理的能力集成在 ARM 指令集中。还会介绍管理（supervisor）模式的概念，以及 CISC 系列处理器是怎样实现可以运行操作系统代码的管理或保护模式状态的。

MIPS——看看别人怎么做事情总是很有启发性的。MIPS 是一款古老的 RISC 处理器，它的历史大约与 ARM 处理器同样久远。我们将简要介绍 MIPS，因为它与 ARM 处理器非常像，但又与 ARM 有很大的区别与折中。例如，ARM 处理器的通用寄存器较少，但却支持条件执行。

数据处理、压缩和位字段——因为数据传送是最常见的计算机操作，我们将介绍一些有趣的数据操作实例，比如压缩。CISC 体系结构在引入位字段指令时达到了巅峰（至少在我看来是这样！）必须承认，我第一次见到指令格式十分复杂但又能够处理存储器中任意位置位串的位字段指令时十分着迷。位字段指令将整个存储空间视作一个连续的位序列，允许从其中任何一个位置截取一个 1～32 位的切片（位字段），并对这些位进行一定的处理。从数据结构到图形等领域，都可应用位字段。RISC 革命使人们对位字段指令的热情有所下降，因为看起来用机器指令实现软件来完成位字段处理比提供硬件支持更加划算。

本章还会介绍边界检测的概念，这一能力可以用来判断一个数组元素（或其他值）在边界之内还是之外。

存储器间接寻址——我们已经介绍了寄存器间接寻址，它用寄存器指向存储器中的操作数。在存储器间接寻址模式中，操作数地址在某个存储单元中。实际上，我们所介绍的某种 ISA 支持寄存器间接寻址与存储器间接寻址的组合，这意味着寄存器指向存储器中的一个指针。这一寻址模式使得处理多维数据结构十分简单。

压缩代码——ARM 处理器一个不常见的特点是它能够在 16 位模式下工作，此时它能执行压缩版本的指令集。这一模式叫作 ARM 处理器的 *Thumb* 状态，可用于降低基于 ARM 处理器的嵌入式系统的成本。我们还将介绍其他代码压缩技术。

因为本章给出了指令集体系结构这一主题的若干变化，为了理解后面的章节，没有必要去阅读本章的所有材料。有些同学也许希望跳过本章一些内容。然而，本章的目的是说明体系结构的变化以及底层体系结构为高级语言提供的一些支持（例如 C 语言的参数传递）。如果同学们仅对 ISA 有基本了解，那可能会忽略一些更广层面的情形，也可能很难理解 ISA 带来的一些约束，比如，针对编译器作者的。

历史背景

计算机体系结构的发展总是受到各种因素的影响，如：体系结构和技术创新，与系列处理器的前代产品的向后兼容的需要，不断变化的用户需求，以及设计时尚等。在 20 世纪 70 年代和 80 年代早期，商用微处理器体系结构的进步源自 Intel 和 Motorola。到了 20 世纪 80 年代中期，IBM、斯坦福和伯克利开发的 RISC 体系结构似乎就要终结 68K 和 80x86 系列的传统复杂指令集体系结构。一些漫不经心的观察人士认为，传统的 CISC 结构，比如 Intel IA32 系列，已经接近其生命的结束了，这种想法可以原谅。

68K 寄存器

本节将使用 68K 系列，它是 Motorola 在 1979 年推出的一款经典 CISC 体系结构，后来由飞思卡尔半导体公司销售。68K 的通用寄存器组中含有 16 个 32 位的寄存器。它的体系结构受到 DEC PDP-11 的影响，后者是在当时占据统治地位的小型机体系结构。

68K 的 8 个通用寄存器 A0～A7 被用作指针寄存器，8 个数据寄存器 D0～D7 被用作数据寄存器，这种设计不太常见。这两组寄存器基本相同，但是地址寄存器将它们

> 的内容视作 32 位指针，而数据寄存器将它们的内容视作任意的数据（例如，不能对地址寄存器进行逻辑和移位操作）。而且，对地址寄存器的操作不能自动设置条件代码标志——不像对数据寄存器的操作。地址寄存器也不能参加位操作，就像地址被认为是不可见的一样。

这里要说的就是所谓的 RISC 革命摒弃了 68K 和 IA32 处理器的复杂指令格式，丢掉了那些使用频率较低的指令和寻址模式，使用更大的寄存器集，仅允许两类指令访问存储器：load 和 store。RISC 计算机的一个关键特点是指令的重叠（overlap）或流水线执行。计算机读入一条指令后，就立即对其译码，同时从存储器中读取下一条指令。流水线喜欢简单规整的指令格式，对于复杂、变长的 CISC 指令格式则效率不高。然而，还应该指出的是 Intel 对其 IA32 体系结构做了大量工作，并在其底层 CISC ISA 上应用了流水线技术。Motorola 也将 RISC 技术应用于它的 68K 系列处理器中。

20 世纪 80 年代，喜欢 RISC 处理器的一方看起来已经占据了上风。然而，MIPS 或 SPARC 那样纯粹的 RISC 计算机并没有消灭掉所有其他体系结构，因为历史的力量实在太强大了。人们已经对 Intel IA32 那样的指令集进行了大量的投入，无法将一切全都抛弃重新开始，特别是在操作系统加上一两个软件包的价格已经超过了绝大多数桌面 PC 的今天。尽管苹果公司放弃了 68K 系列并转而支持 PowerPC RISC，但由于 IBM PC 机及其克隆产品提供的巨大市场，Intel 则继续开发它的 80x86 系列。今天，IA32 体系结构仍然统治着 PC 机市场，苹果则放弃了它的 PowerPC，选择了 IA32 这条道路。

CISC 制造商一直在关注 RISC 的发展。他们将 RISC 技术的最新特点融入其 CISC 设计中。例如，Motorola 在它的 68040 和 68060 以及 ColdFire 系列处理器中使用了流水线，并丢弃了其 68K 体系结构中的一些复杂指令。为了确保向后兼容，68060 会检测 68020 的代码，并调用操作系统功能使用一般的机器指令来解释执行这些代码。

Intel 则尽其所能使其基于 IA32 的 Pentium 体系结构尽可能地像 RISC 处理器。有些克隆了 IA32 体系结构的公司通过设计 RISC 内核以及 RISC 指令集回避了 CISC—RISC 之争，但他们是通过将 IA32 指令翻译为芯片内的本地 RISC 码来执行 IA32 指令的。

到了 20 世纪 90 年代末，CISC 体系结构再度受到追捧，随着 Intel 推出 MMX 指令集以及流增强技术以支持开发新型多媒体应用而经历了一次重生。即使那些纯粹的 RISC 处理器，比如 SPARC，也通过指令集扩展增强其对声音和图像的处理能力。实际上，有些 RISC 处理器，比如 PowerPC，其指令集的复杂度已经超出了早期的复杂指令集处理器。今天，CISC 和 RISC 处理器之间已经没有明确意义上的区别了。load/store 型处理器和存储器–寄存器型处理器是个更好的区别。本书选择了一款 load/store 型处理器——ARM 处理器，作为教学平台，因为其汇编语言容易学习而且其应用十分广泛，比如苹果的 iPad。

本章从介绍位字段数据类型以及处理器提供的一些支持位字段的操作开始。之所以从位字段开始不只是简单地因为它明显区别于目前为止读者所见到的数据元素，还因为它们很有趣。此外，尽管从 68020 之后对位字段的支持已经逐渐减退，现在的一些处理器又开始增加对位字段的支持了。

4.1　数据存储和栈

现在来讨论计算领域一个十分重要的话题：栈。本节既要加深读者对 ARM ISA 的理解，也会快速浏览一款 CISC 处理器是怎样为栈操作提供支持的。我们从一些与数据存储、过程和参数传递有关的背景问题开始。高级语言程序员用变量代表变量或抽象数据单元的数据元素。这些数据单元是抽象的，因为它可能保存程序员定义的任意类型的数据元素（例如，一个字节、一个数组或一个记录）。对程序员来说，抽象数据单元具有一个真实存储单元的全部属性：可以从中读也可以向其中写（即可以为它分配数据）。程序员可以给一个变量命名。将变量名与其存储位置关联在一起的过程被称作绑定（绑定的含义比简单地将一个名字与一个变量连接在一起要多得多）。

　　除了名字以外，变量还有一个与它相关的作用域。变量的作用域定义了它在程序内可见或可访问的范围。例如，一个在某过程内声明的变量可能在该过程内是可见的，而在该过程外是不可见的。即该变量可在该过程内访问，而任何在该过程外的访问企图都会产生错误。图 4-1 描述了变量在一个块结构的高级语言代码中的作用域。它允许定义在当前或更低层次的过程（或模块）中可见的变量。块结构语言有 Algol 60（编程语言的老祖宗）、Pascal（20世纪 80 年代一种流行的教学语言）、C、Ada（一种曾被美国国防部用于安全攸关应用，现在被用于空中交通控制、铁路运输和银行等应用的编程语言）以及 Java。

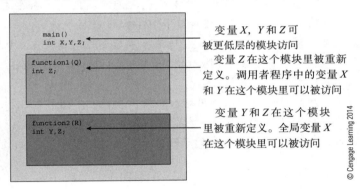

图 4-1　作用域的概念

　　每个变量都有生命期。为变量分配名字并为它们保留存储空间的即为可声明变量。从汇编语言程序员的视角来看，变量的存在始于它们被载入存储器，止于程序运行结束。然而，在许多高级语言中，变量在一段特定的时间内被绑定到一块存储区上。一旦超出了变量的生命期，这块存储区就会被释放并且可能会与另一个变量绑定在一起。后面将会介绍为过程中的变量分配临时存储空间的方法。

　　在运行时为变量分配存储空间的过程叫作动态分配，这是 Java 等语言的一个重要特征。有些语言，比如 COBOL 和 FORTRAN 则采用静态分配，且所有绑定都在编译时进行。在编译程序时为变量分配存储值。当将程序从高级语言转换为机器代码时，每个变量都被分配了一个存储位置，并且每个变量都将保持这个存储位置，直至程序终止。

　　静态分配的一个必然结果是它不允许递归。如果一个过程可以调用自身，则它是递归的。递归通常为解决问题提供了一种优雅的手段；例如，下面的 C 代码段计算 N 的阶乘，这里 $N! = N \times (N-1)!$。递归要求动态存储，因为每次调用一个过程时都必须为它的局部变量创建一个新的拷贝。

```
int Factorial(int n)
{
    if(n == 1)
```

```
        return 1;
    else
        return n * Factorial(n-1);
}
```

Java 等高级语言采用栈来保存变量，因为它们先被创建，然后又被释放。数据结构可以动态分配，也可以静态分配。LISP 之类的可以在运行时创建动态数据结构，其大小可以随着程序的运行而改变。

这些与计算机体系结构有什么关系呢？如果存储空间的分配在运行时于程序执行期间完成，变量地址显然是动态的。相应地，这意味着数据元素在存储器中的位置会在程序运行时改变。因此，一款微处理器支持的寻址方式在处理这种动态地址时扮演了非常重要的角色。这些寻址方式显然是那些计算机体系结构研究者的兴趣所在。一种有效的体系结构应该能够无延迟地将抽象数据元素的地址映射到存储器真实数据元素的位置上。

过程，子程序和函数

术语过程、子程序和函数用于高级语言和低级语言的教材和论文中——有时可以互换。严格地说，这些术语是不可互换的，因为它们之间有些区别，尽管这些区别倾向于根据不同的领域而变化（例如，C 程序设计或 FORTRAN 程序设计）。

- 子程序是主程序调用的一段代码，它执行结果后会返回调用点。低级语言总是会提供子程序调用和返回机制。例如 68K 代码中的 BSR 和 RTS 与 ARM 代码中的 BL 和 mov pc,lr。
- 过程是对子程序的扩展，可以使用输入和输出参数。术语"过程"没有用在 C 语言中，而是与 Pascal 语言关联在一起。
- 函数通常被定义为会返回一个值的子程序。C 语言只使用术语函数（即没有子程序和过程）。

4.1.1　存储和栈

当某种编程语言使用动态数据存储调用一个过程时，这被称作激活了一个过程。每个过程以及每次过程调用都有一个与其关联的激活记录，它包含所有执行该过程所必需的信息。读者可以将一个激活记录视作过程对世界的视图。支持递归的编程语言使用动态存储，因为所需的存储空间随程序的执行变化。存储必须在运行时分配。图 4-2 描述了激活记录的概念。

计算 $X = (A+B) \cdot (C-D)$ 等表达式时需要临时存储空间，因为在计算 $C-D$ 时 $A+B$ 的结果必须被保存在某处。图 4-2 所描述的激活记录有时也被称作帧。当一个激活记录被使用过之后，执行从过程返回的命令会释放该记录所占的存储空间。现在来看看如何在机器级创建和管理帧，并说明怎样使用两个指针寄存器高效地创建与释放激活记录。

1. 栈帧与局部变量

过程通常需要为它们的临时变量申请局部工作区（local workspace）。术语"局部"的意思是工作区是过程私有的，不

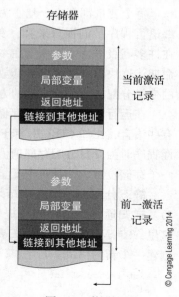

图 4-2　激活记录

能被调用程序或其他子程序访问。如果一个过程是可重入的[⊖]或递归使用的，它的局部变量不仅与过程本身也与它的使用情况密切相关。换句话说，每次调用一个过程都必须为它分配一个新的工作区。如果一个过程已被分配了区域固定的工作区，它的运行被中断并且又被中断例程调用，那么固定区域内的任何数据都有可能被过程的重用所覆盖。

> **栈指针和帧指针**
>
>   有两种与栈帧有关的指针千万不要混淆：栈指针（SP）和帧指针（FP）。通常，所有 CISC 计算机都维持一个硬件 SP 指针，当执行 BSR 或 RTS 时它会自动调整。ARM 那样的 RISC 处理器没有显式的 SP 指针，尽管按照约定 r13 会作为 ARM 程序员维护的栈指针。
>
>   栈指针总是指向栈顶。帧指针则指向当前栈帧的底。在当前过程执行期间栈指针可以改变，但帧指针却保持不变。用栈指针或帧指针都可以访问栈帧中的数据。按照约定，r11 被用作 ARM 环境中的帧指针，68K 环境中则使用 A6。

  栈为工作区的动态分配提供了实现机制。栈帧（SF）和帧指针（FP）是与动态存储技术有关的两个概念。栈帧是位于当前栈顶部的一块临时存储区域。图 4-3 说明了子程序开始时是怎样通过将栈指针向上移动 d 个字节来创建一个 d 字节的栈帧的。在本节中，假定栈指针向上朝低地址方向生长，并且总是指向当前位于栈顶的项。有些栈指向栈的下一个空闲元素。

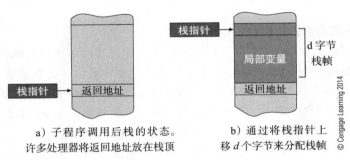

a）子程序调用后栈的状态。
许多处理器将返回地址放在栈顶

b）通过将栈指针上
移 d 个字节来分配栈帧

图 4-3　栈帧

  因为栈朝着存储器的低地址端生长，创建栈帧后栈指针会递减。例如，通过下面的指令可以在存储器中预留 100 个字节：

```
SUB r13,r13,#100          ; 将栈指针上移 100 个字节
```

  请注意，按照约定程序员会使用 r13 作为栈指针。在从子程序返回之前，必须执行指令 ADD r13,r13,#100 将栈指针下移从而释放栈帧。通常，对栈帧的操作必须是平衡的；即如果将一些数据放在栈帧中，那么一定要记得将其移除。请考虑下面这个简单的过程实例。请注意，这也许不是最高效的代码。你能看出为什么吗？

```
Proc SUB r13,r13,#16    ; 将栈指针上移 16 个字节
     Code               ; 部分代码
     STR r1,[r13,#8]    ; 将数据保存到在栈帧中栈顶下 8 字节处

     Code               ; 其他代码
```

⊖　中断程序可以中断或使用一个重入子程序，而状态信息不会因重用而改变。

```
ADD  r13,r13,#16     ; 退出栈帧
MOV  pc,r14          ; 该回家了 … 恢复 PC 以返回
```

可以用栈指针来访问栈帧中的临时变量。在图 4-4a 中，变量 XYZ 位于栈指针下 12 字节
处，可以通过有效地址 [r13,#12] 访问 XYZ。因为栈指针会随着其他信息进入或离开栈而移
动，最好构造一个带有独立于栈指针的固定指针的栈帧。

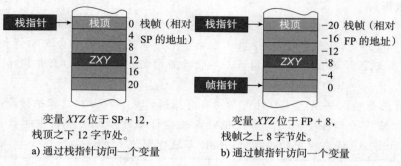

变量 XYZ 位于 SP + 12，　　　　变量 XYZ 位于 FP + 8，
栈顶之下 12 字节处。　　　　　栈帧之上 8 字节处。
a) 通过栈指针访问一个变量　　b) 通过帧指针访问一个变量

图 4-4   访问栈帧中的变量

图 4-4b 用帧指针（FP）描述了栈帧。此时帧指针指向栈帧的底部且与栈指针无关（即如
果数据入栈，栈指针将变化，但帧指针保持不变）。若假设 r11 为帧指针，则可以通过帧指
针访问位于地址 [r11,#-8] 处的变量。

用链接和取消链接指令管理栈帧

68K 通过它的 LINK 和 UNLK 指令来支持栈帧，它们可以通过一次操作来创建或释放
栈帧。LINK 指令将帧指针的当前值保存在栈顶，然后将栈指针的当前值放在帧指针中。
按照约定，A6 被用作帧指针。然后将栈指针向上移动 d 个字节以创建栈帧。现在帧指针
指向它的旧值，位于栈帧底部，而栈指针则指向栈帧的顶部。例如，指令 LINK FP,#-12
将创建一个 12 字节的栈帧，而指令 UNLK FP 则会释放这个栈帧。

下图中，a 部分展示了子程序 A 中的栈帧，b 部分为调用子程序 B 后的栈帧。现在
帧指针中的值是创建栈帧 B 之前的栈指针。正如读者所看见的，嵌套的子程序将在栈中
创建连续的栈帧。

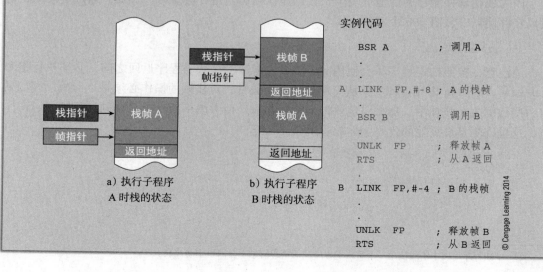

a) 执行子程序　　　　b) 执行子程序
A 时栈的状态　　　　B 时栈的状态

实例代码

```
     BSR  A          ; 调用 A
     .
A    LINK FP,#-8     ; A 的栈帧
     BSR  B          ; 调用 B
     .
     UNLK FP         ; 释放帧 A
     RTS             ; 从 A 返回
     .
B    LINK FP,#-4     ; B 的栈帧
     .
     UNLK FP         ; 释放帧 B
     RTS             ; 从 B 返回
```

　　因为 FP 指向栈帧的底部，所有局部变量都可以通过带偏移量的寄存器间接寻址方式访问，而 FP 被用来访问它们的寄存器。在子程序 B 的最后将执行下面的指令序列：

```
UNLK    FP          ; 回收子程序 B 的栈帧
RTS                 ; 返回到调用位置
```

　　UNLK 指令将释放栈帧。它首先将帧指针的内容加载到栈指针中，就是创建栈帧 B 之前栈指针的值。通过这一操作，栈帧 B 将被释放。下一步将栈顶的数据项出栈并将其放在 FP 中，从而将栈和 FP 的内容恢复到 LINK 指令执行前的状态。

　　UNLK 之后将执行 RTS 指令返回子程序 A。子程序 A 将从返回的位置继续执行。LINK 和 UNLK 指令被用于支持递归过程。

　　读者也许想知道术语 LINK 与 UNLK 来自何处。每次执行指令 LINK 时，帧指针的当前值都会被入栈，新的帧指针将指向栈中保存的帧指针旧值。这种组织构成了一种叫作链接表的数据结构。

　　ARM 处理器既没有创建栈帧的链接指令，也没有返回时释放栈帧的取消链接指令。必须通过一些比较麻烦的方法完成这些操作。要创建一个栈帧，可以通过执行下面的指令将旧的链接指针入栈，然后将栈指针上移 d 个字节。

```
SUB    sp,sp,#4     ; 将栈指针上移 32 位字
STR    fp, [sp]     ; 将栈指针入栈
MOV    fp,sp        ; 将栈指针复制给帧指针，使其指向栈底
SUB    sp,sp,#8     ; 将栈指针上移 8 个字节（令 d 等于 8）
```

　　在这段代码里，fp 代表帧指针。帧指针指向栈的底部，可被用来访问帧中的局部变量。按照约定，寄存器 r11 被用作帧指针。在子程序的末尾，通过下面的指令释放栈帧：

```
MOV    sp,fp        ; 恢复栈指针
LDR    fp, [sp]     ; 从栈中恢复旧的帧指针
ADD    sp,sp,#4     ; 将栈指针下移 4 字节，恢复栈
```

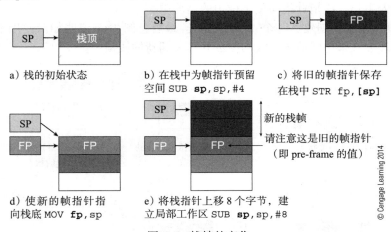

a）栈的初始状态　　　b）在栈中为帧指针预留　　　c）将旧的帧指针保存
空间 SUB sp,sp,#4　　　在栈中 STR fp, [sp]

d）使新的帧指针指　　　e）将栈指针上移 8 个字节，建
向栈底 MOV fp,sp　　　立局部工作区 SUB sp,sp,#8

© Cengage Learning 2014

图 4-5　栈帧的变化

　　图 4-5 逐条指令地介绍了栈帧的生长方式。请注意旧的帧指针出现了两次：一次作为栈中旧的 / 前一个栈帧。在实践中，我们使用后递减多存储指令 STMFD，将链接寄存器（含有返回地址）和帧指针放入栈中。

```
STMFD  sp!, {lp,fp}  ; 从栈中恢复旧的链接寄存器
SUB    sp,sp,#4      ; 将栈指针下移 4 个字节
```

2. ARM 处理器栈帧实例

下面的代码描述了如何在 ARM 处理器上建立一个栈帧。它将寄存器入栈，调用一个子程序，保存帧指针和链接寄存器，创建一个单个字的帧，访问参数，然后返回调用位置。

```
                AREA TestProg, CODE, READONLY
                ENTRY
Begin
Main    ADR     sp,Stack        ; 将 r13 设为栈指针
        MOV     r0,#124         ; 设置一个哑参数
        MOV     fp,#123         ; 哑帧指针
        STR     r0,[sp,#-4]!    ; 参数入栈
        BL      Sub             ; 调用子程序
        LDR     r1,[sp]         ; 载入数据
Loop    B       Loop            ; 等待（死循环）
Sub     STMFD   sp!,{fp,lr}     ; 帧指针和链接寄存器压栈
        MOV     fp,sp           ; 帧指针指向帧底
        SUB     sp,sp,#4        ; 创建栈帧（一个字）
        LDR     r2,[fp,#8]      ; 获得先前被压入栈的参数
        ADD     r2,r2,#120      ; 对该操作进行一个哑操作
        STR     r2,[fp,#-4]     ; 将其保存在栈帧中
        ADD     sp,sp,#4        ; 清除栈帧
        LDMFD   sp!, {fp,pc}    ; 恢复栈指针并返回

        DCD     0x0000          ; 清空存储器
        DCD     0x0000
        DCD     0x0000
        DCD     0x0000
Stack   DCD     0x0000          ; 栈起始处（栈向低地址方向生长）

        END
```

图 4-6 描述了这段代码执行时栈的行为。图 4-6a 为栈的初始状态。在图 4-6b 中，参数入栈。而图 4-6c 中，帧指针和链接寄存器被指令 `STMFD sp!,{fp,lr}` 送入栈中。指令 `STMFD` 使栈向低地址处生长，栈指针指向位于栈顶的当前项。

图 4-6d 中，在栈顶创建了一个 4 字节的字。最后，图 4-6e 说明如何使用带有帧指针的寄存器间接寻址方式来访问被压入栈的参数并移动到新的栈帧中。

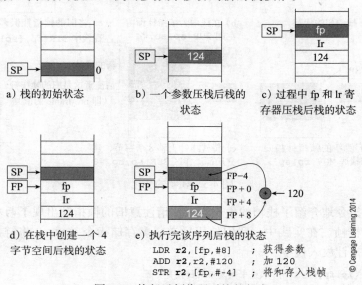

a) 栈的初始状态　　b) 一个参数压栈后栈的状态　　c) 过程中 fp 和 lr 寄存器压栈后栈的状态

d) 在栈中创建一个 4 字节空间后栈的状态

e) 执行完该序列后栈的状态

```
LDR r2,[fp,#8]    ; 获得参数
ADD r2,r2,#120    ; 加 120
STR r2,[fp,#-4]   ; 将和存入栈帧
```

图 4-6　执行示例代码时栈的行为

　　图 4-7a 给出了 ARM 处理器开发系统的一个快照，代码被加载入模拟器后寄存器的内容和栈的状态。在图 4-7b 中，代码已经执行到子程序调用处。可以看到栈指针（r13）指向地址 0x08CC 处，该单元的值为 0x7C（被送入栈的寄存器 r0 的值）。在图 4-7c 中，已经执行到 ADD 指令。可以看到栈指针为 0x80C0，链接寄存器和旧的帧指针已经入栈。图 7-4d 中，子程序已经执行完并已返回到调用程序。图 7-4e 显示了程序完成时的状态。

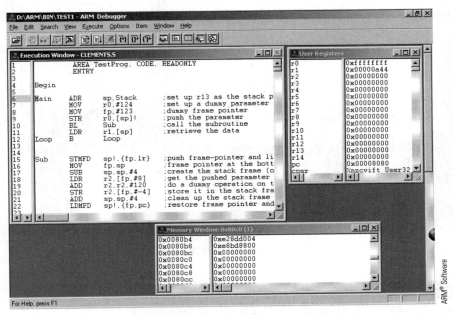

a）加载代码时寄存器和存储器初始状态的快照

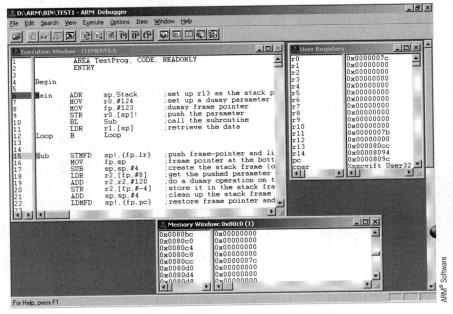

b）进入子程序后寄存器和存储器状态的快照

图 4-7　执行示例代码时寄存器和存储器状态的快照

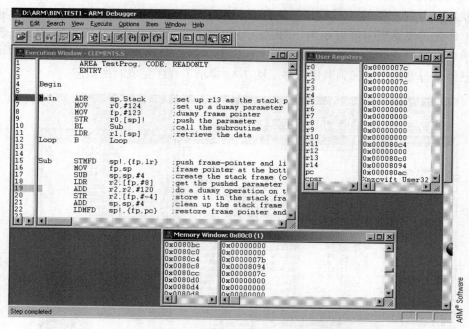

c）程序末尾寄存器和存储器状态的快照

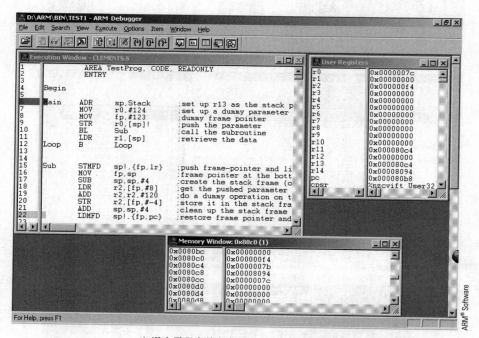

d）退出子程序前寄存器和存储器状态的快照

图 4-7（续）

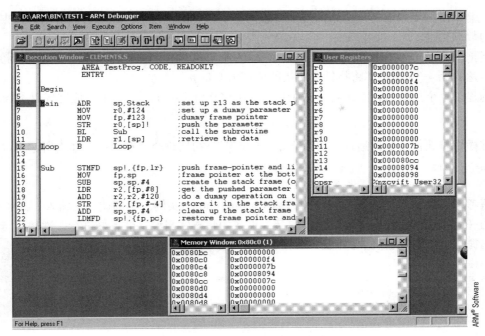

e）程序末尾寄存器和存储器状态的快照

图 4-7 （续）

4.1.2 通过栈传递参数

在介绍了过程和存储器分配的基础知识之后，我们将讨论一些细节并解释如何通过栈向过程传递参数。我们还将特别介绍底层机器体系结构是如何支持过程的。

可以通过两种方式将参数传递给过程：通过值和通过引用。在前一种方法中，传递的是参数实际值的拷贝；而在后一种方法中，参数的地址在程序和过程 / 函数间传递。这一区别非常重要，因为它会影响参数处理的方法。当通过值来传递参数时，过程将收到参数的一份拷贝。如果该过程修改了这个参数，新的参数值不会影响保存在程序中某处的该参数的旧值。换句话说，通过值来传递参数会克隆参数值并且过程会使用克隆的值。过程不会返回克隆的值。

当通过引用传递参数时，过程将收到一个指向参数的指针。这时，参数只有一份拷贝，过程能够访问到参数的值，因为它知道参数的地址。如果过程修改了参数，它将进行全局修改而不是仅在过程内修改。

1. 指针与 C 语言

指针是一个值为地址的变量。使用某些语言编程时可以不必理解指针的本质和使用方法——但对 C 语言来说显然不是这样。实际上，C 语言正是以其面向指针的特点而闻名的。在 C 语言里，必须通过在变量之前加一个星号来显式地声明某变量是一个指针。请考虑下面的 C 语句，这里 x 是一个整数变量而 y 是指向 x 的指针。

```
int x;
int *y;
```

操作符 * 表明 y 是一个指针而 int 表明该指针指向一个整数。因为一个很合理的理由——编译器需要知道指针所指的每个对象的大小，C 语言要求指针与它们访问的数据具有相同的数据类型。

当把一个星号放在指针之前时，表示 *direferencing* 指针（即访问指针所指的数据）。例如，表达式 p = *q 表示"将指针 *q* 所指的值赋给变量 *p*"。

创建了一个指针后，必须将其初始化。为了将指针 *y* 绑定到值 *x* 上，应完成以下操作

```
y = &x;
```

& 操作符获得变量的地址。可以将指针的声明与初始化合并在一起，如下所示：

```
int x = 12;      /* 声明整数变量 x = 12 */
int *P_x = &x;   /* 声明 P_x 为指向整数 x 的指针 */
```

请考虑下面用 C 语言编写的轮询循环（polling loop）实例。轮询循环是输入 / 输出（I/O）机制的一大特点。它在一个循环里读取某个设备的状态，当设备准备好进行一次数据传输时将退出循环。《计算机存储与外设》第 4 章将介绍 I/O。

```
void main(void)
/* REPEAT
      读入输入设备的状态字节
   UNTIL 设备就绪
   从设备读入数据
*/
  {
   int x;
   int *P_port;                              /* 创建一个指向端口的指针 */
   P_port = (int*) 0x4000;                   /* 使指针指向端口 */
   do { } while ((*P_port & 0x0001) == 0);   /* 等待设备就绪 */
   x = *(P_port + 1);                        /* 读数据 */
  }
```

这段代码读取某个存储映射输入设备的内容。存储映射输入设备在程序员看来就像其他存储器单元一样（参见《计算机存储与外设》第 4 章）。我们声明了一个变量 *P_port，指向地址为 4000_{16} 的存储映射输入 / 输出端口。必须通过下面的语句将该变量转换为一个存储指针：

```
P_port = (int*) 0x4000.
```

必须将变量类型强制转换为整型，因为 C 编译器必须知道指针所指对象的类型。在这个例子里，地址 400016 是一个状态端口，告诉我们 I/O 设备是否已经就绪，而地址为 4002_{16} 则是用来传递数据的数据端口。实际的轮询循环可表示为

```
do { } while ((*P_port & 0x0001) == 0);
```

当端口的就绪位为 0 时，do…while 循环完成空操作 {}。只要端口的就绪位被置为 1，就会退出轮询循环，并通过语句 x = *(P_port + 1) 从设备中读出一个字符。请注意指针偏移量为 1，因为 C 语言中整数为两个字节，因此 (P_port + 1) 指向 P_port 之后两个字节。

2. 函数和参数

下面来看看当编译高级语言函数 swap(int a, int b) 时怎样将参数传递给函数，该函数的作用是交换两个值。

```
void swap (int a, int b)    /* 函数将交换值 a 与 b */
  { int temp;
    temp = a;               /* 将 a 拷贝到 temp，b 拷贝到 a，temp 拷贝到 b */
    a = b;
```

```
       b = temp;
    }
void main (void)
   {  int x = 2, y = 3;
      swap (x, y);              /* 交换a和b */
   }
```

我们说这段代码将交换两个值；实际上，它的交换并不成功。为了确定为什么这段代码不能工作，我们将手工地交叉编译这段代码并跟踪它的行为。下面是一个非优化编译器的输出；即编译器并没有生成高效的代码。例如，要把一个立即数写入存储器，读出，再放在存储器中另外一个位置，它只能依次完成这些操作。如果数据已经在寄存器中，优化编译器不会再次从存储器中读出该数据。

该程序的结构为 main 函数紧跟在 C 函数 swap 之后。main 函数首先初始化栈帧，保存要交换的两个变量。接下来，在调用函数 swap 之前将它们读出来，并将它们的值放在栈顶。

函数 swap 将建立第二个栈帧，在交换两个值的时候保存临时变量。接下来，使用栈中的参数和当前栈帧中的临时变量完成交换。最后，删除 swap 中的栈帧并返回 main 函数。当 main 函数返回时，它的栈帧也将被释放并且程序停止。

```
       AREA  SwapVal, CODE, READONLY
Stop   EQU        0x11                      ; 程序终止并退出的代码
       ENTRY
       MOV        sp,#0x1000                ; 设置栈指针
       MOV        fp,#0xFFFFFFFF            ; 初始化 FP 用于跟踪
       B          main                      ; 跳转到函数 main
;      void swap (int a, int b)
;      Parameter a is at [fp]+4
;      Parameter b is at [fp]+8
;      Variable temp is at [fp]-4
swap   SUB        sp,sp,#4                   ; 创建栈帧: sp 下降
       STR        fp,[sp]                   ; 帧指针入栈
       MOV        fp,sp                     ; 帧指针指向栈帧底
       SUB        sp,sp,#4                   ; sp 加 4 个字节指向 temp
;      {
;      int temp;
;      temp = a;
       LDR        r0,[fp,#4]                ; 从栈中获得参数 a
       STR        r0,[fp,#-4]               ; 将 a 拷贝到栈帧中的 temp
;      a = b;
       LDR        r0,[fp,#8]                ; 从栈中获得参数 b
       STR        r0,[fp,#4]                ; 将 b 复制到 a
;      b = temp;
       LDR        r0,[fp,#-4]               ; 从栈帧获得 temp
       STR        r0,[fp,#8]                ; 将 temp 复制到 b
;      }
;                                           ; 回收为 swap 创建的栈帧
       MOV        sp,fp                     ; 恢复栈指针
       LDR        fp,[fp]                   ; 从栈恢复旧的帧指针
       ADD        sp,sp,#4                  ; 栈指针下移 4 个字节
       MOV        pc,lr                     ; 通过将链接寄存器载入 PC 来返回
;      void main (void)
;      Variable x is at [fp]+4
;      Variable y is at [fp]+8
main                                        ; 在函数 main 中为 x 和 y 创建栈帧
       SUB        sp,sp,#4                   ; 栈指针上移
       STR        fp,[sp]                   ; 将帧指针入栈
       MOV        fp,sp                     ; 帧指针指向栈帧底
```

```
        SUB         sp,sp,#8              ; sp 上移 8 个字节以保存两个整数
;        {
;        int x = 2, y = 3;
        MOV         r0,#2                ; x=2
        STR         r0,[fp,#-4]          ; 将 x 放入栈帧
        MOV         r0,#3                ; y=3
        STR         r0,[fp,#-8]          ; 将 y 放入栈帧
;        swap (x, y);
        LDR         r0,[fp,#-8]          ; 从栈帧获得 y
        STR         r0,[sp,#-4]!         ; y 入栈
        LDR         r0,[fp,#-4]          ; 从栈帧获得 x
        STR         r0, [sp,#-4]!        ; x 入栈
        BL          swap                 ; 调用 swap，返回地址保存在链接寄存器中

;        }
        MOV         sp,fp                ; 恢复栈指针
        LDR         fp,[fp]              ; 从栈中恢复旧的帧指针
        ADD         sp,sp,#4             ; 栈指针下移 4 个字节
        SWI         Stop                 ; 调用 O/S 终止程序
        END
```

再次浏览这段代码，观察栈的状态。main 函数初始化参数，将它们放入栈帧，并在调用函数 swap 之前将参数的值放入栈中。图 4-8a ～ d 分别展示了栈在程序执行过程中 4 个阶段的状态。函数 swap 按要求交换了两个参数，这正好就是它的设计初衷。不幸的是，参数仅在函数内交换，因为它们是通过值来传递的，因此是 main 中变量的拷贝。参数只能在函数 swap 的栈帧中交换，它会在退出 swap 时释放。main 中的变量则保持不变。相反，必须在调用函数中交换变量。

逐行阅读代码并参考图 4-8，可以看到 main 函数创建了一个包含变量 x 和 y 两个位置的栈帧；然后它在调用函数 swap 之前将两个变量的拷贝入栈。图 4-8 中存储视图右边的偏移量是相对帧指针的。

在图 4-8c 中，存储映射描述了函数 swap 内创建了栈帧之后的系统状态。请注意现在使用新的帧指针访问变量。变量由图 4-8c 右侧的两组偏移量定义：一组给出了变量位置相对于 main 函数中 fp 值的偏移量，另一组则给出了相对于 swap 函数中 fp 值的偏移量。

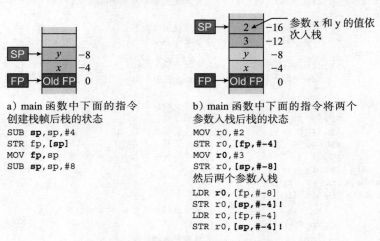

a）main 函数中下面的指令
创建栈帧后栈的状态
SUB sp,sp,#4
STR fp,[sp]
MOV fp,sp
SUB sp,sp,#8

b）main 函数中下面的指令将两个
参数入栈后栈的状态
MOV r0,#2
STR r0,[fp,#-4]
MOV r0,#3
STR r0,[sp,#-8]
然后两个参数入栈
LDR r0,[fp,#-8]
STR r0,[sp,#-4]!
LDR r0,[fp,#-4]
STR r0,[sp,#-4]!

图 4-8　将参数传递给子程序的传值方法

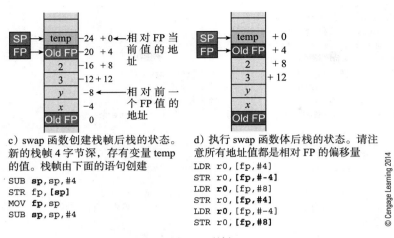

c) swap 函数创建栈帧后栈的状态。
新的栈帧 4 字节深，存有变量 temp
的值。栈帧由下面的语句创建

```
SUB  sp,sp,#4
STR  fp,[sp]
MOV  fp,sp
SUB  sp,sp,#4
```

d) 执行 swap 函数体后栈的状态。请注
意所有地址值都是相对 FP 的偏移量

```
LDR  r0,[fp,#4]
STR  r0,[fp,#-4]
LDR  r0,[fp,#8]
STR  r0,[fp,#4]
LDR  r0,[fp,#-4]
STR  r0,[fp,#8]
```

© Cengage Learning 2014

图 4-8 （续）

图 4-8d 给出了 swap 中完成数据交换的 4 条指令。检查代码会发现函数栈帧中 *x* 和 *y* 的拷贝
确实被交换了，但对调用函数 main 中的 *x* 和 *y* 值来说却什么也没有发生。

接下来将看到如何通过引用（即地址）将参数传递给函数，以及怎样编写在调用环境中
交换参数的过程。C 语言使用按值调用（call-by-value）机制，变量的值只能沿着一个方向被
传递给函数——调用环境中不能改变实际的参数值。如果将参数传递给一个函数，然后在函
数中修改它们的值，函数外的参数值不会变化，就像前一个例子所说明的那样，希望被交换
的值的拷贝被传送给函数，函数交换值但并不返回结果。这一问题可以通过传送参数的地址
来解决，这样就可以在调用环境中访问参数了。

3. 通过引用传送

前一个例子中的函数 swap 可以很容易地被修改为：通过调用 swap(&a, &b) 并将参数 a
和 b 的地址传送给被调用的函数 swap 来交换两个参数，如下面的高级语言代码所示：

```
void swap (int *a, int *b)   /* 交换调用程序中的两个参数 */
   {  int temp;
      temp = *a;
      *a = *b;
      *b = temp;
   }
void main (void)
   {  int x = 2, y = 3;
      swap(&x, &y);  /* 调用 swap 并传送参数的地址 */
   }
```

函数头指定 int *a 和 int *b 表明这两个值是指向变量 a 和 b 的指针。语句 temp = *a
将指针 a 所指的值赋给整数变量 temp。语句 *b = *a 将指针 a 所指的值赋予指针 b 所指的存
储单元。下面来分析这一过程在 ARM 处理器上的代码，其中加阴影部分突出显示了这个程
序中与前一个例子不同的部分。

```
      AREA SwapVal, CODE, READONLY
Stop  EQU       0x11                ; 程序终止并退出的代码
      ENTRY
      MOV       sp,#0x1000          ; 设置栈指针
      MOV       fp,#0xFFFFFFFF      ; 初始化 FP 用于跟踪
      B         main                ; 跳转到 main 函数
```

```
;       void swap (int *a, int *b)
;       Parameter a is at [fp]+4
;       Parameter b is at [fp]+8
;       Variable temp is at [fp]-4
swap    SUB     sp,sp,#4            ; 创建栈帧：sp 下降
        STR     fp, [sp]           ; 帧指针入栈
        MOV     fp,sp              ; 帧指针指向栈帧底部
        SUB     sp,sp,#4           ; sp 加 4 个字节指向 temp
;       {
;       int temp;
;       temp = *a;
        LDR     r1,[fp,#4]         ; 获得参数 a 的地址

        LDR     r2,[r1]            ; 获得参数 a 的值
        STR     r2,[fp,#-4]        ; 将参数 a 保存在栈帧中的 temp 中
;       *a = *b;
        LDR     r0,[fp,#8]         ; 获得参数 b 的地址
        LDR     r3,[r0]            ; 获得参数 b 的值
        STR     r3,[r1]            ; 将参数 b 保存在参数 a 中
;       b = temp;
        LDR     r3,[fp,#-4]        ; 获得 temp
        STR     r3,[r0]            ; 将 temp 保存在 b 中
;       }
        MOV     sp,fp              ; 释放栈帧：恢复 sp
        LDR     fp,[fp]            ; 从栈中恢复栈帧
        ADD     sp,sp,#4           ; 栈帧下移 4 个字节
        MOV     pc,lr              ; 将链接寄存器的内容加载到 PC 中，返回
;       void main (void)
;       Variable x is at [fp]-4
;       Variable y is at [fp]-8
main    SUB     sp,sp,#4           ; 创建栈帧：sp 上移
        STR     fp,[sp]            ; 帧指针入栈
        MOV     fp,sp              ; 帧指针指向栈帧底部
        SUB     sp,sp,#8           ; sp 上移 8 个字节以保存两个整数
;       {
;       int x = 2, y = 3;
        MOV     r0,#2              ; x = 2
        STR     r0, [fp,#-4]       ; 将 x 放入栈帧
        MOV     r0,#3              ; y = 3
        STR     r0, [fp,#-8]       ; 将 y 放入栈帧
;       swap (&x, &y)              ; 调用 swap，通过引用传递参数
        SUB     r0,fp,#8           ; 获得栈帧中 y 的地址
        STR     r0, [sp,#-4]!      ; y 的地址入栈
        SUB     r0,fp,#4           ; 获得栈帧中 x 的地址
        STR     r0, [sp,#-4]!      ; x 的地址入栈
        BL      swap               ; 调用 swap——返回地址保存在 lr 中
;       }
        MOV     sp,fp              ; 释放栈帧：恢复 sp
        LDR     fp,[fp]            ; 从栈中恢复旧的栈帧
        ADD     sp,sp,#4           ; 栈指针下移 4 个字节
        SWI     Stop
        END
```

在函数 main 中，通过以下指令将参数的地址入栈：

```
SUB     r0,fp,#8      ; 获得栈帧中 y 的地址
STR     r0, [sp,#-4]! ; y 的地址入栈
```

```
SUB        r0,fp,#4        ; 获得栈帧中 x 的地址
STR        r0, [sp,#-4]!   ; x 的地址入栈
```

在函数 swap 中，通过以下指令使参数的地址（即 x）出栈：

```
LDR        r1,[fp,#4]      ; 获得参数 a 的地址
```

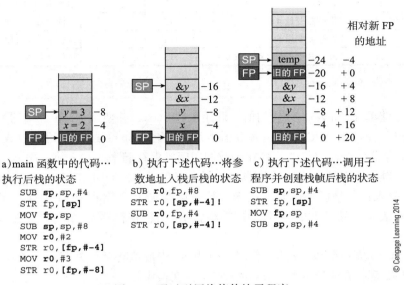

a) main 函数中的代码…　　　b) 执行下述代码…将参　　　c) 执行下述代码…调用子
执行后栈的状态　　　　　　　数地址入栈后栈的状态　　　程序并创建栈帧后栈的状态

```
SUB  sp,sp,#4               SUB  r0,fp,#8               SUB  sp,sp,#4
STR  fp,[sp]                STR  r0,[sp,#-4]!           STR  fp,[sp]
MOV  fp,[sp]                SUB  r0,fp,#4               MOV  fp,sp
SUB  sp,sp,#8               STR  r0,[sp,#-4]!           SUB  sp,sp,#4
MOV  r0,#2
STR  r0,[fp,#-4]
MOV  r0,#3
STR  r0,[fp,#-8]
```

图 4-9　通过引用将值传给子程序

操作 temp = *a 由以下语句实现：

```
LDR        r2,[r1]         ; 获得参数 a 的值
STR        r2, [fp,#-4]    ; 将参数 a 保存在栈帧中的 temp 中
```

4. 使用递归

下一个例子，以 ARM Holding 的文献为基础，将我们在本章与前一章中几个内容合并在一起。我们调用一个函数将某寄存器中的内容转换为二进制数字串并将它们打印出来。我们递归地调用这个函数，并使用过程调用标准作为在函数调用之间对寄存器赋值的约定。这个程序借鉴自 ARM 处理器文献 [ARMdui0021A] 中的两个例程：子程序 utoa 将一个无符号整数转换为十进制数字串；子程序 div10 将一个数除以 10。

ARM 过程调用标准

ARM 文献包括《ARM 过程调用标准（APCS）》，其定义了程序员是如何使用寄存器以及在过程之间传递信息的（与 MIPS 定义寄存器别名相同的方式）。ARM 的 C 编译器遵循 APCS，而且如果希望将为 ARM 的 C 例程提供调用接口或阅读 / 调试 C 编译器生成的代码，那么它对汇编语言程序员来说也十分重要。例如，APCS 指明了哪些寄存器是通用寄存器以及堆栈的结构如何。下面的表格定义了那些对 ARM 处理器编程的人所用的 APCS。

寄存器	APCS 名	APCS 角色	寄存器	APCS 名	APCS 角色
r0	a1	参数 1/ 整数结果 / 暂存器	r2	a3	参数 3/ 暂存器
r1	a2	参数 2/ 暂存器	r3	a4	参数 4/ 暂存器

寄存器	APCS 名	APCS 角色	寄存器	APCS 名	APCS 角色
r4	v1	寄存器变量 1	r10	sl/v7	静态基址 / 寄存器变量 7
r5	v2	寄存器变量 2	r11	fp	帧指针
r6	v3	寄存器变量 3	r12	ip	过程内调用暂存寄存器
r7	v4	寄存器变量 4	r13	sp	当前栈帧的基址
r8	v5	寄存器变量 5	r14	lr	链接地址 / 暂存寄存器
r9	sb/v6	静态基址 / 寄存器变量 6	r15	pc	程序计数器

资料来源：© Cengage Learning 2014.

程序为存储单元 Convert 设置初值，调用函数 utoa，并使用 ARM 处理器的软中断打印结果。因为已经使用了 APC 标准，寄存器被重新命名，a1 ~ a4 为通用参数或工作寄存器，v1 ~ v5 为寄存器变量，它们的值将在函数调用间被保存起来。和之前一样，sp、lr 和 pc 依次是栈指针、链接寄存器和程序计数器，分别为寄存器 r13、r14 和 r15。

在 utoa 的入口，被转换的整数位于参数寄存器 a2 中，寄存器 a1 中保存了一个指向保存了串的字符表示的缓冲区的指针。在该例程的出口，寄存器 a1 指向紧接在串后的下一个位置。

当调用 div10 完成除以 10 的操作时，a1 和 a2 中的值将被保存起来，放在寄存器 v1 和 v2 中（v1 和 v2 都将在递归函数 utoa 的入口保存在栈中）。

子程序 utoa 先获得 x 的值，再调用子程序 div10 将其除以 10 以获得商。用最初的数减去商的 10 倍将得到余数 $r = p - 10 \cdot (p/10$ 的商)。为了避免使用多条指令计算商的 10 倍，我们使用下面的语句

```
SUB  v2,v2,a1, LSL #3 ; 从 v2 减去 a1 的 8 倍，下一个操作
SUB  v2,v2,a1, LSL #1 ; 从 v2 减去 a1 的 2 倍，得到 v2 = v2 - 10 · a1
```

在得到了 0 ~ 9 范围内的最低位数字后，我们将其加上常数 30_{16}，转换为 "0" ~ "9"。在转换完第一位数字后，utoa 将被递归地调用，直到商为 0，此时处理结束。

```
            AREA DecimalConversion, CODE,  READONLY
            ENTRY
ToDec   ADR    r0,Convert        ; 指向要转换的数据
        LDR    a2,[r0]           ; 将要转换的数据加载到参数寄存器 a2

        ADR    a1,String         ; 将缓冲区地址加载到参数寄存器 a1
        BL     utoa              ; 调用转换例程

        ADR    r1,String         ; 指向结果串
        MOV    r2,#10            ; 打印结果（0xFFFFFFFF 最多 10 个数字）

PrtLoop LDR    r0,[r1], #1       ; 获得一个字符并且指针递增
        SWI    0                 ; 打印字符
        SUBS   r2,r2,#1          ; 循环计数器递减
        BNE    PrtLoop           ; 重复，直到 10 个数字均已打印
        SWI    17                ; 退出（调用 O/S 功能 0x11）

utoa    STMFD  sp!,{v1,v2,lr}    ; 将寄存器转换为十进制串——保存寄存器

        MOV    v1,a1             ; 保存参数 a1，因为 div10 会覆盖它

        MOV    v2,a2             ; 保存参数 a2
```

```
        MOV    a1,a2                   ; div10 要求参数在 a1 中
        BL     div10                   ; 调用 div10 计算 a1 = a1/10
        SUB    v2,v2,a1, LSL #3        ; v2 减去 10 倍的 a1 (a2 = a2 - 10a1)
        SUB    v2,v2,a1, LSL #1        ; 请注意这里用 8p + 2p = 10p 完成乘 10

        CMP    a1,#0                   ; 商为 0？
        MOVNE  a2,a1                   ; 如果不为零，则将其保存在 a2 中
        MOV    a1,v1                   ; 将指针保存在 a1 中
        BLNE   utoa                    ; 如果不为零，则递归调用该例程
        ADD    v2,v2,#'0'              ; 通过加 0x30 将最后的数字转换为 ASCII 码
        STRB   v2,[a1],#1              ; 将该数字保存在缓冲区最后
        LDMFD  sp!,{v1,v2,pc}          ; 恢复寄存器并从递归函数返回

div10   SUB    a2,a1,    #10           ; a1 除以 10 的子程序
        SUB    a1,a1,a1, LSR #2        ; 商在 a1 中，余数在 a2 中，返回
        ADD    a1,a1,a1, LSR #4        ; 除法！乘以 1/10 = 0.1
        ADD    a1,a1,a1, LSR #8
        ADD    a1,a1,a1, LSR #16
        MOV    a1,a1,    LSR #3
        ADD    a3,a1,a1, ASL #2
        SUBS   a2,a2,a3, ASL #1
        ADDPL  a1,a1,    #1
        ADDMI  a2,a2,    #10
        MOV    pc,r14                  ; 商在 a1 中，返回
Convert DCD    0x12345678             ; 数据
String  DCD    0x0                    ; 结果的位置
        END
```

需要对 div10 这个例程进行一些说明。ARM 系列处理器的某些成员没有提供除法指令；必须通过移位和加法来实现除法（Cortex M3/M4 处理器提供了除法指令）。然而，下面的例程却利用处理器加上或减去一个被移位的操作数极其巧妙地实现了将一个操作数除以 10 的运算。请考虑以下 4 条指令，它们是这段代码的核心。

```
SUB    a1,a1,a1, LSR #2
ADD    a1,a1,a1, LSR #4
ADD    a1,a1,a1, LSR #8
ADD    a1,a1,a1, LSR #16
```

假设寄存器 a1 中的数为 1，这些指令将成功地生成

```
SUB    a1,a1,a1,LSR #2      ; 1 - 1 × 2⁻² = 0.11
ADD    a1,a1,a1,LSR #4      ; 0.11 + 0.000011 = 0.110011
ADD    a1,a1,a1,LSR #8      ; 0.110011 + 0.00000000110011 = 0.11001100110011
ADD    a1,a1,a1,LSR #16     ; 0.11001100110011 +
                            ; 0.0000000000000000+0.11001100110011
                            ; =0.110011001100110011001100110011
```

让我们更仔细地看看这段代码。要将十进制数 0.1_{10} 转换为二进制，会得到一个递归的二进制序列 $0.110011001100110011001100110011_2$。它与上面带有移位操作数的指令序列所生成的结果相同。因此，这些操作通过乘上 0.1_{10} 所对应的二进制序列来完成除以 10 运算。

下一节将简要讨论特权模式和异常，这一内容与操作系统和输入 / 输出技术密切相关。

4.2　特权模式和异常

接下来的内容——中断与异常，既属于硬件与接口（《计算机存储与外设》第 4 章）范

围，也属于体系结构与 ISA 范围。中断和异常是一些强制计算机停止正常处理并调用异常处理程序（通常是操作系统的一部分）进行异常处理的事件。异常是为响应内部硬件、或软件错误、或外设请求而引起的。程序员可以使用软中断指令调用操作系统函数，比如输入或输出操作。我们将在《计算机存储与外设》第 4 章更详细地讨论中断。

先来看看异常。在任一时刻，ARM 处理器都在表 4-1 列出的某一种模式下工作。CPSR 的第 5 位定义了当前模式。最普通的操作模式是用户模式。只要发生了中断或异常就会发生一次模式切换。每一种模式都有它自己的保存程序状态寄存器（SPSR），用于在发生异常时保存当前的 CPSR。当异常在新的寄存器 r13 和 r14 中切换时，新的寄存器组（或体）由表 4-1 中给出的名称标识。

表 4-1　ARM 处理器的操作模式和寄存器组名称

操作模式	CPSR[4:0]	使用	寄存器体
用户	10000	普通用户模式	user
FIQ	10001	快速中断处理	_fiq
IRQ	10010	中断处理	_irq
SVC	10011	软件中断处理	_svc
退出	10111	处理存储器故障	_abt
未定义	11011	未定义指令处理	_und
系统	11111	操作系统	user

异常——概述

由于这是一个非常重要的内容，这里给出一个概述以及对有关概念的提示。异常像子程序一样在运行时插入代码中。异常通常使用与子程序相同的调用—返回机制；主要区别在于调用地址由处理器硬件提供。典型情况下，处理器对异常类型进行译码并读取一个指向异常处理例程入口的存储指针。此外，有些处理器还会保存当前状态字（以及返回地址），因为异常不应该改变处理器的状态。

除了硬件中断外，常见的异常还有：由于存储器访问错误引起页故障中断，用户提供的操作系统调用，非法指令异常（例如非法操作码），除 0 异常，等等。异常总是由操作系统软件处理。

有些处理器会在异常出现时改变它们的操作模式。这些模式可以是特权模式，该模式下为了保护操作系统的完整性某些特定的操作将被禁止。

图 4-10 展示了 ARM 处理器的寄存器。正如读者从图 4-10 中看到的那样，在每一种操作模式下寄存器 r13 和 r14 都会被复制。例如，如果发生了特权用户异常，新的寄存器 r13 和 r14 将分别被叫作 r13_SVC 和 r14_SVC。

当然，在编写 ARM 代码时，寄存器 r13_SVC 和 r14_SVC 仍被写作 r13 和 r14。请记住当切换到特权模式时，r13 和 r14 在用户模式下的值将不可用，这一点非常重要。特权模式带有它自己的私有寄存器—— r13 和 r14。这一机制意味着程序员不必在每次发生异常时（除非发生了嵌套异常）保存 r13 和 r14。

异常可由内部和外部事件引起。外部事件是中断请求（IRQ），包括快速中断请求（FIQ）、复位以及页故障。内部异常则包括软件中断以及未定义的指令。

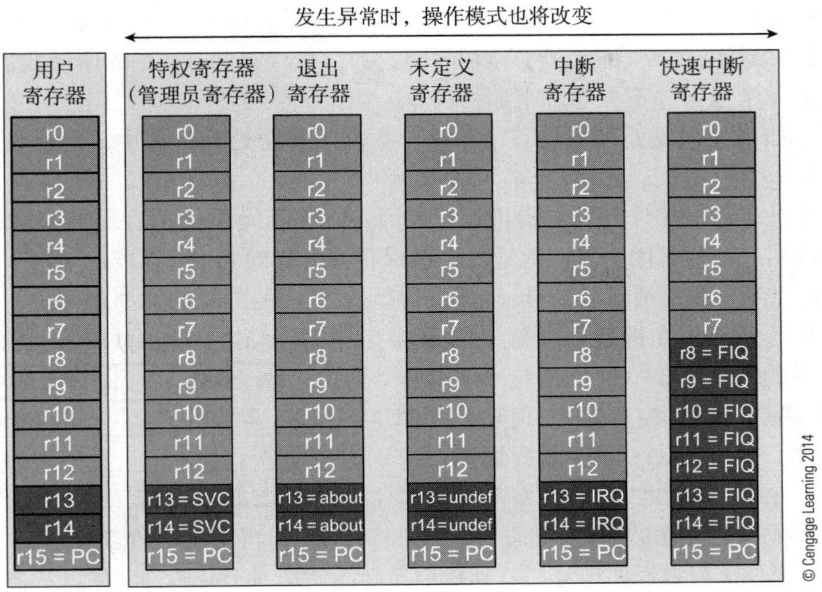

发生异常时，操作模式也将改变

图 4-10　ARM 处理器的体寄存器组（前 5 列中 r0 ～ r12 和 r15 寄存器对于所有模式都相同；
r13 ～ r14 寄存器是分体的；最后一列中，r0 ～ r7 和 r15 寄存器对于所有模式都相同；
r8 ～ r14 寄存器则是分体的）

当发生异常时，ARM 处理器会完成当前的指令（除非异常是由该指令的执行所造成的），然后进入异常处理模式。下面是要发生的事件序列。

1）操作模式改变为异常对应的模式。例如，中断请求会选择 IRQ 模式。

2）将紧接在异常发生处之后的那条指令的地址拷贝到寄存器 r14 中。即异常被视作一种子程序调用，返回地址保存在链接寄存器中。

3）将当前处理器状态寄存器（CPSR）的当前值保存在新模式的 SPSR 中。例如，如果异常是一个中断请求，CPSR 将被保存在 SPSR_irq 中。保存当前处理器的状态是必需的，因为异常不得改变处理器状态。

4）将 CPSR 的第 7 位置为 1，禁止中断请求。如果当前异常是一个快速中断请求，则通过将 CPSR 的第 6 位置为 1 来禁止其他 FIQ 异常。

5）异常表中的每一项都包含异常处理例程中要执行的第一条指令。该指令通常是一个分支操作（例如 B myHandler）。它会将对应的异常处理程序的入口地址加载到程序计数器中。

表 4-2 定义了 ARM 处理器异常所访问的存储位置。每个存储位置包括对应异常处理例程的第一条指令；当然，这意味着这个表应该位于只读存储器中。

查看表 4-2，就会注意到其中的向量并不连续，因为表中没有存储地址为 14_{16} 的项。在 ARM 处理器刚发布时，该项用于字地址未对齐异常。后来的 ARM 处理器已经可以不调用异常处理例程而处理未对齐的地址了。

在恰当的例程处理完异常之后，

表 4-2　异常向量

异常	模式	向量地址
复位	SVC	0x00000000
未定义指令	UND	0x00000004
软中断（SWI）	SVC	0x00000008
预取退出（从存储器取指令时故障）	Abort	0x0000000C
数据退出（从存储器取数据时故障）	Abort	0x00000010
IRQ（普通中断）	IRQ	0x00000018
FIQ（快速中断）	FIQ	0x0000001C

必须返回到异常发生时的位置（当然，如果是终止性异常，就不可能再返回了）。

为了从异常返回，必须将定义了异常前模式的信息保存起来（即程序计数器和 CPSR）。不幸的是，从异常返回并不像看起来那样简单。如果先恢复 PC，那么仍然处于异常处理模式下。相反，如果先恢复处理器状态，那就不再处于异常处理例程中，也就没有办法恢复 CPSR 了。

不能使用普通的操作序列从异常中返回，因为它涉及操作模式的改变。ARM 提供了两种异常返回机制：一种适用于返回地址已经被保存在分体的 r14 寄存器的情形，另一种则适用于返回地址已经入栈的情形。而且，返回机制与要处理的异常的类型相关。

如果要从返回地址在链接寄存器中的异常中返回，可以执行表 4-3 中列出的指令，其中 MOVS 和 SUBS 都是目的寄存器为 PC 时所使用指令的特殊版本。当从 IRQ、FIQ 或数据退出等异常返回时，必须修改 PC 的值。在前一种情形，PC 的值应减 4。而在后一种情形，PC 的值将减 8，以再次执行故障指令。

表 4-3　ARM 从异常处理处返回

异常类型	返回用户模式的指令
SWI，未定义指令	MOVS pc,r14
IRQ, FIQ	SUBS pc,r14,#4
数据退出以重复故障指令	SUBS pc,r14,#8

如果异常处理例程将返回地址拷贝到栈中，必须使用一个有些许不同的机制。在一般情况下，可以使用下面的指令从 pc 被保存在栈中的子程序中返回：

```
LDMFD r13!, {r0-r4, pc}
```

这里 r0-r4 为要恢复的寄存器列表。如果希望在同一时间将保存在栈中的寄存器取出并恢复 CPSR，必须使用该指令的特殊形式：

```
LDMFD r13!, {r0-r4, pc}    ; 恢复 r0-r4，返回并恢复 CPSR
```

寄存器列表之后的 ^ 符号表明 CPSR 将在恢复程序寄存器的同时被恢复。指令不会在恢复程序计数器时修改它的内容。因此，必须在 PC 入栈之前对其进行修改！

68K 的用户模式和特权模式

68K 系列使用一种很有趣的方法实现异常处理。在加电时硬复位之后，68K 开始在特权模式下进行处理。该模式由处理器状态字的 S 位标识。而且，它还由处理器某个引脚的信号电平标识。外部硬件（存储器和外设）可以检测出 68K 是处于特权模式还是用户模式。采用这种方法，可以将存储器限制为只能由操作系统访问。

操作系统可以通过清除 S 位切换到用户模式下。一旦处于用户态，任何异常都可以强制切换回特权模式。在用户模式下，程序员不能通过将 S 位置为 1 来进入特权模式，因为这会导致异常并强制返回特权模式。也许有人会认为这正是将 S 位置位时所期望做到的。然而，如果异常导致操作系统的介入，那么操作系统将控制计算机。

68K 的一个重要特点是它有两个栈指针，A7：一个用于用户模式，另一个用于特权模式。如果在用户模式下发生了错误导致系统崩溃，任何引起错误的异常都会引起特权模式，并且它的栈指针将被保存起来以便恢复。

4.3　MIPS：另一种 RISC

MIPS 是由斯坦福大学的 John Hennessy 于 1980 年设计的经典 RISC 体系结构，其目的是利用 RISC 理念的优点设计一款高效的 32 位处理器。Hennessy 在 1984 年离开斯坦福，建立了 MIPS 公司。同 Intel IA32 体系结构一样，MIPS 也历经了几代产品，并推出了 64 位版本。MIPS 非常重要，因为它已经被广泛地用于计算机体系结构教学。之所以在这里介绍它，是因为 MIPS 与 ARM 处理器形成了有趣的对比。MIPS 用于大量嵌入式和移动应用以及一些游戏系统（例如 PlayStation®）中。

MIPS 采用传统的 32 位 load-store 型 ISA，带有 32 个通用寄存器。寄存器 R0 与众不同，因为它的值总是 0 且不能修改。这是 MIPS 的一个重要特征，因为它使程序员很容易获得 0，也提供了一种将寄存器编码在指令中的能力。

1. MIPS 指令格式

图 4-11 描述了 3 种 MIPS 指令格式：R- 型为寄存器 – 寄存器操作；I- 型为 16 位立即数操作；J- 型为直接跳转指令。还有一种为协处理器操作的 C- 型指令，但不在这里讨论。

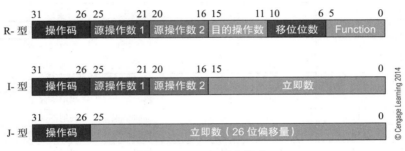

图 4-11　MIPS 指令格式

最常见的指令格式是 R- 型，它提供了寄存器 – 寄存器型数据处理操作，与 ARM 处理器中对应的指令非常相似。MIPS 处理器与 ARM 处理器一个最重要的不同在于 MIPS 能使用 32 个寄存器中的一个，而 ARM 处理器只能使用 16 个寄存器。add r1,r2,r3 是一条典型的 R- 型指令。按照约定，MIPS 汇编语言中的指令都使用小写。MIPS 不支持 ARM 处理器的两种重要机制：条件执行，以及对第二个操作数移位的能力。

I- 型指令格式将 R- 型指令的 3 个字段合并在一起得到一个 16 位的立即数字段，该字段可被用于加立即数等指令中的常数或寄存器间接（索引）寻址模式中的偏移量。这个 16 位的立即数可以是有符号数也可以是无符号数，其范围分别在 −32 768 ～ +32 767 和 0 ～ 65 535。和 ARM 处理器不同，MIPS 的立即数是不可缩放的。addi r1,r2,4 是一条典型的 I- 型指令，MIPS 将 i 附加在指令助记符后表示立即数，而 ARM 处理器用符号 # 作为立即数的前缀。这是汇编器语法的区别而不是处理器 ISA 的。

因为 MIPS 使用 16 位立即数，载入两个地址连续的立即数就可以很容易地将一个 32 位字送入寄存器。载入高 16 位立即数指令，lui，将一个 16 位立即数送入寄存器的高 16 位并将寄存器的低 16 位清零。例如，指令 lui $1,0x1234 将 0x12340000 加载到寄存器 r1 中。现在可以用一条带有 16 位立即数的逻辑或指令访问寄存器的低 16 位。例如，指令 ori $1,0xABCD 会将 r1 置为 0x1234ABCD。请注意 $0~$31 是 MIPS 寄存器 r0 ～ r31 的名称。

J- 型指令格式为无条件跳转，用一个 26 位立即数作为分支地址偏移量。因为 MIPS 指令字长 32 位，分支偏移在使用之前会被左移两位以得到一个 28 位的字节地址偏移，跳转范围为 256MB。

除了寄存器 r0 的值固定为 0 外，MIPS 寄存器组是很平常的，不像 ARM 处理器那样带有特殊功能寄存器。对于那些最初学习过其他汇编语言的人，他们一开始会觉得 MIPS 汇编语言有些奇怪，因为 MIPS 的寄存器被写作 $0,$1,···而不是 r0,r1,···表 4-4 列出了 MIPS 的寄存器集并给出了另一种由程序员使用的寄存器名称（完全类似于 ARM 处理器的过程调用标准）。

表 4-4   MIPS 寄存器命名约定

名称	MIPS 名称	汇编名称	用途
r0	$0	$zero	常数 0
r1	$1	$at	汇编程序保留
r2	$2	$v0	表达式以及函数的结果
r3	$3	$v1	表达式以及函数的结果
r4	$4	$a0	参数 1
r5	$5	$a1	参数 2
r6	$6	$a2	参数 3
r7	$7	$a3	参数 4
r8	$8	$t0	临时结果（嵌套调用不保留）
r9	$9	$t1	临时结果（嵌套调用不保留）
r10	$10	$t2	临时结果（嵌套调用不保留）
r11	$11	$t3	临时结果（嵌套调用不保留）
r12	$12	$t4	临时结果（嵌套调用不保留）
r13	$13	$t5	临时结果（嵌套调用不保留）
r14	$14	$t6	临时结果（嵌套调用不保留）
r15	$15	$t7	临时结果（嵌套调用不保留）
r16	$16	$s0	保存的临时结果（嵌套调用保留）
r17	$17	$s1	保存的临时结果（嵌套调用保留）
r18	$18	$s2	保存的临时结果（嵌套调用保留）
r19	$19	$s3	保存的临时结果（嵌套调用保留）
r20	$20	$s4	保存的临时结果（嵌套调用保留）
r21	$21	$s5	保存的临时结果（嵌套调用保留）
r22	$22	$s6	保存的临时结果（嵌套调用保留）
r23	$23	$s7	保存的临时结果（嵌套调用保留）
r24	$24	$t8	临时结果（嵌套调用不保留）
r25	$25	$t9	临时结果（嵌套调用不保留）
r26	$26	$k0	操作系统内核保留
r27	$27	$k1	操作系统内核保留
r28	$28	$gp	指向全局区的指针
r29	$29	$sp	栈指针
r30	$30	$sp	帧指针
r31	$31	$ra	返回地址（用于函数调用）

MIPS 的 load 和 store 指令分别为 lw（载入字）和 sw（保存字）。MIPS 的寻址模式很少，仅提供了带偏移量的寄存器间接寻址模式。例如，指令 lw $1,16($2) 实现了操作 [$1] ← [16+[$2]]，与 ARM 处理器的指令 LDR r1,[r2,#16] 完全相同。MIPS 缺少 CISC 的复杂寻址模式以及 ARM 处理器块移动指令。不过，如果使用寄存器 r0，直接存储器寻址也是可以的（因为它强制使用一个 16 位的绝对地址），MIPS 还支持程序计数器相对寻址。

2. 条件分支

MIPS 处理条件分支的方法与 ARM 处理器完全不同。请回忆一下，ARM 处理器的分支依赖于处理器条件码中各位的状态，它们由前面的指令置位或清零。MIPS 则提供了显式的比较和分支指令。例如，指令 beq r1,r2,label 将比较寄存器 r1 和 r2 的值并在二者相等时跳转到 label 处。MIPS 没有实现 CISC 处理器（以及 ARM 处理器）提供的 16 种条件分支集合，而是仅实现了以下 4 条分支指令

```
beq   $1,$2,label   ; 相等时跳转
bne   $1,$2,label   ; 不相等时跳转
blez  $1,$2,label   ; 小于或等于零时跳转
bgtz  $1,$2,label   ; 大于零时跳转
```

按条件置 1 是一条很有意思的 MIPS 指令。例如，小于时置 1 指令 slt $1,$2,$3 先测试 [$2] < [$3] 是否成立，如果测试结果为真，则将 $1 置为 1，否则将 $1 置为 0。这条指令将一个布尔条件转换为寄存器中的值，这个值可用于后面的条件分支或指令中的一个操作数。第 5 章介绍多媒体运算时还会再次接触这一概念。关于 slt 指令用法的一个典型例子是

```
slt   $1,S2,$3   ; if $2<$3 THEN $1 = 1 ELSE $1 = 0
bne   $1,$0,Target  ; $1 不等于 0 时跳转 (也就是说，$2<$3 时跳转)
```

还有一条指令 sltu，它对无符号数进行相同的操作，而 slti 和 sltui 这两条指令以立即数作为操作数。

4.3.1　MIPS 数据处理指令

MIPS 数据处理指令大都与 ARM 处理器的数据处理指令很像。二者的一个细微差别在于 MIPS 提供了显式移位指令，该指令要么使用一个立即数移位字段进行固定长度移位，要么使用一个寄存器移位字段进行动态移位。例如：

```
sll   $1,$2,4    ; 将 $2 逻辑左移 4 位，结果保存在 $1 中
sllv  $1,$2,$3   ; 将 $2 逻辑左移 $3 中的位数，结果保存在 $1 中
```

请注意，静态移位和动态移位需要使用不同的指令。这是汇编器的特点而不是指令系统的。

表 4-5 描述了 MIPS 的数据处理指令。布尔运算指令 and, or, not 和 xor 都是传统指令，MIPS 还实现了不太常见的 nor 指令。加法和减法指令也是传统指令，但无符号加法和减法指令却不多见（二者的区别仅在于运算溢出时溢出标志不会被置 1）。MIPS 指令 add 会在运算溢出时产生一个异常或软中断（即一次操作系统调用）。由于这个原因，许多人喜欢使用 addu 指令。MIPS 没有提供与前一条指令的进位位相加的显式扩展加法运算。为了完成扩展的算术运算，必须将进位位从低位加法中分离出来，并使其参与高一位的加法。例如：

```
addu  $1,$3,$5    ; $2,$1 = $4,$3 + $2,$1 中较低的两个字相加
sltu  $2,$1,$5    ; 获得进位输入位
addu  $2,$2,$4    ; 与第一个较高的字 $4 相加
addu  $2,$2,$6    ; 与第二个较高的字 $6 相加
```

sltu 是这段代码的关键，它表示无符号数小于时置 1，它比较 $1 < $5，如果比较结果为真则将 $1 置为 1。这段代码中的测试是将两个较低字的和与其中一个字比较。如果和小于其中一个字，那么一定产生了一个进位，并在较高的两个字相加之前将 $2 的值置为 1（较高的两个字的和）。如果这看起来有些令人糊涂，请考虑两个十进制数的例子。假设要进行操作 3+4。和为 7 并且 7>4（没有进位）。现在，如果要进行操作 8+4，将得到 2 并且 2<4（有进位）。

表 4-5 MIPS 的数据处理操作

助记符	操作		助记符	操作	
sll	逻辑左移		addu	无符号加法	完成加法操作，只不过溢出时溢出标志不置 1
srl	逻辑右移				
sra	算术右移		sub	减法	
mult	乘法		subu	无符号减法	完成减法操作，只不过溢出时溢出标志不置 1
multu	无符号乘法				
div	除法		and	逻辑与	
divu	无符号除法		or	逻辑或	
add	加法		xor	异或	
			nor	逻辑或非	

资料来源：© Cengage Learning 2014.

将立即数作为第二操作数的数据处理指令有 addi、addiu、ori、slti、sltui 和 xori。

MIPS 提供了有符号数和无符号数乘法，将生成 32 位数乘 32 位数的积，一个 64 位的结果。MIPS 实现乘法（和除法）的方法不太常见。其他处理器一般会将源和目的寄存器作为指令的一部分。一个完整的 32 位乘法需要 4 个寄存器：2 个用于源操作数，2 个用于 64 位积的高字和低字。MIPS 则采用了一种不同的方法，用两个专用寄存器 hi 和 lo 分别保存结果的两个部分。当然，这种方法需要使用专门的指令来访问这两个专用寄存器：

mfhi	从 hi 移出	mfhi $1	将字的高半部分移入 $1
mflo	从 lo 移出	mflo $1	将字的低半部分移入 $1
mthi	移入 hi	mthi $1	将字的高半部分从 $1 移入 hi
mtlo	移入 lo	mtlo $1	将字的低半部分从 $1 移入 lo

伪指令

和 ARM 一样，MIPS 汇编器也支持伪指令，它们实际上是一些重命名了的操作。例如，伪指令 li $1,0x1234 被转换为实际的 MIPS 指令 addi $1,$0,0x1234。这样转换之所以可以是因为 $0 总是 0，因为 $0 加 0x1234 并将结果放入 $1 等价于将 0x1234 移入 $1。同样，伪指令 move $1,$2 将被转换为 add $1,$0,$2。

1. 流控制

MIPS 提供了一条跳转并链接指令 jal $1,Target，这里 Target 是一个 16 位有符号分支偏移。该分支将跳转到 Target 处，返回地址被保存在寄存器 $1 中。与 ARM 不同，MIPS 没有专门的链接寄存器，而且它也不可能直接访问程序计数器。因此，必须通过过程指令（寄存器跳转）jr $1 来实现返回，该指令将 $1 加载到 PC 中以完成返回。

2. MIPS 代码实例

下面是一个简单的 MIPS 代码实例，实现了一个简单的向量操作 $Y = s \cdot X$，式中 Y 和 X 为 8 元素向量，s 为标量，且 $s=8$。

```
int i;
int X[8], Y[8];
for (i = 0; i < 8; i = i++){
  Y[i] =  X[i] * 8;}
    lui  $1,upperX    ; 将存储单元 X 的地址的高 16 位送入 $1
```

```
        ori    $1,$1,lowerX      ; 现在传送 X 地址的低 16 位
        addi   $3,$0,#8          ; $3 是循环计数器
Loop:   lw     $4,0($1)          ; 重复: 获得 xi
        sll    $4,$4,3           ;     xi 左移 3 位, 乘 8
        sw     $4,32($1)         ;     Y[i] = X[i] * 8 (Y 相对 X 的偏移为 8×4=32 字节)
        addi   $1,$1,4           ;     指针递增, 指向下一个元素
        subi   $3,$3,1           ;     循环计数器递减
        bne    $3,$0,Loop        ; 直到全部完成
```

这段 MIPS 代码与下面的 ARM 代码差别不大。

```
        adr    r1,X              ; 将地址为 X 的存储单元的值加载到 r1
        mov    r2,#8             ; 设置循环计数器
Loop    ldr    r1,[r0],#4        ; 重复: 获得 xi
        mov    r1,r1, LSL #3     ;     xi 左移 3 位, 乘 8
        str    r1,[r0,#28]       ;     Y[i] = X[i] * 8 (注意偏移是 28 而不是 32 字)
        subs   r2,r2,#1          ;     循环计数器递减
        bne    Loop              ; 直到全部完成
```

可以使用自动变址(自动索引)寻址来压缩 ARM 代码。

3. 其他 load 和 store 指令

MIPS 提供了几个 load 和 store 指令, 可以把 8 位字节或 16 位半字数据载入寄存器或写入存储器; 即

```
lb   载入字节       lb  $1,12($2)   [$1] ← [12 + [$2]]    符号扩展为 32 位
lbu  载入无符号字节  lbu $1,12($2)   [$1] ← [12 + [$2]]    零扩展为 32 位

lh   载入半字       lh  $1,12($2)   [$1] ← [12 + [$2]]    符号扩展为 32 位
lhu  载入半字       lhu $1,12($2)   [$1] ← [12 + [$2]]    零扩展为 32 位

sb   保存字节       sb  $4,64($6)   [64 + [$6]] ← [$4]    将字节写入存储器
sh   保存半字       sh  $4,64($6)   [64 + [$6]] ← [$4]    将半字写入存储器
```

4. MIPS 和 ARM 处理器

也许有读者会问, "MIPS 处理器与 ARM 处理器, 哪个更好?"由于以下一些原因, 这一问题并不容易回答。MIPS 和 ARM 处理器都提供了几个不同的版本, 它们采用不同的体系结构并使用不同的工作频率。MIPS 带有更多的内部寄存器, 可以大幅度减少访存, 特别是对于算术运算。ARM 处理器支持条件执行, 能更容易地编写紧致的代码。对使用 ARM 处理器的程序员来说, 数组的处理更加容易, 因为 ARM 提供了大量寻址和自动变址模式。另一方面, MIPS 在立即数操作中提供了真正的 16 位常数。2011 年, ARM 处理器的销量更高, 有些游戏处理器已经开始用 ARM 处理器代替 MIPS。

4.4 数据处理与数据传送

本节将讨论数据传送操作的一些特征, 从数据元素的压缩与移位, 到位组的处理, 到检测数据元素是否在正确的范围内。我们将使用 ARM 之外的处理器。本节的要点并不是讲授新的 ISA, 而是说明计算机设计方法的变化。

数据传送是最常用的计算机操作, 该操作将数据从一个位置复制到另一个位置。正如读者已经看到的那样, 计算机提供了 load/store 操作以及寄存器 – 寄存器数据传送。有时, 计算机要做的不仅仅是将数据从一个位置传送到另外一个位置。你也许希望在传送一个 32 位字时改变其中字节的位置, 或者需要将数据从地址连续的存储单元传送到连续的偶地址或奇

地址存储单元（存储映射的外设所需要的）。因此，读者将看到一些能够传送和压缩数据的指令。

请考虑端格式问题。某个系统可能将 4 个字节 {A,B,C, 和 D} 表示为 ABCD，而另一个系统可能将同样的数据表示为 DCBA。Intel 的 IA32 处理器提供了一条 BSWAP reg32 指令完成大端格式到小端格式的转换，能够将 32 位二进制串 [31···24, 23···16, 15···8, 7···0] 转换为 [7···0, 15···8, 23···16, 31···24]；即字节序列 ABCD 变为 DCBA。

还可以实现一条能够以任意顺序重组 32 位数中 4 个字节的指令。假设它们的初始顺序为 4321。这条假想的指令 PERM 1234,R0 将完成端格式转换，因为这些字节将按照相反的顺序写回。同样，指令 PERM 1324,R0 会交换最外面两个字节，而指令 PERM 2233,R0 则会交换最内的两个字节，并将它们复制到最外面两个字节。将在第 5 章讨论的一些多媒体扩展指令确实能支持这种类型的字节操作或混洗（shuffling）。

图 4-12 描述了 IA32 的数据移动指令 xlat（翻译），它没有任何参数，因为它使用了两个特定的寄存器：8 位寄存器 al 和 16 位基址寄存器 bx。如图 4-12 所示，基址寄存器 bx 指向一块存储区而寄存器 al 中是一个 8 位的偏移量。当执行 xlat 指令时，al 与 bx 相加得到有效地址（al 被用作偏移量）。该有效地址处的 8 位操作数将被载入 al。换句话说，利用偏移量来查找表中位于该偏移处的数据元素，然后用该元素的值替换偏移量。下面的代码说明了如何使用 xlat 指令。第三条指令引用了 ds，它是指向 IA 段式存储系统中数据段的寄存器。

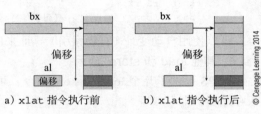

a) xlat 指令执行前   b) xlat 指令执行后

图 4-12   xlat 指令的作用

```
mov al,4          ; 将索引加载到 al
lea bx,table      ; 设置表的基地址
xlat              ; 将地址为 ds+bx+al 的字节送入 al
```

xlat 仅能处理含有最多 256 个字节值的表格。例如，可用该指令将一种代码转换为另外一种。如果 bx 中含有代码转换表的地址而 al 含有要查找的代码，简单地执行 xlat 就可以完成代码转换。

> **数据传送——概述**
>
> 数据移动或拷贝指令是所有计算机操作中最重要的，因为它是执行最频繁的指令类型。也可以按照它们所传送的数据的大小以及操作数的源和目的将传送指令分类（例如 8、16 或 32 位）。有些处理器使用特定的助记符显式地指定传送数据的大小（例如 STW= 存储字节）。另外一些则通过扩展或后缀指明传送数据的大小（例如 MOVE.B= 传送字节，MOVE.W= 传送字）。有时还可以通过源或目的操作数隐式地指明传送数据的大小（例如 LDA= 将 8 位数加载到累加器中，LDX= 将 16 位数加载到寄存器 X 中）。
>
> 下图描述了传送指令的一些变化，图 a 和图 b 从寄存器与存储器之间最基本的数据传输开始。指令中的源和目的操作数可以是一个内部寄存器，也可以是一个存储单元。所有处理器都支持寄存器 – 存储器、存储器 – 寄存器以及寄存器 – 寄存器数据传送。个别微处理器支持直接的存储器 – 存储器数据传送。
>
> 有些处理器实现了能够交换两个寄存器内容的指令。例如，EXG X,S 将寄存器 X 复

制到栈指针中，栈指针复制到 X 中。有些处理器则实现了能够处理单个寄存器中两个字段的指令。一个字段的内容与另一个字段的内容互换。例如，指令 SWAP X 交换寄存器的前半部分和后半部分。图 d 描述了交换寄存器对的内容的指令，图 e 描述了交换寄存器中两个部分的指令。当然，也可以设计一条以任意顺序混洗寄存器中字节的指令，如图 f 所示。

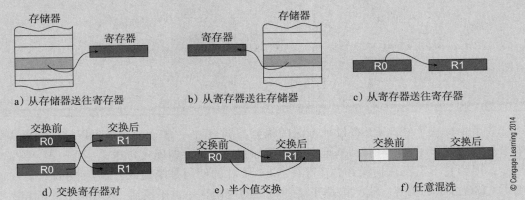

a) 从存储器送往寄存器　　　b) 从寄存器送往存储器　　　c) 从寄存器送往寄存器

d) 交换寄存器对　　　e) 半个值交换　　　f) 任意混洗

请注意，所有计算机文献都使用一致的术语——互换（swap）、交换（exchange）和传送（transfer），这些术语在某种程度上是可互换的。我们按照下面的方法对传送操作进行总结。

类型	传送的数据
数据传送	寄存器 → 寄存器
数据传送	寄存器 → 存储器
数据传送	存储器 → 寄存器
数据传送	存储器 → 存储器
数据交换	寄存器$_A$ → 寄存器$_B$；寄存器$_B$ → 寄存器$_A$
数据互换	寄存器$_{字段\_A}$ → 寄存器$_{字段\_B}$；寄存器$_{字段\_B}$ → 寄存器$_{字段\_A}$

有些指令会在传送时对数据进行处理。当一个二进制补码数从 m 位扩展到 n 位时，这里 $n>m$，符号位将被复制到新的位中。例如，8 位二进制数 10001100 可用 16 位表示为 1111111110001100。有些计算机，比如 IA32，带有专门的符号扩展移位指令，MOVSX，可将源操作数复制到寄存器中，并将 8 位数扩展为 16/32 位或将 16 位数扩展为 32 位。

下面的图 a 描述了一条目的操作数比源操作数宽的传送指令，目的操作数高位补 0；而在图 b 中，源数据被送往目的操作数，高位补符号位。

图 c 描述了一条压缩指令，它分别取出两个寄存器的最低字节，并将它们压缩到第三个寄存器中。图 d 描述了一条通用的数据移动指令，在字的内部移动寄存器的一个字段。由于这种形式的数据移动非常重要，后面介绍移位操作时还会再次介绍这一内容。

图 e 描述一种形式相当奇特的数据传送操作。连续 4 个字存储单元中的 4 个字节分别被送往寄存器中的 4 个字节（或从寄存器送往存储单元）。当连续的奇或偶字节地址被赋给输入或输出设备并且它必须从这些地址顺序地传送字节时，微处理器会使用这一看起来比较奇怪的操作。

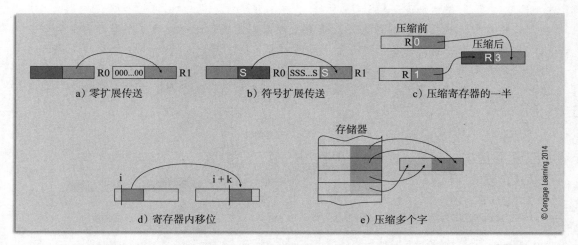

a) 零扩展传送   b) 符号扩展传送   c) 压缩寄存器的一半

d) 寄存器内移位   e) 压缩多个字

　　这些指令反映了经典 CISC 设计方法的优势与弱点。一条 xlat 指令可以完成通常需要两个操作数的操作（即将索引与基址寄存器相加并完成寄存器间接传送）。xlat 是一条紧凑的指令，因为它不需要任何操作数（寄存器 bx 和 al 的使用是隐式的）。另一方面，xlat 也反映了 CISC 方法的弱点。它只能用于某一特定的应用，一点不灵活（操作数大小固定，只能使用 al 和 bx 寄存器）。

4.4.1　不可见的交换指令

　　现在来看看操作系统在一种非常特殊的应用——进程同步中，所需要的一类指令。有些 CISC 和 RISC 都支持的指令初看起来相当奇怪。例如，IA32 处理器提供了使用 3 个操作数（一个隐含的和两个显式的）的比较和交换指令 cmpxchg。它的格式为 cmpxchg reg,reg 或 cmpxchg mem,reg，操作数可以是 8 位、16 位或 32 位操作数。该指令将累加寄存器 al、ax 或 eax 中的值与第一个操作数相比较，如果相等则将零标志置 1，并将第二个操作数复制到第一个。如果累加寄存器与第一个操作数不相等，cmpxchg 指令将第一个操作数复制到累加寄存器中。指令 cmpxchg bx,cx 的作用可描述为

```
IF [ax] = [bx] THEN [z] ← 1, [bx] = [cx]
              ELSE [z] ← 0, [ax] = [bx]
```

信号量

　　信号量（semaphore）是一个用来为进程（process）提供信号的标志，当两个进程竞争某个资源时并且两个进程几乎同时查询资源是否空闲。假设进程 A 和进程 B 询问资源 Q 是否空闲（资源可能是磁盘驱动器）。假设当前资源是空闲的。进程 A 发现资源是空闲的，进程 B 也会发现资源是空闲的。如果进程 A 和进程 B 都宣布自己使用该资源，那么系统可能被锁住或崩溃。

　　信号量可以解决这个问题。当进程查询资源是否空闲时，信号量将被锁住并且在进程 A 释放信号量之前不能被访问。信号量对于数据库非常重要，可以避免两个进程同时访问同一个数据项。

　　cmpxchg 指令最重要的特点是它的不可见性；即它总会执行到结束而不被中断。尽管也可以用基本指令实现 cmpxchg，但基本指令序列有可能在完成前被中断。cmpxchg 指令用于

两个进程可能同时请求同一个资源的多任务或多进程环境中。如果没有不可见的或原子的指令，每个进程都可以读出资源状态，发现资源是空闲的，并且宣布自己获得了该资源。如果是这样，那么资源就被重复使用了。cmpxchg 那样的不可见指令会首先进行一次测试（这个例子里是比较累加寄存器和第一个操作数）然后立即根据测试结果完成两个可能操作中的一个。从测试开始到接下来的操作完成之间不会被其他进程或处理器所干扰。

68K 系列处理器提供了格式为 TAS <ea> 的测试并置值指令，这里 <ea> 为存储器操作数的地址。该指令测试指定地址处的字节值，并根据测试结果设置条件寄存器中的负和零标志。溢出和进位标志将被清 0。操作数的最高位——第 7 位，将被置为 1。指令 TAS <ea> 的 RTL 定义为：

```
IF [ea]    = 0 THEN Z ← 1
IF [ea(7)] = 1 THEN N ← 1
[ea(7)] ← 1
```

这些操作都是不可见的，并且 CPU 会执行一个读 – 修改 – 写周期，该周期将在一个操作中从存储器读出一个操作数、进行修改、并将结果写回存储器。第一个测试决定了信号量标志的状态。如果与标志相关的资源是空闲的，标志位将被置为 1，并且进程在其他设备、处理器或进程之前获得该资源的使用权。

ARM 处理器提供了一条不可见的交换指令，SWP，交换寄存器和存储器中的字数据。例如，

```
ADR   r1,flag      ; r1 指向 flag（信号）
MOV   r0,#1        ; 将 r0 置为 1
SWP   r0,r0,[r1]   ; 完成交换
CMP   r0,#0        ; 测试结果（检测存储器是否加锁）
```

当 ARM 处理器执行交换指令时，它还会检测一个叫作 LOCK 的硬件信号，判断数据传送事务是否可被中断（68K 的 TAS 指令也是如此，读和写周期仍然会检测地址选通信号，而不是在连续的读和写周期中将地址选通信号设置为无效）。

4.4.2　双精度移位

读者已经看到，移位操作会将一个寄存器中的所有位向左或向右移动；因此，能够进行的最大移位位数等于寄存器的长度。有时必须对大量的位进行移位操作（例如，当进行扩展精度算术运算时）。有些处理器提供了进位位也参与移位的扩展移位指令，可以实现多精度移位，从一个寄存器中移除的位先被送入进位位，然后被移入参与运算的第二个寄存器中。IA32 提供了两个双精度移位指令 shld 和 shrd（双精度左移和双精度右移）能够将两个操作数同时移位。左移指令的形式为：

```
shld operand1,operand2,immediate    ; "immediate" 定义了移位位数
shld operand1,operand2,cl           ; 寄存器 cl 允许动态移位
```

operand2 必须是 16 或 32 位寄存器。operand1 可以是寄存器或存储单元。移位位数可以是立即数，也可以是 cl 寄存器中的动态值。shld 指令对 operand2 进行一次临时的内部拷贝，然后将 operand1 左移一定的位数。operand2 的临时拷贝也是左移，移出的位被送入 operand1；即为了进行移位，operand2 和 operand1 被视作一个整体。尽管 operand2 的临时拷贝也参与到移位中，但 operand2 的值不受该操作的影响。因此，指令 shld **ax**,P,8 将寄存器 ax 的值左移 8 位，并将 P 的高 8 位复制到 ax 的低 8 位。图 4-13 描述了指令 shld **ax**,P,8

的作用。

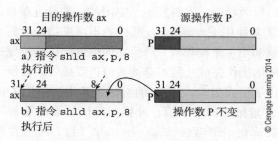

图 4-13 使用 shld 指令

可利用双精度移位指令将几个源数据中的数据压缩到一个寄存器中。假设要将存储单元 P 中的 5 位、Q 中的 7 位以及 R 中的 4 位压缩到寄存器 bx 中。这些位将以 PQR 的顺序压缩，这里 P 为最高 5 位。则可以使用下面的代码：

```
mov     ax,P        ; 将 P 读入累加器
shld    bx,ax,5     ; 将最高 5 位从 ax 复制到 bx
mov     ax,Q        ; 将 Q 读入累加器
shld    bx,ax,7     ; 将中间 7 位从 ax 复制到 bx
mov     ax,R        ; 将 R 读入累加器
shld    bx,ax,4     ; 将最低 4 位从 ax 复制到 bx
```

图 4-14 描述了这些指令的作用。正如读者所看到的，在上面的代码段中，必须 3 次将数据载入 ax 寄存器中。

4.4.3 压缩和解压缩指令

数据压缩和解压缩意味着将多个数据元素送入一个寄存器或存储单元（压缩），或者将一个数据元素送入多个寄存器或存储单元。下面来看一个来自 68K ISA 的例子，它实现了 PACK 和 UNPK 指令。这两条指令都会对 16 位或 32 位寄存器的低位数据进行处理。图 4-15 描述了指令 PACK D0,D1,#literal 的行为。如图所示，PACK 指令取出寄存器 D0（在本例中值为 3432_{16}）的 4 个 4 位的

```
X X X X X X X X X X X X X X X X
```
a) 初始化 ax 的值

```
X X X X X X X X X X X P P P P P
```
b) 执行指令 shld bx,ax,5 后 ax 的值

```
X X X X P P P P P Q Q Q Q Q Q Q
```
c) 执行指令 shld bx,ax,7 后 ax 的值

```
X X X X X Q Q Q Q Q Q Q S S S S
```
d) 执行指令 shld bx,ax,4 后 ax 的值

图 4-14 使用 shld 压缩数据

值，并将其转换为两个 4 位的值（本例中为 42_{16}）。设计这一指令的目的是使非压缩 ASCII 码与压缩 BCD 数之间的转换更加方便。在这个例子里，从键盘输入了两个 ASCII 码字符 4 和 2，它们对应的代码分别为 34_{16} 和 32_{16}，被转换为等价的 BCD 数 42_{10}。请注意，上述转换过程将 4 位立即数加到每一个 4 位的源操作数上。本例所用的 4 位立即数都是 0。

图 4-16 描述了 PACK 指令的逆操作——UNPK，取出一个字最低字节中的两个十六进制数并将它们转换为两个 8 位的值。在这个例子里，这两个十六进制数被送入两个连续的字节，并与一个常数相加。要将 BCD 数转换为 ASCII 字符代码，需要执行指令 UNPK D0,D1,#\$3030，因为加上 30_{16} 就可以将 BCD 数转换为对应的 ASCII 码。

PACK 和 UNPK 指令设计巧妙，节约了在 BCD 数和 ASCII 值之间进行转换的部分开销。然而，这些指令并没有什么重大的价值，而且很难看出为什么硅片厂商曾经在指令实现上花费了大量精力。不过它们却能反映出 20 世纪 70 年代计算机设计者的一些心态。

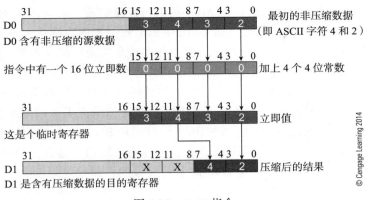

图 4-15　PACK 指令

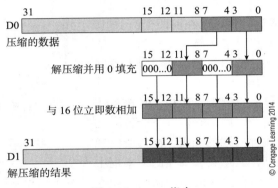

图 4-16　UNPK 指令

4.4.4　边界测试

下面来看一条通过检测一个值是否在预定的范围内而完成很有用的功能的指令。当处理数组和表格等数据结构时，需要知道正在访问的元素是否落在数组内。如果运行时对元素索引（位置）的计算不正确，则会发生数组访问错误。有时恶意软件的作者会故意利用数组错误向程序中注入恶意代码。如果数组元素的值计算错误并且访问了数组外的数据值，就会引起错误。有些高级语言会检测正在访问的数组下标是否在正确的范围内（C 语言没有提供这样的测试）。68020 实现了边界检测操作——CHK2，确定元素下标是否在正确的范围内。如果检测到其处于边界之外，则将使用操作系统功能调用进行处理；即引发一次自陷或异常。

通常，为了确定地址是否在范围内，要使用两个测试和两个条件分支操作来比较数组下标与它的地址上限和下限。用一条 68020 的 CHK2 指令就可以完成同样功能，如下所示：

```
         LEA      Array,A0     ; 地址寄存器 A0 为数组的基地址

         ADDA     D0,A0        ; 将 D0 中的元素索引与基地址相加
*                              ; 现在 A0 指向要访问的元素
         CHK2.L   Bounds,A0    ; 对指针 A0 进行边界检查
         MOVE     (A0),D1      ; 读出要访问的数据

Bounds   DC.L     Lower        ; 保存存储地址下限
         DC.L     Upper        ; 接着是地址上限
```

这里仅需一条指令即可完成上限和下限检测。指令 CHK2.L Bounds,A0 先将 A0 的值与存

储单元 Bounds 中的地址下限比较，再将 A0 中的值与存储单元 Bounds+4 中的地址上限比较。这里地址边界都是 32 位 4 字节的值。如果 A0 中的值在范围内，则什么也不做。如果它在边界所定义的范围之外，则会产生异常，并且操作系统必须进行恢复处理。68020 还提供了一条格式与 CHK2 相同的 CMP2 指令，但它会将进借位标志置为 1 以指出地址越界错误。

CMP2 和 CHK2 指令的一个有趣特点是它们能检测地址和数据寄存器的值，并能对 8 位、16 位或 32 位地址边界进行处理。而且，它们能检测有符号和无符号的地址边界。如果要检测一块存储区，那么它的边界可能是 $801000 ～ $801FFF。如果要检测值为 −128 ～ +127 的数组下标，则边界为 $80 ～ $7F。处理器会自动确定地址边界是有符号的还是无符号的。例如，地址对 $20,$30 或 $A0,$AF 会被解释为无符号的，而地址对 $80,$20 或 $B2,$C4 会被认为是有符号的。

图 4-17 描述了指令 CHK2 中指定的地址边界与有效值范围之间的关系。在每一种情形中，我们都将寄存器 A0 与一对地址边界进行比较。在前两个例子里，地址边界是无符号的。我们已经了解了复杂指令的能力，现在来分析一下有些处理器是怎样通过存储器间接寻址模式来访问数据结构的。

尽管地址边界检测指令的想法非常好，但 68K 体系结构还是去掉了这些指令，因为它们并不合算。在访存操作需要花费大量时钟周期的今天，68K 所实现的边界检测指令已经没有什么意义。下面的文本框中介绍了存储墙，它意味着访存操作的平均访问时间在逐渐增加。因此，CHK2 这种需要读出地址上下边界的指令在今天并不合算。

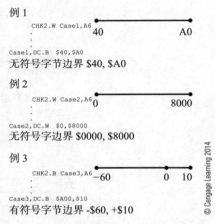

图 4-17   CHK2 指令的使用实例

只不过是墙上的另一块砖

尽管还没有介绍计算机组成、微体系结构和存储技术，但这里必须要说明很重要的一点：好消息是主存 DRAM 存储器的速度一年比一年快；坏消息是它的速度提升不像处理器那样快。因此，处理器性能提升的速率快于存储器。

处理器与存储器之间不断增加的性能差距叫作存储墙，它反映出计算机系统设计的一个潜在障碍。这个概念是由 Wulf 和 McKee 于 1994 年在他们的经典论文《 Hitting in the Memory Wall: Implications of the Obvious 》中提出的。cache 存储技术能够缓解这一问题——但仅在有限的程度上。

从计算机体系结构和 ISA 的角度看，存储墙的问题非常简单。像防治瘟疫一样避免访存就可以了。

4.4.5   位字段数据

本节从介绍位字段开始，它是一个任意长度的位串，尽管真正的位字段的最大长度被限制为处理器寄存器的宽度。可以用位字段来表示那些长度不像字符、整数、浮点数那样正好是 8 位、16 位、32 位或 64 位的信息。例如，一个 19 位的位字段可以表示一个包含 3 个长度分别为 3 位、7 位和 9 位的独立字段的压缩数值。同样，它还可以表示图像中一行像素。

或者表示磁盘目录中扇区的状态（空闲／已分配）。位字段如何使用没有限制。

　　也许有人会认为 8 位微处理器给数据结构强加了一些限制，将数据长度限制为 8 位的倍数会将访存和数据处理操作限制为只能对一个或多个字节进行处理。至于大家为什么不把存储器看作一个非常长的位串，也没有什么根本原因。不过，位字段的应用并不广泛，因为位字段操作会增加底层硬件的复杂度。由于存储器按字节编址并使用 8 位、16 位、32 位或 64 位总线，对一个位字段的访问会涉及几个字，可能需要多个连续的访存，这会降低性能。

　　因为位字段仅仅是一个由连续位组成的串，因此一个位字段可以由两个参数来定义：它的宽度或长度 w；它在存储器中的位置 q。q 的值显然应用位数来表示。例如，可以将一个 56 位的位串 x 定义为距离存储器第 1 位 92 345 位，从 92 346 到 92 401 位。另一种指定位字段的方法则将位与字节结合在一起——它用字节地址指定存储位置，用相对于该位置的偏移量指明位字段相对于指定字节的位置。

　　图 4-18 描述了一个用字节地址加偏移量定义的位字段：位字段从存储器中字节 i 的第 0 位起的第 11 位开始，宽度为 10 位。图中从右至左对存储器中的字节编号，并使用小端格式放置字节和位。

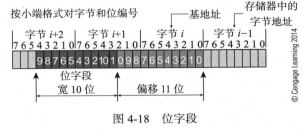

图 4-18　位字段

　　图 4-18 中的结构是一致的小端格式。字节从最低字节（右边）开始编号，字节中的位也是如此。位字段距离字节 i 的偏移量从该字节的第 0 位开始计算。位偏移也由右至左编号，与位字段中的位一样。读者很快将会看到并非所有处理器都遵循这一约定。

> **位字段的编号**
>
> 　　字节中的位从右至左进行编号，但位字段中的位则从左至右进行编号。
>
> 　　在这个例子里，位字段的字节地址为 i。位字段偏移为 11，因为它的第 1 位是从字节 i 的最低位开始的第 11 位。
>
> 　　这个 10 位的位字段跨了 $i+1$ 和 $i+2$ 两个字节。
>
> 　　请注意这种编号方法并不适用于 68020 处理器。

　　在理论上，位字段的大小可以从 0 到存储系统的总位数。因为位字段会被放在计算机的寄存器中进行处理，位字段的最大位数是寄存器中能存放的或 CPU 能处理的位数（例如 32）。实际实现位字段时会遇到与字节边界有关的问题；即位字段反映了计算机体系结构与计算机组成之间的矛盾。

　　很少有微处理器提供能直接处理位字段的指令。下面来看看 68020，它能够支持如图 4-19 所示的位字段。因为 68K 系列处理器采用小端格式对位编号，采用大端格式对字节编号。位字段带来了问题，即它的位究竟应遵循 68K 的位编号约定还是字节编号约定？图 4-19 描述了用字节 i 的最高位定义位字段的位置（字节 i 叫作基字节，也是指令所指定的位字段的有效地址），位字段中的位按照与字节中位相反的顺序编号；即位字段遵循大端格式的约定。位字段的偏移从基字节的第 7 位开始。再重复一遍：位字段中位按照与字节中位相反的顺序编号。

　　下面以一条典型的 68020 指令为例进行讲解：BFINS，位字段取反操作，将数据寄存器 Dn 中的位字段复制到存储器中。该指令的格式为 BFINS Dn,<ea>{offset:width}。该位字段将保存在距离有效地址为 <ea> 字节的偏移量为 offset 的位置。请考虑指令 BFINS D0,1234{11:10} 的解释方式。寄存器 D0 的最低 10 位将被复制到存储器中从地址为 1234 的基字节的第 7 位起第 11 位（即偏移量）开始的位置（图 4-19 使用了同样的偏移量：宽度值，这有助于该操作的图形表示）。68020 允许使用数据寄存器动态指定位宽。例如，可以将指令写为 BFINS D0,1234{D3:D4}。

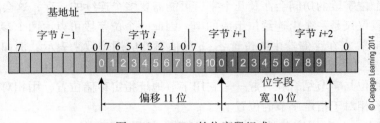

图 4-19　68020 的位字段组成

下面来看一个位字段操作的使用实例。图 4-20 描述了 5 位的数据元素 x 被压缩保存在 16 位存储字单元中。假设现在要展开这个位字段。如果没有位字段指令，一般需要先将数据载入寄存器，然后将数据右移以将其最低位对其到寄存器的右端，最后将寄存器中其余位清 0。

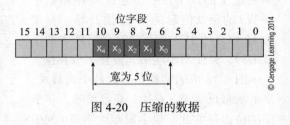

图 4-20　压缩的数据

```
MOVE   PQRS,D0                         ; 将存储单元 PQRS 中的 16 位压缩数据送入 D0
LSR    #6,D0                           ; D0 右移 6 位，将位字段 D₀-D₅ 对齐
AND    #%0000000000011111,D0           ; 清除寄存器 D0 中其余位。% 表示二进制值
```

68020 的位字段提取指令 BFEXTU，可用一条指令完成上述操作：

```
BFEXTU   PQRS{5:5},D0                  ; 获得压缩数据
```

请注意位字段偏移量为 5，因为位字段的位是从基字节的最高位计算的（即字的第 15 位）。位字段的第一位为 x_4，它位于第 15 位右边第 5 位。是的，这已经够令人头疼了。

典型的位字段操作可以从存储器读出一个位字段，将一个位字段插入存储器，将位字段中的所有位清 0/ 置 1/ 取反，并测试一个位字段。图 4-21 描述了怎样用下面两条指令把地址为 1000 的存储单元中 6 ～ 3 位的位字段传送到地址为 1003 的存储单元的 4 ～ 1 位：

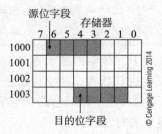

图 4-21　用位字段指令传送位

```
BFEXTU $1000,{1:4},D0                  ; 将源位字段读入 D0
BFINS  D0,$1003,{3:4}                  ; 将位字段保存在存储器中
```

请回忆一下，偏移量 1 和 4 都是相对于基地址字节的第 7 位的。BFINS 是位字段插入指令，将一个位字段送入存储器。下面列出了 68K 的位字段指令。

BFEXTU BFEXTU <ea>{offset:width},Dn 提取无符号位字段指令，将一个位字段从存储器拷贝到数据寄存器中。这是与传统 MOVE 或 LOAD 指令等价的位字段指令。位字段被加载到寄存器的低位，而高位被清零。

BFEXTS　BFEXTS <ea>{offset:width},**Dn** 提取有符号位字段指令，将一个位字段传送到数据寄存器中。当位字段被送入数据寄存器时，它将符号扩展为 32 位。

BFINS　BFINS Dn,**<ea>{offset:width}** 插入位字段指令，将一个位字段从数据寄存器拷贝到存储器中，是与 STORE 等价的位字段指令。

BFTST　BFTST <ea>{offset:width} 位字段测试指令，测试指定的位字段并根据测试结果设置 CCR。如果位字段的最高位为 1 则 *N* 位被置为 1，如果位字段的所有位都是 0 则 Z 位被置为 1。

BFCLR　BFCLR <ea>{offset:width} 位字段清除指令，像 BFTST 一样测试位字段，并将位字段的所有位清零。

BFSET　BFSET <ea>{offset:width} 位字段设置指令，像 BFTST 一样测试为字段，并将位字段的所有为置 1。

BFCHG　BFCHG <ea>{offset:width} 位字段测试和修改指令，其行为和 BFTST 指令一样，只不过位字段的所有位会在测试后取反。

BFFFO　BFFFO <ea>{offset:width} 查找位字段的第一个 1 指令，对位字段的位进行计算。它读出并扫描指定地址处的位字段，然后将位字段中第一个 1 所在的位置保存在指定的数据寄存器中。请注意，位字段中第一个 1 的位置被定义为位字段的偏移量加上该位在位字段中的位置。如果没有找到 1（即位字段为全 0），则返回值为偏移量加上字段宽度。

图 4-22 用一个字节 1001 的 21 位位字段为例开始介绍 BFFFO 指令的功能。假设我们希望确定位字段中第一个 1 的位置。如果 $1000 为基字节，则指令 BFFFO $1000{10:21},D0 将扫描位字段，确定第一个 1 的位置（即位字段第 15 位），并将值 25 载入寄存器 D1。之所以是 25，是因为它是字段中第一个 1 的位置加上偏移量 10。

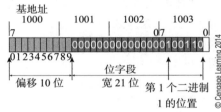

图 4-22　BFFFO 指令

位字段在计算机图形学等领域中具有重要的应用，因为可以用位字段指定显示器上特定的行。位字段还可以被用于描述磁盘目录中的空闲扇区列表。请想象一下表示某个扇区列表的位字段，它的每一位都与磁盘上一个扇区关联在一起。如果某一位被置 1，则对应的扇区正在被使用（即属于某个文件）。如果该位为 0，对应的扇区可被文件使用。同样，还可用位字段操作统计二进制串中 1 的个数或者确定浮点运算中的最高位。Motorola 在它们后来的 68K ColdFire 系列处理器产品中去掉了位字段指令并使用自陷（操作系统调用）来仿真位字段操作。在下一节，我们将简要介绍计算机是如何实现一个叫作'循环结构'的简单操作的。

ARM 的位字段

有些版本的 ARM 处理器支持有限的位字段操作。本章后面将会介绍 ARM 的 Thumb 模式，该模式使 ARM 处理器表现为使用两地址指令格式的 16 位指令集。第二代 Thumb 结构提供了一个位字段插入操作，格式如下

```
BFI r0,r1, #bitpos, #bitwidth
```

它将位字段从一个寄存器复制到另外一个寄存器（将一个需要 3 条指令的动作集中

在一条指令中完成）。

除了位字段插入指令，ARM 的 Thumb-2 状态还提供了位字段清除指令以及有符号数和无符号数的位字段提取指令。这些操作只适用于数据在寄存器中的情形，不像 68020 那样可以直接对存储单元进行操作。

4.4.6　循环

下一个内容是循环，最常见的编程结构之一。尽管所有处理器都提供了条件分支以支持循环，有些处理器还通过一些方法使常见的循环结构更加高效。首先，请看下面的基本循环，它可用伪码表示为：

```
Preset loop variable
REPEAT
     Perform some action
     Decrement loop variable
UNTIL loop variable = 0
```

可以通过下面的 ARM 代码实现上述循环：

```
      MOV   r0,#10      ; 设置一个递减的循环计数器
Next                    ;       循环体
      SUBS  r0,r0,#1    ;       循环计数器递减并设置状态位
      BEQ   Next        ; REPEAT: 直到循环计数器为 0
```

"计数值递减"和"不为 0 时跳转"是这个循环结构的关键操作。Intel 的 IA32 体系结构实现了一条显式循环指令，该指令使用 cx 寄存器作为循环计数器⊖完成递减和分支操作，因而不需要显式的寄存器访问。这条指令就是 LOOP，它仅使用一个目标地址作为操作数。相应的 IA32 代码为：

```
      MOV  cx, count        ; 设置计数值
Next  Do something          ; 循环体
      LOOP Next             ; 计数器递减且在计数值不为 0 时跳转
```

68K 提供了一条复杂的递减和分支指令——DBRA，它的行为与 IA32 的循环指令相似，但允许程序员在 8 个循环计数器中指定一个并在两个出口中选择一个。当循环计数值为 −1 时或检测到特定条件成立时循环结束。指令 DB$_{condition}$ Di,target 的动作可被描述为：

```
IF condition TRUE THEN EXIT              ; 条件为 true 时退出
          ELSE [Di] ← [Di] − 1           ;
          IF [Di] = −1 THEN EXIT         ; 或计数值为 −1 时退出循环
                    ELSE [PC] ← target
```

该指令在计数值为 −1 时将跳出循环，而不是为 0 时。下面的代码段描述了怎样用一条 DBCS（递减并在借位位为 1 时跳转）指令对 10 个整数求和，且发生整数溢出时会退出循环。

```
      MOVE  #10,D0         ; 设置一个递减的循环计数器
      CLR   D1            ; 清除寄存器 D1 中的和
      LEA   Table,A0      ; 指向数据列表
Next  ADD   (A0)+,D1      ; REPEAT: 加下一个数
      DBCS  D0,Next       ; UNTIL 所有加法都已完成或溢出
```

⊖ 最初的 Intel X86 体系结构带有 4 个 16 位通用寄存器，叫作 AX、BX、CX 和 DX。与 68K 不同，X86 的寄存器还实现了一些特殊的功能。例如，CX 寄存器还被用作计数器。对于计数功能来说，使用专用寄存器的好处是不必在计数指令中指定寄存器，这会使操作码更短，因为不再需要计数器选择字段。

若没有 DBCS 指令，循环体将需要 4 条指令。请注意 ADD (A0)+,D1 会将寄存器 A0 所指的存储单元的值加到寄存器 D1 中，然后寄存器 A0 中的指针递增。LEA（载入有效地址）指令将一个指针送入地址寄存器；在这个例子中，它将地址"Table"加载到地址寄存器 A0中。最后，68K 使用一条显式的清除指令将数据寄存器的值清 0；即指令 CLR D0 的结果为 [D0] ← 0。

4.5 存储器间接寻址

现在介绍存储器间接寻址模式，它是一种实现复杂数据结构的方法。寄存器间接寻址使用一个指针访问所需要的操作数。而在存储器间接寻址模式中，寄存器提供了一个指向存储器中指针的指针。实际的操作数通过读取这第二个指针来访问，访问该指针所指地址处的数据。它一共需要 4 个存储器 / 寄存器访问：读指令、读包含存储器指针的寄存器、读含有指向操作数的指针的存储单元，以及访问操作数。

图 4-23 描述了存储器间接寻址，其中指针寄存器中含有 32 位值 1234_{16}。该指针所指的目标存储单元的值为 122488_{16}，它作为第二个指针用来访问实际的操作数。如果最初的指针寄存器为 R1，目的寄存器为 R2，指令为 move，则该操作可用 RTL 语言描述为

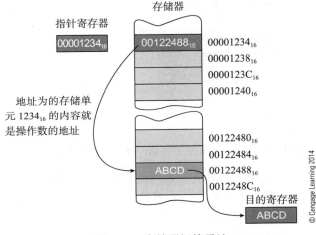

图 4-23 存储器间接寻址

[R2] ← [[[R1]]]

该表达式定义了获得操作数所需的 3 次访存操作：读寄存器 R1，读 R1 中的指针所指的存储单元，以及用访问存储单元得到的指针读存储单元。也许一种更好的 RTL 表示方法是将它拆分为多个操作。

```
Pointer1 ←   [R1]              ; 这是寄存器中的指针
Pointer2 ←   [Pointer1]        ; 这是存储器中的指针
Operand  ←   [Pointer2]        ; 这是最后的操作数
[R2]     ←   Operand           ; 将操作数保存在目的寄存器中
```

支持这种通用存储器间接寻址模式的处理器，如 68020、68030、68040 等，使用下面的汇编语言格式

```
MOVE [(A1)],D2        [D2] ← [[[A1]]]
```

地址寄存器 A1 是指针寄存器，数据寄存器 D2 为目的寄存器。这种寻址模式是更加通用的 68020 存储器间接寻址模式的简化形式。在进一步介绍这种寻址模式的细节之前，必须要问一个问题：为什么需要这种寻址模式？

寄存器间接寻址模式以及它的那个指针在处理简单数据值的数组或表格时十分有用。请参考图 4-24，图中的数据结构含有一组连续的 16 字节值。指针寄存器的值为 1234_{16}，对应于该结构的第一项。为了访问第 2 项，必须将指针寄存器的值加 16。处理器使用

带偏移量的寄存器间接寻址模式将常数加到指针上。例如，ARM 处理器可以用指令 LDR **r1,[r0,#16]**，68K 处理器可以用指令 MOVE **(16,A0),D1**。有些计算机更进一步，允许使用双索引，有效地址是两个索引寄存器之和。例如，指令 LDR **r1,[r2,r3]** 将 r2 与 r3 之和所指的数据复制到寄存器 r1 中。这种双索引模式可以用一个寄存器指向数据结构的开头，而用另外一个寄存器保存要访问的项距离结构开头的偏移量。

不幸的是，并非所有数据结构都像图 4-24 那样规整，图中每个数据项的大小都相等。图 4-25 描述了一种 4 个数据项大小都不同的情形。这样就不能只通过指针寄存器加常数的方法来一项一项地遍历这个数据结构。

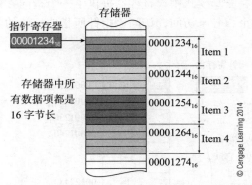

图 4-24   用寄存器间接寻址访问规则的数据结构   图 4-25   访问不规则的数据结构

可以用另一种方法访问结构中大小不同的数据项。图 4-26 使用了一个指向指针表的指针寄存器。其中每个指针都指向存储器中一个记录。简单地将基指针加 4 就可以遍历这些数据项，因为用基指针就可以遍历指针表。

如果使用存储器间接寻址并且寄存器 A0 为基指针，则可以用指令 MOVE **[(A0)],D0** 来访问数据项的第一个元素。然后执行指令 ADD **#4,A0** 将 A0 加 4 以指向下一个元素的指针。

图 4-27 展示了 68020 是怎样通过（[Offset$_{inner}$,A0],Offset$_{outer}$）访问指针表和目标数据结构的，它有 3 个参数。下面一起来看看这个表达式。首先，将基指针寄存器 A0 与内部偏移相加，确定指针表中指向数据结构的指针的位置。然后从存储器中读出该指针并与外部偏移相加以访问所需的目的操作数。有效地址为（[Offset$_{inner}$,A0],Offset$_{outer}$），可用 RTL 表示：

[[[A0] + Offset$_{inner}$] + Offset$_{outer}$],

这里 A0 为基指针，Offset$_{inner}$ 是指针表内的偏移常量，Offset$_{outer}$ 是目标结构内的偏移常量。实际情况要更复杂一些：一个索引寄存器（要么是地址寄存器，要么是数据寄存器）的内容可以与内部偏移或外部偏移相加，但不能同时与两个偏移相加。索引寄存器还可以按比例因子 1，2，4 或 8 缩放。

为了说明存储器间接寻址模式的作用，进一步给出两个例子。一个是用来实现 case 结构的跳转表，另一个则提供了访问复杂数据结构的方法。

1. 用存储器间接寻址实现 switch 结构

switch 是许多高级语言中都提供的结构，它允许我们根据某个变量的值调用 n 个函数中的一个。假设要实现一个 CPU 模拟器。其中带有一个内部解释器，类似于下面从 4 种情形中选择一个的代码。

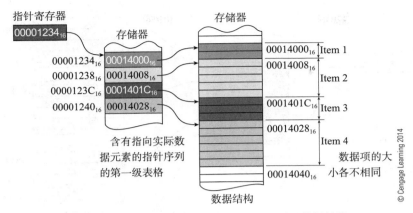

图 4-26 通过存储器间接寻址访问不规则的数据结构

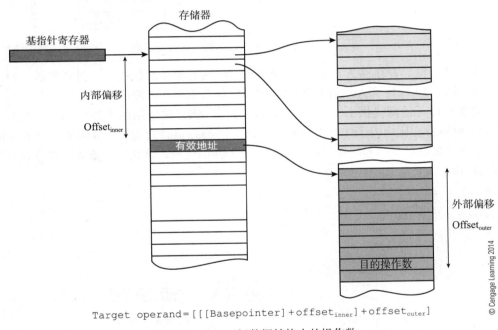

$$\text{Target operand} = [[[\text{Basepointer}] + \text{offset}_{inner}] + \text{offset}_{outer}]$$

图 4-27 访问目标数据结构中的操作数

```
Switch (operation)
{
  case LOAD:  { LOAD  code; break:}
  case STORE: { STORE code; break:}
  case ADD  : { ADD   code; break:}
  case BEQ  : { BEQ   code; break:}
}
```

图 4-28 展示了这段代码所用的数据结构，它用存储器中的表格记录了函数指针。将对应的指针载入程序计数器就可以执行所需的函数。下面用传统的 CISC 结构（如 68K）来实现一个 switch 结构。可以使用下面的指令通过存储器间接寻址来调用所需的子程序：

```
JSR ([A0,D0*4])   ; 调用 D0 指定的子程序（表基址在 A0 中）
```

即 $[PC] \leftarrow [[A0] + 4 \times [D0]]$。

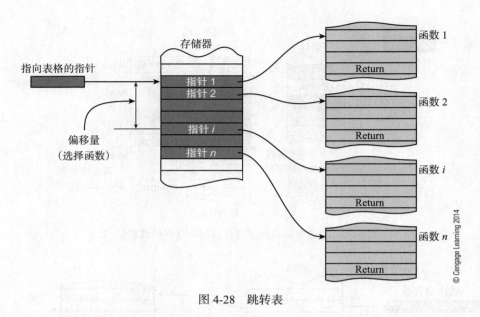

图 4-28   跳转表

在这个例子里，寄存器 A0 的内容与寄存器 D0 内容乘 4 的积相加，得到所需子程序的指针地址。图 4-29 描述了 A0 指向指针表而 D0 的值为索引 6 时的情形。

存储器间接寻址则提供了一种巧妙的解决方法，该方法使用两个参数和一条指令——JSR ([A0,D0*4])。比例因子 4 是指令的一部分，将 case 值转换为一个 4 字节（32 位）的地址偏移量。如果没有存储器间接寻址，则要使用下面的代码，该代码需要 4 条指令并会覆盖基寄存器 A0：

```
LSL.L    #2,D0       ; D0 中的 case 值乘 4
ADDA.L   D0,A0       ; case 值与表基址相加
MOVEA.L  (A0),A0     ; 读取指向例程的指针
JSR      (A0)        ; 调用例程
```

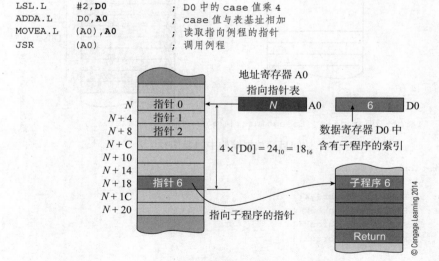

图 4-29   使用存储器间接寻址访问跳转表

在结束这部分内容之前，我们通过介绍可能的参数来说明 68020 寻址模式的多样性。图 4-30 和图 4-31 介绍了 68020 的两种存储器间接寻址模式。这些寻址模式仅在索引寄存器的使用上有所不同。寻址模式不可能灵活到能够支持所有可能的变化，因为这需要用 6 个参数来指定一个地址。相反，我们提供了两个基本选择：前变址（前索引）和后变址（后索引）。

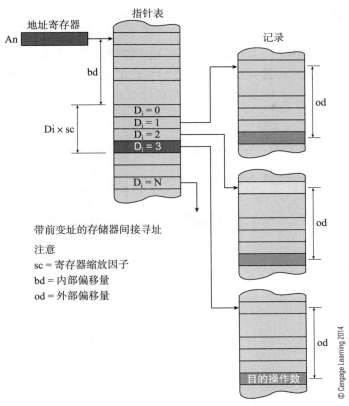

图 4-30　前变址存储器间接寻址

重温 SWITCH——ARM 的版本

下面是用 ARM 代码实现 switch 结构的实例。请注意它是怎样使用内置的移位操作来缩放 case 值的。

```
switch (Number)
{
    Case 0:   code 1;   break;
    Case 2:   code 2;   break;

    Case m-1: code m-1; break;
}
                            ; 假设 case 值最初在 r0 中
        ADR  r1,CaseTab     ; 将指向 case 表的指针载入 r1
        LDR  r15,[r1,r0,LSR #2]  ; 跳转到所选的 case
        .
        .
CaseTab DCD case 0          ; case 0 代码
        DCD case 1          ; case 1 代码
```

图 4-30 描述了前变址存储器间接寻址，其中索引寄存器从指针表中选出一个指针。由于可以在运行时修改索引寄存器，因此可以修改指针并选择任一记录。

图 4-31 描述了带后变址的存储器间接寻址，其中索引寄存器与记录指针相加，可以动态选择记录中的某个特定元素。由于 68020 的存储器间接寻址模式只允许一个索引寄存器，

程序员必须决定是将第一级表格的指针作为运行时变量，还是将第二级表格中的目标记录索引作为运行时变量。

在图 4-30 和图 4-31 中，sc 是比例因子，可用于缩放索引寄存器的值。例如，有效地址 ([20,A3],D4*4,64) 使用寄存器 A3 访问位于 [A3]+20 处的 32 位值，这里该地址处的 32 位值是一个指针。接下来，D4 的值乘以 4 的积与指针与 64 的和相加。最后的结果就是要访问的操作数的地址。

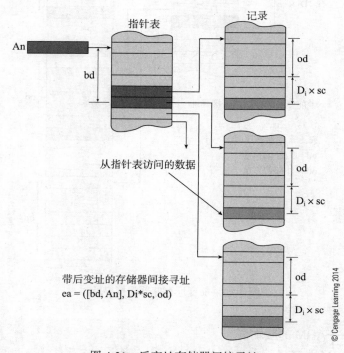

$$ea = ([bd, An], Di*sc, od)$$

带后变址的存储器间接寻址

图 4-31　后变址存储器间接寻址

2. 用存储器间接寻址访问记录

假设有一组由变量 day 索引的记录，且每个记录含有最多 6 个 32 位项。还假设指向记录的指针表中含有 64 字节的表格描述数据（图 4-32）。我们已经构造了一个指针表使用的 64 字节存储区，其后是指针。每个指针都指向某一天的 6 个结果。

图 4-32 中的寄存器 A0 指向数据结构存储区的基地址，除了指向记录的指针外，它还可以含有其他项。内部偏移量 bd 是天数列表起始地址相对于数据区起始地址的偏移量——第一天对应的数据项位于地址 [A0]+bd 处。

要选择的天数的索引位于数据寄存器 D0 中。因为指针表中每一项都是 4 字节的值，必须将 D0 的内容乘以 4。因此，指向要选择记录的指针的有效地址为 A[0]+bd+4*[D0]。处理器读出这个指向天数记录起始处的指针。假设我们想知道第 5 项的值。使用外部偏移量可以很方便地完成这一工作。当处理器从存储器中读出指针时，它将外部偏移量与指针相加，计算出要访问操作数的有效地址。如果这个例子不使用存储器间接寻址，则可以采用下面的汇编代码：

```
LSL.L      #2,D0              ; 将学生索引乘以 4
LEA        (64,A0,D0.L),A1    ; 计算指向记录的指针的地址
```

```
MOVEA.L   (A1),A1              ; 读出实际的指针
ADDA.L    #4,A1                ; 计算 CS 结果的地址
MOVE.B    (A1),D1              ; 读结果
```

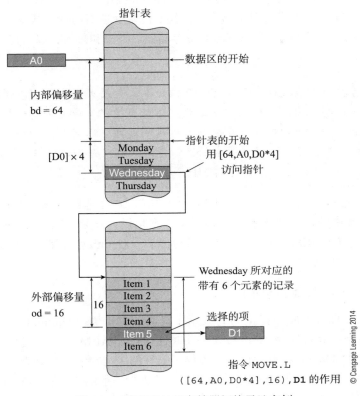

图 4-32　带前变址的存储器间接寻址实例

使用带前变址的存储器间接寻址要完成相同的计算：

```
MOVE.B    ([64,A0,D0.L*4],4),  D1
```

　　如前所述，处理器已经不再支持这些复杂的存储器间接寻址模式，即使它们能够实现非常紧致巧妙的机器代码。实际上，有人认为编译器很难利用这种复杂的寻址机制，因而它们的最终价值很低。如果将 68020 的存储器间接寻址与它的位字段指令结合在一起，依然可以写出下面的指令：

```
BFFFO     ([128,A3,D4*4],64){D2,D3},D7
```

　　它有 8 个参数。这样一条指令的功能非常强大（我们将它作为习题，请同学们用基本的机器指令实现它的功能）。不过，这条指令难以实现，速度相对较慢，会降低指令的执行速率，并且编译器很难充分使用该指令。

4.6　压缩代码、RISC、Thumb 和 MIPS16

　　现在来介绍指令集体系结构中一个不太常见的内容——压缩代码的概念。ARM 处理器和其他一些处理器能够改头换面，从 32 位变为 16 位，成为一个完全不同的体系结构。它们是怎样做到这一点的以及为什么它们会这样做就是本节的主题。

　　压缩 RISC 的推出是计算机体系结构发展史中的一件有趣事情。现代 CISC/RISC 结构的

32/64 位处理器凭借其宽总线、高时钟频率以及大内存为工作站环境提供了高吞吐率，这在现在已经成为公理。嵌入式处理器是 CISC 世界中最后被 RISC 占领的阵地之一。从激光打印机到 MP3 播放器、数码相机、蜂窝电话以及玩具等应用中都可以找到嵌入式处理器的身影。在很长一段时间，嵌入式处理器都是第二代 8 位微处理器的现代版本。在竞争激烈的市场中，8 位微处理器使用价格非常便宜的 8 位存储器、外设和总线，以获得更好的性价比。

压缩

　　用短符号替换经常出现的字符串可以压缩文本文件的大小。也可以通过类似的技术压缩处理器指令以得到密集的代码。压缩代码所付出的代价是更加受限的指令集；而压缩代码所带来的好处是可以使用 8 位总线和外设的能力。蜂窝电话、个人记事簿、掌上电脑等嵌入式应用无法承担宽总线带来的高昂费用。本节将介绍叫作"Thumb"的压缩 ARM 指令集和叫作"RISC16"的压缩 MIPS 指令集。

　　RISC 制造商希望进入利润丰厚、规模巨大的嵌入式处理器市场，但它们的 32 位处理器在这些应用领域中的性价比很差。一种折中方案是设计压缩 RISC，它具有 RISC 体系结构的许多特征，与传统 RISC 兼容，但字长却短得多。Thumb 就是第一款这样的处理器，是 ARM 体系结构的衍生品。

4.6.1　Thumb 指令集体系结构

　　之所以要介绍 Thumb 状态是因为它展示了极高的创造力。Thumb 使用 ARM 处理器的 32 位指令集并强制将其转换为 16 位模式，同时还保持了 ARM 处理器指令集体系结构的精髓。ARM 处理器的 Thumb 状态为设计者提供了最好的 16 位和 32 位处理器兼容的机制：处理器既可以执行压缩的 16 位 Thumb 代码，也可以执行一般的 32 位代码。做到这一点的方法是通过将所需的 ARM 处理器代码放在小容量 32 位宽存储器中，而把其他代码放到价格便宜的 16 位宽存储器中。进行性能优化以后，Thumb 代码的体系结构比 ARM 代码小 26%。对代码体积进行优化以后，Thumb 代码的体系结构 ARM 代码小 32%。当进行性能优化后，Thumb 代码的性能可以达到本地 ARM 代码的 98%。

　　图 4-33 描述了 Thumb 的寄存器组，与第 3 章介绍的 ARM 处理器寄存器组非常相似。在 Thumb 状态下，程序员可以不受限制地访问寄存器 r0 ～ r7、栈指针（r13）、链接寄存器（r14）以及程序计数器（r15）。寄存器 r8 ～ r12 只能由特殊指令访问。绝大多数 Thumb 指令都采用了与传统 CISC ISA 相同的两地址格式。Thumb 指令字长都是 16 位并且使用了 ARM 体系结构的一些概念。例如，有些指令提供了条件执行[⊖]。

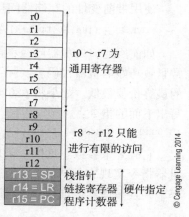

图 4-33　Thumb 寄存器组

　　⊖　Philippe Robin, ARM Ltd., Embedded Linux Conference 2007.

Thumb 寄存器

寄存器 r0 ～ r7 可被通用 Thumb 指令访问。

除了专用 ARM 指令外，其余指令不能访问寄存器 r8 ～ r12。

寄存器 r13 ～ r15 是专用的系统寄存器。栈指针是传统的 CISC 风格的栈指针，会在数据通过 Thumb 指令 PUSH 和 POP 入栈或出栈时自动递增或递减。Thumb 状态下的栈为满递减栈。

ARM 系列处理器使用 CPSR 的第 5 位 T 位表示处理器是否处于 Thumb 状态。如果 T 位被置 1，处理器会将代码解释为 16 位的 Thumb 指令；否则，代码正常执行。复位之后 ARM 处理器会进入它缺省的本地状态。

执行 BX（分支并交换）指令可以进入 Thumb 状态，该指令将 CPSR 的 T 位置为 1 并跳转到指定的位置。使用同样的指令可以使处理器从 Thumb 状态切回 ARM 处理器状态。其格式为 BX Rm，这里寄存器 Rm 中含有要执行的 Thumb 代码的目标地址。

当执行 BX 指令时，会检测 Rm 的最低位。如果该位为 1，处理器将切换到 Thumb 状态，并开始执行地址 Rm 处的代码，该地址是按半字（16 位）对齐的。如果 Rm 的最低位为 0，则将跳转 Rm 中到按字（32 位）对齐的地址处，ARM 处理器继续在缺省状态下执行。

设计决定

任何人都乐意从小房子搬到大房子，但从大房子搬到小房子却总是令人痛苦的，因为必须决定要丢掉什么。ARM 体系结构的设计者在设计 Thumb 状态时面临着同样的问题：应该丢掉什么呢？杂物和奢侈品自然可以，但那些必需品是不能丢掉的。

去掉一些寄存器可以减少操作码的位数，但会大幅度改变体系结构并且导致 Thumb 状态和 ARM 处理器状态无法兼容。一种折中是保持原有的寄存器组并且重新定义寄存器的访问方式。ARM 处理器体系结构中的 8 个寄存器 r0 ～ r7 会被直接映射到 Thumb 状态的寄存器 r0 ～ r7 上。寄存器 r14 和 r15（链接寄存器和程序计数器）保持不变，不过它们不能被显式访问了，需要使用新的指令来访问。寄存器 r13 在 ARM 处理器体系结构中被用作栈指针（按照约定）。在 Thumb 状态下，r13 被定义为硬件栈指针，带有自动递减和递增模式。

寄存器 r8 ～ r12 比较特殊。绝大多数指令都不能访问这些寄存器——只有那些最常用的指令才可以。这一策略使指令设计者在大多数时间可以使用 3 位的寄存器选择字段，而程序员可以在特殊的情形下访问额外的寄存器。

就像大家所期盼的那样，Thumb 结构丢掉了奢侈的条件执行，这样每个指令字可以节约 4 位。Thumb 状态下许多指令都使用两地址格式（就像 CISC 处理器一样）以避免编码第三个操作数。同样，奢侈的第二操作数移位也被丢掉了，并增加了一组新的显式移位指令。最后，通过大幅度削减立即操作数的大小，最大地节约了指令字长。

图 4-34 列出了 Thumb 数据处理指令的编码。可以看到立即数已经被减少为 3 位、7 位和 8 位。下面给出了图 4-34 中的 8 种指令格式。BNF 符号 ADD|SUB 表示 ADD 和 SUB 是二选一的。由竖线"|"分开的任意元素都代表一种选项。

```
1）ADD    Rd,Rn,Rm           ; (ADD|SUB)
2）ADD    Rd,Rn,#imm3        ; (ADD|SUB)
3）ADD    Rd|Rn,#imm8        ; (ADD|SUB|MOV|CMP)
4）LSL    Rd|Rn,#imm8        ; (LSL|LSR|ARS)
5）MVN    Rd|Rn,Rn|Rs        ; (MVN|CMP|CMN|TST|ADC|SBC|NEG|MUL|LSL)
```

```
                                              ; LSR|ASR|ROR|AND|EOE|ORR|BIC)
6）ADD      Rd|Rn,Rm                           ; (ADD|CMP|MOV) 高位寄存器
7）ADD      Rd,SP|PC,#imm8                      ; (ADD)
8）ADD      SP,SP,#imm7                         ; (ADD|SUB)
```

对于每种情形，我们都提供了一种简单的指令格式，并在右边列出了一条采用该格式的指令。ADD 和 SUB 指令具有多种格式，只有指令格式 5（两个操作数，寄存器 – 寄存器型）支持一般的数据处理指令。

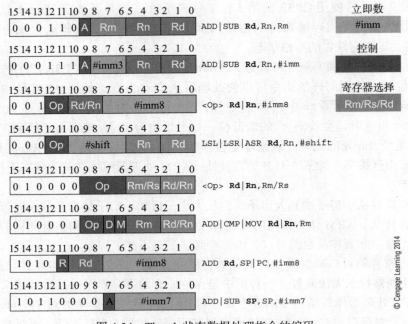

图 4-34　Thumb 状态数据处理指令的编码

指令执行后更新 ARM 处理器状态位的常用方法是，在指令助记符后附加一个"S"（并将操作码的 S 位置为 1）。在 Thumb 状态下，这一方法也被丢弃了，而是采用了 8 位处理器（以及 IA32/68K 体系结构）中的传统技术，即对寄存器 r0 ～ r7 进行处理的数据处理指令总会更新条件码位。

指令格式 6 用于访问寄存器 r8 ～ r12，处理这些寄存器的数据处理操作不影响标志位，当然，CMP 指令除外。

ADD 和 SUB 指令的格式最为多样。指令格式 5（两个操作数，寄存器 – 寄存器型）是唯一一种支持一般数据处理的指令。

图 4-35 描述了 Thumb 状态分支指令的编码。条件分支带有 8 位偏移量，而无条件分支的偏移量有 11 位。这种分支指令编码方案可以支持循环和 if-then-else 结构中的小范围条件分支。

子程序调用指令——分支并链接（BL），带来了一个特殊的问题。任何一个大的代码段都会需要长距离子程序调用，因此，短立即数不可能提供所需的目标地址范围。ARM 的解决方法是采用带有 11 位偏移量的分支并链接指令，然后重复执行该指令得到第二个 11 位偏移量，将它们拼接在一起得到一个 22 位的偏移量。这种方法允许中断指令对而不产生任何有害的副作用。

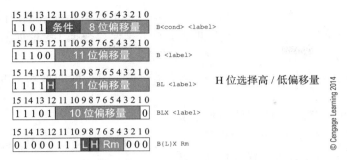

图 4-35　Thumb 模式分支指令的编码

当第一条指令执行且操作码的 H 位被清 0 时，链接寄存器作为临时寄存器，用于保存 PC 加上目标地址高半部分左移 12 位得到的部分分支目标地址。之所以要移 12 位是因为在 Thumb 状态下，所有指令的地址都是按照 16 位或半字边界对齐的。下面的算法描述了这一操作：

1. H = 0　　　　　　　　　lr = pc + 有符号偏移量 $\times 2^{12}$
2. H = 1　　　　　　　　　pc = lr + 偏移量 $\times 2^1$; lr = pc + 3

当执行该指令对的第二条指令时，目标地址的低半部分与链接寄存器中的部分和相加，并将结果送入程序计数器以完成分支操作。返回地址则被送入链接寄存器。

在编写 ARM/Thumb 程序时，必须告诉汇编器正在使用哪种状态。可以使用伪指令 CODE32（ARM 代码）和 CODE16（Thumb 代码）将代码类型告诉汇编器。缺省的伪指令为 CODE32。例如，

```
        ADD     r1,r2,r3    ; 该指令表示当前处于 ARM 状态
        ADR     r0, This + 1; 生成 Thumb 节的地址
                            ; 地址加 1，强制将 r0 的第 0 位变为高
        BX      r0          ; 离开——跳转并改为 Thumb 状态
        CODE16              ; 汇编 Thumb 指令
This                        ; 进入 Thumb 状态
        ADD     r1,r2       ; 该指令表示当前处于 Thumb 状态

        ADR     r0, That    ; 生成 ARM 节地址（偶地址）
        BX      r0          ; 再次离开——返回 ARM 代码
                            ;
        CODE32              ; 汇编 ARM 代码
That                        ; 在此执行 ARM 代码
```

图 4-36 描述了 Thumb 的 load 和 store 指令，它们的模式与相应的 ARM 指令相同，只不过立即数指定的位移量相对较小（5 位或 8 位）。它们支持字节、半字和字等类型的数据传送。偏移量会被缩放以便与所传送数据的大小相适应。例如，如果 5 位偏移量为 12 且有效地址为 [r0,#12]，这里 r0 的值为 1000，则将访问地址为 1012 的字节，地址为 1024 的半字，或地址为 1048 的半字，因为偏移量会自动与操作数的大小相乘。

可以用形如 LDR **Rd**,[PC,#imm8] 的指令使用带有 8 位有符号偏移量的程序计数器相

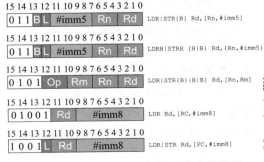

图 4-36　Thumb 态数据传送指令的编码

对寻址。之所以需要这种特殊的指令格式是因为 Thumb 状态不能直接访问 r15 中的程序计数器。显然这一寻址模式是为了载入局部常量而不是保存数据（无论如何，大部分 Thumb 代码都在 ROM 中）。因此，这种指令没有 STR 形式。

LDR Rd,[SP,#imm8] 和 STR Rd,[SP,#imm8] 是该指令更一般的形式，可以用栈指针来访问数据。

Thumb 指令集中还有一些存储器传送指令，尽管变量的范围不像在 ARM 处理器体系结构中那样大。图 4-37 描述了块寄存器传送指令的两种最基本的形式。

16 位指令只能传送寄存器 r0 ～ r7；不能传送任何其他的寄存器。

图 4-37   Thumb 模式多寄存器传送指令的编码

指令 STMIA Rn!,{registerList} 将 registerList 指定的寄存器块拷贝到寄存器 Rn 指定的存储区。

传送后递增（increment after）是该指令唯一允许的模式，它表示将寄存器保存在 Rn 所指定的存储单元，当寄存器值传送完之后，Rn 加 4。编号最小的寄存器最先保存，存放在地址最低的存储单元（即指针寄存器中的地址初值）中。

指令 LDMIA Rn!,{registerList} 将数据从存储器拷贝到寄存器中。首先将地址最低的存储单元加载到编号最低的寄存器中，然后指针加 4 并进行下一次加载。STMIA 和 LDMIA 指令互为逆操作，因为在 LDMIA Rn!,{registerList} 指令之后立即执行 STMIA Rn!,{registerList} 指令，系统状态将保持不变。

PUSH 和 POP 是另一对块传送指令，它们也互为逆操作，因为在 POP 后执行 PUSH 操作系统状态将保持不变。这些指令既不需要指定寄存器也不需要"!"后缀，因为按照定义，它们将访问栈指针 r13 所指的栈单元。

PC 相对寻址

寄存器间接寻址用一个寄存器提供操作数的地址。因为寄存器的值可以改变，有效地址就成为一个变量，使得程序可以在运行时访问动态数据结构。

如果程序寄存器本身就是指针寄存器，那么目标地址就可以用当前指令来指定。这种寻址模式一般被用于分支指令中以实现相对分支，这意味着无需重新计算目标地址就可以重新定位代码。

通过使用 PC 相对寻址来访问操作数，代码就是完全可重载的（因为数据地址可由当前的地址指定）并且可将其存放在只读存储器中。

寄存器列表的语法为 regsiterList{,R}，这里 {,R} 字段是可选的，且 R 可以是 SP 或 PC。例如，PUSH {r0-r4,lr} 和 POP {r0-r4,pc}。指令的 R 字段是一种将程序计数器或链接寄存器与寄存器块一起传送的巧妙方法。

本节介绍 Thumb 模式有以下几个原因。首先，它代表了一种有趣的指令集体系结构设计方法，并且与本书的副标题"主题与变化"一致。其次，它有助于提升 ARM Holdings 在从嵌入式计算到工业用户等不同领域中的地位。最后，它反映了代码密度与性能之间的折中。

4.6.2　MIPS16

　　MIPS16 与 Thumb 类似，也是为实现 16 位处理器同时又保持与 MIPS I 和 MIPS III 等 32 位体系结构的兼容而设计的。MIPS16 的诀窍在于它将 MIPS-III 的 32 位指令集映射到 MIPS16 的 16 位指令集上。图 4-38 描述了对 MIPS I 型指令来说是如何实现的[⊖]。本节不会介绍 32 位 MIPS 体系结构，因为我们仅对 32 位 ISA 映射到 16 位 ISA 的方法感兴趣。

　　MIPS 代码的压缩是通过将 MIPS 指令分段并减少各段的位数而实现的。将操作码减少一位进一步精简了已经很精炼的 MIPS 指令集。其次，寄存器的数量从 32 个减少到 8 个，每个寄存器选择字段可以节约两位。最后，I 型指令中立即数的大小也从 16 位缩短到 5 位。

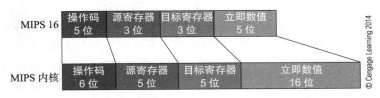

图 4-38　MIPS16 的压缩操作码格式

　　MIPS16 使用了经典的两地址模式指令，其中一个寄存器既是源操作数也是目的操作数；即结果会覆盖两个源操作数中的一个。

　　将 32 位指令集压缩到 16 位字中需要新的指令来处理由于小的寄存器组以及短的立即数字段带来的问题。MIPS16 有一条扩展指令，它不执行任何操作，只是简单地提供一个 11 位的立即数，可以与下一条指令中的 5 位立即数拼接在一起。这一机制当然比 CISC 的多长度指令更加精巧。

　　像 Thumb 一样，MIPS16 实现了硬件栈指针，允许相对栈指针的 load 和 store 操作——这是另一项与 CISC 的联系更加紧密的特征。当相对栈指针进行 load 或 store 操作时，偏移量为 8 位，因为冗余的寄存器字段可以和立即数拼接在一起。

　　图 4-39 展示了如何将 MIPS16 的寄存器映射到 MIPS 内核的寄存器组上。尽管 MIPS16 只有 8 个可见的寄存器，其余 32 − 8 =24 个 MIPS 寄存器只能通过专门的传送指令访问，它们能够在 MIPS 内核与 MIPS16 的寄存器组之间拷贝数据。

　　MIPS16 指　令 `BEQZ rx,immediate` 和 `BNEZ rx,immediate` 可以根据任意寄存器的值是否为 0 来进行分支。分支指令从指令中取出 8 位有符号立即数，将其左移一位，并将其与程序计数

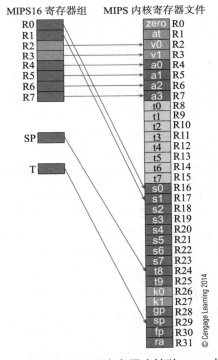

图 4-39　将 MIPS16 的寄存器映射到 MIPS 内核

　　⊖　K. Kissell," MIPS16: High-density MIPS for the Embedded Market", MIPS Technologies, Inc., Technique Report, 1997.

器的值相加，得到相对地址。当指定的寄存器的值为零（BEQZ）或不为零（BNEZ）时分支将转移。

图 4-39 还展示了一个新的 MIPS16 寄存器，叫作 T 寄存器，它不属于 MIPS 内核。该寄存器与指令 BTEQZ immediate 和 BTNEZ immediate 一起支持条件执行。这些指令的行为与对应的 BEQZ 和 BNEZ 指令相同，只不过被测试的寄存器是 T 寄存器。T 寄存器由 MIPS16 的小于时置 1 指令置 1 或清 0。读者会疑惑为什么要实现 T 寄存器，这是可以理解的。假设要比较两个寄存器的大小，可以用 SLT R1,R2 指令完成比较，用 BTEQZ 和 BTNEZ 指令完成分支。

4.7 变长指令

本章最后一节将介绍 8 位微处理器的一个特征——变长指令，它源自 IA32 和 68K 那样的 CISC 处理器。尽管 RISC 家族（例如 PowerPC，SPARC，MIPS 和 ARM）都采用定长指令，8 位微处理器和 68K、IA32 系列等 CISC 处理器都使用变长指令。每条指令的字长都可能不同，而且每个取指周期中程序计数器也不会按常数值递增。如果不是所有指令的长度都相同，处理器预取指令流就会变得非常困难。例如，处理器无法读出顺序的第 10 条指令，因为它不知道该指令的边界在哪里。而且，变长指令会使译码段难以设计，因为该段必须查看完整的指令字而不是单独一个字段。

由于不可能设计出一条真正的带有一个操作码和一个操作数地址的 8 位指令，一种简单的方法是实现字长为 8 位的倍数指令。不过，如果所有指令都是 32 位，代码密度将会很低。当 8 位微处理器首次出现时，主要的设计考虑是巨大的主存开销（比今天的存储器大约贵 6 个数量级）。一种解决方法是使那些不需要操作数或者仅需要很短的操作数的指令字长为 1 个字节，需要 8 位操作数的指令字长为 2 个字节，需要 16 位存储器地址的指令字长 3 个字节，依此类推。这样的变长指令最早出现在大型机中。

图 4-40 描述了一种提供 8 位、16 位或 24 位有效字长的技术；这是一个基于 8 位微处理器的假想实例。指令字被划分为单独的字节，并且这些字节被保存在连续的 8 位存储单元中。例如，24 位指令保存在 3 个连续的字节中。当然，要从存储器中读出这条 24 位的指令，必须在取指段执行 3 个读周期。

典型的 8 位微处理器用一个字节表示每个操作（有些 8 位微处理器实现了两字节操作码）。第一代 8 位微处理器并没有将所有的 2^8 = 256 个操作码全部分配给合法指令，在指令集中留下了空隙。指令集中这些所谓的孔洞可用于指令集扩展，每一个值并不一定会对应一个合法的操作码。微处理器设计者使用一些之前未被分配的操作码作为指针，指向一组新的最多 256 个操作码。即当在指令集中遇到这样的操作码时，将从存储器中读出接下来一个字节以判断实际操作是什么（创造了一条 16 位的指令）。源自 Intel 8080 的 Z80 就是将这种方法应用于指令集设计的最好

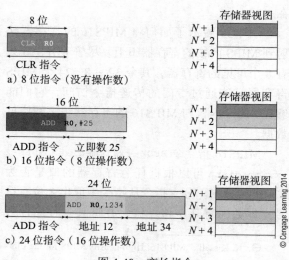

图 4-40 变长指令

实例。

当 CPU 在取指周期中读出当前指令时，它首先检查该指令的类别或类型，然后在执行阶段开始之前读出 0 个、1 个或 2 个更多的字节。从概念上讲，计算机仍然有一个取指段和一个执行段，但取指段被扩展为从主存中读出变长指令。所有的 8 位微处理器都采用了这种方案。读者可以将读取扩展操作数段视作处理器执行段的一部分，因为直到当前指令译码结束 CPU 才能开始读取扩展操作数。

变长指令有两个重要的好处。第一个好处是一款名义上为 8 位的处理器可以使用任意复杂的指令；即可以构造一台实现任意指令集的计算机，无论它有多大或多复杂。同样，变长的地址字段意味着可以设计一款处理器访问任意大小的程序和数据结构。变长指令的第二个好处是频繁使用的指令有时会被限制为一个字节，程序的体积将最小。例如，假设某系统经常执行将小整数 1、2、3 或 4 与寄存器相加的操作。该指令可被编码为 8 位二进制串 xxxxxxyy，这里 x 代表操作码小立即操作数与寄存器相加，两位 yy 表示参加加法的实际操作数。68K 指令集用术语 quick 代表一条带有小立即操作数的指令。例如，指令 ADDQ #3,D0 将 3 与寄存器 D0 的值相加。

实际的 8 位微处理器并没有采用无限扩展的指令和操作数地址。它们给操作码分配一个字节，提供最多 256 条指令，而且操作数被限制为 16 位，提供 64 字节地址空间。后来，Zilog Z80 等 8 位微处理器使用 16 位操作码将它们的指令扩展为超出 8 位指令集的 256 条指令的限制。

请考虑带有 8 位操作码和 16 位地址的第二代 8 位微处理器。若程序所占用的字节总数为 S，则 $S = l + 2m + 3n$，这里 l 是 8 位指令的数量，m 为 16 位指令的数量，而 n 为 24 位指令的数量。因此，平均每条指令所用的字节数为 $S/(l+m+n)$。

使用变长指令有好处也有坏处。由于每条指令访问外部程序和数据存储器的次数可能多达 5 次（读取一条 24 位指令的 3 个字节需要 3 次，如果指定的操作数为 16 位值，则需要 2 次读），吞吐率有所降低。

将指令译码为 1、2 或 3 字节格式时需增加的复杂度是多长度指令的一个小小的不足。图 4-41 描述了带有变长指令的处理器中指令译码的 4 种方法。在图 4-41a 中，操作码中有两位被保留以表示指令字长为多少字节。该机制速度快，也很容易实现。不过，它浪费了操作码空间。例如，如果只有个别指令长为一个字节，指令空间中以 00 为前缀的四分之一部分将被分配给没有扩展的指令。

图 4-41b 描述了一种更好的基于哈夫曼编码的方法。最常用的指令长度的前缀为 0，这样指令中只有 1 位用于描述指令长度。第二常用的指令长度的前缀为 10，需要用两位指定指令长度，依此类推。在至少一半指令的字长都是最常见字长、至少四分之一指令的字长都是第二常见字长、…的系统中，这种方案将十分有效。然而，由于使用可变的位数表示指令字长，留给定义操作码的位数也必将是可变的。因此，哈夫曼编码给操作码设计带来了新的问题。

哈夫曼编码

哈夫曼编码是一种变长编码，每个编码的字长不同。当某些字的使用远比其他字频繁时，哈夫曼编码将非常高效，因为可以将短编码分配给那些频繁使用的字。莫尔斯码是哈夫曼编码的一个很好的例子，它为最常用的字母（英语）分配最短的符号。例如，

> 字母'e'是一个点，而字母x是 -·-。
>
> 除了使用哈夫曼编码来减少机器代码的平均长度外，哈夫曼编码还被用于JPEG图像编码中以进行图像压缩。

图4-40a和图4-40b中的译码机制是固定的。图4-41c则描述了一种可以无限扩展的方案。取指段会测试操作码中的标志位。如果该位为0，则无需任何扩展。如果该位为1，则需要从存储器中读出一个扩展字节。如果扩展字节中的标志位为0，则取指结束。如果扩展字节中的标志位为1，则读出另一个扩展字节，依此类推。这种机制提供了一种数量无限的扩展字节，尽管它的速度也许会很慢，因为在按照顺序从存储器中读出全部字节之前，无法确定扩展字节的总数。

图4-41d描述了另一种获得指令字长的方法，它使用ROM中的查找表完成指令译码。这种方法意味着任意二进制操作码都可以与任意指令字长关联在一起，因而消除了指令编码的许多问题。然而，译码ROM占用了大量芯片面积并且会减缓指令执行速度，因为必须在指令译码完成之前访问内部存储器。

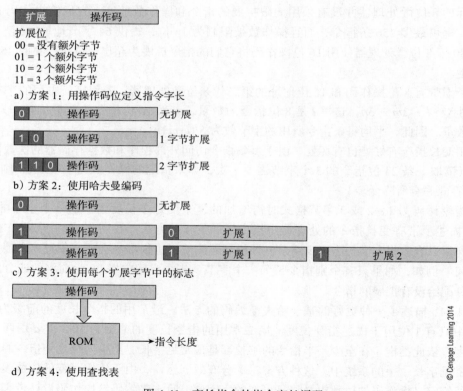

图4-41   变长指令的指令字长译码

译码变长指令

下面用size字段来说明可变长指令的译码，如下所示。假设每次从存储器中读出一个字节。在下面的代码中，MAR（存储器地址寄存器）是一个指针，指向正在访问的存储单元；MBR（存储器缓冲寄存器）是一个寄存器，保存了从存储器中读出的数据或要写入存储器的数据。这些概念将在第6章讨论。

```
MAR = PC;                    /* PC 送入 MAR                    */
PC  = PC + 1;                /* PC 递增                        */
MBR = memory[MAR];           /* 取下一条指令                   */
IR  = MBR;                   /* 将 MBR 拷贝到 IR               */
size = (IR&0xC0)>>6;         /* 从操作码中提取 size 字段        */
switch (size)
{ case 0: {break;}           /* 没有扩展，因此在这里退出        */
  case 1: {MAR = PC;         /* 有1个字节扩展，因此进行一次读   */
          PC  = PC + 1;
          MBR = memory[MAR];
          Ext1 = MBR; break;}
  case 2: {MAR = PC;         /* 有2个字节扩展，因此进行两次读   */
          PC  = PC + 1;
          MBR = memory[MAR];
          Ext1 = MBR;        /* 第一次扩展                     */
          MAR = PC;          /* 第二次读取，得到下一个字节      */
          PC  = PC + 1;
          MBR = memory[MAR];
          Ext2 = MBR; break;)
  case 3: {     };           /* 依此类推…                      */
}
```

通过测试指令中操作数扩展位，可以实现图 4-41b 中的哈夫曼译码方案。如果该位为 0，则结束。如果该位为 1，则执行另一个取周期并测试下一个扩展位，依此类推。

```
MAR = PC;                    /* 读取周期：PC 送入 MAR          */
PC  = PC + 1;                /* PC 递增                        */
MBR = memory[MAR];           /* 取下一条指令                   */
IR  = MBR;                   /* 将 MBR 拷贝到 IR               */
if (IR&0x80==0);             /* 测试操作码的第一个 size 位      */

                             /* 为 0 则没有扩展，因此退出       */
else
  {                          /* 至少还需要1个字节              */
    MAR = PC;                /* 第二个读取周期：PC 送入 MAR     */
    PC  = PC + 1;            /* PC 递增                        */
    MBR = memory[MAR];       /* 取下一条指令                   */
    Ext1 = MBR;              /* 保存第一个扩展字节              */
    if (IR&0x40==0);         /* 测试前缀是 10 还是 11          */
                             /* 如果前缀为 10，则带一个字节退出 */

    else
      {                      /* 至少还需要1个字节              */
        MAR = PC;            /* PC 送入 MAR                   */
        PC  = PC + 1;        /* PC 递增                        */
        MBR = memory[MAR];   /* 取下一条指令                   */
        Ext2 = MBR;          /* 保存第二个扩展字节             */
        if (IR&0x20==0)      /* 测试前缀是 100 还是 110        */
          ;                  /* 如果前缀为 100，则带两个字节退出*/
        else                 /* 继续这种测试方法               */
          {;依此类推
          };
```

可以采用与哈夫曼译码器十分相似的方法实现图 4-41c 中的标志位方案。我们所要做的就是读一个字节然后继续累加扩展字节，直到标识位为 0。

```
MAR = PC;                    /* 读取周期：PC 送入 MAR          */
PC  = PC + 1;                /* PC 递增                        */
MBR = memory[MAR];           /* 取下一条指令                   */
```

```
   IR  = MBR;                    /* 将 MBR 拷贝到 IR              */
   if (IR&0x80==0)               /* 测试指令字的标志位            */
      ;                          /* 为 0 则没有扩展，因此退出      */
   else
      {                          /* 至少还需要 1 个字节           */
      MAR = PC;                  /* 第二个读取周期：PC 送 MAR     */
      PC  = PC + 1;              /* PC 递增                      */
      MBR = memory[MAR];         /* 取下一条指令                  */
      Ex1 = MBR;                 /* 保存第一个扩展字节            */
      if (Ex1&0x80==0)           /* 测试第一个扩展字节的标志位     */
         ;                       /* 如果标识为 0，则没有扩展       */
      else
         {                       /* 至少还需要 1 个字节           */
         MAR = PC;               /* PC 送入 MAR                  */
         PC  = PC + 1;           /* PC 递增                      */
         MBR = memory[MAR];      /* 取下一条指令                  */
         Ex2 = MBR;              /* 保存第二个扩展字节            */
         if (Ex2&0x80==0)        /* 测试第二个扩展字节的标志位     */
            ;                    /* 如果标识为 0，则没有扩展       */
         else                    /* 继续这种测试方法              */
            {依此类推
         };
      }
   }
```

20 世纪七八十年代的 16 位体系结构必须采用多长度指令，因为 16 位不足以表示操作码和一个操作数。只有在设计出 32 位指令之后，将操作码和操作数编码在一条指令内才成为可能。即便如此，32 位体系结构还必须是寄存器 – 寄存器型的，因为即使使用 32 位也没有办法提供一种有两操作数的格式。

本章小结

指令集体系结构是一个非常有趣的内容。一方面，只使用少量的机器指令就可以编写出任意的程序（极限情况下，使用一条机器指令就可以编写出所有程序）。另一方面，设计者必须评估性能、代码密度、向后兼容性以及竞争的处理器等多种因素。即使是广告执行有时也必须考虑，因为在微处理器发展的早期，指令被宣传为在手册中看起来很好，但对性能的影响很小。为公平起见，我们将不再考虑早期微处理器的设计目标。

前一章介绍了 ARM 指令集。本章从几个方面讨论了指令集体系结构：位字段，数据传送和压缩，以及复杂的存储器间接寻址模式。

这一章中有一部分专门介绍了栈，怎样使用栈为程序员设计函数提供局部存储，以及在函数与调用程序之间传递参数。本章还特别地分析了系统程序员使用的 C 语言与底层机器之间的关系。我们用交叉编译器分析了底层体系结构支持高级语言的方法。

本章最后一部分介绍了半导体制造商怎样通过代码压缩技术使 ARM 或 MIPS 等处理器的代码更加紧凑，并因此使它们在蜂窝电话和 PDA 等应用中的性价比更高。

习题

4.1 a. 什么是栈帧？为什么它非常重要？

　　b. 栈指针与帧指针有何区别？

4.2 在 ARM 处理器中，链接寄存器与帧指针有何不同？

4.3 下面的代码是一段 C 语言调用函数的程序实例。

```
void adder(int a, int *b)
{
*b = a + *b;
}
void main (void)
{
int x = 3, y = 4;
adder(x, &y);
}
```

下面是 68000 编译器的输出。下面的文本框列出了一些指令的功能。

```
*1 void  adder(int a, int *b)
          Parameter a is at 8(FP)
          Parameter b is at 10(FP)
adder
          LINK      FP,#0
*2        {
*3        *b = a + *b;
          MOVEA.L   10(FP),A4
          MOVE      (A4),D1
          ADD       8(FP),D1
          MOVE      D1,(A4)
*4        }
          UNLK      FP
          RTS
*5
*6        void main (void)
          Variable x is at -2(FP)
          Variable y is at -4(FP)
main
          LINK      FP,#-4
*7        {
*8         int x = 3, y = 4;
          MOVE      #3,-2(FP)
          MOVE      #4,-4(FP)
*9         adder(x, &y);
          PEA       -4(FP)
          MOVE      #3,-(A7)
          JSR       adder
*10
*11       }
          UNLK      FP
          RTS
```

请画出函数 main 调用函数 adder 之后栈的状态（即返回地址已经处于栈顶但还没有执行 adder 函数的任何代码）。请仔细地标出栈中每个数据项，并给出它们相对帧指针的偏移量。

68000 指令

68K 指令能对字节、字或 32 位长字进行处理，分别用后缀 .B，.W 和 .L 表示。没有后缀表示缺省后缀 .w（两个字节）。

MOVEA.L 10(F),A4 将距离 A6 中帧指针的偏移量为 10 字节的长字存储单元的内容拷贝到寄存器 A4 中。

> PEA 将一个长字（32 位）数据送入 A7 所指的系统堆栈中。栈指针指向栈顶元素，新的长字（32 位）入栈之前先将栈指针减 4。68K 的栈对应于 ARM 的 FD（满递减）栈。
>
> 指令 PEA -4(SP) 计算出 [SP]-4 定义的有效地址，并将数据入栈。SP 和 A7 含义相同。
>
> LINK FP,#0 创建一个 0 字节的栈帧！这是为了在两个函数之间建立链接。指令 LINK FP,#0 将旧的帧指针入栈，并将栈中保存的帧指针地址送入新的帧指针。请注意在这个例子里帧指针与栈指针都指向同样的位置。
>
> UNLK FP 指令将帧指针（指向帧的基地址）载入栈指针，从而释放栈帧。然后将旧的帧指针从栈中取出并恢复帧指针。

4.4 我们说任何一个计算机程序都可由一条指令构成，该指令完成减法并在结果为负时跳转。请讨论这句话的准确性。

4.5 一条复杂指令之所以被称为复杂，一条简单指令之所以被称为简单的原因是什么？复杂和简单这两个概念对于指令集体系结构是否有意义？

4.6 指令 SBN a,b,c 的定义为：[a] = [a] − [b]; if [a] ≤ 0，则跳转到 c。只使用一条 SBN destination,source,target（目的减去源并在差为负时跳转）指令，实现下面的操作。

　a. MOVE **X**,Y　　　　　　　　　;将存储单元 Y 的内容复制到存储单元 X

　b. ADD **X**,Y　　　　　　　　　;将存储单元 Y 的内容与存储单元 X 的相加

　c. IF (X ≥ 0) Y ← 2Y　　　　　;如果存储单元 X 的值大于 0，则 Y ← 2Y

4.7 请调查 3 个不同的微处理器系列支持的乘法和除法指令。为什么乘法和除法指令的实现方法比其他指令（比如加法）多？

4.8 8 位微处理器和 IA32、68K 等经典 CISC 处理器都支持变长指令。带有不同长度指令的计算机体系结构有何优点？它又有什么不足？

4.9 a. 数据传送指令将数据从源地址传送到目的地址。在实现一条数据传送指令时，设计者必须了解哪些实际问题？

　b. 有的数据传送指令会对含有要传送的数据元素的位序列重新排序。为什么？

4.10 假设某基本指令集带有典型的算术和逻辑指令（add，sub，and，or，not，xor，lsl 和 lsr）。仅使用该指令集怎样将一个 32 位从存储单元 a 传送到存储单元 b，且将字节顺序由 $PQRS$ 变为 $SQRP$。

4.11 为什么有些处理支持双精度移位运算？处理器还支持哪些双精度运算？

4.12 LEA（加载有效地址）和 PEA（有效地址入栈）是 68K CISC 处理器的两条指令。这两条指令的功能是什么，怎样使用这两条指令？

4.13 什么是边界测试，68020 是怎样实现边界测试的？如果你是处理器设计者，你准备怎样实现边界测试？你能想出其他将边界测试集成在某体系结构中的方法吗？

4.14 请调查几款微处理器，并说明它们是怎样支持控制循环的。

4.15 微处理器指令集中缺少了哪些指令？这一问题的目的是请读者思考计算机所完成的操作类型以及哪些操作可用于加速运算。

4.16 a. 什么是存储器间接寻址，它是如何使用的？

　b. 为什么很少有处理器会实现存储器间接寻址？

4.17 68020 支持带前索引（前变址）和后索引（后变址）的存储器间接寻址模式。这里前索引和后索引是什么意思？如果只能实现一种寻址模式，你认为哪种更好？请结合具体例子说明理由。

4.18 68020 带后索引的存储器寻址模式可以用有效地址（[64,A0],D3*2,24）表示

　a. 用图形和文字说明有效地址是如何计算的。

b. 该有效地址中的内部和外部偏移量分别是什么?

c. 什么是索引寄存器缩放, 为什么要实现这种机制?

4.19 a. 就 Thumb 而言, 什么是压缩代码?

b. 压缩体系结构是否反映了计算机发展的进步? 请举例说明你的答案。

4.20 本章介绍的两种压缩体系结构通过限制立即数的范围、减少指令数量以及寄存器数量来减少指令字长。请给出其他压缩指令集的方法。

4.21 我们说无法在指令流中确定指令边界是变长指令集的一个问题, 因为必须单独译码每一条指令以确定它们的长度。为完成分支地址处理或乱序执行等操作, 现代高性能计算机会预取指令。你能否提出一种机制既可以支持多长度指令, 也可以在不完全译码指令的情况下确定指令流中指令的边界?

4.22 68K 系列处理器使用分离的通用地址和数据寄存器。这两类寄存器有何区别? 由于绝大多数带有通用寄存器的计算机都不会从硬件上区分数据和地址, Motorola 的这一设计思想是好还是坏? 在硬件上区分地址和数据有哪些优点与不足?

4.23 某 CISC 结构通过位字段指令对图像数据进行巧妙处理。这些位字段指令占执行代码的 5%。不过, 它们会使芯片面积增加 20%, 并且无法使用高级的流水线以及其他微体系结构技术。如果不使用位字段指令, 芯片可以在两倍时钟频率下工作。典型的例子是可用 7 条机器指令代替 1 条位字段指令。请问你对保留或去掉位字段指令有何建议?

4.24 为什么在讨论位字段的概念时会遇到端格式这一问题? 请结合 68020 的位字段指令阐述你的观点。

4.25 若要用 BFFFO 指令处理图 P4-25 中的数据结构。假设基地址为 800, 则被载入目的寄存器的值是什么?

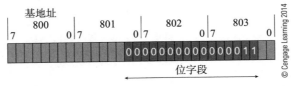

4.26 请考虑一台带有形如 BFFFO R1,(R2),{R3:R4} 的位字段指令的计算机。执行这条指令之后, 寄存器 R1 中要么是位字段中第一个 1 的位置, 要么是位字段的长度。寄存器 R2 是存储器中某个字的地址, 寄存器 R3 是位字段相对于寄存器 R2 所指的字的偏移量, R4 是位字段的宽度, 值为 1 ~ 32 (不支持空的位字段)。

对于一台真实的或假想的计算机, 请写出一段汇编指令, 用基本 (非位字段) 指令实现这一操作。假设可以使用动态移位, 请说明解决该问题的所做的所有假设 (例如, 位 / 字节的编号方法)。

4.27 假设没有多精度移位指令, 只能使用逻辑移位操作。怎样使用单精度移位操作实现多精度移位?

4.28 68020 的 CHK2 和 CMP2 指令非常巧妙, 因为它们可以将某寄存器与两个边界比较, 在运行时检测数组下标。不幸的是, 该指令的开销很大, 因为它们需要从存储器中读出两个字 (上下地址边界), 这个操作非常耗时。请问你能否想出一种方法实现一条功能相同但不会带来这么多开销的指令?

4.29 68020 汇编语言指令可以使用复杂的有效地址表达式:

BFFFO {[16,A0,D1*4],8},**D4**

请写出能够实现同样功能的 ARM 指令序列。假设目的地址为 32 位字。

4.30 为什么完成同样功能的 RISC 程序的体积比 CISC 程序的大?

4.31 假设有一个 m 位的寄存器, 将一个 m 位的常数载入该寄存器会带来一点问题。请讨论指令集设计者在 CISC 和 RISC 结构上怎样解决这一问题?

4.32 ARM 处理器的指令编码与 MIPS 处理器的有何区别?

4.33 若你正在设计一款与 ARM 系列处理器非常相似的新处理器,但对 ARM 处理立即数的方法不太满意。请回忆一下,ARM 指令可带有一个 12 位的立即数字段,包含一个 4 位的比例因子和一个 8 位的立即数。你想出了一个新的办法——查色表或常数查找表。你的体系结构知识告诉你,大多数程序所用的立即数值范围很小,但你还知道值很大的常数和指针也是必需的。查色表是一个带有 2^{12} 项的表格,各表项的编号将被依次初始化为 0 ～ 4095,这样就可以表示 0 ～ 4095 范围内的立即数。不过,使用专门的查色表设置指令 cluts,程序员可以将他们希望的任何 32 位值载入查色表中,最多一共 4096 个。如果要访问的立即数少于 4096 个,则可以用指令中的 12 位立即数字段访问它们,该字段可作为查色表指针。cluts 指令是个很棒的主意还是个笨办法?

计算机体系结构与多媒体

"一幅画胜过千言万语。"

——Anon

"人多好办事。"

——俗语

"今天的世界太难懂了，为什么我要走寻常路？"

——Pablo Picasso

"时间是我最大的敌人。"

——Evita Peron

本书先是在第 3 章介绍了 ARM，然后在第 4 章有选择地关注了指令系统的部分特征，至此读者已经了解了微处理器的指令集。现在我们通过介绍微处理器的发展历史来结束对指令系统的阐述，这段历史对于从指令集设计到硬盘的发展在内的许多计算机技术都产生了深远的影响。这就是多媒体（multimedia），它对计算机技术的发展产生了深远的影响。本章将从引起这些发展的历史背景开始，说明为什么音频 - 视觉应用需要复杂的数学处理，接下来介绍为了处理这些应用对指令系统进行的强化设计。

十多年以前，我所任教的大学里有名同事离职并加入了一家消费类电子产品的大型跨国公司。当我俩再次相见时，他问我，"你知道这么多数字电子设备背后的驱动力是什么吗？"我说，"不知道"，他说，"是酒店客房内的视频点播需要。"在一家有上百间客房的大酒店里，可能有上百位客人同时点播并实时观看影片。想想要访问、处理和传送的数据量有多大吧。我曾乘坐过能够容纳 800 名乘客空客 A380 飞机，每个座位都带有一个终端可以实时访问数十部影片和游戏，快退和快进。

在 20 世纪 70 年代，微处理器不过是用来实现自动洗衣机或简单桌面计算器的可编程控制单元。在第一代 8 位微处理器时代，指令集很有限，而且甚至几乎没什么微处理器实现了 8 位乘法。微处理器的第一个流行应用是字处理，因为 8 位 ASCII 编码的等宽 Courier 字体的处理还是很容易的。

随着时间的推移，微处理器的新应用不断出现，比如使微处理器变为不可缺少的办公工具的电子制表软件。桌面出版的出现使人们可以使用各种字体，脱离人工打字机以及它的等宽 Courier 字体也是向广阔的个人计算迈进的一步。

人们已经经历过桌面印刷时代，进入了多媒体时代。多媒体一词代表实时处理声音和图像的计算机应用，尤其是那些集成了声音和视觉的应用。很少有多媒体应用比影片的检索、处理和播放更能引人注意。

多媒体应用对存储容量、处理能力、低延迟和带宽提出了很高的要求。在使用 8 位芯片以及 8KB 内存的简单 ASCII 字处理时代，观察员会好奇为什么有人希望硬盘容量超过 10MB。请想想每个 ASCII 字符占一个字节，平均每个英文单词由 5 个字符组成，每页大概 500 个词或大约 3KB。因此，一个 10MB 的磁盘可以存放大约 3 000 页。而 PC 机和 Microsoft DOS 出现之后，评论员们又好奇为什么有人希望硬盘容量超过 100MB。Microsoft Windows 已经呼之欲出了，等着说出第一个词：feed me！今天的硬盘容量已经超过了 3TB，是的，那些人却还在问是不是真的需要更大的容量。一幅未压缩的高分辨率数字相片会超过 100MB；摄像机拍摄的一小段视频很快就能用掉 300MB。计算的历史上从来没有停止过对更大的存储容量、更强的性能、更高的带宽和更低延迟的追求。当然，一些新技术，比如云计算，允许个人设备将数据远程地保存在云端，从而改变了带宽和容量的关系。

本章第一部分介绍了一些需要高性能和大容量的计算领域。通过介绍计算机图形学、数字信号处理、图像压缩等概念说明今天的计算机所执行的操作的特点。本节的目的不是向学生们讲授如何实现图形操作或设计 MPEG 解码器，而是解释为什么一些应用对计算能力有如此大的需求，以及究竟是什么值得计算机设计者向其指令系统中加入多媒体扩展指令。

多媒体应用有些共同的特点；包括并行地对一组基本数据元素进行的简单操作。这些操作叫作短向量操作。本章的大部分内容介绍了半导体制造厂商如何将短向量操作集成在其处理器的指令系统中。我们从 Intel *multimedia extensions*（*MMX*）开始，然后介绍它的一些更新的版本，现在叫作 *streaming extensions*（*SSE*），由 Intel 和其他系列处理器实现。

5.1　高性能计算应用

在设计指令系统时，必须确定指令集中应含有哪些数据处理操作。显然，加、减、乘、除以及移位等日常的整数算术运算显然是必需的。但并不是所有这些操作都是必需的。例如，乘法和除法都可以通过加 / 减和移位实现。早期的微处理器并没有提供乘法和除法。程序员必须自己编写乘法和除法例程。即使在今天，也不是所有微处理器都支持除法。我们的下一步是问问算术运算会出现在计算的何处。

人们最初制造数字计算机是为完成科学（数学表格）、军事（野战炮火力表）和商业应用中的数值计算。尽管 20 世纪六七十年代的一些计算机是为科学计算而设计的，但是大部分大型机都用于商用数据处理，它们并不需要科学家在大气等模型系统所用的高速算术计算。

用乘法实现除法

作为一个使用其他指令实现除法的例子，请考虑下面用乘法、加法和移位实现乘法的迭代过程。

假设被除数为 N，除数为 D，商为 Q，即 $Q = N/D$。首先，根据 D 的值将其左移或右移，使得 $1/2 \leqslant D<1$。定义 $Z = 1 - D$，此时 $0<Z \leqslant 1/2$。将除法修改为 $Q = N/D = KN/KD$。假设 $K = 1 + Z$，那么

$$Q = \frac{N}{D} = \frac{N(1+Z)}{D(1+Z)} = \frac{N(1+Z)}{(1-Z)(1+Z)} = \frac{N(1+Z)}{1-Z^2}$$

如果现在用 $K = (1+Z^2)$ 重复这个过程，有

$$Q = \frac{N(1+Z)}{1-Z^2} \cdot \frac{1+Z^2}{1+Z^2} = \frac{N(1+Z)(1+Z^2)}{1-Z^4}$$

这一过程可以被重复 n 次，结果为

$$Q = \frac{N}{D} = \frac{N(1+Z)(1+Z^2)(1+Z^4)\cdots(1+Z^{2n-1})}{1-Z^{2n-1})}$$

由于 $Z < 1$，随着 n 的增大 Z^{2n-1} 的值将接近于 0，因此 Q 为

$$Q = N(1+Z)(1+Z^2)(1+Z^4)\cdots(1+Z^{2n-1})$$

对于 8 位精度，n 只需为 3 即可，并且如果 $n=5$，商的精度为 32 位。为了得到所需的结果，当除数被缩放为 1/2 与 1 之间时，按照上面公式所计算得到的相应的商 Q，也必须被缩放同样的倍数。

下面来看一个例子。假设要用这种方法计算 $Q = 7/9$。如果每个数都缩小到原来的 1/10，可得 $Q = N/D = 0.7/0.9$，且 $Z = 1 - D = 1 - 0.9 = 0.1$。现在可得 $Q = 0.7(1 + 0.1)(1 + 0.1^2)(1 + 0.1^4)(1 + 0.1^6)\cdots = 0.7 \times 1.1 \times 1.01 \times 1.0001 \times 1.000001 = 0.7777785$。而 .7/.9 的实际结果为 0.77777777777777。只用 3 个迭代我们就可以得到 5 位十进制精度。

20 世纪 80 年代早期的个人计算机革命与科学应用和数据处理无关。个人计算机可以使人们在家里完成字处理、保存个人信息以及打游戏。这些应用起初并不需要密集的数学运算。例如，使用固定字宽字体（比如 Courier）的字处理很容易实现，因为相邻的两个字之间的间距都是 0.1 英寸。要向一个文本串中插入 4 个字符，所有其他字符都应移动 0.4 英寸。随着字处理技术的发展以及非等宽字体的出现（例如 Times 和 Arial），插入或删除一个字符都需要非常多的算术操作，以便在修改时重排文本。当考虑到字距调整（当一组特定的字符出现时，比如 V 和 M，改变字符间距）时会更复杂。这一时代的计算机游戏对数学运算的需求更高。

下面来看看计算机图形学是如何提出高性能计算需求的。请记住我们并不是要开设一门有关计算机图形学或现代计算机应用其他方面的课程。本节将首先说明高性能计算的瓶颈在哪里，然后再介绍为了解决这些瓶颈问题，传统指令集需要进行怎样的改进。

计算机图形学

我们从说明为什么计算机图形学是一个有这样要求的应用开始。将三维对象作为多边形建模，并沿着 3 个坐标轴中的一个转换（移动）、缩放和旋转。图 5-1 描述了一个点绕着坐标轴的旋转，并给出了相应的旋转矩阵，它将作用于被旋转物体中的每一个点上。如果一个点绕着所有 3 个轴旋转，它将进行全部 3 个变换。

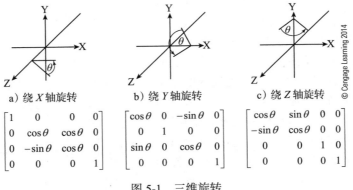

图 5-1　三维旋转

计算机图像只是实际图像的近似，其中的对象都作为多边形建模；多边形越多，图像越精确。现代计算机使用上万个多边形表示一幅图像。修改一个帧需要对所有这些多边形的每一个顶点进行一次矩阵变换，这实际上代表了非常多的计算。这些计算仅涉及加法、减法和乘法。

两个矩阵相乘

```
for (int i=0; i < a; i++)
    for (int j=0; j < b; j++)
        P[i][j] = 0;
        for (int k=0; k < c; k++)
            P[i][j]+= Q[i][k] * R[k][j];
```

第一代计算机图形学是很原始的，它所给出的世界的视图完全不符合实际。第二代图形学好了很多，比如 20 世纪 90 年代中期在高性能个人计算机中，能够生成精美的运动图像。但即便这样的系统也无法产生真实图像。对真实对象建模需要两个重要元素——光线和纹理。人们之所以能观察并看到一个场景，是因为它被照亮了。光源比如太阳会产生光线，光线经过场景中的每一个点然后抵达人眼。场景中每一个点所反射出的光的总量取决于光源和观察者之间的角度、对象的纹理以及光源自身的特点。若要生成一幅真实的图像，必须模拟出它最原始特征。

一个真实的系统必须考虑间接照射和直接照射。一道光线在抵达人眼之前，可能先经过一个反射物体，然后再经过场景中的一个对象。因此，我们看到的物体既来自光源的直接照射，也来自散射光的间接照射。图 5-2 显示了两个圆被填充并被点光源照射以生成带有表面纹理的球体效果的情形。这两个球体的唯一区别在于定义圆的填充方式和光源位置的参数不同。

计算机通过光线追踪来处理光照。图 5-3 中有一个光源、一个视区、一个物体以及一个观察者。光源发出的光线沿着各个方向向外发射，其中一部分会照到物体上。照射到物体上的一道光线会按照光学定律被反射出去，并通过视区进入观察者的眼中。光线穿过视区的那一点的光强被映射到显示设备中对应的像素上。为了计算每个像素的颜色和光强，必须从光源开始跟踪每一道光线。

图 5-2　生成球体效果

重要的是那些最终进入人眼的光线。实际的光线追踪算法进行相反的操作，从人眼和视区开始。最终进入人眼的光线穿过视区，抵达人眼可见的物体。离开物体的光线被追踪回光源。

对象的颜色取决于物体反射出的光线以及光源的颜色。要计算离开一个物体的光线的颜色很难，因为物体的表面并不都是像镜子一样遵循简单的反射定律。真实对象表面的粗糙度各不相同。当光照射到一个粗糙的表面上，它会被反射出去或沿着许多方向被散射出去，形成一个弥漫性的锥形光。有些物体是透明的，光线可以穿过它们传播。当光穿过一个介质进入另一个的时候（例

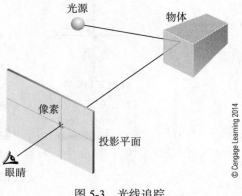

图 5-3　光线追踪

© Cengage Learning 2014

如从空气进入玻璃）会发生折射或弯曲。光线追踪时考虑到真实物体的属性是有可能生成真实图像的，尽管这需要大量计算。

绘制图像、处理图像、处理纹理、反射和折射都需要大量算术运算。其中绝大多数都是加法和乘法，非常适合后面将要介绍的短向量操作。不过，还应该指出，数字图像处理所需的大量算术运算导致了专用图形图像处理器的发展，现在它们已被集成到显卡中。下一节将介绍图像处理所需的一些操作的特点。

近年来，计算机图形学取得了巨大的进展，必须能够应对需要大量实时处理的高分辨率显示的需求。对 CPU 计算能力的需求大大增加以致一些图形处理工作已经从 CPU 转移到显卡中的图形处理单元（Graphic Processing Unit，GPU）上完成。

5.1.1　图像处理

除了处理由多个可以分别处理的图形所组成的图像外，人们还必须处理由像素组成的复杂图像；这类图像由数码相机生成并且后来又由 Photoshop® 那样的应用程序处理。为了说明数字图像处理的特点，下面来看看所有图像处理软件包都会提供的两个操作实例：噪声过滤和对比度增强。

1. 噪声过滤

首先来看看噪声。来自相机视频传感器的图像会受到噪声或随机信号的影响。每个传感器单元都会由于光线落在它上面而生成一个信号（需要的信号），并且由于传感器中充电电子的运动而生成一个随机信号（不需要的噪声）。当信噪比较低时，噪声在低光照水平时的影响很大。噪声被称作雪花，因为它由随机斑点组成。减少噪声影响的一种方法是以当前像素为中心的 $m \times m$ 像素区域的平均值。如果当前像素的亮度高于或低于这个平均值，它的值将被调整，使其更接近平均值。一个比它的邻居结点亮得多或暗得多的像素，在将其亮度调整为平均值之后，就不再那么突出了。这一操作将一个接一个像素应用于整幅图像，将像素的值与它的 8 个近邻的值相加（在缩放以确定降噪级别之后），然后对结果进行归一化处理。每幅图像要进行操作的总数十分庞大——每个像素一次。在图像变化这个例子中，操作是简单并且重复的。

> **噪声过滤的变化**
>
> 实际上，有几种算法可以从图像中去除噪声，其中某些算法比另外一些更加有效。高斯噪声滤波器对邻居像素进行高斯加权，而不是对局部像素强度进行线性平均。有些滤波器检测并消除峰值噪声，因为有时噪声是脉冲性的——噪声的值比其周围像素的值更大。

2. 对比度增强

有时数码相机拍摄的图像对比度很低，呈现出均匀的灰度，特别是在光线因空气中的灰尘漫反射而对比度降低的环境下飞机所拍摄的图像。增强对比度的一种简单方法是对每个像素的亮度进行缩放，强制一幅图像中包含所有亮度级别。如果 a 和 b 分别是增强后图像中像素的最低值和最高值，c 和 d 分别是实际图像中像素的最低值和最高值，则可通过下式将一个旧像素 P_{old} 转换为新值

$$P_{new} = (P_{old} - c)\left(\frac{b-a}{d-c}\right) + a$$

图像中值比其他像素低很多或高很多的单个像素会对缩放效果产生不利影响。一种更好的进行对比度增强的方法是通过检查图像中的所有像素，并绘制某个特定值的出现次数来建立像素值的直方图。图 5-4 给出了一个 256 级灰度低对比度图像的直方图。纵轴表示每个像素值归一化后的相对频率。

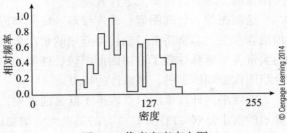

图 5-4　像素密度直方图

正如读者从图 5-4 中所看到的，像素值的范围不是 0 ~ 255，而是大约 50 ~ 150。也就是说，这幅图像中最亮的部分不是白色，最暗的部分也不是黑色。可以重新缩放直方图，使其像素的值在 0 ~ 255 之间。将像素值重缩放到一个更大的范围内可以增强对比度。

3. 边缘增强

有时我们希望物体会更加突出（例如树上的叶子）。通过一个叫作边缘增强的过程来强调其边缘可以做到这一点。它检测图像的每个像素，若该像素是一条边的一部分则改变它的值。图像增强使用一个叫作卷积的过程来突出高频率。高频这个词在图像处理中代表强度的快速变化，可能位于图像的边缘。一个实现边缘增强的方法是将给定像素为中心的 $m \times m$ 像素矩阵与另外一个矩阵相乘以增强中心点的对比度。下面是一个典型的边缘增强矩阵：

$$\begin{matrix} -1 & -1 & -1 \\ -1 & -9 & -1 \\ -1 & -1 & -1 \end{matrix}$$

图 5-5 是一幅空中拍摄的低对比度图像，图 5-6 是对其进行增强对比度和边缘增强之后，效果得到大幅改进的图像。

处理前

图 5-5　直方图，增强对比度和
边缘——处理前

处理后

图 5-6　直方图，增强对比度和
边缘——处理后

我们再一次看到多媒体应用需要进行（包括乘法、加法和减法在内）的大量简单、常规和重复的操作。除法有时也是必需的，但通过按比例缩放或其他一些技术，对除法的需求大大减少了——实际上，通过使用乘法和 5.1 节介绍的迭代算法，对除法的需求大大减少了。

4. 有损压缩

下面来介绍处理能力最重要的应用之一——图像压缩技术，可以用图像压缩技术来减小音频和视频文件的大小。有些图像压缩机制是无损的，因为获得数据、压缩数据、再将其解压缩，最后的结果与最初的完全一致（例如 .zip 文件）。可获得的数据压缩率的上限取决于数据中的冗余（重复）程度。实际上，真正的随机数据是根本无法被压缩的，因为没有要删除的冗余信息。

如果可以接受一定的信息损失，那么数据可以被高度压缩。如果使用有损压缩技术将一幅图像数字化，那么损失部分信息对于这幅图像的可感知质量没什么影响。有损压缩依赖人类认知的本质，即有的时候人们可以发现信息质量的微小下降，而有时大量信息丢失也不会引起人们的注意。例如，人眼对光亮度（光照或亮度的等级）的感知比对色度的敏感得多。因此，电视画面的颜色细节可以比亮度差很多——前提是图像质量是可接受的。JPEG、MPEG 和 MP3 是三项最重要的数据压缩技术，下面将分别介绍。

5. JPEG

尽管已经有了许多有损压缩算法，JPEG（用于压缩静态图像）、MPEG（用于压缩动态图像）和 MP3（用于压缩声音）是其中最知名的 3 种。

JPEG 是 Joint Photographic Expert Group（联合图像专家小组）的缩写，这个组织是为了标准化压缩算法而建立的。JPEG 通过将图像信息转换为一个不同的域，过滤该域中的信息（有损部分），然后使用无损压缩技术减少依然较大的文件体积等步骤来压缩静态图像。

图 5-7 描述了 JPEG 压缩的处理步骤。源图像已被数字化并被转换为一个像素矩阵。每个源像素为 8 位，保存了 0 ～ 255 范围内的亮度等级。彩色图像被分为多层，每层包含一个主要颜色的像素信息。

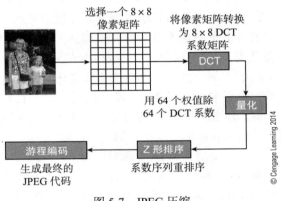

图 5-7　JPEG 压缩

JPEG 压缩从将图像分解为大小为 8×8 像素块开始（8×8 的矩阵大小是速度、精度以及计算复杂度等多种因素折中后的结果）。然后，将每个 64 像素的块从空域信息转换为时域信息。

> 标注为 DCT（离散余弦变换）的方框将时域内的点转换为频域内的；也就是说，它将一组点转换为一组频率。从频域内的数据中删除冗余比从时域内删除容易得多。

源图像位于空域之中，简单地说就是那些组成源图像的像素，而源图像被映射到显示屏空间或纸上。频域则由波形组成。很长一段时间以来，时域和频域间的转换在音效工程中十分常见。例如，傅里叶变换可以将任意波形分解为无穷多个不同振幅的正弦波和余弦波。将时变波形转换为一组正弦波则可以进行特定类型的信号处理，比如删除乙烯盘上的痕迹。[⊖]

相同的域间转换过程可以应用于空域中的 8×8 像素矩阵。可以定义 64 个离散余弦变换（Discrete Cosine Transform，DCT）基本函数，并用它们构建一个 8×8 像素的图像。图 5-8 描述了这 64 个基本函数。

⊖ 从前音乐通常被记录在黑色塑料盘的螺旋轨道上，直到数字媒体的发明。数据作为声音震动（即它是模拟介质）以凹痕的形式被保存在轨道平面上。今天的学生只有在他们的父母或祖父母那里会见到披头士乐队的乙烯盘唱片。

> 一个 8×8 像素矩阵可被分解为这 64 个 DCT 基本函数的和，每个都与一个加权因子相乘。

任何一个 8×8 的图像都可以被表示为图 5-8 中所有基本函数的加权和。也就是说，一个 8×8 亮度像素矩阵可以被替换为一个 8×8 的每个基本函数系统的矩阵。图 5-8 中第一个函数表示 8×8 像素块的平均亮度，它被称作块的 DC 级别。

在对像素块进行一次离散余弦变换之后，可以得到一个 8×8 的系数矩阵。这个变换不会影响数据集的大小；我们所做的只是将空间信息转换为频率信息。

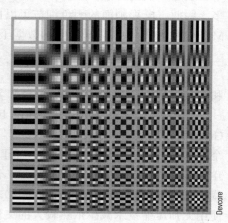

不过，时域和频域矩阵之间存在着很大的不同。包含 DCT 系数的 8×8 矩阵对应一个具有重要属性的 64 像素数组。DCT 系数被分为若干组，使得矩阵左上角含有大多数图像中占据绝对多数的低频部分，而它的右下角则是少得多的高频部分。如果块中像素的亮度完全一致（比如天空或树叶的一部分），那么右下角的大部分系数，对应于那些变化非常快的基本函数，值会非常小或为 0。换句话说，对于特定类型的图像，变换后矩阵中的很多系数都是 0 或接近 0，并且这些系数都集中于矩阵的某一区域内。

图 5-8　8×8 DCT 基本函数

下一步是量化 DCT 系数，将 64 个 DCT 系数中的每一个除以 64 个常数中的一个。这一步对 JPEG 压缩影响很大，正是它使得压缩是有损的。表 5-1 中的量化矩阵列出了 JPEG 编码中使用的 64 个常数。右下角（DCT 矩阵的高频区）的元素值要大一些。除一个较大的数会减少对应 DCT 系数的权重。实际上，在绝大多数时候，块的右下角量化后的 DCT 矩阵都是 0。删除图像的低频部分对人们观察的影响要比删除低频部分的影响小得多。请记住这些（高频）系数都在矩阵的右下方，而且它们的值通常都接近 0；用一些大的数字除它们会进一步降低它们的重要性。

表 5-1　JPEG 量化矩阵

16	11	10	16	24	40	51	61
12	12	14	19	26	58	60	55
14	13	16	24	40	57	69	56
14	17	22	29	51	87	80	62
18	22	37	56	68	109	103	77
24	35	55	64	81	104	113	92
49	64	78	87	103	121	120	101
72	92	95	98	112	100	103	99

第一个系数叫作 DC 等级，反映了当前 8×8 像素块的平均亮度。当前块与前一个块的差值将被记录下来，而不是这个平均值。

DCT 系数被量化之后，8×8 矩阵将被转换成为一个 64×1 的向量（即一个含有 64 个系数的串）。这个系数串是在 8×8 矩阵中选择一条 Z 形路径而得到的，如图 8-9 所示。这一步将能量（即较大的系数）集中在向量的一端。例如，这个向量可能是 0.2, 0.7, 0.4, 0.9, 0.3,

0.5，0.1，0.05，0，0，0，…，0。

　　因为量化和重排序后的 DCT 系数向量中很有可能只含有少数非零系数和大量的零，使用游程编码可以压缩这个含有 64 个元素的向量。向量被编码为一个（*skip, value*）对的序列，这里 *skip* 为被省略的零的个数而 *value* 是下一个非零值。该序列最后的值为0，0。JPEG 编码的最后一步是对游程编码的结果进行哈夫曼编码。哈夫曼编码是一种游程编码技术，它为信息中频繁出现的值分配较短的编码，而为出现频率较低的值分配较长的编码。

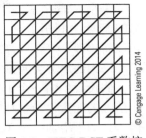

图 5-9　JPEG DCT 系数按
Z 形路径重排序

6. MPEG

　　数字视频编码标准 MPEG-1 ～ MPEG-4（Moving Picture Experts Group，运动图像专家小组）是现代数字工程的巨大成就之一，能够以超过 100 的比率压缩运动图像，压缩后的图像完全适合传输或被保存在 DVD、硬盘、甚至随身存储器中。最早的 MPEG-1 标准于 1991 年完成，其目标是 CD 上 1.5Mbps 的位速率的视频存储。1994年，发布了 MPEG-2，对 NTSC 和 PAL 编码的电视信号进行编码。该标准也称作 ISO 13818标准和国际电信联盟 H.262 标准。

　　可以对运动图像进行两种压缩：JPEG 所用的空间压缩，以及时间压缩，它利用了连续的电影或电视图像几乎是相同的这一实际情况。和 JPEG 一样，MPEG 也进行离散余弦变换，通过消除冗余来压缩图像。但是，MPEG 还具有动态的特点，因为它会检查两个连续帧并消除其中的冗余。例如，一个视频场景是静态的，其中没有物体移动，后面的帧也是一样的。MPEG 编码不会一次又一次地传送同样的帧。像其他运动图像一样，视频数据也是作为一系列帧被传输的。I- 帧为独立帧，它像 JPEG 图像一样被压缩。P- 帧是预测编码帧，描述了新帧与前一帧之间的差别。B- 帧是另一种形式的预测编码帧，有使用向前或向后插值两种选择。B- 帧编码效率好，对于运动物体显示隐藏区域的场景效率更高。这些帧可被分为 I- 帧、P- 帧和 B- 帧。一个典型的帧编码序列可能是 I，B，B，P，B，B，I，B，B，P，…

　　为了完成 MPEG 编码和解码，必须对每个帧进行 JPEG 那样的实时压缩，并且将后续帧保存起来以进行预测（或差分）编码。这要求在短时间内完成大量计算。前些年，还必须购买专用硬件来处理此类工作负载。今天，高性能处理器已经可以独立编码和解码 MPEG 数据了。实际上，iPad 等设备中的处理器能够很好地处理 MPEG 图像。

7. MP3

　　MP3 相当于音频处理中的 JPEG 标准，用于压缩音频。这个算法是如此的普及，以至于一个设备无论是否使用 MP3 编码都可以被称为 MP3 播放器。现在 MP3 编码已有几种不同的选择，比如 WMA（Windows Media Audio）和高级音频编码（Advanced Audio Coding，AAC）。

　　1987 年，德国弗朗霍夫研究所开始开发一种用于数字音频广播（Digital Audio Broadcasting，DAB）的感知编码方案。他们所开发的压缩技术称为 ISO-MPEG Audio Layer-3，现在被缩写为 MP3。这一压缩算法可将传输和存储数字音频所需的位速率减小到十分之一或者更多。一种低质量的电话通过在 8kps 位速率下的压缩比几乎为 100:1，而 CD 质量的声音在 96kHz 位速率下的压缩比为 16:1。

　　正如 JPEG 删除了图像中的高频信息那样，MP3 删除了对整个声音影响较小的那些部分——只要人们察觉不到即可。MP3 采用了心理声学编码技术，因为它完全依赖人们听到声音的方式。

每个人都听说过"静得连针掉到地上都听得见"这句话。弗朗霍夫研究所的科学家在MP3 解码中利用了这一现象。在一个嘈杂的环境中我们没办法听出针落地的声音，因此，可以将这部分声音从音频信号中删除而音质不会有明显的降低。

巨大的声音会掩盖安静的声音，因为若有巨大的声音存在时，人们不会注意到低强度声音。假设我们向一个 1.2kHz 0 分贝的信号中添加一个 1.1kHz −20 分贝的信号（新增加的这个信号的能量仅为 1.1kHz 那个信号的低 1/10）。增加这个信号后对整个声音没有什么影响。但是，如果增加一个 4kHz −20 分贝的信号，人们将会注意到这个信号，因为信号之间较大的频率差会使人的大脑检测到其中频率更高的那个信号，即使它的强度更低。MP3 采用类似的技术编码立体声信号。MP3 没有使用完全独立的左声道和右声道，而是使用了一个包含左右声道之和（L+R）与之差（L−R）的中间声道，中间声道可被用来重建立体声效果。

MP3 编码器将数字化后的声音信号分为 32 个不同的频率段。它用一种改进的离散余弦变换完成频率段的划分处理。接着，使用一个心理声学模型（编码器中内置的）来压缩每个段的信号能量。编码器接下来将 32 个过滤体的输出集中到一个帧里。由于掩膜（masking）效应，某些段的信息内容会减少。编码位不会均等地分配给每个段。一个叫作"位分配"的过程将决定哪些字段应该收到用来编码信号的位。

数据本身用哈夫曼编码压缩（出现越频繁的符号编码越短）。因此，MP3 先使用有损的心理声学编码方法消除对整个声音没有什么影响的能量，接下来使用哈夫曼编码删除数据中的冗余。下面将介绍数字信号处理，它被用于包括图像处理到胎心监护等应用中的时变数据处理。数字信号处理是从汽车引擎到飞机自动着陆系统等所有现代控制系统的核心技术。

8. 数字信号处理

数字信号处理（DSP）在 ACM/IEEE CC2005 中被描述为"处理数字滤波，时间和频率转换，以及处理模拟信号的其他数字方法的计算领域"。DSP 一般不属于计算机体系结构教材的内容，而且绝大多数计算机科学和信息技术专业的学生也是不学习 DSP 的。然而，对于今天的所有计算应用，DSP 也许是最重要的。

> **DSP 与 CAT**
>
> 数字信号处理最早的应用之一是处理一组每条都拍自一个不同的角度的 X 射线，以建立三维模型。完成这一工作的机器叫作 CAT（计算机轴向断层扫描）扫描仪，1979 年，它的两个主要贡献人 Hounsfield 和 Cormack 获得了诺贝尔医学奖。

DSP 是计算机科学（计算机工程）的一个分支，处理和解释来自心电图仪（EKG）、核磁共振成像（MRI）扫描仪、地震仪、超声扫描仪、石油钻塔（探测时）等设备的信号。这些都是对世界经济以及卫生保健系统非常重要的应用。

几乎每个能够获取模拟信号并将它们转换为数字形式之后进行处理的系统，都可被视作DSP 的一支。除了前面的例子，还可以加入从汽车引擎到空客飞机的遥控自动驾驶仪计算机等应用。本节将只介绍 DSP，并从它对计算机体系结构的影响等方面进行讨论，例如，引入了乘累加操作或确保了循环的高效。导致公众对 DSP 不可见的一个原因在于，DSP 要求理解离散傅里叶变换等高级数学知识。傅里叶变换使我们可以使用一组时变信号，将它们转换为频域中的信号（请回忆 JPEG 和 DCT），在频域中进行处理，然后再将它们转换为时序中的信号。这些信号既可以代表语音或视觉，也可以是随时间变化的道琼斯指数，地球的平均温度，一座大坝上游 50 英里处的降雨，或心脏起搏器采集的神经冲动。

　　DSP 起源于 20 世纪 60 年代，当时人们设计出自适应均衡器以使 20 世纪六七十年代全球基于模拟信号的电信网络的传输通路带宽最大化。20 世纪 60 年代还没有高速宽带光缆，并且公共电话交换数据链路的带宽仅有 3kHz。

数字信号处理应用

　　数字信号处理（DSP）是现代数字技术中应用最广泛的一种。数字信号处理可由传统处理器、带有面向 DSP 应用的优化指令系统的专用处理器或 FPGA（可编程门阵列）完成。典型的 DSP 应用有：

- 蜂窝电话
- 数字纸
- 音频系统（MP3、AAC 译码、均衡、音效）
- 高清电视
- 汽车控制（主动悬挂、引擎控制、防滑）
- 磁盘驱动（脉冲检测信号滤波）
- 有效噪声消除

　　通信网络中的均衡器与 Hi-Fi 系统中均衡器的作用基本相同；它将裁剪信道带宽使之适应环境。在 20 世纪六七十年代的交换电话网络中，当通过拨号建立起不同的路由时，均衡器必须自动适应线路特征。也就是说，均衡器必须面向随机通信路径进行实时优化。尽管均衡理论非常复杂，它的硬件却十分简单。图 5-10 用传统的 DSP 术语和符号描述了数字信号处理的基本元件。

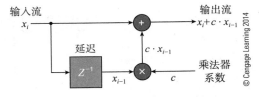

图 5-10　一个 DSP 块的基本组成

　　DSP 系统使用信号的一组采样值。例如，麦克风将选出一个模拟信号（比如，声音）的等级，并以超过 40 000 次/s 的速率进行采样。这些采样值可以乘上一个常数或变量，并在单位延迟块中延迟。一次延迟相当于一个时钟周期，代表延迟的算术操作符被写为 z^{-1}。如果用 Z-变换符号写下表达式 $y_i = 0.8x_i + 0.2x_{i-1}z^{-1} + 0.1x_{i-2}z^{-2}$，表明第 i 个输出 y_i 等于第 i 个输入 x_i，加上它前一个输入 x_{i-1} 的 0.2 倍以及输入 x_{i-2} 的 0.1 倍。

　　可以使用图 5-10 中的基本 DSP 模块构建发送或阻止一定范围频率的数字滤波器。图 5-11 描述了有限脉冲响应滤波器（Finite Impulse Response Filter，FIR），图 5-12 则描述了无限脉冲响应滤波器（Infinite Impulse Response Filter，IIR）。

　　FIR 和 IIR 在结构上的基本差别在于 IIR 是递归的；也就是说，其输出可以用其自身定义。例如，可以写出下面的通用表达式

$$Y_i = c_0x_i + c_1x_{i-1}z^{-1} + c_2x_{i-2}z^{-2} + \cdots + b_0y_{i-1}z^{-1} + b_1y_{i-2}z^{-2} + \cdots$$

　　FIR 和 IIR 网络的实际差别在于 IIR 滤波器对于给定的级数更有效，但它很难设计（即选择正确的乘法器系数），并且可能不稳定（可能会在特定环境下振荡）。

　　当然，数字信号处理器的正规结构使它很容易通过专用硬件设计，即它们很容易用通用微处理器实现，因为所需要的操作就是简单的加法、乘法和延迟。延迟是通过将一个值保存在寄存器或存储单元中然后读出来实现的。

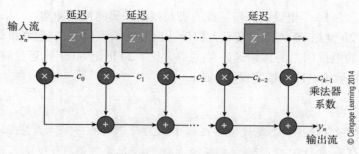

图 5-11   FIR 滤波器结构

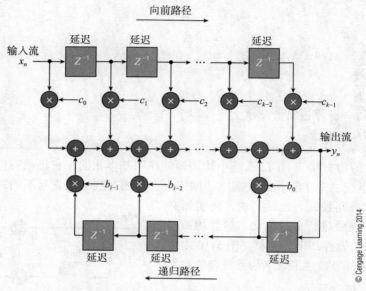

图 5-12   IIR 滤波器结构

9. DSP 体系结构

请回忆数字滤波器是通过下式实现的:

$$y_i = \sum x_i \cdot a_{i-j}$$

它的关键操作是重复的两个数乘法以及乘积的求和,这意味着与 ARM 的 MLA 相同的乘累加操作(multiply-accumulate operation,MAC)将成为所有专用 DSP 体系结构的显著特征。同样,变量下标表明向量处理能力非常重要并且向量应该能够模拟很长的采样值序列(数据流)。

20 世纪 80 年代,半导体制造商推出了第一代专用 DSP 处理器。例如,20 世纪 80 年代 TI 推出了性能为 5 MIPS 的 TSM32010 可编程整数 DSP 芯片;Motorola 则推出了 56000 系列。表 5-2 列出了这两个第一代 DSP 处理器的部分特征。

表 5-2   两款早期 DSP 芯片的特征

特征	TI TSM32010 系列	Motorola 56000 系列
数据	16 位(累加器为 32 位)	24 位(累加器为 56 位)
体系结构	哈佛结构	哈佛结构
算术运算	定点	定点
指令集	乘累加	乘累加

专用 DSP 是针对高容量、低价格的应用设计的，这意味着它们已经被高度优化（如果没有，它们与传统处理器相比没有任何优势）。DSP 体系结构具有以下基本特征：

- 专用指令集——支持乘累加
- 哈佛结构——分离的指令和数据通路
- 多总线
- 多个存储体
- 专用存储器访问（例如缓存）以合成延迟
- 支持自递增寻址和循环模式
- 缺少多用户操作系统支持以及存储管理能力
- 16 位和 24 位定点运算
- 没有 cache

接下来将介绍一种面向数字信号处理系统的实现而专门设计的微处理器——SHARC 系列微处理器。这些 DSP 处理器面向其目标应用进行了高度优化，并提供了专门的指令、寻址方式、甚至分离的数据 / 指令存储器（即哈佛体系结构）。之所以要介绍 DSP 芯片，是因为它的某些属性正在被传统指令系统所采纳（例如乘累加操作）。

10. SHARC 系列 DSP

本节有很多可以作为实例的专用 DSP。之所以选择 ADI 公司的 SHARC 是因为它是一款经历了时间考验的 DSP，现在已经发展到自 1994 年发布以来的第四代。SHARC 的某些体系结构特征在今天的高性能处理器中已经很常见了。

哈佛结构

　　术语“哈佛结构”是指 Howard Aiken 制造的 Harvard Mark 1 计算机或自动程序控制计算机，它于 1944 年安装在哈佛大学。这是一台机电计算机。

　　Harvard Mark 1 由 24 通道纸带上的程序控制。程序与数据分开存放，与将程序和数据保存在同一存储器中的冯诺依曼机器正好相反。今天，哈佛计算机通常表示程序与数据分开存放的计算机。

SHARC 使用并充分利用了哈佛体系结构。例如，通过将数据流从指令流中分离，它可以实现 48 位指令和 32 位整数（数据）。SHARC 是一款超长指令字（Very Long Instruction Word，VLIW）处理器，将多个操作编码到一条 48 位指令中，可以将它的并行处理能力应用于多个数据元素上。SHARC 提供了整数和浮点运算。浮点使用扩展的 40 位算术运算以及 40 位寄存器维护链接运算时的精度。32 位整数可以使用同样的寄存器。

本书不会介绍 VLIW 处理器和并行的细节，本节主要说明计算机应用如何影响指令系统。SHARC 是一个 load-store 型计算机，用 `Ri = DM(<address>)` 表示载入寄存器操作，而用 `DM(<address>) = Ri` 表示 store 操作。符号 `<address>` 代表任意一个能够产生有效地址的合法表达式，而 DM 代表数据存储器，PM 代表程序存储器。例如，`r0 = DM(I0,M0) r1 = PM(I4,M4)` 会在同一周期将数据从数据存储器和程序存储器载入寄存器 r0 和 r1（使用 post-indexed 寻址方式）。

SHARC 体系结构有两个处理单元，*PEx* 和 *PEy*，以及两个数据地址生成器，*DAG1* 和 *DAG2*。请回忆前面曾经提到过数字信号处理总是需要使用基于缓冲的循环寻址，数据地址寄存器满足 DSP 应用的特殊寻址需要。两个数据地址生成器中的每一个都会记录最多 8 个指针（以及它们相关的基地址寄存器和缓冲长度寄存器）。图 5-13 描述了 SHARC 的两个 DAG 寄存器组。I 寄存器会在使用后修改，并且会被 M 寄存器更新。例如，表达式 R4 = DM(I1,M2) 表示将存储地址 I1 处的数据载入 R4 中，然后用寄存器 M2 更新指针。

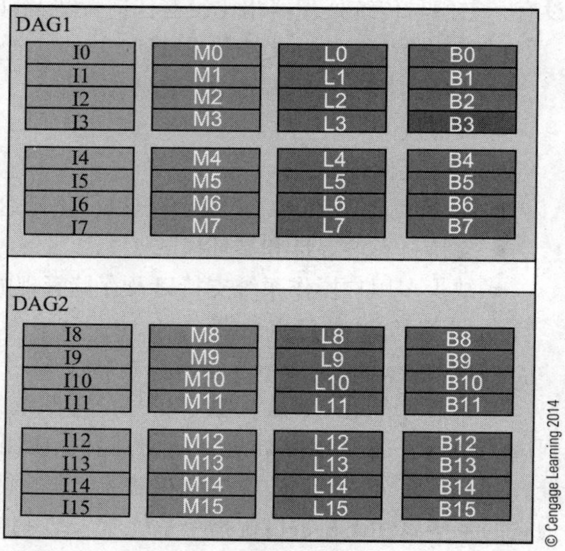

下面来看一些公共的整数操作。标准的算术和逻辑运算都是必需的，此处仅列出一些更加有趣的指令。

Rn = ABS Rx　　　　　将 Rx 中整数值的绝对值保存到 Rn 中。

Rn = MIN(Rx,Ry)　　　返回两个整数 Rx 和 Ry 中较小的一个。结果保存在 Rn 中。

Rn = MAX(Rx,Ry)　　　返回两个整数 Rx 和 Ry 中较大的一个。结果保存在 Rn 中。

图 5-13　SHARC 的两个数据地址生成寄存器组

Rn = CLIP Rx,BY Ry　　如果 Rx 中操作数的绝对值小于 Ry 中操作数的绝对值，则返回 Rx 中的整数值。否则，如果 Rx 为正数则返回 |Ry|，如果 Rx 为负数则返回 −|Ry|。

由于循环是 DSP 最重要的结构之一，SHARC 实现了一个使用专门计数寄存器的专用循环操作。它的汇编语言形式为：

```
LCNTR = n, DO loop UNTIL LCE:
Loop:
```

加阴影的文字分别表示循环常量和用户定义的标号。而未加阴影的文字则是指令本身的一部分。LCNTR 代表专用的循环计数寄存器，LCE 表示循环计数器满。除了使用一个常数表示循环次数，还可以用诸如 LCNTR = R10,DO loop UNTIL LCE 等语句指定一个寄存器保存循环次数。还请注意，DO 之后的值可以是一个标号、一个 24 位地址，或者一个相对于 PC 的 24 位有符号偏移量（即相对地址）。循环可以是嵌套的。它提供了多个循环计数器，每当一个循环被初始化后，LNCTR 将被保存到栈中，成为 CURLCNTR（当前循环计数器）。

一个简单 FIR 数字滤波器的基本 C 代码（忽略循环缓冲）可被表示为：

```
for (i = 0, i < m, i++)
    s = s + c[i] * x[i];
```

它可被翻译为下面的 SHARC 代码（忽略循环初始化操作）：

```
        LCNTR = N, DO FIRloop UNTIL LCE:
        R1 = DM(I0,M0), R2 = PM(I8,M8)
FIRloop: R3 = R1*R2, R4 = R4 + R3
```

在讨论了一些完成信号处理、图形和图像处理的操作之后，本章后面的内容将关注现有的 CISC 和 RISC 体系结构扩展，其目的是支持多媒体处理中的数据元素类型和操作类型。

5.2　多媒体的影响——重新使用 CISC

到了 20 世纪 90 年代中期，有些观察员认为，体现在 MIPS、SPARC、ARM 和 PowerPC 等 RISC 处理器中趋向于简单的发展趋势将意味着 IA32 和 68K 系列传统 CISC 指令集的终结。但实际上，68K 系列中的新成员逐步丢弃了其体系结构的一些复杂特征，68060 的指令集是 68020 的简化版本。Motorola 认为，通过使用 RISC 技术并用软件仿真一些复杂指令使 68060 内部结构合理化，比保留全部 68020 体系结构更加高效。实际上，随着专用指令的引入，出现了一种趋向更高复杂度的相反趋势。

SIMD 操作

单指令多数据（SIMD）表示可用单个指令并行地处理几个数据。

例如，一个 64 位寄存器中可存放 4 个 16 位操作数，可以用一条指令将它们与另一个寄存器中的另外 4 个元素相加。下图描述了如何并行地完成 4 个 16 位加法。

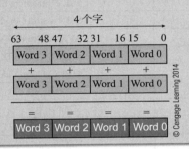

现在解释如何扩展处理器体系结构以集成一些模块来加快音频和视频数据的处理速度。Intel 是最早强调音频 – 视频数据处理的公司之一，它将增强其 IA32 体系结构的技术叫作"多媒体扩展"。下面将介绍多媒体应用所需的操作类型，并说明如何调整体系结构以加快音频和视频数据的处理。一般说来，现有各系列处理器的体系结构已经针对多媒体处理进行了优化。

体系结构进展

今天的 32 位和 64 位微处理器是多年以来不断进步的结果。它们的速度更快，寄存器更多，数据通路也更宽，但它们的指令系统却依然没什么变化。特别是 20 世纪 90 年代设计的体系结构能够很好地适应科学和商务应用，但在处理音频、视频和电信应用时其性能却令人失望。传统的处理器系统的问题在于缺少适合音频、视频数据结构的专用模块。例如，音乐 CD 使用 16 位整型数据，这是一种无法充分现代 32 位或 64 位体系结构的数据格式。同样，数字视频还经常会使用 8 位红 – 绿 – 蓝三原色，用 8 位操作就可以处理。

到了 20 世纪 90 年代中期，处理器在指令层次为典型多媒体应用中原语操作提供的支持极少。这是一种特意的令人担忧的忽略，因为多媒体音频和视频处理应用通常含有需要执行大量相对简单的原语操作的内层循环。1996 年，Intel 发布了一种称为 MMX 的多媒体扩展技术，为 IA32 体系结构带来了新的特征。这种变化是十分令人惊讶的，因为 Intel 增加了指令集的复杂度，而整个趋势正好相反。与此同时，采用一些能使 IA32 具有强大竞争优势的技术是非常有效的。自那时起，每一代新微处理器都会向其内核中增加多媒体友好的专用指令。

Intel 早期的 i860 体系结构就已使用 MMX 技术，i860 是一种早期的通用处理器，支持图形 rendering。正如读者所看到的，当用图形为显示世界建模时，一个复杂物体如人脸将由数万甚至上百万个多边形组成。Rendering 是建模过程的最后一步，通过向多边形添加问题和光照效果，使得物体表面看起来更加真实。i860 处理器提供了能够并行处理多个相邻的数据操作数的指令（例如，一幅图像中 4 个相邻的像素）。MMX 属于一种通常被称作短向量 SIMD 的技术。单指令多数据（SIMD）是指能够用同一指令并行地处理多个数据元素的一类体系结构。同样，短向量一词意味着多个由几个元素组成的数据（典型为 8 字节）。表 5-3 列出了一些面向多媒体处理设计的处理器。

表 5-3　第一代短向量处理器

处理器	向量扩展名
Sun UltraSPARC	VIS（Visual Instruction Set）
Hewlett-Packard PA-RISC	MAX（Multimedia Acceleration eXtensions）
Intel Pentium	MMX（Multimedia eXtensions）
Intel Pentium	SSE（Streaming SIMD extensions）
Intel Core i7	SSE4（Streaming SIMD extensions）
Intel Sandy Bridge processor	AVX（Advanced Vector Extensions）
Silicon Graphics	MDMX（MIPS Digital Media eXtension）
Digital Alpha	MVI（Motion Video Instruction）
PowerPC	AltiVec
AMD K6-2	3Dnow!
AMD	XOP, FMA4, CVT16
ARM	NEON
MIPS	DSP ASE

Motorola 在其集成于 PowerPC G4 处理器中的 AltiVec 结构中实现了一种（当时）最完整的短向量 SIMD 技术。尽管 Motorola 放弃了主流微处理器业务并且将其出售给 FreeScale，IBM（Power 结构的创始者）仍然支持 AltiVec。AltiVec 在一个独立的单元上实现，能够与现有整数和浮点单元同时工作。AltiVec 的 162 条指令提供了宽字段移位、压缩与解压缩、交叉数据合并，以及能够从两个源向量中选出任意数据元素并在目的寄存器中排序的重组等操作。AltiVec 提供了 128 个新的寄存器。

Sun 的 UltraSPARC 短向量扩展指令（VIS）面向视频处理。VIS 整数运算使用 SPARC 的浮点寄存器。像素级的视频信息作为 4 个 8 位或 16 位整数保存起来，分别表示像素的红、绿、蓝等颜色以及 Alpha 信息。这些值定义了像素中的红、绿、蓝等颜色的量以及其透明度。Alpha 值的范围为 $0 \leqslant \alpha \leqslant 1$，表示透明度。SPARC 的 VIS 扩展指令类型有：

- 像素扩展与压缩
- SIMD 逻辑操作
- SIMD 加、乘和比较
- 对齐和边界处理
- 合并
- 像素距离

像素扩展与压缩指令互为逆操作，能够在 8 位和 16 位两种像素表示之间转换数据。加法和减法指令能够完成 2 个或 4 个 16 位加法 / 减法，以及 1 个或 2 个加法 / 减法。乘法指令可以用 4 个 8 位数乘 4 个 16 位数。

align 指令使处理器可以访问 64 位字中间的像素。如果一幅图像的开始或结束像素没有在 64 位边界处对齐，edge 指令会将所有没有用到的像素屏蔽掉。

正如刚才所看到的，压缩是现代视频处理的一项关键要素，用于减少编码图像所需的位数以及传输图像所需的带宽。因为人们对颜色变化不如对亮度变化敏感，所以可以以比亮度低的分辨率保存颜色。因此，视频压缩算法会将亮度信息从颜色信息中分离出来。merge 指令用于将像素信息从压缩转换为平坦形式，然后可用像素的加法和乘法指令分别处理亮度和颜色信息。

前文讲过，运动图像的压缩是基于连续帧的信息常常保持不变这一实际情况。计算两个块（图像区域）之间的偏移可以得到一个运动向量。可以将当前块与前一帧中同一块之间的偏差编码，并且沿着该块的运动向量传输出去。

UltraSPARC VIS 体系结构通过比较连续的图像区域以获得最小化估算误差的运动值，为运动估计提供了硬件支持。误差是通过对参考帧与新帧的区域中每对像素的差求和而得到的。该过程需要进行 8 次减法、8 次求绝对值、8 次加法、载入 8 个像素、对齐 8 个像素以及一次加法。表 5-4 列出了一些短向量处理器的体系结构特征。

表 5-4　短向量处理器的特征

体系结构	MIPS MDMX	Intel MMX	SUN VIS	HP MAX-2
扩展指令集特征				
操作数	3 或 4 个	2 个	3 个	3 个
向量寄存器	32 个浮点寄存器	8 个浮点寄存器	32 个浮点寄存器	32 个整数寄存器
整数存储大小				
8 个 8 位数	√	√	√	
4 个 16 位数	√	√	√	√
2 个 32 位数		√		
整数计算大小				
8 个 8 位数	8 或 24 位	√	√	
4 个 16 位数	16 或 48 位	√	√	√
2 个 32 位数		√		
算术运算				
向量 / 标量运算	√			
累加运算	√			
饱和运算	√	√	√	√
浮点向量运算	√			
乘法运算	√	√	√	
乘累加运算	√			√
距离运算			√	

曾经激进的 MMX 技术已经成为现在的主流技术，Intel IA32 系列的每一代处理器都增加了更多的扩展指令。多媒体扩展（MMX）先是成为流扩展（SSE），后来又变为高级向量扩展（AVX）。Intel 的竞争对手 AMD 推出了名为 3DNow! 的扩展指令集。但在 2010 年，AMD 宣布它在未来的处理器中不再支持 3DNow!（据推测大概是因为 Intel 在市场上所取得的成功）。

向处理器中增加新指令很可能会带来向后兼容的问题。如果所有新软件都使用新的流扩展指令，这一问题将会成真，并且软件无法在旧机器上运行。实际上，这一问题通过应用程序接口解决了。应用程序会请求一个使用流扩展指令的操作系统服务。但这个应用程序自己不会运行包含流扩展指令的代码。如果处理器不支持流扩展指令，将使用遗留代码执行被请求的操作。

下面将介绍 Intel MMX 技术。尽管 MMX 已经被 IA32 内核体系结构上更丰富、用途更广的流扩展指令所取代，但它却为 SIMD 特性的引入提供了很好的媒介，因为其支持新操作的内核非常小。

5.3 SIMD 处理简介

Intel 的多媒体扩展为 IA32 体系结构提供了用一条指令处理多个数据的 SIMD 能力。例如，可以并行地将 4 对 8 位整数相乘或将 8 对字节数相加。图 5-14 描述了 MMX 的新数据类型，它们都是寄存器 MM0 ~ MM7 中的 64 位值。

在 1997 年 MMX 发布时，人们认为 IA32 需要维持向后兼容。对 MMX 技术的一个主要需求是它必须与现有操作系统兼容，并且不能对 IA 32 体系结构进行扩展以使其包括新的寄存器、新的条件码或新的异常处理功能。简言之，设计 MMX 技术的目标是在不进行任何改变的情况下将其引入 IA32。这一方法很快被证明是站不住脚的，而且随着多媒体技术与每一代 Intel 处理器不断改进，早期体系结构的限制也被取消了。

为了避免增加新的寄存器，MMX 必须使用一种无寄存器的结构，比如栈，或者利用现有的寄存器，使之具有双重功能。与 SPARC 一样，Intel 使用浮点寄存器作为 MM0 ~ MM7，与浮点寄存器共享同样一部分硅片。因此，无法同时进行 MMX 操作和浮点操作。浮点寄存器宽度为 80 位，但是 MMX 指令仅使用了这些寄存器的前 64 位。

一个 MMX 寄存器可被分为 8 个 8 位，4 个 16 位，或 2 个 32 位，如图 5-14 所示。表 5-5 列出了 MMX 指令集，它的指令都采用典型 CISC 的寄存器 – 寄存器、两地址格式。MMX 指令助记符以 P 作前缀，代表压缩操作。例如，PADD 指令完成压缩加法。后

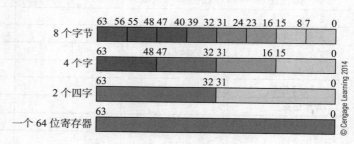

图 5-14 MMX 数据类型

缀 b, w 或 d 分别代表字节、字或双字操作。例如，指令 PADDb MM0,MM1 同时将 MM1 中的 8 对字节数与 MM0 中的 8 对字节数相加，并将 8 个和保存在 MM0 中。因为这些指令都可以处理不同类型的操作数，本书用大写表示基本助记符，用小写表示不同的操作数。例如，

```
        PADDb MM0,MM1
或       PSUBw MM3,MM0
```

当 PADDb 指令将 MM1 中的 8 个字节与 MM0 中对应的字节相加，并将结果保存在 MM0 中时，将产生 8 个进位位，它们将被丢弃，不会被保存。

表 5-5 MMX 指令汇总

指令助记符	操作	描述
PADD(b,w,d)	Wrapaournd，饱和运算	两个压缩的 8 个字节，4 个 16 位字，两个双字相加
PSUB(b,w,d)	Wrapaournd，饱和运算	两个压缩的 8 个字节，4 个 16 位字，两个双字相减

（续）

指令助记符	操作	描述
PCMPEQ(b,w,d)	等于，大于	比较压缩字节 / 字 / 双字。如果比较结果为 true，则目的寄存器的内容为一个全 1 的掩码，否则为全 0
PCMPGT(b,w,d)		
PMULLW		4 个压缩 16 位数并行乘法。可以选择 4 个 32 位积的高 16 位或低 16 位作为结果
PMULHW		
PMADDWD		4 个压缩、有符号 16 位字并行相乘，并将两个相邻的 32 位结果并行相加。结果为一个 32 位双字
PSRA(w,d)	移位位数保存在寄存器中或是一个立即数	对压缩的 4 个字、两个双字或整个 64 位四字进行算术右移、逻辑左移、逻辑右移
PSLL(w,d,q)		
PSRL(w,d,q)		
PUNPCKL(bw,wd,dq)		交叉合并压缩的 8 个字节、4 个 16 位字或两个 32 位双字
PUNPCKH(bw,wd,dq)		
PACKSS(wb,dw)	总进行饱和运算	并行地将双字压缩为字或字节
PAND		完成按位逻辑与操作
PANDN		完成按位逻辑与非操作
POR		完成按位逻辑或操作
PXOR		完成按位逻辑异或操作
MOV(d,q)		在存储器和 MMX 寄存器间传送 32 或 64 位数据
EMMS		清除浮点寄存器标志位

在处理数据前，必须将数据加载到 MMX 寄存器中。MMX 结构提供了两条新的数据传送指令，MOVd 和 MOVq，在 MMX 寄存器和存储器之间传送 32 位或 64 位数据。MOVd 指令传送 32 位双字，而 MOVq 指令传送 64 位四字。如果操作数为 32 位，还可以在 MMX 寄存器和另一个 IA32 寄存器之间传送数据。

表 5-4 中最后一条 MMX 模式指令与其他指令不同，因为它不是数据处理指令。EMMS 指令会将浮点寄存器标志位清空，以加快 MMX 模式与浮点模式间的转换。后面将继续介绍这些指令。下面先来深入介绍压缩 MMX 操作的特点。

1. 压缩操作

所有 MMX 指令（除了用于加快 MMX 到浮点模式切换的 EMMS 指令）都带有一个源操作数和一个目的操作数。例如，PADDsb MM0,MM1 使用饱和运算完成 8 对字节数的并行加法。饱和运算在值超出范围时将其裁剪为最低值或最高值（例如，8 位数运算 250 + 20 = 255，下一节将继续讨论这一内容）。寄存器 MM1 中的源操作数与 MM0 中的目的操作数相加，结果被存入 MM0。请注意指令助记符的结构：P(压缩) + ADD(操作) + s(运算模式) + b(数据大小)。MMX 指令使用的另一个后缀是 u，表示无符号操作。尽管二进制补码和无符号加 / 减法遵循同样的规则，但在饱和运算中，上限与下限是不同的（无符号数是 00_{16} 和 FF_{16}，有符号数是 80_{16} 和 $7F_{16}$），这意味着必需指出要进行有符号还是无符号操作。图 5-15 描述了指令 PADDb MM1,MM0 的功能，两个 MMX 寄存器中的 8 对字节数据被同时相加。

由于压缩 MMX 加法中的 8 个加法运算会同时进行，需要使用一个 8 位向量保存这些加法产生的 8 个进位。前面已经指出，没有这样的向量，所以程序员无法访问 MMX 运算中生成的进位。因此，使用 MMX 指令进行加法或减法运算不会改变处理器进位位的状态。

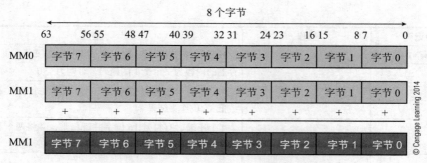

图 5-15　MMX 加法：执行 PADDb **MM1**, MM0

来自网络的 MMX 乘法实例

　　下面通过两个例子说明 MMX 代码。在第一个例子里，24 位向量中的每个元素都将加上一个常数（即 $x_i = x_i + c, i = 0, 1, 2, \cdots, 23$）。它使用了 MMX 指令和传统 IA32 指令，但含义是非常清楚的。

```
         movq mm1,c        ; 将常数载入寄存器 mm1（8 份）
         mov cx,3          ; 循环 3 次，设置循环计数器（8×3=24）
         mov esi,0         ; 将指针置为 0（用作向量索引）
   Next: movq mm0,x[esi]   ; 使用索引寻址将 8 个字节载入寄存器 mm0
         paddb mm0,mm1     ; 现在进行 8 字节向量加运算
         movq x[esi],mm0   ; 将 8 字节结果存入 x
         add esi,8         ; 索引加 8
         loop L1           ; Intel 处理器用寄存器 cx 建立循环
         emmes             ; 完成 MMX 运算并将寄存器释放给 FP 单元
```

　　第二个例子由 Andreas Jonsson 给出，说明如何使用 SIMD 代码将两个 32 位视频 aRGB 频道混合在一起。混合因子是一个 $0 \sim 255$ 范围内的整数，每个频道使用输出二 $(a*fa + b*(255 - fa))/255$ 被混合。请注意这段代码并不会完成除 255 的除法运算。它将首先通过移位完成除 256，如果因子大于 127，接下来将结果加 1。*

```
; DWORD LerpARGB(DWORD a, DWORD b, DWORD f);
; load the pixels and expand to 4 words
    movd      mm1, [esp+4]    ; mm1 = 0 0 0 0 aA aR aG aB
    movd      mm2, [esp+8]    ; mm2 = 0 0 0 0 bA bR bG bB
    pxor      mm5, mm5        ; mm5 = 0 0 0 0 0 0 0 0
    punpcklbw mm1, mm5        ; mm1 = 0 aA 0 aR 0 aG 0 aB
    punpcklbw mm2, mm5        ; mm2 = 0 bA 0 bR 0 bG 0 bB
; load the factor and increase range to [0-256]
    movd      mm3, [esp+12]   ; mm3 = 0 0 0 0 faA faR faG faB
    punpcklbw mm3, mm5        ; mm3 = 0 faA 0 faR 0 faG 0 faB
    movq      mm6, mm3        ; mm6 = faA faR faG faB [0 - 255]
    psrlw     mm6, 7          ; mm6 = faA faR faG faB [0 - 1]
    paddw     mm3, mm6        ; mm3 = faA faR faG faB [0 - 256]
; fb = 256 - fa
    pcmpeqw   mm4, mm4        ; mm4 = 0xFFFF 0xFFFF 0xFFFF 0xFFFF
    psrlw     mm4, 15         ; mm4 =   1    1    1    1
    psllw     mm4, 8          ; mm4 = 256 256 256 256
    psubw     mm4, mm3        ; mm4 = fbA fbR fbG fbB
; res = (a*fa + b*fb)/256
    pmullw    mm1, mm3        ; mm1 = aA aR aG aB
    pmullw    mm2, mm4        ; mm2 = bA bR bG bB
```

```
    paddw       mm1, mm2        ; mm1 = rA rR rG rB
    psrlw       mm1, 8          ; mm1 = 0 rA 0 rR 0 rG 0 rB
; pack into eax
    packuswb    mm1, mm1        ; mm1 = 0 0 0 0 rA rR rG rB
    movd        eax, mm1        ; eax = rA rR rG rB
    ret
```

2. 饱和运算

MMX 指令特别有趣的一点是它们对整数算术运算中上溢和下溢的处理。传统的整数算术运算使用封装（wraparound）模式，（例如）8 位二进制数 11111111 加 1 将得到结果 00000000 和进位 1。术语"wraparound"表示最大值将被回滚到最小值。

MMX 指令可以在传统的封装模式下工作，但这却不能很好地符合多媒体处理的实际物理意义。假设我们用一个 8 位值表示一个蓝色像素的亮度。如果 11111111 代表最亮的蓝色而 00000000 代表没有蓝色，11111111 + 1 在物理上应为 11111111（即不能变得比蓝色还蓝）。同样，00000000 − 1 应等于 00000000，因为不可能比 00000000 的蓝色更少了。对于这两种情形，算术运算过程中的最大值或最小值都是有限的。如果某个场景的一部分已经全都是白色，你没办法把它变得更白。这种当运算结果大于一个上限或小于一个下限时，结果就等于上限或是下限的方法非常符合物理实际。将超出范围的值设为其上限或下限而不进行回滚的运算叫作饱和运算。

表 5-5 列出了更多的细节。所有 MMX 指令（除了乘法）都在一个周期内完成。有些 MMX 操作可以在封装模式或饱和模式下进行。如果是有符号饱和运算，结果的最大值和最小值分别为 $7F_{16}$ 和 80_{16}（字节运算中）。如果是无符号饱和运算，结果的最大值和最小值分别为 FF_{16} 和 00_{16}（字节运算中）。请考虑下面的无符号字节加法运算，PADDusb MM0,MM1，这里 MM0 和 MM1 的初值分别为

77012345F0AAF01F 和 11FFEE00002387CE

PADDusb 中的 u 代表无符号，s 代表饱和运算，而 b 代表字节操作数。如果将每个十六进制操作数都拆分为 8 组，则可以进行下面的加法，并将所有超过 FF_{16} 的和记作 FF_{16}：

$$
\begin{array}{ccccccccc}
  & 77 & 01 & 23 & 45 & F0 & AA & F0 & 88 \\
+ & 11 & FF & FF & 00 & 7A & 23 & 87 & CE \\
\hline
  & 88 & FF & FF & 45 & FF & CD & FF & FF
\end{array}
$$

有 4 对数的和超过了 FF_{16}，结果被限制为 FF_{16}。现在假设使用有符号饱和运算完成同样的操作。此时可得

$$
\begin{array}{ccccccccc}
  & 77 & 01 & 23 & 45 & F0 & AA & F0 & 88 \\
+ & 11 & FF & FF & 00 & 7A & 23 & 87 & CE \\
\hline
  & 7F & 00 & 22 & 45 & 6A & CD & 80 & 80
\end{array}
$$

被饱和处理为 80_{16}（最小负数）和 $7F_{16}$（最大正数）的值加阴影表示。后面将介绍如何用饱和运算而不是分支指令进行裁剪。

下面是一个无分支算术运算的例子，它用饱和运算实现了一个通常需要分支的操作。假设 P，Q 和 R 都是 8 字节向量，我们希望计算绝对值 $R = |Q - P|$。一般可用下面的代码实现

```
IF (Q > R)
THEN P = Q - R
ELSE P = R - Q
```

使用饱和运算可以更加高效地实现这一算法。若要同时进行减法 $Q - P$ 和 $P - Q$，差为

正值的那个运算会得到正确结果。然而，差为负值的那个运算结果为 0，因为饱和运算会将负值修改为 0。因此，$Q - P$ 和 $P - Q$ 这两个值中总有一个为 0。因为这些操作中一个结果为正，另一个结果为 0，将它们或在一起可以得到最终结果。如果 MM0 为 P 而 MM1 为 Q，则有

```
MOVQ     MM2,MM0    ; 将 P 复制到寄存器 MM2 中
PSUBusb  MM0,MM1    ; 计算 P - Q 的差；若 P < Q 则结果为 0
PSUBusb  MM1,MM2    ; 计算 Q - P 的差；若 Q < P 则结果为 0
POR      MM0,MM1    ; 两个差进行或操作（其中一个为 0）
```

> **分支被认为是有害的**
>
> 　　到现在为止，我们都将分支视作完全正常的指令。而在第 6 章，我们将看到分支指令对计算机性能是不利的。
>
> 　　现代计算机使用了流水线——一种将指令执行重叠起来的技术。例如，在执行当前指令时，下一条指令正在被译码，而再下一条指令正在被读出。如果当前指令是一条转移成功的分支，所有它后面已被部分执行的指令都不再需要，在这些指令上已经进行的所有工作将被丢弃。
>
> 　　这种丢弃部分已被执行指令的需求被称作控制冲突。因此，能够避免分支的程序设计机制是非常好的。

　　这段代码表明可以在 4 个周期内完成 8 对字节数的 8 个绝对值差运算而无需使用分支操作。这就通过消除与分支有关的可能的数据冲突提高了处理器的效率。在第 6 章介绍处理器组成时我们将继续讨论这一内容。

3. 压缩移位

　　MMX 逻辑和移位指令处理 64 位寄存器中的每个数据。图 5-16 描述了对寄存器中的 4 个字并行移位后的结果。使用指令 `PSLLw MM0, MM1`，将寄存器 MM0 中 4 个 16 位字的每一个都左移 4 位（寄存器 MM1 含有移位位数）。每个字空出来的位都被填 0。与加法一样，并行移位操作不会记录进位输出。请注意，逻辑位操作会作用于整个 MMX 寄存器，将每个字都视作无意义的，因为无论将寄存器分为多个字节还是其他单位，结果都是相同的。

4. 压缩乘法

　　MMX 结构提供了两种类型的乘法：一个并行生成两个数乘积的传统乘法指令；以及一个功能更强的将所有乘积求和的乘加指令。前面已经看到 ARM 提供了一条将两个数相乘并将结果与第三个操作数相加的乘累加指令。乘累加操作被广泛地出现在向量操作中，用于计算两个向量的内积。

　　指令 `PMULhw` 与 `PMULlw` 都将 4 对有符号已压缩的 16 位字相乘，得到 4 个 32 位乘积。由于无法将 4 个 32 位乘积保存在一个 64 位 MMX 寄存器中，必须使用 `PMULhw` 选出每个积的高 16 位，或用 `PMULlw` 选出每个积的低 16 位。图 5-17 描述了这两条指令对两个 MMX 寄存器内容的影响。请注意 MMX 指令是如何为加法和减法指令提供更高层次的一般性（8 位或 32 位加法），而乘法指令则被限制为 16 位有

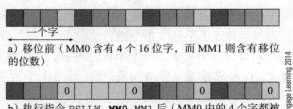

a）移位前（MM0 含有 4 个 16 位字，而 MM1 则含有移位的位数）

b）执行指令 `PSLLW MM0,MM1` 后（MM0 中的 4 个字都被左移 4 位，其右端补 0）

图 5-16　压缩移位操作

符号数运算。

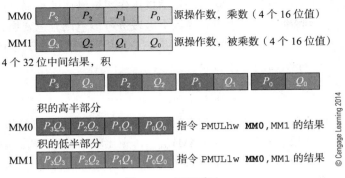

图 5-17　压缩乘法

压缩乘累加指令——PMADDwd，也是将 4 对有符号 16 位字相乘。不过，它还会将两对相邻的 32 位乘积相加，得到两个 32 位和。如果源字为 P_3，P_2，P_1，P_0 和 Q_3，Q_2，Q_1，Q_0，积为 $P_3 \cdot Q_3$，$P_2 \cdot Q_2$，$P_1 \cdot Q_1$，$P_0 \cdot Q_0$。然后将两个相邻的积相加，得到（$P_3 \cdot Q_3$ + $P_2 \cdot Q_2$），（$P_1 \cdot Q_1 + P_0 \cdot Q_0$）。图 5-18 描述了这个操作。

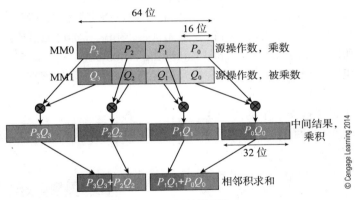

图 5-18　压缩乘累加

5. 并行比较

MMX 指令可以比较两个值，尽管值的比较方式以及比较结果的使用方法都与传统比较一样。因为 MMX 结构并没有改变 IA32 的体系结构状态，也不允许用测试结果设置处理器标志。因此，任何测试或比较都必须通过将寄存器的位置 1 或清 0 来起作用。而且，由于 MMX 并行地处理各个字，向量比较与标量比较的本质是不同的，因为会产生多个结果。

MMX 体系结构提供了两条比较指令：一条进行等于比较，另一条进行大于比较。它们是应用最广的比较操作中的两个（不可能提供绝大多数处理器体系结构都实现的全部 16 个标准布尔测试）。这两条指令都可以对字节、字和双字数据进行操作。

Intel 使用了一个有趣的测试方法，它采用了与 MIPS 的 slt（小于时置 1）指令相同的方法比较两个寄存器的内容，并根据测试输出将第三个寄存器的内容置为 1 或 0。一条 MMX 测试指令的输出要么将目标操作数置为全 0，要么将其置为全 1，而不是设置状态寄存器中一个标志位的值。测试结果为 true 将得到全为 1 的结果，结果为 false 则得到全为 0 的结果。例如，对值 5 和 9 进行等于测试将得到 00000000（字节比较中），而测试值 7 和 7

将得到结果 11111111。换句话说，比较的输出是一个数值而不是一个标志的值。

比较指令返回的数据位使我们可以将比较结果用作逻辑操作的掩码，因而避免执行一条显式的条件分支指令。假设要将一幅图像的某个区域进行多色调分色变换；也就是说，如果颜色的亮度高于（或低于）给定的门槛值，则将该区域设为一种颜色。多色调分色变换将使图像的每个区域只有一种颜色。

```
PCMPGTb   MM0,MM1      ;compare 8 pixels in MM1 with a preset level in MM0
PAND      MM1,MM0      ;set regions less than the preset level to 0
```

第一个操作，`PCMPGTb`，根据差 [MM0] − [MM1] 比较寄存器 MM0 中的 8 个字节与 MM1 中的 8 个字节。如果 $[MM0_{byte\_i}] > [MM1_{byte\_i}]$，则比较结果为 FF_{16}，如果 $[MM0_{byte\_i}] \leq [MM1_{byte\_i}]$，则比较结果为 00_{16}。请考虑下面的例子：

MM1 中的源像素	8F C2 30 34 40 F1 A3
MM0 中预置的等级	50 50 50 50 50 50 50
MM1 中的比较掩码	FF FF 00 00 00 FF FF 执行 PCMPPGTb MM0,MM1 之后
MM1 中的最终结果	8F C2 00 00 00 F1 A3 执行 PAND MM1,MM0 之后

6. 压缩与解压缩

压缩与解压缩指令用来完成不同类型数据之间的转换；也就是说，将 32 位数转换为 16 位，或将 16 位数转换为 8 位。顾名思义，压缩指令通过将字转换为字节（或双字转换为字）将数据压缩保存在 MMX 寄存器内。有符号或无符号饱和运算都可能需要进行截断处理。带压缩的有符号饱和运算（pack-with-signed saturating arithmetic）`PACKss` 对源和目的寄存器中的有符号数进行压缩和饱和运算，并将有符号的运算结果写回目的寄存器（有符号饱和模式是这条指令的唯一选项）。

`PACKssdw` 指令将源操作数中的两个 32 位字和目的操作数中的两个 32 位字压缩为 4 个有符号 16 位值并保存在目的寄存器中，如图 5-19 所示。如果一个有符号字的值大于或小于有符号 16 位整数的有效范围，整数的值将通过饱和运算被转换为 $7FFF_{16}$，负数将被转换为 8000_{16}。

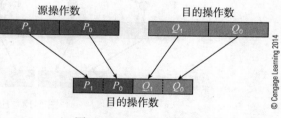

图 5-19 `PACKssdw` 指令

压缩的逆操作是解压缩，数据将会被扩展。不过，`PUNPCK` 指令并不仅仅是并行压缩指令的简单逆操作。并行解压缩指令应该被视作一条并行合并指令，它能处理 3 种数据类型：字节到字（bw），字节到双字（wd），以及双字到四字（dq）。当一个字数据被解压缩时，它将占用两倍的位

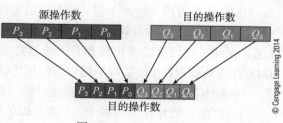

图 5-20 `PACKsswb` 指令

数。每条 MMX 指令都可以从一个字的上半部分或一个字的下半部分解压缩。因此，解压缩指令有 6 种不同类型。

图 5-21 描述了将字节解压缩为字的 `PUNPCKLbw` 指令。这里，两个 MMX 寄存器中的 4 个字节（在寄存器的低半部分）被解压缩，生成的 8 个字节被保存在目的寄存器中。

使用解压缩指令可以完成一些处理，比如将某些寄存器置为 0，。请考虑下面的例子，

这里 MM1 的初值为 0123456789ABCDEF$_{16}$。该指令的结果为 000089AB0000CDEF$_{16}$，保存在 MM1 中。

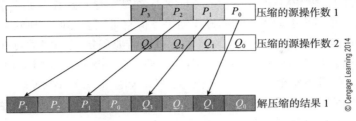

图 5-21　解压缩指令（从低半部分解压缩）

```
PXOR        MM0,MM0        ;clear register MM0
PUNPCKLwd   MM1,MM0        ;unpack/merge MM1 into MM0
```

7. 与浮点共存

正如前面所介绍的，MMX 技术使用 IA32 已有的浮点寄存器。这被称作寄存器别名，因为同一个寄存器有两个不同的名字（浮点和 MMX）。图 5-22 描述了浮点寄存器与 MMX 寄存器之间的对应关系。浮点寄存器不能被显式访问，它们构成了一个深度为 8 的栈，浮点操作对栈顶数据进行处理。MMX 指令可以显式地对 MMX 寄存器寻址。

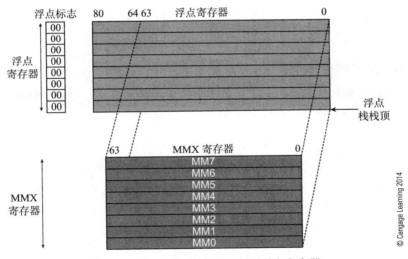

图 5-22　将 MMX 寄存器映射到浮点寄存器

对一个 MMX 寄存器进行写操作时，0 ～ 63 位都会被修改，而 64 ～ 80 位（浮点数的指数段）将被自动置为 1。当被用作浮点值时，一个指数部分为全 1 的浮点数被定义为 NaN 数，这会防止 MMX 寄存器的内容被作为有效的浮点值使用。

浮点寄存器被组织为栈结构并通过栈机制访问。因此，浮点寄存器无法被随机访问。保持栈干净被认为是个很好的经验。在将浮点值入栈并进行浮点运算后，应该在计算序列的最后将栈清空。每个浮点寄存器都带有一个标志字段，表明这个寄存器是否已被占用。每当一个新的浮点数入栈，对应的标志将变为有效。每当栈中一个寄存器的内容被弹出，标志将被清空。操作系统在保存机器上下文时将使用这些标志。如果标志被置 1，寄存器必须被保存；如果标志被清 0，寄存器没有被占用，也就不必保存。

　　尽管 MMX 寄存器增加了复杂度，Intel 却实现了一种简化机制。当一个 MMX 寄存器首次被访问时，所有的标志都被置为 1，这确保了所有 MMX 寄存器都会在 MMX 到浮点的上下文切换时被保存。EMMS 指令会在 MMX 序列结束浮点操作开始前清空所有标志位。EMMS 指令执行失败不会引起不正确的操作结果，但它可能会降低处理效率。

　　并非所有 Intel 处理器都支持 MMX 技术。有时需要确定代码将运行在哪个处理器上。IA32 指令 CPUID 会返回 CPU 的标识并将其保存在寄存器 edx 中。介绍 CPUID 指令的 Intel 文档比描述第一代微处理器整个指令集的文档还要长。如果实现了 MMX 技术，一个标志位将被置 1。下面一段代码描述了怎样检测出支持 MMX 技术的处理器。请注意，CPUID 的行为受到寄存器 eax 中参数的控制。[⊖]

```
bool isMMXSupported()
{
  int fSupported;
  __asm
  {
  mov    eax,1          ;CPUID 需要 eax 中的参数
  cpuid                 ; 查询 CPU 的标识信息
  and    edx,0x800000   ; 掩码状态信息为 MMX 标志
  mov    fSupported,edx ; 复制标志到变量
  }
  if (fSupported != 0)  ; 返回标志的状态
  return true;
  else
  return false;
}
```

5.3.1　SIMD 技术的应用

　　前面曾经提起过同构转换可以用来处理图像。下面的矩阵表示包括旋转和缩放、转化以及角度变化在内的图像变换。

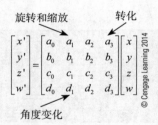

　　例如，请考虑，x' 的新值由算式 $x' = a_0x + a_1y + a_2z + a_3w$ 得到。计算 x' 需要 4 个乘法和 3 个加法。使用 MMX 指令，可以写出下面的代码：

PMADDwd **MM0**,MM1 ; 完成运算 $a_0x + a_1y$ and $a_2z + a_3w$

　　用一条指令完成 4 个乘法和两个加法。下面说明如何用 MMX 指令完成 3 个应用中的多媒体处理。

1. 色度键控

　　大家都很熟悉色度键控（chroma keying）的作用——即便他们没有听过这个词。色度键控可以将两幅图像合并在一起。例如，在每天的天气预报节目中都能看到，当天气预报员

⊖　[Intel485] Intel 处理器标识和 CPUID 指令，Intel，Application note AP-485。

站在一幅实际并不存在的天气图前时，色度键控可以裁出一幅复杂图像（比如一个人），然后将其加到另一幅图像中。图 5-23 描述了色度键控的效果。图 5-23a 是一个女子的相片而图 5-23b 是一副花的图像。图 5-23c 中，女子的图像被加到了花的图像上，就好像女子站在花前面一样。这里这些图像都被转换为黑白图像，实际上这个女子站在一张蓝色的背景之前。

尽管色度键控看起来似乎需要一些实用的魔法，它实际上是通过一些非常简单的处理实现的。图 5-23 中的女子位于一个深蓝色的背景之前。如果扫描这幅图像并将其转换为像素，那么一个像素要么是蓝色的（背景），要么不是蓝色（需要被叠加的图像的一部分）。如果女子图像中某个部分的颜色与蓝色背景相同，第二幅图像中的对应部分将会显露出来。

为了形成合成图像，要从图像 1 中读出一个像素并从图像 2 中读出对应位置的像素，然后使用下面的语句确定合成图像中像素的最后颜色：

```
if pixel_a = blue      then pixel_c = pixel_b
                       else pixel_c = pixel_a
```

a) 带有蓝色背景的　　b) 将出现在背景中的第　　c) 合成图像
第一幅图像　　　　　二幅图像　　　　　　　　第一幅图像出现在第二幅
　　　　　　　　　　　　　　　　　　　　　　图像前

图 5-23　色度键控

对于整幅图像，可以写出下面的代码：

```
for (i = 0; i < lastPixel; i++) {
    if (imageOne[i] == blue) compositeImage[i] = imageTwo[i];
    else                     compositeImage[i] = imageOne[i];
}
```

使用 SIMD 扩展指令，可以每 8 个点为一组并行处理。而且，还可以用比较操作生成位掩码，从而避免使用条件分支。请考虑下面的代码段。

```
                   ; 寄存器 MM1 初始化为含有蓝色掩码（8 个蓝色像素）
MOVEq    MM3,image1 ; 从女子图像中读出 8 个像素存入寄存器 MM3
MOVEq    MM4,image2 ; 从花的图像中读出 8 个像素存入寄存器 MM4
PCMPEQb  MM1,MM3    ; 将女子的图像与蓝色像素比较以创建掩码
PAND     MM4,MM1    ; 花的图像中与第一幅图像中蓝色部分对应位置的像素保持不变
PANDN    MM1,MM3    ; 女子图像中与第一幅图像中非蓝色部分对应位置的像素保持不变
POR      MM4,MM1    ; 将两副图像合并
```

SIMD 扩展程序中使用的 SIMD 指令

```
MOVEq    MM3,image1  ; 从存储器载入数据到 MMX 寄存器中。q 代表 64 位四字。
MOVEq    MM4,image2
PCMPEQb  MM1,MM3     ; 两个 MMX 寄存器中 8 个并行字节数等于比较。
                     ; 如果两个字节相等，则目的寄存器被置为 0xFF。
                     ; 如果它们不相等，则值为 0x00。
PAND     MM4,MM1     ; 源操作数与取反的目的操作数进行与操作。
PANDN    MM1,MM3     ; 这条指令进行与操作并将结果取反。
POR      MM4,MM1     ; 两个 64 位寄存器进行或操作。
```

这些指令仅用 6 个机器周期就可以处理 8 个像素。图 5-24 描述了指令 `PCMPEQb` **MM1**,MM3 的作用，这里 MM1 的初值为遮住图像 1 中女子的蓝色掩码。也就是说，MM1 中的每个像素都被设为与蓝色背景相同的值。

在执行了并行比较指令 `PCMPEQb` **MM1**,MM3 之后，寄存器 MM1 中含有位掩码。如果图 5-23a 中的像素是蓝色背景的一部分，那么一个字节的所有位都是 1，或者如果像素是女子的一部分，那么所有位都是 0。在生成合成图像时，可以用这个掩码选择女子或花的图像。

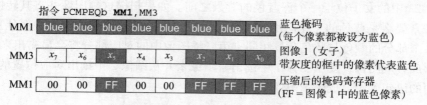

图 5-24　使用蓝色位掩码创建图像掩码

图 5-25 描述了如何使用掩码寄存器遮盖图像 2（花）中的位，图像 1 中与该位对应的位不是蓝色。如果相应的掩码位为 1，则指令 `PAND` **MM4**,MM1 将保持寄存器 MM4 中的位不变。当这条指令结束时，MM4 中加阴影的像素表示花。

图 5-25　用掩码选择图 5-23 b

图 5-26 通过取反的与操作 `PANDN` **MM1**,MM3 复制图像 1 中对应掩码位为 0 的像素。当该指令结束时，寄存器 MM1 的内容是背景为蓝色的女子图像像素和 0。

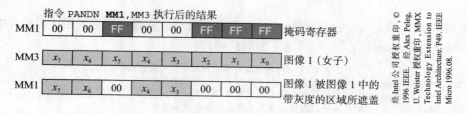

图 5-26　用位掩码选择源图像

现在已经得到了两个部分被遮盖的图像和 0，接下来用逻辑或操作 `POR` **MM4**,MM1 将两幅图像合并在一起，如图 5-27 所示。

2. 淡入和淡出

另一个能很好利用 SIMD 扩展指令的视频处理应用是图像合并。大多数人都很熟悉溶解特效，一幅图像渐渐淡出而另一幅图像淡入。如果我们将图像 A（旧图像）与图像 B（新图像）合并，则有

$$输出 = fade \times 图像 A + (1 - fade) \times 图像 B$$

这里变量 *fade* 代表合并图像中旧图像的比例，其值在 0 ～ 1 之间。*fade* 的值从 1 减小

到 0 的速度决定了溶解所需的时间。将图像 A 重新记作 A，图像 B 重新记作 B，并将等式修改为

$$输出 = fade \times (A - B) + B$$

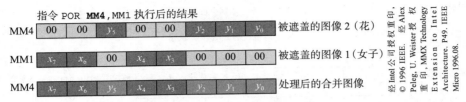

图 5-27　合并两个被遮盖的图像

Peleg 等人[⊖]介绍了一种使用解压缩、并行乘法和重新压缩操作的溶解算法。

```
PXOR        MM7,MM7     ; 寄存器 MM7 置为 0（后面需要哑元 0）
MOVq        MM3,fade    ; 载入 fade 的值（复制到 4 个字中）
MOVd        MM0,imageA  ; 载入源图像 A 中的像素
MOVd        MM1,imageB  ; 载入源图像 B 中的像素
PUNPCKlbw   MM0,MM7     ; 8 位像素解压缩，转换为寄存器 MM0 中的字
PUNPCKlbw   MM1,MM7     ; 8 位像素解压缩，转换为寄存器 MM1 中的字
PSUBw       MM0,MM1     ; 从图像 A 中减去图像 B
PMULhw      MM0,MM3     ; 差乘以 fade 的值
PADDwq      MM0,MM1     ; 结果与图像 B 相加得到 fade×(A-B)+B
PACKUSwb    MM0,MM7     ; 将 16 位结果重新压缩为字节形式
```

两条 MOVd 指令从图像 A 和 B 中取出像素并将它们保存在寄存器 MM0 和 MM1 内。两条 PUNPACKlbw 指令是解压缩操作数，将字节数据扩展为字数据。这个操作是必需的，因为接下来的乘法只能对字数据进行。请注意 PUNPACKlbw 指令需要两个源操作数（这里第 2 个源操作数是值为全 0 的哑寄存器 MM7）。

PSUBw、PMULhw 和 PADDwq 这 3 个操作按照公式 "输出 = $fade \times$ 图像 A + $(1 - fade) \times$ 图像 B" 计算新图像的每个元素，完成所有的处理。

最后一个操作，PACKUSwb，将字长压缩为字节。图 5-28 描述了这一组操作。请注意，这个过程只能用于同一颜色的四像素组。必须对 3 种颜色中的每一种颜色重复一次这个过程（还有 alpha 值，如果使用了的话）。

3. 裁剪

裁剪是一个重要的图形操作，它将一个变量的值限定在固定范围内。例如，变量 X 的最大值和最小值分别为 20 和 4，则 X 的值将总是落在这个范围内。若 $X = 15$ 且将其加 7，则 $X = 20$，因为 X 的上限为 20 且所有高于 20 的值都将被修改为 20。这个操作应该会让读者回忆起饱和运算。

当一个图形被另一个图形遮盖时，图形中将使用一个受限的值。因此，有必要知道什么时候裁剪被遮盖的背景图像或将其隐藏在前景之后。若要将 x 的值裁剪为大于等于 x_{low} 且小于等于 x_{high}，可使用下面的语句：

```
if x < xlow then x = xlow
        else if x > xhigh then x = xhigh
```

使用传统汇编语言，可以使用下面类似一般 CISC 代码的语句：

⊖ Alex Peleg, Sam Wilkie, and Uri Weiser, " Intel MMX for Multimedia PCs", *Communications of the ACM*, January 1997, Vol 40, No 1, pp. 25-38.

```
         CMP  x,xLow          ; x 的值小于下限?
         BLT  FixLow          ; 若是,则将 x 的值改为最小值
         CMP  x,xHigh         ; x 的值大于上限?
         BGT  FixHigh         ; 若是,则将 x 的值改为最大值
         BRA  Exit            ; 执行这条语句表明 x 的值在范围内
FixLow   MOV  x,x_low         ; 将 x 的值改为最小值并退出
         BRA  Exit
FixHigh  MOV  x,xHigh         ; 将 x 的值改为最大值并退出
Exit
```

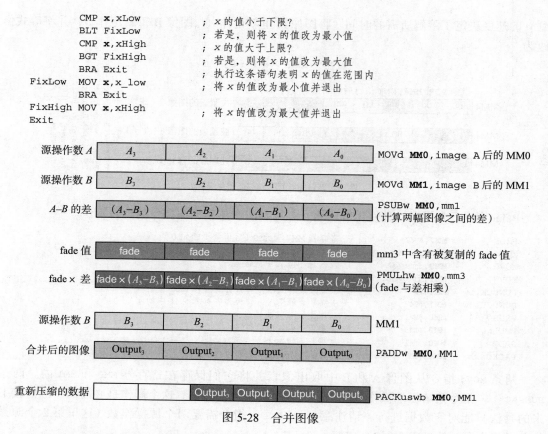

图 5-28　合并图像

利用 ARM 的条件执行可以更好地完成这一工作。请考虑下面的代码:

```
CMP    r0,#xLow     ; x 的值小于下限?
MOVLT  r0,#xLow     ; 若是,则将 x 的值改为最小值
CMP    r0,#xHigh    ; x 的值大于上限?
MOVGT  r0,#xHigh    ; 若是,则将 x 的值改为最大值
```

SIMD 扩展指令为实现裁剪操作提供了一种有用的手段,而无需使用条件分支指令。下面的代码段描述了无符号数的裁剪方法。饱和运算的应用是裁剪的关键。图 5-29 描述了裁剪与饱和限制之间的关系,并给出了一个裁剪的例子。在下面的代码中,选项 u 代表无符号,s 代表饱和运算,w 代表字(16 位)操作。

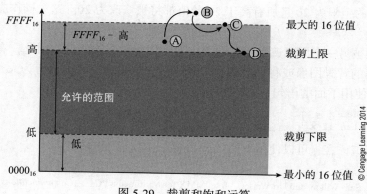

图 5-29　裁剪和饱和运算

```
PADDusw    MM0,0xFFFF-high            ; 裁剪到最大值
PSUBusw    MM0,0xFFFF-high+low        ; 裁剪到最小值
PADDw      MM0,low                    ; 调整结果
```

现在来遍历这段代码。第一条指令，`PADDusw MM0,0xFFFF-high`，给 MM0 中等待裁剪的源操作数加上一个常数。这个常数是 16 位最大值减去裁剪上限。如果被裁剪的数超过了上限，将通过饱和运算将其拉回上限并保存起来。第二个操作将在下限对这个操作数进行同样的操作。最后一个操作加上先前减去的下限值。这个序列将完成下面的运算：

$$x = x + 0xFFFF - high - 0xFFFF + high - low + low = x$$

也就是说，若 x 的值在范围内，它不会受到这串操作的影响。如果 x 在范围以外，它将由于饱和机制而被裁剪。请考虑下面的例子，其中使用 4 位无符号整数运算，值的范围为 0 ~ 15。我们将使用裁剪限制 high = 12 且 low = 5。请看表 5-6 中列出的测试实例（图 5-29 还通过当一个值超过了裁剪的上限时发生的 A、B、C、D 等步骤来说明裁剪过程）。

表 5-6　用饱和运算实现裁剪

操作		实例 1	实例 2	实例 3
初值		7	14	3
PADDusw	MM0,15-12	10	17 → 15	6
PSUBusw	MM0,15-12+5	2	7	−2 → 0
PADDw	MM0,5	7	12	5

注：所有饱和运算都是 4 位的，值在 0 ~ 15 之间，操作 17 → 15 表明结果 17 将被裁剪为饱和运算的上限 15。

这个例子表明，测试值为 7（范围内）时结果为 15。然而，测试值 14 超过了最大值，因此可得裁剪后的结果为 12。同样，值 3 低于下限，裁剪后的结果为 15。

5.4　流扩展和 SIMD 技术的发展

自从引入第一代 SIMD 扩展指令以来，SIMD 指令一直在不断发展，少数 MMX 扩展指令被一代接一代的新扩展指令所取代。不过，重要的是基本原则始终没变：能够处理一个寄存器中多个数据的能力，以及能够完成多媒体和密码等其他领域应用中关键操作的能力。

人们觉得很短的一段时间在微处理器的世界中却是很长一段时间。1999 年，在 Intel 继续前进并发布了 SSE（Stream SIMD Extension）扩展指令集之前，MMX 架构刚刚发布。这些 SSE 指令首先出现在 Pentium II 处理器中，包含两个部分：一组叫作新媒体指令（New-media Instruction），对 MMX 寄存器组进行处理的整数指令；以及一组全新的对寄存器组进行处理的新浮点 SIMD 指令。

在相当大的程度上，Pentium III 的新多媒体指令是那些没有一次全部在硅片上实现的 MMX 扩展指令。其中有些是对 MMX 指令的扩充，有些则提供了浮点处理能力。一位评论员在为 SSE 撰写简介时曾说：这是 Intel 第二次尝试把 MMX 做好。幸好 Intel 一直处在与 IA32 兼容处理器厂商（比如 AMD）的竞争之中，并且它推迟了创新，直至完美不再是一种选择。但今天可能不再是这样了，因为 Intel 似乎已经成为 PC 体系结构竞争中毋庸置疑的胜利者，即便 AMD 依然是主要的竞争对手。

SIMD 计算的效率

　　SIMD 在增强计算机体系结构方面的作用有多大？之前给出的实例和代码段应该给读者留下了深刻印象。Intel 发布的基准程序表明，在同样的时钟频率下运行一个视频处理应用，支持 MMX 的处理器的性能与不支持 MMX 的相比为 4.6:1。

　　Talla 等人在一篇论文⊖中，通过证明其他计算开销可能会抵消 SIMD 计算的收益，阐述了评价 SIMD 扩展指令时要注意的问题。Talla 的论文提出了 SIMD 效率的概念，它被定义为计算所需的时钟周期数与实际执行所用的时钟周期数的比值。例如，要评估在某个特定机器上完成矩阵乘算法的效率。因为两个 $N \times N$ 矩阵相乘的计算复杂度为 $O(N^3)$，可以假设一个 8×8 矩阵乘法需要 512 个周期——假设浮点乘累加器是完全流水的。

　　如果乘法器和加法器采用 SIMD 技术，每周期完成 4 个操作，那么 SIMD 效率为 512/128=4。Talla 假设如果一台真实的机器需要 2 500 个周期，对应于 SIMD 效率 512/2 500=20%，为何 SIMD 效率这么低？

　　Talla 用一段代码说明了使用 SIMD 扩展指令完成多媒体处理时的开销。代码共有 29 行，每一行都带有描述其功能（载入／地址开销，地址开销，初始化开销，载入开销，真正的计算，SIMD 规约，SIMD 转换开销，保存开销，分支以及分支开销）的注释。在这 29 行代码中，只有 4 行被标记为真正的计算。

　　Tall 所标出的开销包括计算访问正在被处理的数据结构所需的地址，载入和保存（将数据从存储器中读出或存入存储器），以及分支开销。

　　Ma 等人在另一篇论文⊖中分析了 3D 几何处理中的 SSE 扩展指令，并认为加速比在 3.0 至 3.8 之间，这是一个非常可观的结果。Ma 认为若要用 SIMD 扩展指令获得最佳性能，某些因素是必须要考虑的，比如数据在存储器中的布局以及仔细的预取。

　　尽管 MMX 等第一代 SIMD 扩展指令会受到一些限制（不止是因为要共享存储器），但这些年来所有主流处理器的设计者都采用了 SIMD 扩展指令，这意味着它们的影响是有益的。不过，如同所有体系结构加强和创新技术一样，用户也必须了解它们的限制。因为流扩展指令的开销很大，它们的效率可能严重依赖应用的特性和规模。

　　MMX 操作（并行的加、减、乘和乘累加）有助于加速某些多媒体应用。不过，MMX 几乎没有为视频处理和视频编码／解码提供什么支持。SSE 体系结构的新媒体指令弥补了这一不足。

　　新媒体指令包含一些常用的功能——数据传输、压缩和数据处理。表 5-7 列出了一些新的数据传输／压缩指令。与最初的 MMX 指令相比，SSE 的数据处理指令显得相当奇怪。例如，PSADbw（packed sum of absolute difference）指令计算两个源操作数中每一对字节数的绝对值差，然后对这个 8 个绝对值差求和，并将结果保存在 16 位字目的寄存器的低部分。因此指令 PSADbw **MM0**,MMX1 的功能为

$$\sum_0^7 \mid a_i - b_i \mid$$

　⊖ Deepu Talla, Lizy Kurian John, and Doug Burger, "Bottlenecks in multimedia processing in SIMD style extension and architectural enhancement", *IEEE Transactions on Computers*, Vol. 52, No. 8, August 2003, pp. 1015-1031.

　⊖ Wa-chun Ma, and Chia-lin Yang. "Using Intel Streaming SIMD Extension for 3D Geometry Processing", *Proceedings of the 3rd IEEE Pacific-Rim Conference on Multimedia*, 2002.

表 5-7 SSE 整数操作的某些实例

操作	指令助记符	动作
提取字	PEXTRw	从一个 MMX 寄存器中的 4 个 16 位字中读出一个,并将其复制到一个 32 位寄存器的低半部分
插入字	PINSRw	从一个 32 位寄存器的低半部分载入一个字,并将其复制到一个 MMX 寄存器的 4 个字之一
将掩码字节转换为整数	PMOVMSKB	该指令取出一个 MMX 寄存器中 8 个字节的符号位,并将其复制到一个寄存器的最低字节。因此,这个 8 位的字是由 8 个符号位构成的掩码
压缩重排字	PSHUFL	这是一条三操作数指令,带有一个源操作数、一个目的操作数外加一个 8 位立即数。重排指令使用包含 4 个字的源寄存器和目的寄存器,并按照立即操作数指定的编码重新安排这些字的顺序。新的字序列将被保存在目的寄存器中。即可以从两个寄存器中剪切出字,并将它们复制到目的寄存器中

这里 a_i 与 b_i 分别是寄存器 MMX0 和 MMX1 的第 i 个字节。如果源操作数和目的操作数的值分别为:

```
01  03  10  45  F1  34  FA  D2
11  CA  0D  FF  00  00  98  A1
```

我们会得到 8 个差:

```
-10  -C7  03  -46  +F1  +34  +62  +31
```

这些数的绝对值为 10 C7 03 46 F1 34 62 31,它们的和为 $02D8_{16}$。这条指令对于视频中连续帧之间的运动估计非常重要。PSADbw 指令将 MMX 指令的性能提高了两倍。[⊖]

另外一条功能强大的新媒体指令是计算两个数的平均值。PAVGb MMX$_d$,MMXs(当源操作数在存储器中时是 PAVGb MM$_d$,m64)指令对字节进行操作而 PAVGw MMX$_d$,MMXs 指令对字进行操作。这条压缩平均值(*packed average*)指令会将源操作数中的无符号数据元素与目的寄存器中的无符号数据元素,以及进位输入一起相加。并行加法的每个结果独立地被右移一位。每个元素的最高位补对应和的进位位。

有些操作要求确定两个值中最大或最小的一个(例如,当裁剪或限制信号时)。新媒体指令提供了 4 条指令,它们都是这个操作的不同形式。压缩有符号字最大值指令 PMAXsw MM$_d$,MMS,将比较 4 对数的大小并返回每一对数的最大值。而 PMAXbu 指令将用无符号算术对 8 字节数据进行同样的操作。对应的 PMINsw 和 PMINub 指令分别返回 4 个字或 8 个字节最小值。据报道,PMIN 指令可使语音识别处理加速 19%,因为求两个元素的最小值是一些语音识别算法中最常用的操作。

5.4.1 浮点软件扩展

SSE 体系结构扩展支持浮点操作并使用 8 个新的 128 位寄存器,XXM0 ~ XMM7。这些寄存器不属于 IA32 的现有体系结构,比如 MMX 寄存器。新的 SIMD 浮点寄存器要求修改 IA32 的基本体系结构,操作系统也必须了解这些变化。也就是说,不能对操作系统和异常处理例程隐藏这些寄存器。流扩展指令所需的这些新的体系结构可见的处理器状态是自 80386 以来对 IA32 系列处理器体系结构状态的最大扩展之一。这里没有考虑 486 处理器增加浮点操作(在 80386 系统中由外部协处理器实现)或是增加能够支持多处理的原子操作。

⊖ S.K. Raman, V. Pentkovski, and J. Keshava, " Implementing Streaming SIMD Extension and the Pentium III Processor", *IEEE Micro*, July-August 2000, pp.47-57.

　　新的 SSE 状态带有自己专用的中断向量（用于处理数字异常）以及一个新的控制和状态寄存器 MXCSR，它定义了操作模式并显示了 SSE 状态标志。当然，旧的 MMX 状态仍然属于浮点状态。

　　8 个 MMX 寄存器中每个都是 128 位宽，可以存放 4 个 32 位单精度浮点数。SIMD 浮点操作要么处理全部 4 对浮点数（压缩模式），要么仅处理浮点数中最低的一对（标量模式）。因为 XMM 浮点寄存器是与 MMX 寄存器分离的，SIMD 浮点和 MMX（或传统浮点）指令可以同时执行，不必担心寄存器的保存。

　　浮点 SIMD 操作与对应的整数操作（例如，SSE 提供了浮点加法、减法、除法、乘法和比较）类似。

　　RCP 和 RSQRT 是两个有趣的浮点运算，它们分别计算倒数和反平方根。这些指令使用查找表方法获得倒数（或反平方根），速度非常快。不过，查找表的结果只能精确到大约 12 位，对于某些音频和视觉应用来说足够了。如果这些指令无法提供所需的准确度，只能使用牛顿 – 拉夫逊迭代法计算大约 22 位准确度的倒数（或反平方根）。请参考第 2 章介绍浮点运算时所讨论的迭代技术。

AMD 3DNow! 技术

　　尽管 Intel 的 IA32 体系结构已经发展了几十年，但 PC 机的成功使得其他公司不可避免地试图赢得一部分市场份额。可以为处理器的某些方面申请专利，比如它实现多处理的方式，但不能为一个指令集申请专利。因此，任何人都可以制造出一块读取并执行 IA32 体系结构操作码的芯片，并获得与本地 IA32 处理器相同的结果。

　　在 20 世纪 90 年代，有几家公司都能制造出与 IA32 体系结构功能等价的产品——通常面向低价市场，因为 Intel 接近垄断的地位，它根本无需担心价格过高。到了 20 世纪 90 年代末，AMD 成为 Intel 唯一的主要竞争对手（除了曾经在 2000 年因推出瞄准笔记本市场的低功耗 IA32 芯片而突然出现在人们视线中的 Transmeta）。AMD 发布了使用了 3DNow! 技术的 K6-2 微处理器，成功地在 SIMD 浮点扩展指令市场击败了 Intel。

　　AMD 的 3D Now! 技术与它自己的 SIMD 浮点扩展指令一起集成在 MMX 体系结构中。像 Intel 一样，AMD 在进行 MMX 操作时，也将 IA32 体系结构的浮点寄存器用作 MMX 寄存器。不过，AMD 继续将该模型用于其浮点扩展指令中，即用同样的浮点寄存器保存两个 3D Now! 技术的 32 位压缩 IEEE 单精度浮点值。

　　AMD 的浮点数格式仅支持一种舍入模式（向最近的偶数舍入），而且整数与浮点数间的所有转换都采用截断操作。和 MMX 技术一样，AMD 的浮点操作也不会引发异常。而且，正常情况下会产生下溢或上溢的浮点操作会生成饱和值。所有小于可表示的最小规格化数的输入和输出都将被清 0。

　　下面是 3D Now! 浮点指令集的描述。正如读者所看到的，它带来了一些惊喜。在 2000 年，AMD 对 3D Now! 进行了扩展，引入了一些 DSP 专用指令。最后，3D Now! 难以逃脱失败的命运，因为它的浮点和整数寄存器都使用现有的 IA32 浮点寄存器。2010 年，AMD 宣布不再支持 3D Now!。

指令助记符	指令描述
PFADD	压缩浮点加法
PFSUB	压缩浮点减法

FPSUBR	压缩浮点反向减法
PFACC	压缩浮点累加
PFCMPGE	压缩浮点比较，大于或等于
PFCMPGT	压缩浮点比较，大于
PFCMPEQ	压缩浮点比较，等于
PFMIN	压缩浮点最小值
PFMAX	压缩浮点最大值
PIF2D	压缩双精度浮点，32 位整数到浮点数转换
PF2ID	压缩浮点数到 32 位整数，双精度数转换
PFRCP	压缩浮点倒数近似值
PFRSQRT	压缩浮点反平方根近似值
PFMUL	压缩浮点乘法
PFRCPIT1	压缩浮点倒数迭代第一步
PFRSQIT1	压缩浮点反平方根迭代第二步
PFRCPIT2	压缩浮点倒数迭代第二步
PMULHRW	带舍入压缩浮点 16 位整数乘法
PAVGUSP	压缩浮点压缩 8 位无符号整数平均值

5.4.2　Intel 的第三层多媒体扩展

Intel Pentium 4 发布了另外一组叫作 SSE2（SIMD Streaming Extension）的 SIMD 流扩展指令，它通过增加 144 条新指令以及增加新的数据类型，对 MMX 和 SSE 体系结构都进行了扩展。新增的数据类型有 128 位压缩双精度浮点数，64 位四字整数，以及 4 个 128 位整数数据类型。压缩浮点类型可将两个 IEEE 64 位双精度浮点数压缩到一个 8 字数据中。64 位四字整数支持有符号值和无符号值，128 位整数可以是 2 个四字、4 个双字、8 个字或 16 个字节整数压缩存放在一起。表 5-8 列出了 Intel 对其 IA32 体系结构进行扩展的历史。

表 5-8　Intel 流扩展指令的发展历史

IA32	Intel Pentium III 处理器 Intel Pentium II 处理器 Intel Pentium 处理器	SSSE3	四核 Intel Xeon 73XX Intel Core 2 Quad 6XXXX Intel Core 2 Duo 7XXX Intel Core 2 Solo 2XXX Intel Pentium 双核
SSE2	Intel Xeon 处理器 Intel Pentium 4 处理器	SSE4.1	Intel Xeon 74XX 系列 四核 Intel Xeon 54XX 双核 Intel Xeon 52XX Intel Core 2 Quad 9XXX Intel Core 2 Duo E7200
SSE3	双核 Intel Xeon 70XX 双核 Intel Xeon 2.8 支持 SSE3 的 Intel Xeon 处理器 Intel Core Duo Intel Core Solo Intel Pentium D 支持 SSE3 的 Intel Pentium 4 处理器	SSE4.2	Intel Core i7 处理器 Intel Core i5 处理器 Intel Core i3 处理器 Intel Xeon 55XX 系列

双精度浮点指令支持数据传送、算术运算、比较、转换、逻辑和重排等操作。浮点 SSE2 指令可以传送压缩双精度浮点数并对其进行算术运算，以及在双精度和单精度浮点数之间进行转换。

PADDQ（压缩四字加法）、PMULUDQ（无符号双字乘法）、PSHUFD（重排 XMM 寄存器中的双字）以及 MOVQ2DQ（将整数数据从 MMX 寄存器复制到 XMM 寄存器）是一些新增的新整数指令。所有现有的 64 位 MMX 和 SSE 整数指令都被扩展为能够处理 XMM 寄存器中的 128 位操作数。

Pentium 新一代对多媒体的 SSE2 体系结构的支持相当凌乱，它沿着一条不再是最优的道路，选择了许多指令。仅仅将寄存器名 MM0 替换为 XMM0 是无法将 MMX 代码转换为 SSE2 代码的。也不能用 MVQ 访问 128 位寄存器；而是要使用 MOVPAD 指令。同样，还必须使用新的重排和移位指令。

5.4.3　Intel SSE3 和 SSE4 指令

Intel 的 SSE3 扩展指令是 2004 年随 Pentium 4E 处理器推出的。它们使用 128 位寄存器，没有增加新的数据类型，但增加了 14 条面向应用的新指令，比如浮点到整数的转换、复数算术运算、视频编码以及线程同步等。2006 年，它们又增加了 16 条指令，被扩展为 SSE3 指令集，用于 Core Duo 中。术语 Core Duo 表示在一块芯片上放两个处理器以提高性能。

复数算术运算对于数字信号处理应用非常重要，特别是在傅里叶变换领域。一个复数 z 可被表示为 $a+bi$，这里 i 是 -1 的平方根。两个复数 a_1+b_1i 和 a_2+b_2i 的积为 $a_1a_2 - b_1b_2 + (a_1b_2 + a_2b_1)i$。SSE3 为复数运算提供了支持，ADDSUBPS **OperandA**,OperandB，这里 OperandA 包含 a_3、a_2、a_1 和 a_0，而 OperandB 包含 b_3、b_2、b_1 和 b_0，指令会生成 $a_3 + b_3$、$a_2 - b_2$、$a_1 + b_1$、$a_0 - b_0$。

图 5-30 描述了指令 PSHUFB mm,m64 的功能，它取出目的寄存器中的 8 个字节，并按照源寄存器中对应字节的内容重新排列它们的顺序。源字节指明了目的寄存器的每个字节是如何由源操作数得到的。这一设置使我们既可以重组字节也可以复制它们。例如，通过重组和复制可以将序列 0x12345678 重新排列为 0x12785612。不过，若源操作数中某个字节的最高位为 1（如图 5-30 中的 0xFF 和 0x80），那么目的操作数中对应的字节将被清 0。

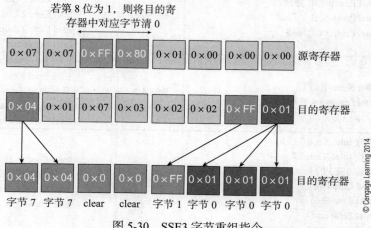

图 5-30　SSE3 字节重组指令

2007 年，Intel 随 Core2 Duo 一起发布了下一个流扩展指令集——SSE4。SSE4 的目标是支持编解码器（音频 / 视频数据流的编码和解码）和密码应用。它们通过为非对齐的数据对象提供更多的支持扩展了流指令。由 54 条指令构成的 SSE4.1，以及由另外 7 条指令组成的 SSE4.2 被添加到 Core i7 处理器中。

这些扩展指令扩大了 MMX 扩展指令最初设定的目标——能够对表示音频和视频的数据进行并行处理。MPSADBW 指令是个很好的例子，它计算 8 个绝对差的偏移和（即 $|x_0 - y_0| + |x_1 - y_1| + |x_2 - y_2| + |x_3 - y_3|, |x_0 - y_1| + |x_1 - y_2| + |x_2 - y_3| + |x_3 - y_4|, \cdots$）。该操作是设计 HDTV 编解码器的核心，可以在 7 个周期内计算出一个 8×8 像素块的差。

SSE4 还支持串处理操作，该操作可被用于从文本处理到扫描病毒数据等应用。例如，新指令可以在一条指令中完成多个比较和搜索操作。一个串处理指令可以比较两个串并生成一个位掩码，当对应的字节相同，则掩码中位为 1。例如，比较串"MyNameIsNotAllan"与"MiNameIzNotEllan"将得到掩码 1011111011101111。可以通过指令中的一个控制整数将匹配处理修改为其他操作，例如将源串与第二个串中的任何一个字符匹配，无论哪个出现都视作匹配成功。例如，用"aeiou"与串"MyNameIsNotAllan"匹配将得到 0001011001010010。还可以与字符范围匹配。例如，如果第二个字符串为"azAZ"，匹配将变为判断字符是否在 a～z 或 A～Z 范围内。可以用它检测数据中是否含有非法字符——在这个例子里是数字和标点符号。

另一条有用的指令是 POPCNT，它统计源操作数中有几位被置为 1，并将得到的位数保存在目的寄存器中。源操作数可以是 16、32 或 64 位。它的 64 位格式是 POPCNT **r64_d,r64_s**。

从最初的多媒体扩展开始，Intel 的指令集扩展经过了很长一段历程，向指令中增加了很多功能，使它们能更好地完成从 MPEG 视频解码到密码等应用中的多媒体处理。这就产生了一个有趣的问题——如果重新设计指令系统，使其支持扩展指令集（即如果今天使用已有的技术设计 IA32 指令系统），那么它看起来会是什么样？

5.4.4 ARM 系列处理器的多媒体指令

ARM 系列处理器的成员也实现了扩展指令。Cortex-A ARM 处理器中包含高级 SIMD 体系结构扩展指令（advanced SIMD architecture extension），叫作 NEON。NEON 技术能够对 64 位和 128 位寄存器进行操作，能够在 10MHz 工作频率（一个远远低于传统 PC 处理器的时钟频率）处理器上完成 MP3 处理。ARM 系列 SIMD 扩展指令，也叫 DSP 扩展指令，使得低价格、低速处理器可以采用最前沿的体系结构，从而可以大量生产价格很低的消费者娱乐系统和汽车系统。

NEON 体系结构有两个逻辑寄存器体：64 位的 D 寄存器和 128 位的 Q 寄存器（图 5-31），它们被映射到相同的物理寄存器上（图 5-32）。

ARM 处理器 ISA 的新指令也采用了三寄存器格式，但用新的后缀指明数据类型。下面是 ARM 的一些指令后缀：

Q	饱和运算
R	舍入
D	双倍长度结果
H	半长度结果
.I16	16 位操作数

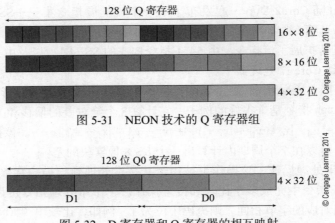

图 5-31 NEON 技术的 Q 寄存器组

图 5-32 D 寄存器和 Q 寄存器的相互映射

VADD.I16 **D0**,D1,D2 是一个典型的操作，它将寄存器 D1 和 D2 中的 4 对 16 位值相加，并将 4 个 16 位结果保存在 D0 中。请考虑 16 位 /32 位混合乘法操作 VMUL.I32.S16 **Q0**,D2,D3，它将 4 对 16 位整数相乘，并将 4 个 32 位结果保存在 128 位寄存器 Q0 中（Q0 当然就是寄存器 D1 和 D0）。图 5-33 描述了这个操作。

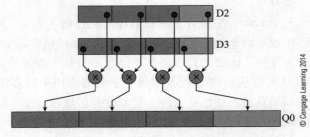

图 5-33 16×16 位乘法并升级到 32 位积

NEON 可以在同一条指令中使用 D 和 Q 寄存器，因为元素可以被升级（promoted）或降级（demoted）（ARM 术语）。长操作会将数据类型升到双倍长度（比如乘法）。窄操作会得到相反的结果，结果的长度只有源操作数的一半。宽操作会升级第二个操作数的元素（例如，一个 16 位操作数与一个 32 位操作数相加时会被升级为 32 位）。

图 5-34 描述了一个相反的操作 VHSR.I16.I32 **D0**,Q1,#5。这里，寄存器 Q1 中的 4 个 32 位值都被右移 5 位，4 个 32 位结果被截断为 16 位并保存在 64 位寄存器 D0 中。

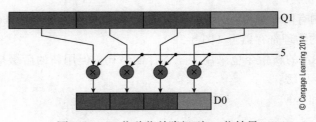

图 5-34 32 位移位并降级到 16 位结果

NEON 可以同时载入多个数据，如图 5-35 所示。例如，VLD3.16 {D0,D1,D2},[R0]! 表明 64 位寄存器 D0、D1 和 D2 都将被载入 4 个 16 位元素。这条指令使我们可以传送每个元素都有多个部分的数组元素。

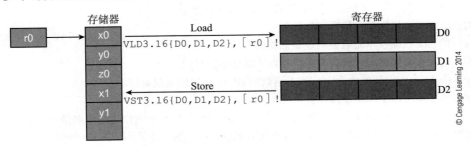

图 5-35 加载和保存数据结构

下面是使用 ARM 的 SIMD 指令的一个例子，引自 ARM 公司的文献：

```
int a[256], b[256], c[2560;
foo () {
 int i:
 for (i=0; i<256;i++){
     a[i]=b[i]+c[i];
 }
}
```

这段 C 代码的内循环可被转换为下面的 ARM 指令：

```
loop VLD1.32    {d0,d1},[r0]!
     SUBS       r3,r3,#1
     VLD1.I32   {d2,d3},[r1]!
     VADD.I32   q0,q0,q1
     VST1.32    {d0,d1},[r2]!
     BNE        loop
```

面向多媒体应用的指令集扩展就介绍到这里。本章的目的既不是讲授图形和视频处理，也不是深入研究多媒体编程。本章的目的是展示应用需要大量计算的特点，以及计算机制造商解决多媒体支持的需求的方法——不是设计完全新的处理器，而是扩展已有处理器的指令系统。

第 6 章将回答如何设计计算机。

本章小结

本章第一部分介绍了多媒体的思想，并介绍了有损压缩的概念。有损压缩是多媒体处理的核心，因为如果没有它，现有的技术都无法处理由未压缩图像表示的海量信息。有损压缩依赖于人们删除对观察无关紧要的那部分信息能力。

本章第二部分介绍了现代处理器通过面向多媒体处理优化指令集以适应今天的应用的方法。这些指令集强化技术增加了处理器在完成视频、音频处理以及图像压缩时的吞吐率。这些指令的关键在于 SIMD 或单指令多数据模式，它使用一条指令可以并行处理两个或更多的数据。例如，8 个字节可以并行地与另外 8 个字节相加，得到一个 8 字节的结果。本章还介绍了这类指令的一些有趣特点——特别是它们实现无分支计算的能力，首先用一个条件操作设置掩码，然后使用这些掩码决定应该执行哪些操作。

习题

5.1 什么是多媒体?

5.2 一台计算机没有除法指令，使用 5.1 节中的技术迭代地完成除法。假设现在要计算 423/927。若要获得 10 位十进制数的准确度，一共要进行多少次迭代？

5.3 a. 无损压缩和有损压缩有何区别？

b. 流行的 ZIP 压缩技术是有损的还是无损的？

5.4 能够使用无损压缩技术的数据流有何特点（即数据类型）？

5.5 为什么将 64 个像素转换为 64 个 DCT 函数对 JPEG 图像压缩很有帮助？

5.6 为什么多媒体应用中 SIMD 操作很常见？

5.7 要使用压缩比为 20:1 的有损压缩算法压缩一副 10"×8" 的彩色图像。如果图像分辨率为 72dpi 并且它的每个点都由 3 种颜色组成（每种颜色有 4096 级），图像的大小为多少比特？

5.8 要建造一家有 200 个房间的酒店。每个房间都带有视频点播电视，能够以 30 帧/s 的速率播放分辨率为 1920×1080 像素的高清电视。如果每个像素 24 位，视频压缩率为 100，请回答以下问题：

a. 在最坏情况下，假设 75% 的房间都在看电视，所需的最大数据传输率是多少？

b. 如果酒店提供 300 部电影供点播，平均每部播放时间为 90 分钟，那么所需的磁盘存储器容量应为多大？

c. 当一个观众选择了一部新电影后，服务器将被中断并执行对应的例程。这个切换进程包括大约 15 000 条指令，在一个 4GHz 的处理器上运行时每条指令大约需要一个周期。如果用户能够接受的延迟为 80ms（若数据流延迟小于 80ms，则视觉上很难察觉），那么在任何时候，该系统能够同时处理多少个切换？

5.9 为什么 Intel 一开始决定要在不改变处理器的状态体系结构情况下实现它的多媒体扩展指令（即不实现新的寄存器、条件码或改变异常处理）？

5.10 什么是饱和运算？对于典型多媒体应用，它有何优点与不足？

5.11 a. 指令 PCMPEQB MM0,MM1 有何作用？

b. 指令 PCMPGTW MM0,MM1 有何作用？

5.12 ARM 处理器支持谓词执行；例如仅当 Z 位被置 1 时 ADDEQ 指令才会完成加法。能够处理多个独立字数据的多媒体指令不会修改条件码位。例如，Intel 的比较指令被用来将子字置为全 0 或全 1，其结果可被用作逻辑运算的掩码。如果想要向一个类似 ARM 的三或四寄存器格式的指令集中增加一些类似 MMX 扩展的内容，你觉得应该如何利用谓词执行技术？

5.13 如果 MMX 寄存器 MM0 内容为 $0012ABFF34807F6A_{16}$，MM1 的内容为 $F20361111888890A_{16}$，执行下面的指令会产生怎样的结果？

a. PADDusb　MM0,MM1　　　　　　b. PADDub　MM0,MM1

c. PADDsb　MM0,MM1　　　　　　d. PSUBsb　MM0,MM1

e. PSUBub　MM0,MM1　　　　　　f. PADDusw　MM0,MM1

5.14 以下每条指令的结果是什么？假设在每个操作开始时 MM0 的内容为 $0012ABFF34807F6A_{16}$，MM1 的内容为 $F20361111888890A_{16}$。

a. PSRAw　MM0,5　　　　　　　b. PAND　　MM0,MM1

c. PSRAb　MM0,5　　　　　　　d. PACKuswb　MM0,MM1

e. PCMGTw　MM0,MM1　　　　　f. PCMGTb　MM0,MM1

5.15 如果 MM0 的内容为 0x0001 0002 0003 0004，MM1 的内容为 0x0005 0006 0007 0008，那么指令 PMADDWD MM0,MM1 的结果是什么？

5.16 MMX 体系结构不包括条件分支指令。那么如何用 MMX 实现条件操作？

5.17 什么是裁剪？如何用 MMX 体系结构加速裁剪处理？

5.18 请调查如今由计算机制造商生产的专用多媒体设备。

5.19 Intel Pentium 有一条 CPUID（处理器标识）指令。请查阅该指令的资料，并说明如何使用该指令。

5.20 请考虑下面的循环，它将一个常数加到一个向量上（前面已经讨论过）。只使用一条 SIMD 指令会产生大量开销。假设正在设计一个实现了类似操作 paddb 的新 ISA。请问应如何使这段代码变得更高效？

```
         movq   mm1,c          ; 将常数载入寄存器 mm1（8 份拷贝）

         mov    cx, 3          ; 循环 3 次，设置循环计数器（8×3=24）

         mov    esi, 0         ; 将指针置为 0（用做向量索引）

Next:    movq   mm0,x[esi]     ; 重复：使用索引寻址载入 8 个字节到寄存器 mm0 中

         paddb  mm0, mm1       ; 完成 8 字节向量加法

         movq   x[esi],mm0     ; 将 8 字节结果存入 x

         add    esi,8          ; 索引加 8
         loop   Next           ; 直到全部完成
```

5.21 在第 4 章介绍了 MIPS 提供有符号和无符号加法指令，有些处理器提供有符号和无符号乘法指令。而这一章介绍了饱和运算。看起来用操作数类型标志数据或指令是非常明智的。这一步的含义是什么？它有何优点与不足？

5.22 如果 MM0 的初始值为 0xE000001200000611，MM1 的为 0x00102222FFFFFFFF，那么指令 PACKssdw **MM0**,MM1 的结果是什么？

5.23 你决定通过增加一些新指令向一款处理器中加入新的体系结构特征；也就是说，要扩展它的指令系统。这些新增的指令对现有的指令系统有何影响？

5.24 从 Intel MMX 和 AMD 3D Now! 可以得到哪些有关指令系统的经验教训？

5.25 请考虑下图中的波形。如果它被应用于一个带有变换函数 $y_i = 0.7x_i + 0.3x_{i-1}$ 的简单 DSP 中，那么输出看起来像什么？假设数据为 0.0, 0.0, 0.20, 0.5, 0.8, 1.0, 0.85, 0.55, 0.3, 0.15, 0.05, 0.1, 0.25, 0.50 和 0.24。

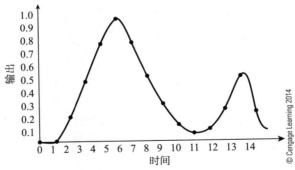

5.26 你要设计一款带有 64 位字的新处理器。为了充分利用新技术，你决定可以给每个字分配额外的 5 位，即寄存器和存储器中的字数据会占据 69 位。这额外的 5 位将被用于描述该数据。根据前面章节的介绍，你觉得应该如何分配这 5 位（即给它们分配哪些功能）？

5.27 请说明以下代码段的功能？请注意，数据是有符号的，并且压缩右移算术指令处理字（16 位）操作数。

```
MOVQ   MM0,MM1
PSRAW  MM0,15
PXOR   MM0,MM1
```

5.28 请考虑下面的代码段，它来自一个循环的内部。请解释指令的功能，并说明对数据进行了哪些

操作。

```
MOVQ    MM1,A       ; 从图像 A 中取 8 个像素

MOVQ    MM2,B       ; 从图像 B 中取 8 个像素

MOVQ    MM3,MM1
PSUBSB  MM1,MM2
PSUBSB  MM2,MM3
POR     MM1,MM2
```

组成和效能

第二部分介绍了计算机及其指令集体系结构。第三部分的主题是计算机性能，主要会从实现的角度进行介绍。第 6 章将注意力集中在处理器的组成和内部结构上。它从微程序设计开始，展示了指令是如何被解释和执行的。微程序设计很好地解释了代表指令的任意位串怎样被翻译为微操作的执行。尽管微程序设计的鼎盛时期早已不在，但它仍被用在一些解释复杂微操作的处理器中。

能够重叠执行多条指令的流水线技术已被广泛应用以提升处理器的性能。当前指令一开始在流水线上执行，流水处理器就会启动下一条指令。由于流水线的重要性，本部分使用相当大的篇幅专门介绍流水线及其对性能的影响。尤其是流水线所面临的性能约束，比如条件分支对流水线性能的影响，当跳转到程序的另一部分时它会强制流水线放弃正在进行的工作。本部分还将介绍分支预测，一种为了加速处理而猜测分支转移是否成功的技术。

处理器控制

> "就是这里。"
>
> ——杨百翰
>
> "万物各得其所。"
>
> ——塞谬尔·斯迈尔斯
>
> "从混乱中发现简单。从无序中找到和谐。困难中蕴藏着机会。"
>
> ——阿尔伯特·爱因斯坦
>
> "取胜之机在于隐秘行动。"
>
> ——马可·奥勒留
>
> "效率即是要恰当地做事；而效果则是要做该做的事。"
>
> ——彼得·德鲁克
>
> "预言是很难的，尤其是关于未来的预言。"
>
> ——尼尔斯·玻尔
>
> "有什么办法吗？"
>
> ——萨伦伯格机长，迫降到哈德逊河上 22 秒之前
>
> "真的没有。"
>
> ——副驾驶斯基尔的回答

计算机是如何工作的，为何它的运行速度如此之快？现在到了就这两个问题做出一些回答的时候了。本章的主题是介绍微处理器的内部操作以及设计者用来提高微处理器性能的一些方法。我们将专门解释如何利用流水线（pipelining）技术，通过将指令执行重叠在一起大幅度提高计算机性能，这种技术最初仅用于 RISC 处理器，但如今已被所有现代处理器采用。遗憾的是，流水线对那些会降低机器性能的指令类型或机器指令序列相当敏感。本章最后一部分将讨论为什么流水线效率严重依赖于它所执行的代码特性，并会介绍一些可用于克服流水线这些内在缺陷的技术。

本章无法介绍所有用来提升处理器性能的技术，因此我们将讨论的范围限制为流水线，它的性能上限是每个时钟周期一条指令。

本章涉及大量资料，因为我们必须从概念和实现两个层次介绍计算机的组成，前者阐述了计算机如何读取和解释二进制编码的指令，后者则描述了计算机的一些实现技术。而且，描述计算机组成的方法有很多种：处理器可被视作由内部时序器控制的通用数字装置（这种方法更适合于描述早期的 CISC 计算机），或者将计算机表示为一组数字模块（内存、寄存器、算术模块、逻辑模块和多路选择器），程序执行时指令流将流过这些模块。后一种模型

与 RISC 计算机的组成结构一致，直接使用指令位控制功能单元的操作。遵从本书主题与变化（theme and variations）的哲学，本章将介绍这两种实现计算机的方法。

本章将从如何使用寄存器、功能单元（ALU 和加法器）、三态门和总线执行指令以及处理数据开始介绍。我们会介绍怎样通过微程序设计（microprogramming，也叫微编程）逐条地将指令码转换为控制指令执行的动作。高级语言编译器将程序翻译为低级语言程序或机器指令流。微程序设计则将机器指令转换为微操作序列。微操作是一种硬件原语操作，比如将数据锁存在寄存器中或将数据从总线 A 复制到总线 B 上。尽管在设计处理器时用户有可能修改微程序并因此改变指令集，但是负责解释机器指令的微程序会被固化在微处理器的硬件中，并且是用户不可访问的。

计算机层次

计算机可被看成有多级抽象的层次系统。下面给出了不同层次上对数字计算机的抽象描述。在第 3 章中，我们仅对低级语言层感兴趣。而在本章，我们则关注微体系结构层。

应用层——计算机作为能够实现某一功能的设备出现在这一层次。例如，运行 GPS 定位方案的计算机就像一个卫星定位设备一样。

高级语言层——这一层次中的计算机与机器无关，能够执行高级语言程序。执行相同语言的所有计算机（在原则上）是相同，仅在性能方面有所区别。

低级语言层——在这一层次上，计算机与体系结构相关，它所执行的机器代码只能在某一类计算机（比如运行在 Core i7 上的 Intel IA32 代码）上运行。

微体系结构层——该层次从寄存器、功能单元和总线的角度展示计算机的物理组成。对于某个特定的微处理器来说，其微体系结构可能是独一无二的（即两款微处理器支持同样的低级语言，但它们的微体系结构却不相同）。该层次一般对终端用户是不可用的。不过，现代可编程逻辑却使用户可以修改由可编程逻辑构建的处理器微体系结构。本章将关注微体系结构层。

门级——它处于微体系结构层之下，相互独立的门决定了处理器的最终速度。

物理器件层——物理器件层是最低的一个层次，由制造门所使用材料的电气特性所决定。

右图描述了上述各个层次以及与之相关的各类人员。它的形状是一个倒立的金字塔，这反映了各个层次所涉及人员的相对数量。例如，计算机用户的数量非常庞大，但晶体管设计（如集成电路制造）人员的数量则相对较少。请注意，如果可以直接解释执行低级语言程序（就像很多 RISC 处理器那样），那么可以没有微程序这一部分。

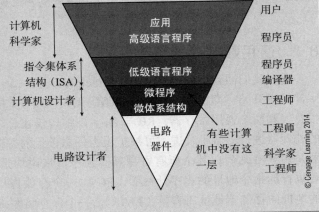

尽管 Pentium 之类的处理器仍在用微程序执行它们的一些最复杂的指令，但是已经很少用微程序设计来实现整个 CISC 处理器了。之所以介绍微程序设计，是因为它非常简洁地解

释了计算机是如何执行任意复杂的操作的。在介绍了通用微程序计算机后，我们将介绍每周期执行一条机器指令的单周期 RISC（single-cycle RISC）结构。

单周期 RISC 处理器的结构使读者很容易理解指令是如何在采用定长编码的 32 位（或更长）指令字的纯 RISC 处理器上执行的（参见 panel）。这一处理器的结构反映了现代处理器的一个重要特点：所谓的存储程序冯·诺依曼计算机（stored-program von Neumann machine）已不能准确地刻画处理器体系结构。今天的处理器使用哈佛结构（Harvard architecture），因为它们使用分离的可并行访问的指令存储器和数据存储器。尽管当今的处理器在名义上仍是带有公共的指令和数据存储器的存储程序结构，但高速片上指令和数据 Cache 的使用意味着处理器能同时访问指令和数据。《计算机存储与外设》第 1 章将介绍 Cache。

在介绍了简单的单周期处理器后，接下来介绍利用流水线技术提高性能的多周期处理器，它在任一周期都可以同时执行 4 条或更多的指令，每条指令处在一个不同的完成状态。流水线技术与汽车制造业中的生产线十分相似。尽管流水线技术往往与 RISC 处理器联系在一起，但在 RISC 出现前它已经被广泛地使用了很久。而且，Intel 非常激进地使用流水线技术提升其 Pentium 处理器的性能（尽管最近许多 Intel 处理器的流水线比某些 Pentium 处理器的短）。我们还将简要讨论 ARM 处理器内部的流水线。

本章其余部分将讨论计算机设计者如何克服流水线处理器中分支指令的影响。当遇到一条分支指令时，流水线将跳转到程序中另一个位置执行（假设分支转移成功）。这样，分支指令之后那些已经进入流水线并开始执行的指令必须被清空。

> **定长指令集**
>
> 定长指令格式表明指令的位模式和它要完成的操作之间是高度相关的。定长指令集的指令种类通常比较少（比如 load、store、寄存器 – 寄存器和分支），同一类型的所有指令具有相同的格式。而且，指令格式使用同样的位编码源和目的寄存器。这种定长指令格式使得从操作码中直接获取实现操作的控制信号十分容易。CISC 处理器采用变长指令格式（例如 16 ～ 80 位），以及各种各样的编码方案——其编码方案非常多，以至于为一个 68K 处理器开发汇编程序都不是一件简单的工作。由于其复杂的指令编码方案，CISC 处理器需要复杂的译码逻辑或查找表，以便将操作码转化成实现指令所必需的控制信号。

6.1 通用数字处理器

现在我们回到第一原则（first principle），从一个一般的、能够执行任意指令集的通用数字计算机开始；即机器结构与指令编码无关。图 6-1 描述了一台非常简单的计算机，它有 3 根总线和两个通用寄存器，R0 与 R1。该结构仅在总线类型和寄存器设置上对第 2 章中描述的处理器进行了微小改进，可被扩展为任意数量的寄存器和总线。机器指令中只有两个寄存器是用户可见的；其余所有寄存器对程序员来说均是不可见的。CPU 带有一个保存下一条要执行的指令地址的程序计数器（PC），一个存放将从存储器中读出的或写入存储器的数据的地址的存储器地址寄存器（MAR），一个保存将写入存储器或从存储器中读出的真实数据的存储器缓冲寄存器（MBR），以及一个指令寄存器（IR）。指令寄存器中既包含了从存储器中读出的指令的操作码，也含有指令所需操作数的地址。

之所以选择这一特定结构，是因为它既可以实现寄存器 – 寄存器指令，也可以实现寄存

器 – 存储器 / 存储器 – 寄存器指令。

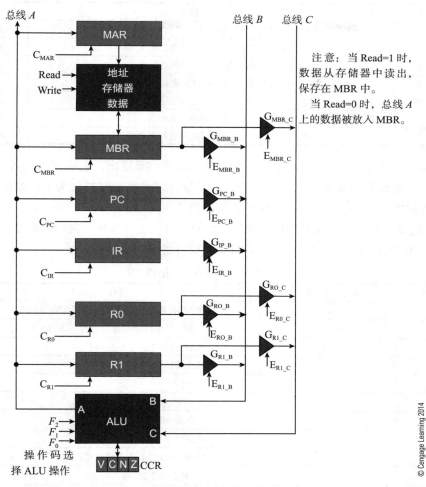

图 6-1　一个简单计算机的总线和功能单元结构

图 6-1 中的 CPU 带有 3 条总线，A、B 和 C。所有寄存器都经过总线 A 接收来自 ALU 的数据。所有数据必须经过 ALU 才能放到总线 A 上。所有寄存器（除 MAR 外）都可以通过对应的三态驱动器将数据放到总线 B 上，但是只有 MBR 和通用寄存器才能将数据放到总线 C 上。

ALU 使用 3 个控制输入 F_2、F_1 和 F_0 定义了表 6-1 中的 8 种 ALU 功能。例如，若 $F_2,F_1,F_0=0,1,1$，则 ALU 的输出 A 等于 $C+1$。我们使用一个非常小的 ALU 操作集合以保持系统简洁，增加一个额外的功能位提供 16 种不同的操作，使我们能够增加乘法操作和逻辑操作。某些 ALU 功能是对称的；例如，操作码 000 将数据从总线 B 复制到总线 A，而操作码 001 则将数据从总线 C 复制到总线 A 上。减法操作则没有对称性；操作码 111 用总线 C 的数据减去总线 B 的数据。但是没有操作码代表相反的操作，用总线 B 的数据减去总线 C 的数据。

表 6-1　图 6-1 中计算机的全部 ALU 操作码（A，B 和 C 代表总线）

F_2	F_1	F_0	操作	
0	0	0	将数据从总线 B 复制到总线 A	$A=B$

（续）

F_2	F_1	F_0	操作	
0	0	1	将数据从总线 C 复制到总线 A	$A=C$
0	1	0	将总线 B 上的数据加 1 并复制到总线 A	$A=B+1$
0	1	1	将总线 C 上的数据加 1 并复制到总线 A	$A=C+1$
1	0	0	将总线 B 上的数据减 1 并复制到总线 A	$A=B-1$
1	0	1	将总线 C 上的数据减 1 并复制到总线 A	$A=C-1$
1	1	0	将总线 B 和 C 上的数据相加并复制到总线 A	$A=B+C$
1	1	1	将总线 C 和 B 上的数据相减并复制到总线 A	$A=C-B$

ALU 带有一个条件码寄存器（CCR）如果算术运算结果溢出，它的 V 位将被置为 1；如果结果为负，其 N 位将被置为 1；如果产生了进位，它的 C 位将被置为 1；如果结果为 0，它的 Z 位将被置 1。在这个例子里，只有 Z 位用到了。

表 6-2 定义了所有用于该结构的微操作。它们可分为访存操作、时钟（锁存器）、三态控制信号以及 ALU 运算。所有机器指令都可以由这些微操作的序列实现。

表 6-2 图 6-1 中 CPU 的微指令集

操作类型	操作（助记符）	操作（名称）
存储器	Read	将 MBR 中的数据读出并保存在存储器中
存储器	Write	从存储器中读出数据并保存在 MBR 中
时钟	C_{MAR}	MAR 时钟
时钟	C_{MBR}	MBR 时钟
时钟	C_{PC}	PC 时钟
时钟	C_{IR}	IR 时钟
时钟	C_{R0}	寄存器 R0 时钟
时钟	C_{R1}	寄存器 R1 时钟
使能	E_{MBR_B}	MBR 到总线 B 数据传输使能
使能	E_{PC_B}	PC 到总线 B 数据传输使能
使能	E_{IR_B}	IR 到总线 B 数据传输使能
使能	E_{R0_B}	R0 到总线 B 数据传输使能
使能	E_{R1_B}	R1 到总线 B 数据传输使能
使能	E_{MBR_C}	MBR 到总线 C 数据传输使能
使能	E_{R0_C}	R0 到总线 C 数据传输使能
使能	E_{R1_C}	R1 到总线 C 数据传输使能
ALU 功能	F_2, F_1, F_0	设置 ALU 功能

表 6-3 为该计算机定义了一个非常基本的机器级指令集。我们将构建一个寄存器 - 存储器型的 ISA。它包括数据传输、算术运算和程序流控制等操作。请注意该指令集是不对称的：我们能将 R0 和 R1 中的数据相加并将结果保存在 R1 中，但却不能将 R0 和 R1 中的数据相加并把结果保存在 R0 中。同样，我们可以用 R1 中的数据减去 R0 中的，但反过来却不可以。这些限制在真实计算机中是非常典型的，因为操作码的位数是有限的。我们还将寻址方式限定为绝对寻址（即不支持索引寻址和基于指针的寻址）。同样，也没有实现带有立即数的操作。

表 6-3　图 6-1 中 CPU 的机器级指令

操作码	名称		操作（用 RTL 定义）
0 0 0	LOAD	R0, M	$[R0] \leftarrow [M]$
0 0 1	LOAD	R1, M	$[R1] \leftarrow [M]$
0 1 0	STORE	M, R0	$[M] \leftarrow [R0]$
0 1 1	STORE	M, R1	$[M] \leftarrow [R1]$
1 0 0	ADD	R1, R0	$[R1] \leftarrow [R1]+[R0]$
1 0 1	SUB	R1, R0	$[R1] \leftarrow [R1]-[R0]$
1 1 0	BRA	T	$[PC] \leftarrow T$
1 1 1	BEQ	T	IF $[Z] = 1$ THEN $[PC] \leftarrow T$

下一步将说明表 6-3 中的机器级指令是如何被解释执行的。我们假定每条指令开始执行时，操作码都已存在于指令寄存器中，并且它含有两个字段：将要被执行的指令；指令要访问的存储器操作数的地址或分支地址。操作数字段的位数必须少于 MBR 的位数（因为 IR 中同时存放了操作码和操作数）。

6.1.1　微程序

本节从机器级指令 LOAD R0, M 的实现开始，它的 RTL 定义为 $[R0] \leftarrow [M]$。该指令将读出存储单元 M 中的数据，并将其复制到寄存器 R0 中。由于地址 M 已在指令寄存器中，所以门控信号 G_{IR_B} 必须使能，以便将地址放到总线 B 上（没有可替换的总线），然后将其保存到存储器地址寄存器（MAR）中，该寄存器保存了将要访问的从存储器中元素的地址。

由于 MAR 只与总线 A 相连，地址 M 的值必须使用 $F_2,F_1,F_0 = 0,0,0$ 定义的 ALU 旁路功能，经过 ALU 从总线 B 复制到总线 A 上。一旦地址 M 被放到总线 A 上，它将在下一个时钟周期被写入 MAR，以指向下一个将被访问的存储单元地址。然后可将存储器控制信号置为 Read，内存缓冲寄存器（MBR），将在下个时周期获得数据。现在，为了将 MBR 中的数据复制到寄存器 R0 中，必须再执行一次相似的动作序列（使能 G_{MBR_B}，$F_2,F_1,F_0 = 0,0,0$，时钟 R0）。该动作序列可如下表示，每一行代表一个时钟周期。

$E_{IR\_B} = 1, F_2,F_1,F_0 = 0,0,0, C_{MAR}$　　　　；将 IR 中的地址复制到 MAR

Read = 1, C_{MBR}　　　　　　　　　　　　　　　；读存储器，将读出的数据存入 MBR

$E_{MBR\_B} = 1, F_2,F_1,F_0 = 0,0,0, C_{R0}$　　　　；将 MBR 中的数据复制到 R0

这些操作构成了一个微程序（microprogram），保存在一个名为控制存储器（control store）的只读存储器中。微程序控制单元从控制存储器中读出微指令，并用它解释执行机器级指令。文下面的本框介绍了第一条微指令的作用。

微程序设计的细节

除了将实现 load 指令第一个微操作的数据通路突出显示之外，下面这幅图完全复制了图 6-1 的内容。这个微操作将保存在指令寄存器中的指令地址复制到存储器地址寄存器（MAR）中，用来访问存储器获得真正的指令。为了完成这个动作，必须先将指令寄存器中的地址放在总线 B 上。然后将 ALU 的功能设置为传递（pass through，将输入 P 送往输出 R），最后，在下一个时钟周期，存储器地址寄存器（MAR）从总线 A 上获得访存地址。

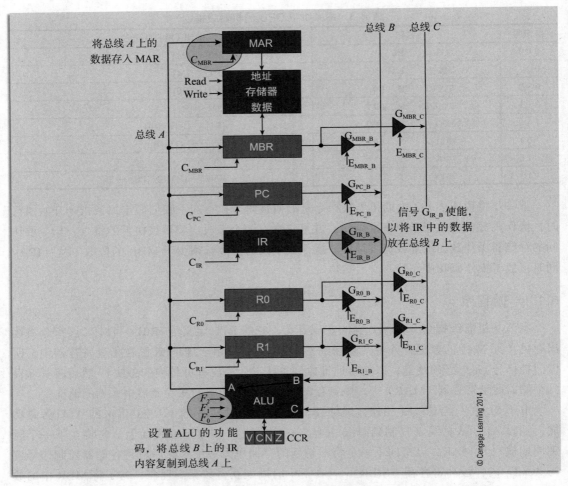

表 6-4 列出了解释执行表 6-2 中每条指令所需的微操作，以及一个取指周期所对应的微操作。正如读者所看见的，每个微程序都在 1～4 个时钟周期内执行，记作 T_0～T_3。表 6-4还揭示了图 6-1 中计算机结构的一些有趣特点。某些操作比其他操作更长、更复杂。其原因是这些操作本身就更加复杂？或是我们没能写出最优的微操作序列？还是因为图 6-1 中系统的结构对于该指令集来说还不够优化？

表 6-4　解释执行表 6-3 中指令集的微操作

操作码	操作		微操作	阶段	描述
	取指周期		$E_{PC\_B} = 1, F_2,F_1,F_0 = 0,0,0, C_{MAR}$	T_0	将 PC 复制到 MAR
			$E_{PC\_B} = 1, F_2,F_1,F_0 = 0,1,0, C_{PC}$	T_1	PC 加 1
			Read = 1, C_{MBR}	T_2	从存储器中读出指令，存入 MBR
			$E_{MBR\_B} = 1, F_2,F_1,F_0 = 0,0,0, C_{IR}$	T_3	将 MBR 中的操作码复制到 IR 中
000	LOAD	R0, M	$E_{PC\_B} = 1, F_2,F_1,F_0 = 0,0,0, C_{MAR}$	T_0	将 IR 复制到 MAR
			Read = 1, C_{MBR}	T_1	从存储器中读出操作数
			$E_{PC\_B} = 1, F_2,F_1,F_0 = 0,0,0, C_{R0}$	T_2	将 MBR 复制到 R0
001	LOAD	R1, M	$E_{PC\_B} = 1, F_2,F_1,F_0 = 0,0,0, C_{MAR}$	T_0	将 IR 复制到 MAR
			Read = 1, C_{MBR}	T_1	从存储器中读出操作数
			$E_{PC\_B} = 1, F_2,F_1,F_0 = 0,0,0, C_{R1}$	T_2	将 MBR 复制到 R1

（续）

操作码	操作	微操作	阶段	描述
010	STORE **M**, R0	$E_{R0\_B} = 1, F_2,F_1,F_0 = 0,0,0, C_{MBR}$	T_0	将 R0 复制到 MBR
		$E_{IR\_B} = 1, F_2,F_1,F_0 = 0,0,0, C_{MAR}$	T_1	将 IR 复制到 MAR
		Write = 1	T_2	将 R0（在 MBR 中）写入存储器
011	STORE **M**, R1	$E_{R1\_B} = 1, F_2,F_1,F_0 = 0,0,0, C_{MBR}$	T_0	将 R1 复制到 MBR
		$E_{IR\_B} = 1, F_2,F_1,F_0 = 0,0,0, C_{MAR}$	T_1	将 IR 复制到 MAR
		Write = 1	T_2	将 R1（在 MBR 中）写入存储器
100	ADD **R1**, R0	$E_{R0\_B} = 1, E_{R1\_C} = 1, F_2,F_1,F_0 = 1,1,0, C_{R1}$	T_0 T_1	将 R0, R1 送往 ALU，相加，并将结果锁存在 R1 中
101	SUB **R1**, R0	$E_{R0\_B} = 1, E_{R1\_C} = 1, F_2,F_1,F_0 = 1,1,1, C_{R1}$	T_0 T_1	将 R0, R1 送往 ALU，相减，并将结果锁存在 R1 中
110	BRA **T**	$E_{IR\_B} = 1, F_2,F_1,F_0 = 0,0,0, C_{PC}$	T_0	将 IR 中的地址复制到 PC 中
111	BEQ **T**	$E_{IR\_B} = 1, F_2,F_1,F_0 = 0,0,0, IF\ Z = 1\ THEN\ C_{PC}$	T_0	将 IR 中的地址放在总线上，若 Z 位为 1，则将其锁存在 PC 中

微程序设计在 20 世纪 80 年代的一段时期内非常流行，那时 AMD 生产出一款位切片（bit-slice）组件，使得任何人都可以实现他们自己选择的体系结构，无论它有多复杂。然而，微处理器作为商用组件的不断发展以及低成本标准操作系统的使用扼杀了这种特别的计算机。计算机制造商通过增加短向量多媒体扩展指令以扩充指令集，从而确保当前的系列微处理器具有长久的生命力。

微程序设计实例

微程序设计使人们能够设计出一个可以无限扩展的指令集。假设我们需要一个机器级指令执行微操作 [R0] ← [[R0]+[R1]]，即将 R0+R1 所指存储单元的内容保存在 R0 中。

怎样才能实现这一功能？该功能需要 R0 和 R1 相加并将和作为地址指针。由于该操作会修改 R0，因此将 R1 加到 R0 上是有好处的。我们将 R0 的值放到总线 B 上，R1 的值放到总线 C 上，将 ALU 的功能置为加法，然后将 ALU 的输出保存在 R0 中；即 $E_{R0\_B} = 1, E_{R1\_C} = 1, F_2,F_1,F_0 = 1,1,0, C_{R0}$。

在生成地址以后，需要将其复制到 MAR 中，读存储器，然后将寄存器 MBR 的结果复制到 R0 中；即

$E_{R0\_B} = 1, F_2,F_1,F_0 = 1,1,0, C_{MAR}$　　　　　;将 R0 复制到 MAR

$Read = 1, C_{MBR}$　　　　　;读存储器并将数据复制到 MBR

$E_{MBR\_B} = 1, F_2,F_1,F_0 = 0,0,0, C_{R0}$　　　　　;将 MBR 复制到 R0

尽管这是一个非常原始的体系结构，但通过微程序设计我们能够执行任意复杂的操作。

改变处理器组成

现在让我们从另一个角度来看看图 6-1 中的计算机，它的指令集在表 6-2 中，微操作序列在表 6-3 中，并说明如何改变处理器结构和相应的微代码以达成诸如更快速或更简洁（即生产成本更低）之类的设计目标。其目的在于说明这种基于总线的处理器设计的内在灵活性。图 6-1 中，总线 B 和 C 具有很大的对称性，但我们却使用了一个非对称的指令集（即对于加减运算，R1 总是目的寄存器，R0 总是源寄存器）。我们可以进一步设计出一个更简单的只有两条总线的结构，如图 6-2 所示。

指令执行阶段从微操作 [MAR] ← [IR] 开始。但将其作为取指的一部分更好，因为可以通过同时将操作数地址存入 MAR 和 IR 毫不费力地实现该操作（需要做的就是同时触发 MAR 和 IR）。我们为程序计数器 PC 增加了一个专用的自增器，并将总线 C 去掉了。寄存器 R1 通过硬连线与 ALU 的输入 C 始终连在一起。

存储器的输出通过多路选择器 M_MBR 连接到 IR 上，这样可以直接从存储器中取出指令。临时寄存器，T，被用来支持更复杂的操作。这个寄存器是体系结构不可见的（architecturally invisible），也不属于处理器指令系统的一部分；即可用它实现那些需要临时存储的操作，但程序员不能显式地使用该寄存器。

为了解决一个控制信号，ALU 的传递功能被丢掉了，表 6-5 给出了新的 ALU 功能集合。增加了 3 个多路选择器：一个使总线 A 可以从 ALU 或者总线 B 上获取数据；一个使 PC 可以从总线 A 或者自增器上获取数据；一个使 MBR 从存储器或者总线 B 上获取数据。

表 6-5 简化的 ALU 控制功能

F_2	F_1	操作
0	0	$A = B + 1$
0	1	$A = B - 1$
1	0	$A = B + C$
1	1	$A = B - C$

在图 6-2 中，取指周期被定义如下。请注意，从 E_{PC_B} 到 E_{PC} 所有三态使能信号也有所减少，因为所有三态门只有一个输出。而且，程序计数器的增量总是 1。在真正的计算机中，它的增量为指令字的字节数（通常为 4）。

RTL	微操作	
[MAR] ← [PC]	$E_{PC} = 1$, M_ALU = 1, C_{MAR}	; PC 依次被送到总线 B、总线 A、MAR
[PC] ← [PC]+1	M_PC = 1, C_{PC}	; PC 被送到自增器，自增结果经多路选择器被送回 PC
[IR] ← [M[MAR]]	Read = 1, M_MBR = 0, C_{IR}, C_{MBR}	; 读 MAR 中地址处的数据，并将其保存在 IR 和 MBR 中

在时钟上升沿到来时，指令被同时存入 IR 和 MBR。由于 PC 自增器始终与 PC 连在一起，因此可以通过微操作 M_PC = 1，C_{PC} 生成下一条指令的地址。通过观察 CPU 的结构，可以发现增加 PC 值和读存储器可以同时进行，因为这两个操作不需要共享资源。因此，取指阶段可被精简如下：

$E_{PC} = 1$, M_ALU = 1, C_{MAR} ; PC 依次被送到总线 B、总线 A、MAR

Read = 1, M_MBR = 0, C_{IR}, C_{MBR}, M_PC = 1, CPC   ; 读指令，存入 IR、MBR 并增加 PC 值

表 6-6 列出了图 6-2 中计算机的 17 个微操作。所有操作均在 2 或 3 个时钟周期内完成。

表 6-6 解释执行表 6-3 中指令集所需的微操作

操作	阶段	微操作															
		门使能和多路选择器控制								时钟寄存器						ALU		存储器
		E_{MBR}	E_{PC}	E_{IR}	E_{R0}	E_{R1}	M_PC	M_MBR	M_ALU	C_{MAR}	C_{MBR}	C_{PC}	C_{IR}	C_{R0}	C_{R1}	F_1	F_0	R/$\overline{W}$
取指	T_0	0	1	0	0	0	0		1	1	0	0	0	0	0	x	x	1
（读指令）	T_1	0	0	0	0	0	1	0	0	0	1	1	1	0	0	x	x	1

（续）

操作	阶段	微操作																
		门使能和多路选择器控制								时钟寄存器						ALU		存储器
		E_{MBR}	E_{PC}	E_{IR}	E_{R0}	E_{R1}	M_PC	M_MBR	M_ALU	C_{MAR}	C_{MBR}	C_{PC}	C_{IR}	C_{R0}	C_{R1}	F_1	F_0	$R/\overline{W}$
LOAD **R0**, M	T_0	0	0	1	0	0	0	0	1	1	0	0	0	0	0	x	x	1
	T_1	0	0	0	0	0	0	0	0	0	1	0	0	0	0	x	x	1
	T_2	1	0	0	0	0	0	0	1	0	0	0	0	1	0	x	x	1
LOAD **R1**, M	T_0	0	0	1	0	0	0	0	1	1	0	0	0	0	0	x	x	1
	T_1	0	0	0	0	0	0	0	0	0	1	0	0	0	0	x	x	1
	T_2	1	0	0	0	0	0	0	1	0	0	0	0	0	1	x	x	1
STORE R0, **M**	T_0	0	0	1	0	0	0	0	1	1	0	0	0	0	0	x	x	1
	T_1	0	0	0	1	0	0	0	1	0	1	0	0	0	0	x	x	1
	T_2	0	0	0	0	0	0	0	0	0	0	0	0	0	0	x	x	0
STORE R1, **M**	T_0	0	0	1	0	0	0	0	1	1	0	0	0	0	0	x	x	1
	T_1	0	0	0	0	1	0	0	1	0	1	0	0	0	0	x	x	1
	T_2	0	0	0	0	0	0	0	0	0	0	0	0	0	0	x	x	0
ADD **R1**, R0	T_0	0	0	0	1	0	0	0	0	0	0	0	0	0	1	1	0	1
SUB **R1**, R0	T_0	0	0	0	1	0	0	0	0	0	0	0	0	0	1	1	1	1
BRA T	T_0	0	0	1	0	0	0	0	1	0	0	1	0	0	0	x	x	1
BEQ T	T_0	0	0	1	0	0	0	0	1	0	0	Z	0	0	0	x	x	1

表 6-6 最后一行在 C_{PC} 列的值为 Z。当执行条件分支指令时，下一条指令地址（即指令寄存器中的分支目标地址）将被放在总线上送往程序计数器 PC。如果 Z 位为 1，一个新的地址将在下一个时钟信号上升沿时被送入 PC。

图 6-3 给出了图 6-1 和图 6-2 中结构的另外一种变化。这是一种带有 4 条总线的高级版本，两条总线位于寄存器输入端，另外两条位于寄存器输出端。为使寄存器能够接收总线 A 或总线 B 上的数据，必须增加多路选择器的数目。这个新结构不会增加新指令。图 6-1 和图 6-2 中的结构可以实现任一机器级指令。我们所要做的就是通过允许并行操作来提升性能（假设所有其他因素完全相同）。例如，将 R0 连到总线 C 上、将 R1 连到总线 D 上，将总线 C 上的数据复制到总线 A 上，将总线 D 上的数据复制到总线 B 上，将总线 A 与 R0 相连、总线 B 与 R1 相连，然后触发这两个寄存器，可以交换寄存器 R0 和 R1 的内容，方法是将寄存器 R0 和 R1 路由到总线 C 和 D，将总线 C 和 D 的值复制到总线 B 和 A，将总线 A 和 B 接到寄存器 R0 和 R1，然后触发两个寄存器。这幅框图目的是说明可以通过适当增加资源来扩展 CPU。

若我们想实现下面的操作：

[R0] ← [R0] + [R1]

[T] ← [R1]

为了执行这些操作，图 6-1 中的简单结构可能需要几个微操作。而图 6-3 中的结构可以在一个时钟周期内将其执行完毕，因为可以将 R0 放在总线 C 上，将 R1 放在总线 D 上。ALU 被置为加法，加法运算的和 A（B，C）经多路选择器 M_ALU_B 放在总线 B 上，然后经多路选择器 M_R0 被存入寄存器 R0 中。由于 R1 已经被放在了总线 D 上，可以通过多路选择器 M_ALU_A 将其放在总线 A 上，然后经过多路选择器 M_T 存入寄存器 T 中。

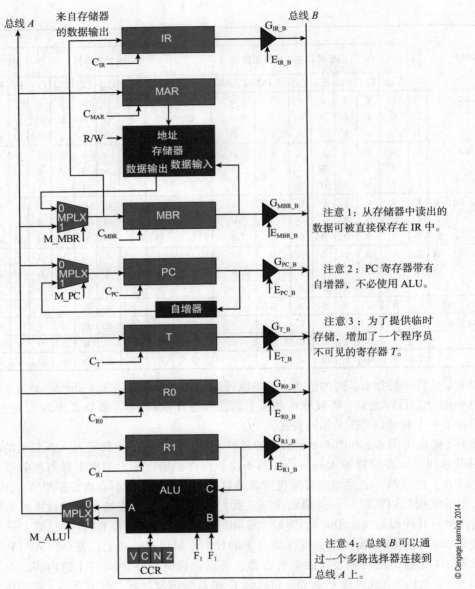

图 6-2　另一种 CPU 结构

6.1.2　生成微操作

　　接下来的问题就是怎样运行微程序以生成解释执行机器级操作所需的控制信号，即对于每个可能的操作码和取指周期，怎样才能将操作码转化成一串 17 位的二进制值序列。

　　使用微程序控制单元是产生控制信号的常用方法，这项技术于 1951 年由英国曼彻斯特大学的莫里斯·威尔克斯发明的。图 6-4 给出了一个微程序控制单元的结构。这种结构应该给读者一种似曾相识的感觉，因为它是一台"计算机中的计算机"，虽然它是有着宽指令字的特殊计算机。由于缺少 ALU 和寄存器组，可以将微程序控制单元视作非常复杂的序列发生器。微程序控制单元所执行的程序的输入是将要执行的机器级操作码，输出是总线使能信

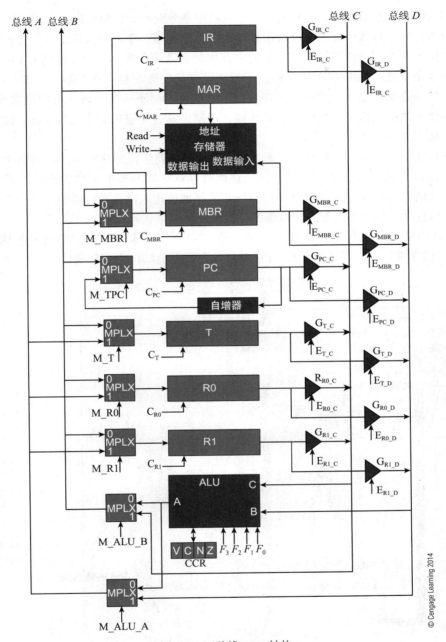

图 6-3 四总线 CPU 结构

号、多路选择器控制信号、时钟信号以及处理器控制信号。

让我们从头开始。下一条将被执行的机器级指令的操作码被送入控制单元的映射只读存储器（mapping ROM）。映射只读存储器只是一张查找表，将操作码翻译为解释执行机器级操作的微程序的第一条微指令的地址。使用映射只读存储器可以使设计者不必再担心指令编码的问题，从而关注于价格。映射只读存储器增加了指令通路中的译码延迟。而且，仅需简单地写出适当的微程序并将其放入微程序只读存储器（控制存储器），就可以随时向计算机中增加新的指令，然后就可以用映射只读存储器中未分配的操作码指向这段微程序。

假设微程序计数器中含有完成取指操作的微程序的第一条微指令地址。根据该地址可以在只读存储器中查到对应的微指令，然后将其加载到微指令寄存器中。在图6-4中，微指令寄存器有3个字段：CPU控制字段提供了控制计算机的寄存器、存储器、ALU和三态门的控制位；下一条微指令地址字段给出了要分支转移成功时下一条将被执行的微指令的地址；条件码选择字段则选出将要被测试的条件码，以确定是否要进行分支操作（条件包括总是进行分支和从不进行分支）。

若选出的条件是从不进行分支，那么微程序计数器将生成顺序的下一条微指令地址。如果条件码选择字段选出了Z位，它将被送往微程序计数器。如果Z位为真，则下一条微指令地址字段的内容将被送入微程序计数器，并从该地址读入微指令以强制执行分支。如果Z位为假，微程序计数器不会重新加载新值，微程序将继续正常执行。

图6-4的微程序控制单元通过3个端口与CPU通信：来自机器指令寄存器的操作码，来自CCR的条件码，以及将被送往CPU各处控制数据流的微程序控制信号。

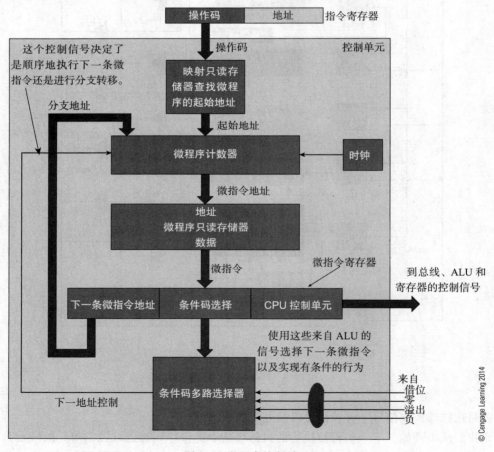

图6-4　微程序控制单元

微程序设计技术在20世纪80年代非常流行，那时主存价格昂贵，使用微程序解释执行复杂指令进而执行密集代码的性价比很高。随着主存价格不断降低且速度不断提高，用微程序解释执行机器级指令不再是一个有吸引力的主意。目前微程序设计技术仍被用于Pentium

等处理器中，用于实现一些非常复杂的指令。

在下一节，我们将看到一个完全不同的计算机结构，它使用寄存器 - 寄存器型（load-store 型）指令集。我们将看到，尽管体系结构与组成是相互正交的，但有时两者还是存在很自然的紧密联系。我们将介绍一个类 RISC 机器的体系结构和组成（即 ARM 或 MIPS），从描述单周期 CPU 的实现开始，然后介绍多周期 CPU 和流水线 CPU 的组成结构。

垂直和水平微程序设计

微指令字段可能非常长，因为它含有所有三态总线驱动器、寄存器时钟、ALU 输入，存储器控制等信息。超过 100 位宽的微指令也是常见的。对微指令进行编码有两种方法：一种叫作水平编码，另一种叫作垂直编码。在使用水平编码的系统中，微指令中的位直接控制 CPU。例如，如果有 8 个寄存器可以将数据放到总线上，那么微指令中将有 8 个使能信号，每个信号控制一个寄存器。

垂直编码需要在微指令寄存器与真正的时钟 / 使能 / 控制信号之间使用一个二级译码器。例如，如果有 8 个寄存器可以将数据放到总线上，微指令寄存器使用 3 位从 8 个寄存器中选出一个，然后译码器将这个 3 位的寄存器选择码转换成 8 选 1 选择信号；即必须使用额外的逻辑将 3 位寄存器选择码转换成 8 选 1 使能信号，每个信号控制一个寄存器。

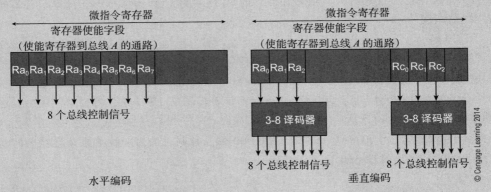

垂直编码指令寄存器比水平编码指令寄存器速度慢，这是因为译码需要额外延迟。然而，在一条水平编码的微指令中，操作可以并行执行（例如，可以选择多个寄存器作为目的操作数）。这对垂直编码来说是不可能的，也就是说，寄存器选择字段只能定义一个特定的寄存器。一个真实的系统可能会使用垂直编码与水平编码混合的方案。

毫微程序设计

微程序占据了硅片上可以被其他电路（例如，Cache）使用的空间。毫微程序设计 nanoprogramming 提供了一种通过压缩微代码来压缩微程序的方法。假设微指令有 100 位长。这意味着有 2^{100} 条可能的微指令，这是一个相当大的数字。而真实计算机中不同微指令的数量可能非常小。毫微程序设计将控制存储器中所用的微指令放入一块很小的存储器中。然后用指向实际微指令的指针替换控制存储器中的代码。这种方法减少了控制存储器的位数，其代价是向微指令翻译过程中增加了一个额外的段。

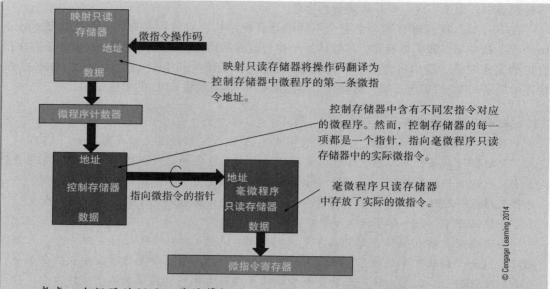

考虑一个假设的例子。某计算机的操作码为 8 位，它有 200 条机器指令，每条指令需要 4 个 150 位宽的微指令。经观察，该计算机只有 120 条微指令。我们来计算两个值：（a）传统微程序设计所需的控制存储器的位数；（b）若使用毫微程序设计，所需的控制存储器位数。

方案（a）

200 条机器指令，每条指令需要 4 条微指令，共需 200×4＝800 条微指令。

映射只读存储器用一个 8 位的操作码从 800 条微指令中选出一条，这些微指令需要 256 字 ×10 位的 ROM（即 2 560 位）。映射只读存储器有 10 位宽，因为 $2^{10}=1024$，这是比 800 大的最小的 2 的幂。

控制存储器需要 800 字 ×150 位 ＝120 000 位。控制存储器和映射只读存储器的总位数为 120 000＋2 560＝122 560 位。

方案（b）

毫微程序只读存储器中有 120 条 150 位宽的微指令；这需要 120×150＝18 000 位的存储容量。

120 条微指令需要 7 位地址进行寻址（$2^7 = 128$）。控制存储器包含 800 条微指令，每条需要一个 7 位指针，共需 800×7＝5,600 位。

毫微程序设计需要的存储容量为 2 560 位（映射只读存储器）+5 600 位（控制存储器）+18 000 位（毫微程序存储）= 26 160 位，相比方案 (a) 大约减少了 80%。

该例子说明了毫微程序设计能够将控制存储器的容量从 122 560 位减少到 26 160 位，但其代价是增加了访问毫微存储器的时间。

6.2 RISC 的组成

本节将介绍一个简单 RISC 处理器的组成结构，这将给后面有关 RISC 体系结构特点的讨论奠定坚实的基础，这些特点使得 RISC 结构非常适合流水实现。图 6-5 给出了一个假想处理器的指令编码格式，该处理器与 ARM、MIPS 等处理器颇有几分相似。我们只是将它变得更简单一些。

操作码中最高的 6 位——31 ~ 26 位，定义了指令，一位决定一条指令；即指令的形式为 100000，…，010000，001000，…，等等。当然，这浪费了很多二进制位，但它确实简化了指令编码。指令为：Load(L)，Store(S)，分支 (B)，跳转 (J)，寄存器 - 寄存器 (R2R) 和保留指令 (X)。第 25 位为立即数位，记作 #，指明指令是使用第二个源寄存器还是立即数字段作为源操作数。24 ~ 21 位给出了一个任何指令都能使用的参数（例如，定义寄存器 - 寄存器操作的类型（加，减，与，或等等），或定义分支操作的条件）。

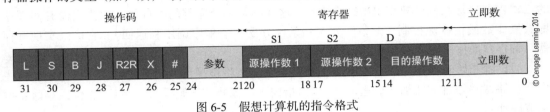

图 6-5 假想计算机的指令格式

位于 20 ~ 12 位的 3 个寄存器选择字段 S1、S2 和 D，选出将参与当前操作的寄存器。这里所用的是寄存器字段为 3 位，可以寻址 8（2^3=8）个寄存器。最后，11 ~ 0 位这个 12 位的字段给出了一个可被指令使用的立即数。本小节最后将提出一个问题，请读者对这种编码方案进行讨论并给出另一种方案。

下面是该指令集支持的一些经典操作：

汇编格式	RTL 定义	
LDR D, (S1,S2)	[D] ← [M([S1] + [S2])]	带有两个索引的寄存器间接寻址
LDR D, (S1,#L)	[D] ← [M([S1] + L)]	偏移量为立即数的寄存器间接寻址
STR (S1,#L),S2	[M([S1] + L)][S2]	偏移量为立即数的寄存器间接寻址
ADD D, S1,S2	[D] ← [S1] + [S2]	寄存器 – 寄存器型
ADD D, S1,#L	[D] ← [S1] + L	带有立即数操作数的寄存器 – 寄存器型
BEQ L	[PC] ← [PC] + 4 + L	相对条件分支
JMP (S1,#L)	[PC] ← [S1] + L	转移到某个被算出的地址的无条件跳转

正如读者所看到的，这些指令涵盖了 ARM 提供的许多指令类型（尽管没有包括条件执行——这正是留给学生的另一个练习）。

图 6-6 描述了现代处理器中一个最重要的部件，带有通用寄存器文件的多端口存储器。图 6-1 中基于总线的计算机可以实现任意数量的寄存器，只要通过合适的三态门将它们连到总线上就可以。然而，高性能计算机中需要的是能被并行访问的快速寄存器阵列。人们已经设计出专用的高速寄存器文件，它们可被集成到超大规模集成电路芯片中，也能作为一个独立的组件购买。这些设备也称为多端口存储器组，因为它带有几个能并行使用的访问端口。例如，图 6-6 中的系统有 3 个地址端口，这意味着可以同时寻址 3 个寄存器。比如可以同时

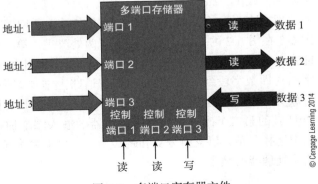

图 6-6 多端口寄存器文件

读两个源寄存器，并写一个目的寄存器。有了这样的存储器，就可以在一个时钟周期内实现 ADD D, S1,S2 这样的操作，它将寄存器 S1 的内容与寄存器 S2 的内容相加，并把结果保存在寄存器 D 中。

现在我们从基本结构开始构建处理器，然后不断添加新的功能，直到得到一个完整的处理器。我们将其叫作直通（flow-through）处理器，因为可以想象指令从左侧的程序计数器流过该处理器，直至右侧的数据存储器（这个比喻在介绍流水线时也很有帮助）。图 6-7 描述了一个使用多端口存储器作为寄存器文件的简单处理器。假定这是一个类似 MIPS 或 ARM 的三寄存器地址结构的典型 RISC 处理器。这并不是一个完整的处理器，因为它没有实现立即数操作数或指令流控制（无条件分支和条件分支，子程序调用和返回）。它可以实现寄存器 - 寄存器操作、load 和 store 等操作。

假设刚开始时程序计数器（PC）中保存了下一条将被执行的指令的地址。该地址被送往指令存储器并经自增器加 4 后送回 PC，以指向下一条指令（假设指令字长 32 位，存储器按字节编址）。

指令被从指令存储器中取出，存储器中存放了当前指令对应的 32 位指令字。在图 6-7 中，3 个寄存器地址字段被送往寄存器文件，读出源寄存器 S1 和 S2。这些寄存器的内容将被送往 ALU，在那里被用来生成寄存器 - 寄存器操作（例如，与或、加、减）的结果，或者加到一起得到 load 或 store 指令的有效地址。

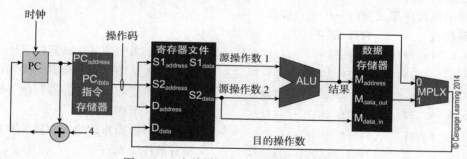

图 6-7　一个单周期直通处理器的内核结构

如果是寄存器 - 寄存器操作，ALU 的结果将经过多路选择器写入寄存器文件的目的端口，从而被写回寄存器文件中。如果是 load 操作，ALU 的输出将作为操作数的有效地址，用来从数据存储器中读出操作数，读出的操作数经过多路选择器写回寄存器文件。如果是 store 操作，寄存器文件中寄存器 S2 的内容将被送往数据存储器的数据输入。请注意，在这种实现方式里，store 操作不能使用源寄存器 S2 作为地址指针。

现在来看一个更加完整的实现方案。它使用图 6-5 所示指令格式的 load/store 处理器。图 6-8 在图 6-7 的基础上主要进行了两处改进。第一个改进是增加了处理指令字中立即数的能力。由于立即数只有 12 位宽，在被 ALU 使用之前必须扩展成 32 位，这就要求在从指令字的立即数字段到 ALU 之间的数据通路上增加有一个位扩展模块。还必须在 ALU 的输入端放置一个多路选择器，用于在来自寄存器组的 S2 操作数和立即数之间进行选择。对基本 CPU 做的第二个改进是在程序计数器的输入端增加一个四输入多路选择器，用于从 3 条路径中选择一条，以支持分支和跳转指令。接下来将通过分析不同类型指令是如何执行的来介绍该处理器的操作。

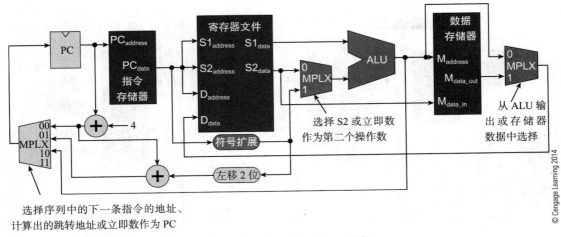

图 6-8 直通处理器更详细的结构

6.2.1 寄存器 – 寄存器数据通路

这个处理器执行的最简单的指令是寄存器 – 寄存器型，如图 6-9 所示。对于形如 Operation D, S1, S2 的寄存器 – 寄存器型指令，我们要做的全部工作就是将寄存器文件中两个源寄存器的值送往 ALU，然后将运算结果写回寄存器文件的输入 D_{data}（目的）。寄存器文件的输入端口 D_{data} 应增加一个多路选择器，因为要被写入寄存器文件的数据可能来自 ALU，也可能是 load 操作中从数据存储器中读出的数据。请注意，这种操作和 load/store 操作都不需要 PC 控制模块，因为 PC 的输入是 [PC]+4，指向顺序的下一条指令。

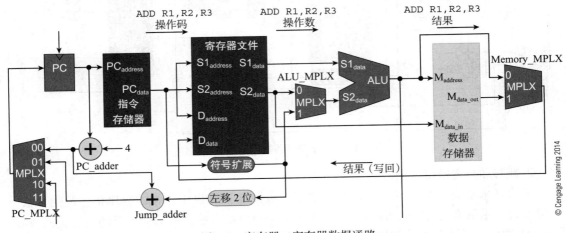

图 6-9 寄存器 – 寄存器数据通路

1. Load 和 Store 操作

图 6-10 与图 6-11 分别描述了 load 和 store 操作的数据流。在图 6-10 中，指令 LDR D, (S1, #L) 中的 (S, #L) 是操作数地址，由源寄存器 S1 的值加上指令中的立即数 L 计算得到；即 [S1]+L。这个由 ALU 计算出的有效地址用于查找存储器中的实际操作数，这个操作数将经过存储器多路选择器被送往寄存器文件的目的端口，存入地址为 D 的寄存器中。

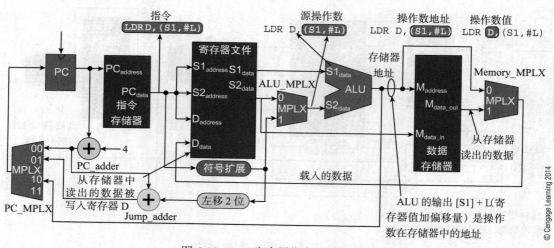

图 6-10　load 寄存器指令的数据通路

图 6-11 描述了执行指令 STR S2, (S1, #L) 的信息流。该图和图 6-10 类似；区别在于数据的传输方向。存储器地址 [S1] + L 与 load 操作中的计算完全相同，但是来自寄存器文件的源操作数 S2 将被送往存储器的数据输入端。

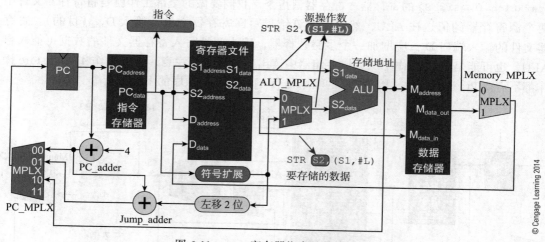

图 6-11　store 寄存器指令的数据通路

2. 跳转和分支操作

请回忆术语分支与跳转，它们都描述了一种改变计算机中正常的顺序指令流的方法。一般而言，术语分支（branch）暗含了跳转到相对于 PC 当前值的某个位置的意思，而跳转（jump）则代表了到某个绝对地址处的转移。而且，分支总是有条件的；也就是说，如果定义的条件为真（例如，等于零时分支，或进位时分支），则将发生转移。我们先来看看跳转指令 JMP (S1, #L)，然后再看看是相对条件分支 BEQ L。图 6-12 描述了执行跳转操作时的信息流。

无条件跳转操作后下一条要执行的指令位于地址 (S1, #L) 处，这意味着我们获得寄存器 S1 的值，将其与指令中的立即数 L 相加，然后将结果送入程序计数器。指令中的 12 位立即数将首先被符号扩展为 32 位。从寄存器文件中读出的源寄存器 S1 的值由 ALU 与偏移量加到一起。结果被送往 PC 多路选择器，然后被写入程序计数器。接下来，从地址为 [S1]+L 的存储器单元中读出下一条指令。

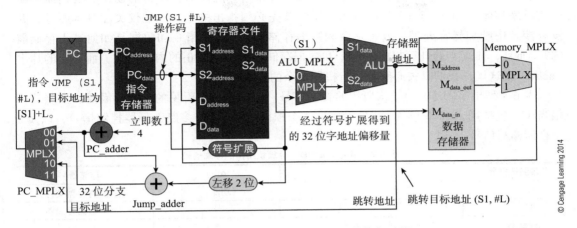

图 6-12　跳转指令 JMP (S1, #L) 的执行过程

图 6-13 描述了条件分支指令 BEQ L 的执行过程。在这个例子里，我们使用了相对程序计数器寻址方式，即分支目标地址是程序计数器的值加上指令中的偏移量。

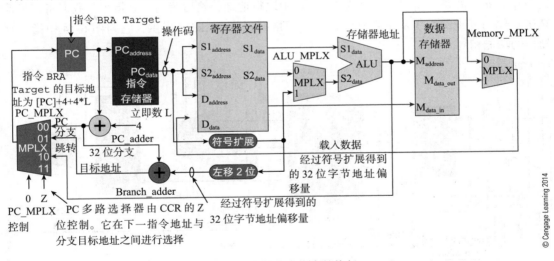

图 6-13　条件分支指令的执行

从图 6-13 可以看出，条件分支的实现没有用到寄存器文件、ALU 和存储器数据通路。它所做的全部工作就是读出程序计数器的值并与指令中的偏移量相加。然而，必须对偏移量进行符号扩展，将它从字偏移量变成字节偏移量。偏移量必须乘以 4，这可以通过左移 2 位来实现，因为计算机是 32 位的，指令地址总是可以被 4 整除。这使得分支范围在 −2 043 ～ +2 052 之间。请注意，与偏移量相加之前 PC 的值应加 4。

实现条件分支（例如，等于零时分支）所要做的就是根据计算机条件码寄存器中的 Z 位判断目标指令的地址究竟是分支目标地址还是顺序的下一条指令的地址。图 6-13 中，PC 多路选择器的某个控制位与 Z 位连在一起，以便根据分支是否发生进行选择。

6.2.2 单周期直通计算机的控制

下一步是说明我们所构造的计算机怎样将机器指令翻译为要执行的动作。我们需要哪些信号来控制从图 6-8 至图 6-13 中的系统？首先必须指出的是，此处仅关注基本原理，并没有涉及中断和异常处理，或者指令和数据存储器的控制（指令和数据是如何进入存储器的）。而且，在真实的计算机中，指令和数据存储器并不是真正的内存系统，而是它的片上 Cache。在这里，我们只关心解释执行机器指令的一般方法。

表 6-7 列出了图 6-8 中结构所用的控制信号。正如读者所看见的，实际需要的控制信号相当少。包括用来选择 16 个 ALU 操作的 4 个控制信号、4 个多路选择器控制信号，以及 1 个存储器写信号。

表 6-7　直通（单周期）计算机所需的控制信号

多路选择器		ALU	存储器
ALU	1（操作数 S2/L）	4（功能）	1（写寄存器文件）
PC	2（顺序，分支，跳转）		1（写数据存储器）
存储器	1（ALU/ 存储器的数据）		

一共需要使用 4 个多路选择器控制信号，这是因为共有 3 个多路选择器；其中两个各有一个控制信号，而 PC 多路选择器需要两个控制信号，因为它必须从 3 条路径中进行选择。指令存储器不需要控制信号，因为它从 PC 中取得地址，然后读出一条指令。我们将在《计算机存储与外设》第 1 章中看到，指令大都由高速指令 cache 提供，它与图 6-14 中指令存储器的功能相同。

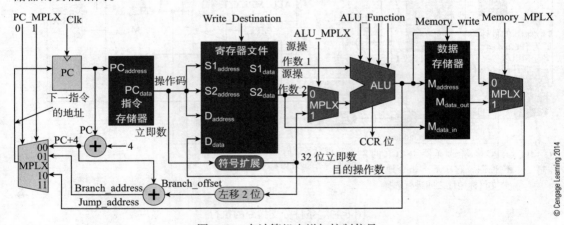

图 6-14　在计算机中增加控制信号

寄存器文件有两个源操作数读端口：S1 和 S2。它们不需要控制信号，因为寄存器文件只是简单地按照地址输入 S1 和 S2 来提供数据（如果不使用寄存器文件，S1 和 S2 的输出将被忽略）。不过，load 操作或寄存器 – 寄存器操作中需要写控制信号，以便将数据写入目的端口 D。最后，当 store 操作向数据存储器中写数据时，还需要一个 1 位的写信号。

指令集中的部分指令

```
LDR  D,(S1,S2)    [D] ← [M([S1]+[S2])]
LDR  D,(S1,#L)    [D] ← [M([S1]+L)]
STR  (S1,#L),S2   [M([S1]+L)] ← [S2]
ADD  D,S1,S2      [D] ← [S1]+[S2]
```

```
ADD D,S1,#L        [L] ← [S1]+L
BEQ L              [PC] ← [PC]+4+L
JMP (S1,#L)        [PC] ← [S1]+L
```

在一个时钟周期将结束的时候，需要使用一个单独的时钟信号将新的地址保存在 PC 中，并将数据写入寄存器文件和数据存储器。

表 6-8 列出了实现每条处理器指令所需的控制信号。上面的文本框可以帮助读者回忆起一些指令及其定义。对于寄存器 – 寄存器指令，4 位的 ALU 字段能够指定 16 种操作中的一个，它也可以被条件分支指令使用，从 16 种条件中选出一种。

表 6-8　指令集的实现

LOAD		LDR D, (S1, S2) 或 LDR D, (S1, #L)
PC_MPLX	= 00	（顺序的下一条指令）
ALU_MPLX	= #	（从 S2 或立即数中选一）
Write_Destination	= 1	（将操作数写入寄存器文件）
ALU	= ADD	（计算有效操作数地址 S1 + S2 或 S1 + L）
Memory_MPLX	= 1	（读数据存储器）
STORE		**STR S1, (S2, #L)**
PC_MPLX	= 00	（顺序的下一条指令）
ALU_MPLX	= 1	（选择立即数）
Write_Destination	= 0	（从存储器中读出操作数）
ALU	= ADD	（计算操作数有效操作数地址 S1 + L）
Memory_Write	= 1	（写数据存储器）
寄存器 - 寄存器		**Op D, S1, S2**
PC_MPLX	= 00	（顺序的下一条指令）
ALU_MPLX	= #	（从 S2 或立即数中选一）
ALU	= 功能	（完成指令操作数字段定义的操作）
Memory_MPLX	= 0	（为寄存器文件选择 ALU 的输出）
Write_Destination	= 1	（将操作数写入寄存器文件）
分支		**BRA Target, BCC Target**
PC_MPLX	= 01	（选择分支地址）
Branch_Control	= 分支条件	（用功能位选择分支条件）
跳转		**JMP (S1, #L)**
PC_MPLX	= 10	（选择计算出的跳转地址）
ALU_MPLX	= #	（从 S2 或立即数中选一）
ALU	= ADD	（计算有效跳转地址 S1 + S2 或 S1 + L）

图 6-15 描述了实现多个条件分支所需的逻辑电路。ALU 的 Z、N、C 和 V 位被送往这个组合逻辑电路，按照指令中的分支控制从 16 个分支中选择一个。利用其输出控制一个与门，如果某个分支操作被选中且其分支条件为真，则与门的输出为 1。否则，其输出为 0，将强制使用顺序的下一条指令的地址。无论分支成功与否，PC 多路选择器都会选择顺序的下一条指令的地址而不是分支地址。多路选择器 PC_ALU 的编码如下：

Bit1	Bit0	
0	0	顺序的下一条指令的地址（默认，非分支 / 跳转）
0	1	分支

| 1 | 0 | 跳转 |
| 1 | 1 | 未使用 |

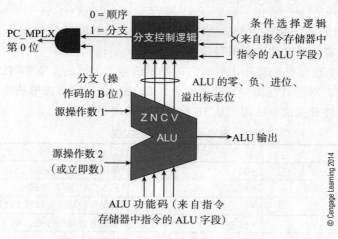

图 6-15   分支控制块

执行时间

现在简单地思考一下执行一条指令需要多长时间。在直通单周期计算机中，指令的平均执行时间并不重要。重要的是最长（或最慢）指令的执行时间，因为它决定了处理器的时钟周期时间。再强调一遍，最长（最复杂）指令决定了时钟周期时间，这意味着那些较简单的指令的执行时间比实际上长。那些复杂指令降低了性能。

load 指令是执行时间最长的指令，因为必须先从存储器中读出操作码，访问寄存器文件以计算操作数的有效地址，利用执行单元将寄存器中的操作数与立即数相加，从数据存储器中取出操作数，最后，将操作数写回寄存器文件。图 6-16 描述了 load 操作过程中的信息流（加阴影的地方为信息通路）。下面是一个读周期内要完成的动作序列以及它们的执行时间：

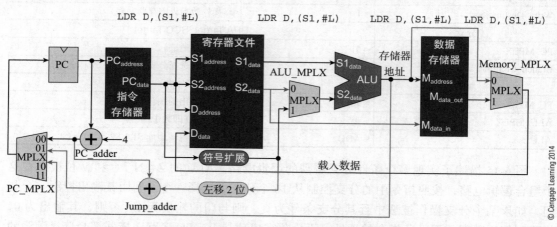

图 6-16   load 指令执行过程中最长的路径

1）PC 建立时间（从时钟上升沿到 PC 输出稳定），t_{PC}。
2）取指令（从 PC 稳定到操作码稳定），t_{Imem}。
3）读操作数（从操作码稳定到操作数稳定），t_{RF}。

4）ALU 将 S1 与 S2 相加的时间，t_{ALU}。

5）从 ALU 计算出的地址值稳定到存储器操作数稳定的时间，t_{Dmem}。

6）存储器 MPLX 时间，t_{MPLX}。

7）寄存器文件中目的操作数的数据建立时间，t_{RF_s}。

因此，时钟周期时间是这些时间的总和：

$$T_{cycle} = t_{PC} + t_{Imem} + t_{RF} + t_{ALU} + t_{Dmem} + t_{MPLX} + t_{RF\_s}。$$

6.3 流水线简介

本节将介绍流水线（pipelining）的概念，这种技术借助指令重叠执行提高效率。尽管流水线技术是 RISC 处理器的重要标志，但必须强调的是如今许多数字系统和所有现代微处理器都使用了流水线技术。实际上，Intel 的 pentium 系列处理器及其后续处理器的高性能在很大程度上得益于其流水线技术。在介绍一款简单的流水线处理器的结构之前，我们首先来讨论一下流水线的基本特点。需要特别注意的是，现在我们不再讨论刚才介绍过的单周期处理器结构，而是开始介绍一个将指令分成几段，各段分别执行的处理器结构。

图 6-16 描述了一个执行形如 ADD R0, R1, R2（即 [R0][R1]+[R2]，这里 R0、R1 和 R2 都是寄存器）指令的微处理器的机器周期。时钟周期是计算机中发生的最小事件，机器周期则是执行一条指令所需的时间。指令执行分为 5 个阶段：

取指——从系统存储器中读出指令 ADD R0, R1, R2，并将程序计数器加 4。

译码——对上一阶段从存储器中读出的指令译码（解码）。指令译码阶段的特点与指令集复杂度有关。定长编码的指令可以经过两级门电路快速译码，而复杂指令格式的译码可能需要基于 ROM 的查找表来实现。

读操作数——从寄存器 R1 和 R2 中读出指令指定的操作数，并将它们送入触发器。

执行——执行指令指定的操作。

保存操作数——将执行阶段的结果写回操作数的目的地址。它可能是片上寄存器，或外部存储器上的某个位置。在这个例子里，结果被存入寄存器 R0 中。

完成上述 5 个阶段中的每一个阶段都需要花费一定的时间（尽管所花费的时间一般是系统时钟周期的整数倍）。某些指令可能不需要全部 5 个阶段。例如，指令 CMP R1, R2 用 R1 减去 R2 来比较 R1 和 R2 的大小，并根据比较结果设置条件码，它不需要"保存操作数"这一阶段（当然，需要更新条件码标志位）。

假设某个处理器按顺序完成图 6-17 中的 5 个阶段。在任何时刻，该处理器只有 20% 的部分是活跃的。其余 4 个阶段共 80% 的部分是空闲的。例如，当指令处于执行阶段时，保存操作数逻辑正在等待结果，此时它什么也不做。一种更好的处理器设计方法是将指令执行的各个阶段重叠或流水（pipeline）执行。

来看看早期的 RISC 处理器，伯克利 RISC I 和 RISC II 在改变传统指令系统的设计以及计算机在微体系结构层的设计方面产生了很大的影响。图 6-18 描述了 RISC I 的流水线。

指令执行被分为两个 500 ns 的槽（slot），指令在第一个槽中被取出。在第二个 500 ns 的槽中，进行读操作数、执行、

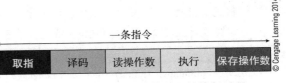

图 6-17 指令在假想计算机上的执行过程

结果写回等操作。当前指令的取指阶段一完成，下一条指令就立即开始执行，流水线就是这样实现的。采用这种方法，在不改变实现技术或加速时钟的情况下，可以高效地实现速度翻倍。获得速度的提升依靠的是更加高效地利用处理器的功能部件而不是提高时钟频率。

图 6-19 描述了更加复杂的 RISC II 的流水线。取指阶段被缩短为 330ns，而指令的内部操作被分成两个阶段：一个是取操作数和执行阶段，紧跟其后的是保存操作数阶段。在这个例子里，三条指令的执行可以重叠在一起。

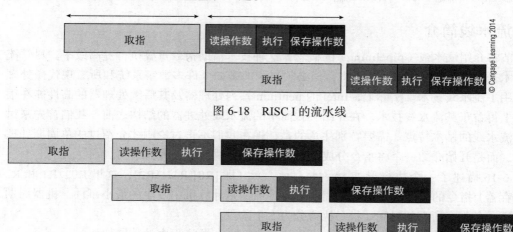

图 6-18　RISC I 的流水线

图 6-19　RISC II 的流水线

流水线的最优长度与实现技术⊖有关，是关于体系结构和正在执行的代码的函数。正如我们将要看到的，特定类型指令（例如，分支以及其他控制程序流的指令）的处理方式在很大程度上影响了流水线的长度。取指周期的时间与取操作数、执行和保存操作数等阶段的时间之和的比率，在决定流水线的最优长度上起了至关重要的作用。尽管 RISC 风格的处理器的流水线一般都很短，但是 Intel Pentium Pro 有一条 10 级流水线，Pentium 4 的流水线有 20 级（在 Pentium 系列的各种版本中流水线最多达到 31 级）。

RISC 处理器的历史

IBM/360 被认为是所有现代处理器的祖先，因为它引入了计算机体系结构和指令系统的概念，最终引领了 20 世纪 70 年代 Intel、Motorola、Zilog 和其他系列微处理器的诞生。

回想起来，360 和它的后代就是我们所说的 CISC 处理器。在主存十分昂贵的年代，它们都带有复杂的指令集，希望指令能够完成尽可能多的工作。1974 年，在 IBM 的沃森研究中心诞生了一款新体系结构，这是一个名为 801 项目的 32 位 RISC 结构。该结构从没有作为商品销售（实际上，它从没被制造出来），但它却导致了 20 世纪 80 年代中期 IBM RISC 系列处理器的诞生。

RISC 结构引起了学术界的关注。直到 1985 年，微处理器（设计层的）对于教授和学生来说仍然过于复杂，而 RISC 结构再一次将处理器引入课堂，因为学生们能够理解甚至能够设计自己的 RISC 微体系结构。

⊖ V. M. Milutinovic (Editor), *High Level Language Computer Architecture*, Computer Science Press, 1989, ISBN 0-88175-132-4.

RISC 结构很快就与计算机界的两大巨人联系起来，他们是斯坦福大学的 John Hennessey 和伯克利大学的 David Patterson。Hennessey 设计了 MIPS 结构，而 Patterson 设计了伯克利 RISC I 和 RISC II（研究和教学用机器），这两款机器为 Sun 微系统公司的 SPARC 结构奠定了基础。SPARC 的一个特点是它使用窗口化的寄存器系统，每当调用子程序时，它允许程序员使用一组新的寄存器（但最大深度只有 8）。

MIPS 的销量很大，这是因为它被 Nintendo 用作游戏控制台，也被很多大学用作教学工具。1983 年，ARM（原来的 Acorn RISC Machine）在英国被设计出来，迅速成为嵌入式应用领域最受欢迎的 RISC 处理器。MIPS、SPARC 和 ARM 证明了一个有关 RISC 结构设计的简单事实：所有这 3 款处理器的设计都没有得到 Intel 和 Motorola 等组织的资金和人力支持。

如今，发生在 20 世纪 90 年代的 RISC 与 CISC 的激烈争论已经烟消云散。RISC 微体系结构技术已经融入当今所有处理器中。由于 Intel 有能力不断创新其微体系结构，Intel IA32 系列处理器仍然在个人电脑世界中占据统治地位。简单的 8 位 CISC 微处理器用于成本非常低的应用中，性能更强的 32 位 RISC 用于高端应用，比如智能手机中。

图 6-20 描述一条五阶段流水线，它用 5 个时钟周期就可以完整地执行一条指令。当第一条指令执行结束时，接下来 4 条指令都处于不同的执行阶段。在接下来每个周期里，都会有一条指令执行结束。

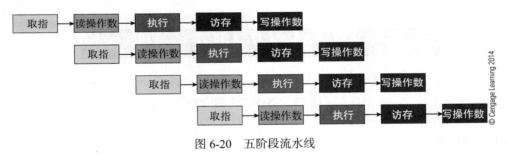

图 6-20　五阶段流水线

在后面的例子中，我们将忽略指令译码阶段。典型的 RISC 结构中译码阶段并不是必需的，因为它能与读操作数阶段合并。我们将用图 6-21 所示的简单四阶段流水线来说明流水线系统引起的一些问题。在本章的其余部分，我们将以短流水线为例讨论，因为它更容易理解。

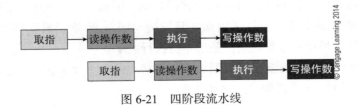

图 6-21　四阶段流水线

在 Intel Pentium 系列处理器中，流水线的长度变化不一，从 3 级到 30 级不等。图 6-23 描述了有 8 个阶段的 ARM11 处理器流水线。与很多真实的微处理器一样，ARM11 处理器的流水线也带有一些并行的段，因为要完成所有操作，线性流水线会非常长。正如读者从图 6-22 中看到的那样，流水线的前 4 段完全相同，之后是 3 条并行的流水线。一条流水线

处理传统的寄存器 – 寄存器操作，一条流水线实现乘法和累加指令，一条处理 load 和 store 操作。像大多数微处理器一样，ARM 处理器的不同版本也有不同的流水线结构。例如，ARM7 使用 3 级流水线，而 ARM10 则是 6 阶段流水线。

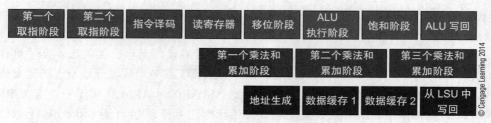

图 6-22 ARM 的流水线

图 6-23 描述了 SPARC T1 的流水线。它有 6 个阶段。第二段被记作线程选择，它能从最多 4 个线程中选择一个运行。在这里要说的是，通过复用寄存器和 PC，任何时候处理器中都有可能同时存在几个线程，这是提高处理器性能的一种方法。任一时间只有一个线程是活跃的并且正在被执行。其他线程处于休眠状态，只是以状态信息的形式存在于寄存器中。然而，如果发生了线程切换，那么当前线程使用的所有寄存器都将被换出，新线程的寄存器将被换入。当资源不可用时就进行线程切换（例如，由于处理器正在等待从存储器 load 操作完成），多线程技术可以借此提高性能。多线程技术还可以减弱延迟的影响。

从 4 个线程中选择 1 个执行

图 6-23 SPARC T1 的流水线

6.3.1 加速比

可以用加速比（speedup ratio）来描述流水线的性能；也就是说，带流水线系统与不带流水线系统的速度之比。如果系统将操作划分为 n 个流水段，那么完成第一个操作将花费 n 个时钟周期。此后，每个时钟周期将完成一个新的操作。一旦流水线被充满，每个时钟周期都会完成一个新的操作。但实际上，由于某些原因，这是无法做到的。其中最重要的两个原因就是：分支对流水线的影响，以及数据依赖的影响（例如，当一条指令需要使用之前一条指令的结果，而那个结果还没有计算出来并且没被写回）。本章稍后会仔细研究这些问题。流水线设计者的终极目标就是每周期一条指令的执行速率。

若有 i 条指令在该流水线上执行，那么需要花费 $i + (n-1)$ 个周期。如果不使用流水线，系统将需要使用 $n \cdot i$ 个周期。因此加速比为

$$S = \frac{n \cdot i}{i + (n-1)} = \frac{n}{1 + \frac{n-1}{i}}$$

在极限情况下，当 $i = 1$ 时 S 的值为 1，而当 $i = \infty$ 时加速比为 n。在对流水线进行分析之前，我们回到电路和触发器，从原理上介绍流水线是如何实现的。

6.3.2 实现流水线

在了解了流水线的概念之后，现在我们来介绍如何将流水线集成在处理器中。我们将从程序计数器开始，一步一步地搭建处理器。除了增加流水段以外，这台计算机的结构与前面的直通计算机相似。从本质上讲，直通处理器与流水线处理器最重要的差别就是在流水线某些阶段之间增加了触发器或寄存器。

图 6-24 描述了一个流水段。第 i 段以一个 D 触发器开始。为使系统能够正确工作，这个触发器必须是一个能够隔离其输入和输出的主从设备。假设 D 触发器的输出 Q 在时钟上升沿变化。

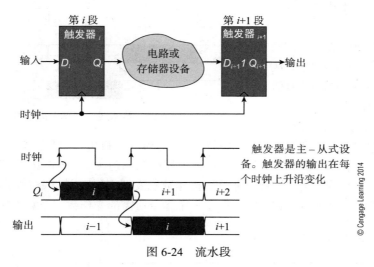

图 6-24　流水段

第 i 段的输出会被送往一个电路（即逻辑网络、进程或者某个子系统），它将处理触发器 i 获得的数据。这个电路可能是一个加法器、一个乘法器或者甚至是一块按照地址查找数据的内存。不过，该电路的输出必须在下一个时钟脉冲到来之前有效，这一点十分重要。在下一个时钟脉冲，触发器 $i+1$ 将获得电路的输出。经过一段时间 T，流水线触发器获得时钟信号并且第 $i+1$ 个流水段的触发器将收到电路的输出。触发器 $i+1$ 获得电路的输出，并在下一个流水段使用它时一直保持该值。

图 6-24 流水段下方的时序图描述了它的操作。触发器的输出在时钟上升沿发生改变，并在接下来几个连续的时钟脉冲中保持不变。

当描述一个流水线计算机的操作时，程序计数器是一个很方便的起点。图 6-25 描述了我们正在开发的假想处理器的程序计数器和程序访存阶段。在每个时钟脉冲处，程序计数器的内容每次加 4，因为处理器指令长为 32 位，而存储器按字节编址。当 PC 的输出稳定时，对应的指令将被从指令存储器中读出并在下一个时钟脉冲进入指令触发器。时序图（timing diagram）表明，在时钟周期 i 程序计数器指向当前指令，在下一个时钟周期，这条指令对应的二进制串会被锁存起来并可进行译码。

在图 6-25 中，程序计数器和指令寄存器是两个带锁存的段。假设存储器是没有时钟信号的。存储器接收到地址并将数据保存在指定的位置（即将 PC 翻译为操作码）。

正如我们所看到的，处理器中带有一个寄存器文件，它是一个用来保存临时变量的通用寄存器的集合，从本质上来说是一个小容量的存储器。寄存器文件是处理器中一个非常重要的组件，因为它所完成的工作多于处理器的其他部分。寄存器文件在每个周期必须完成 3 个动作。它必须提供两个操作数供当前操作使用，而且它将先前一个操作的结果保存起来。就像我们已经看到的，这样一个存储器有 6 个端口：两个源操作数地址输入和两个源操作数输出，目的操作数地址和目的操作数输入；它也被称作带有两个读端口和两个写端口的存储器。

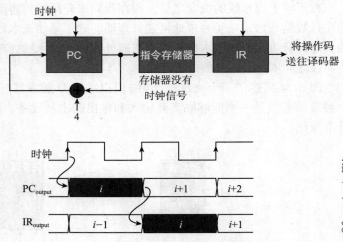

图 6-25　流水线处理器读指令的过程

1. 从 PC 到操作数

下面来看一下流水线中从 PC 到源操作数锁存器的最前面几个流水段。假设当前操作是寄存器 – 寄存器类型。在图 6-26 中，我们已经通过加寄存器文件和它的输出触发器对计算机进行扩展。符号 OA_1 代表操作数地址 1，OV1 代表操作数值 1。假设程序计数器的初始值为 i。图 6-26 表明，在第三个周期程序计数器含有指令 $i+2$ 的地址，并且源操作数触发器中保存了指令 i 所用的操作数。由于流水线的作用，指令寄存器在此时指向下一条指令所需的操作数，之后程序计数器将开始读指令。

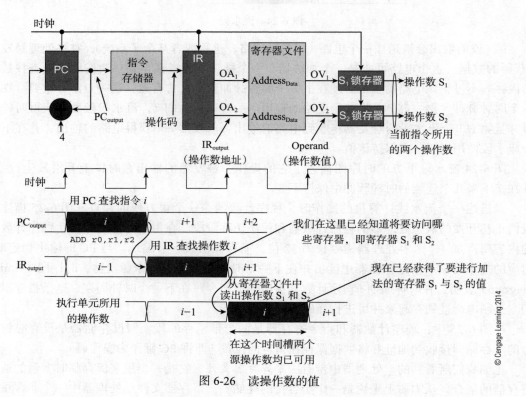

图 6-26　读操作数的值

图 6-27 扩展了流水线，增加了一个流水段，带有能对两个源操作数进行操作的 ALU 和保存指令结果（即 ALU 的输出）的结果触发器。当然，寄存器 - 寄存器型指令的结果必须被写回寄存器文件。

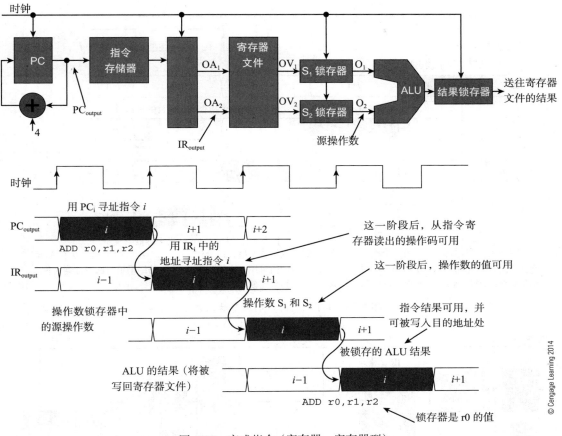

图 6-27　完成指令（寄存器 – 寄存器型）

读者也许会认为，要将结果（目的操作数）保存在寄存器文件中，必须要做的全部事情就是将结果送往寄存器文件，并将其保存在指令中目的地址所指的位置。不幸的是，我们遗漏了一些重要的事情。在 ALU 输出有效这段时间内，指令寄存器中的目的操作数已经不是保存这个结果的目的操作数了。受到流水线的影响，当前指令寄存器中目的地址对应于结果刚被计算出来的这条指令之后的第二条指令；也就是说，由于操作数地址路径与操作数值路径的不同延迟，目的操作数与目的地址是不匹配的。

图 6-28 展示了 T_3 时刻流水线的情形，程序计数器中是指令 $i+3$ 的地址，指令 i 的结果将被写入结果寄存器。此时，指令 $i+2$ 的操作数的地址在指令寄存器中。但是结果写回需要指令 i 的目的操作数地址。解决该问题的唯一方法是在指令寄存器目的地址与寄存器文件之间的通路上增加一段延迟。

图 6-29 进一步扩展了电路，增加了一些触发器，它们为保证目的操作数地址和目的操作数同时抵达寄存器文件提供了必要的延迟。我们在指令寄存器的目的地址与寄存器文件的目的操作数地址间的通路上增加了两个触发器（即寄存器）。

还有一个不得不解决的时序问题。我们并不希望操作码在数据之前抵达 ALU，因此不得不延迟操作码的传输以保证指令 i 与它的操作数在同一时间到达 ALU。图 6-29 中，IR 与 ALU 之间的操作码通路中增加了一拍延迟。图 6-30 给出了图 6-29 的时序图。如图所示，操作码与操作数同时抵达 ALU，目的地址与结果同时对寄存器文件可用。

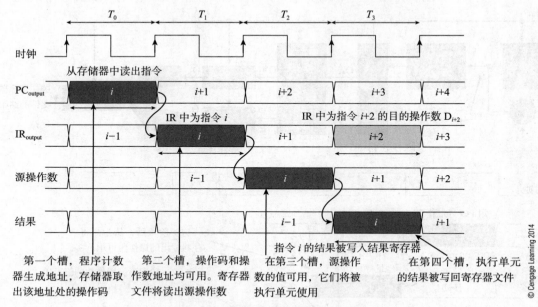

图 6-28　4 个时钟脉冲后流水线的状态

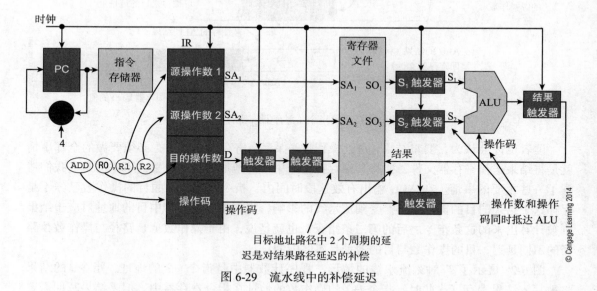

图 6-29　流水线中的补偿延迟

2. 实现分支和立即数操作

图 6-31 描述了对流水线结果的进一步修改，图中添加了两个新的功能：第一个是在指令寄存器中立即数字段到 ALU 之间的通路上，这是实现 ADD **r1**, r2, #123 或 LDR **r1**, [r2, #20] 等的立即数操作所需的。这条数据通路需要一个延迟单元，因为从寄存器文件到 ALU 的数据操作数通路会带来一个周期的延迟。

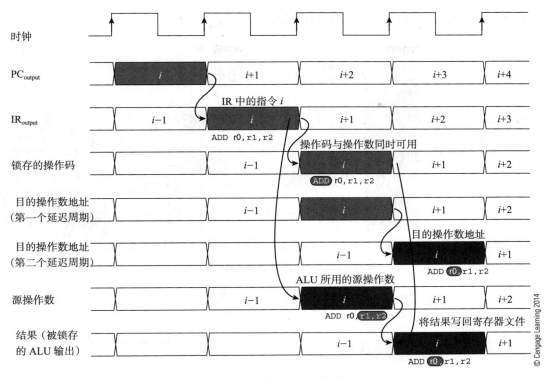

图 6-30　图 6-29 的时序图

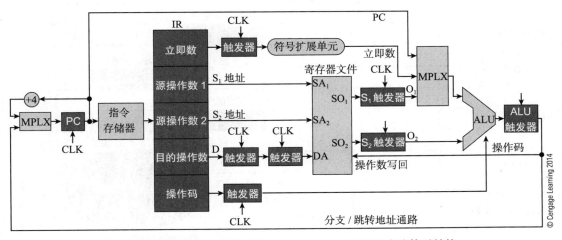

图 6-31　通过增加立即数通路和条件分支功能扩展流水线体系结构

我们还在 PC 与 ALU 之间增加了一条通路以计算相对分支地址，并在 ALU 输出与 PC 之间增加了一条通路以完成条件分支。

为了简化，图 6-31 中并没有包含数据存储器。数据存储器从 ALU 获得操作数地址，因为地址是 ALU 计算出来的。如图 6-32 所示，可以将从存储器中读出的数据保存到寄存器文件中，或将寄存器文件中的数据保存在存储器里。

图 6-33 给出了 store 操作的时序图。如图所示，寄存器文件与数据存储器之间的数据通路上的第二个触发器是必需的，以确保被写入存储器的数据与其地址同时有效，这个地址已

经被延迟了一段时间，因为 ALU 计算出该地址需要一定的时间。

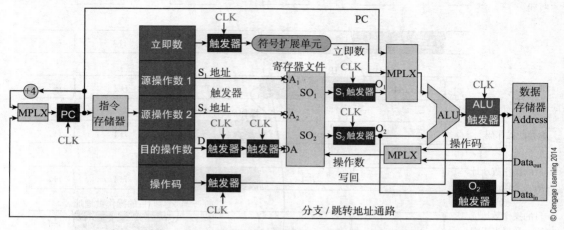

图 6-32 通过增加数据存储器扩展流水线体系结构

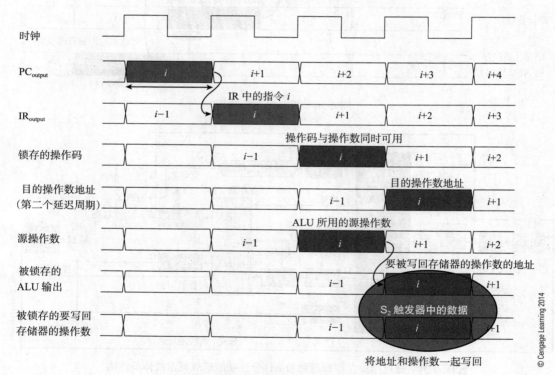

图 6-33 存储器 store 操作的时序图

　　图 6-34 描述 load 操作的时序图。在这里我们遇到了一个问题：由于数据通路中读操作数带了额外的延迟，该操作并不能在 4 个时钟周期内完成。

　　这个问题可以通过向流水线中增加一个暂停周期（stall cycle）来解决，此时所有流水段都被冻结，为数据存储器读出数据提供了时间。当 ALU 已经计算出操作数在存储器中的有效地址时，将用该地址访问数据存储器以获得存储器中的操作数。在下一个时钟周期，这个地址将被锁存到寄存器文件中。然而，在第二个时钟周期内，其他流水段不能使用这个时钟信号，这会导致一个时钟周期的丢失（即一次暂停）。也就是说，由于存储器载入指令需要额外的操作，这使它不能与正在执行的操作并行进行，处理器不得不在存储器取数时暂停。这反映出当前处理器所面临的最重要制约之一。

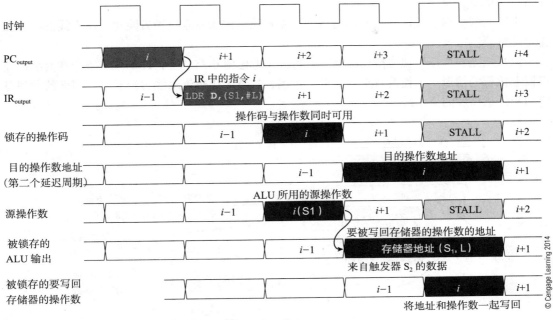

图 6-34　修改 load 操作的时序

现在我们已经解决了流水线处理器中的延迟问题。可是，这只不过是刚开始处理这些问题。下一节将分析流水线与正在执行的代码之间的关系。

6.3.3　冒险

我们已经知道，流水线通过将指令重叠在一起执行极大地提高了处理器性能。然而，在没有解决会降低流水线吞吐率的、通常被称为冒险（hazard）的问题之前，是不可能实现流水线的。本节将解释为什么流水线处理器的各个流水段无法一直处于活跃状态，以及为什么不得不向流水线中引入气泡（bubble）和暂停（stall）。

数据冒险（data hazard）是指一条指令的处理依赖它之前且依然在流水线中的一条指令所产生的数据的情形。控制冒险（control hazard）发生在分支转移成功并且流水线中所有已经部分被执行的指令都不得不被丢弃的时候。我们先来看看控制冒险。本章后面部分将讨论如何降低控制冒险的影响，这是降低流水线处理器效率最主要的原因。

分支开销

尽管本章后面将介绍更多分支的影响，但是我们应该在这里讨论一些分支对流水线性能的影响。

假设程序中 20% 的指令是分支，80% 的分支会转移成功，并且一个转移成功的分支将带来 4 个时钟周期的额外开销。每条指令的额外时钟周期数为 $20\% \times 80\% \times 4 = 0.64$；也就是说，没有分支时 CPI 为 1.00，有分支时 CPI 为 1.64。

　　另外一种冒险是结构冒险（structure hazard），它发生在当两个事件同时请求相同的资源时。如果两条指令试图同时访问存储器且存储器不支持同时访问时，存储器会产生结构冒险。本章将不讨论这种形式的冒险，因为这种形式在同时执行多条指令（超标量处理器）的体系结构中更为重要。

　　本节大部分内容关注分支操作造成的控制冒险，因为克服这种冒险对于流水线的高效操作至关重要。

　　流水线是一个按照规律操作的有序结构。请考虑图 6-35，它描述了一串指令在流水线处理器上执行的情形。为使读者更容易理解该图，本节采用短流水线讨论冒险。同样的原理可应用于任意长度的流水线。

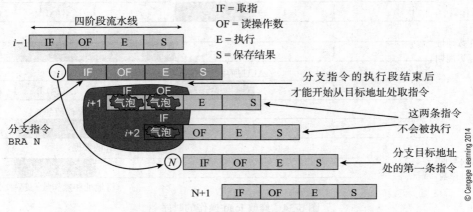

图 6-35   分支指令引起的流水线气泡

　　当处理器遇到一个转移成功的分支指令时，它必须将一个新值重新载入程序计数器；即分支目标地址。将一个不连续的地址重新加载到程序计数器中意味着流水线中完成的所有有用的工作必须作废，因为紧接在分支之后的指令将不会执行。请注意，计算目标地址并不是一项不重要的工作，因为绝大多数微处理器都使用了相对 PC 寻址。一个典型的分支，比如 BEQ XYZ，没有使用绝对（真实的）地址，而是使用一个以相对程序寄存器值的字节数表示的相对目标地址。因此，目标地址必须通过将分支指令中的偏移量与程序计数器的值相加计算出来。显然，这会花费一些时间而且新的目的地址可能直到指令周期的末尾才是可用的。

　　分支指令并不是唯一的会在流水线系统中引起问题的指令。子程序调用、返回、自陷和异常等指令都会改变指令执行的顺序，如果分支延迟完成还有可能引入气泡。

　　当流水线中的数据作废了或者流水线由于引入空闲状态而暂停时，我们就会说产生了一个气泡（bubble）。另一个描述气泡的术语是流水线暂停（pipeline stall）。流水线越长，遇到分支时要作废的指令也就越多。

1. 延迟分支

　　由于程序流控制指令出现频率较高（一般占程序中指令的 5% ～ 30%），任何使用流水线的真实处理器都必须采取一定措施来解决这类指令所引起的气泡问题。Berkeley RISC 机器通过作废紧接在分支之后的指令以减少气泡的影响。也就是说，分支之后的指令总会被执行。请考虑下面的指令序列在一台实现了延迟分支的机器上的执行过程。

```
ADD      R3,R2,R1        ;[R3] ← [R2] + [R1]
B        N               ;[PC] ← [N]          ;跳转到地址 N 处
ADD      R5,R4,R6        ;[R5] ← [R4] + [R6]；在延迟槽中执行
ADD      R7,R8,R9        ;不会执行，因为分支转移成功
```

处理器计算 R3 = R2 + R1 后遇到分支。由于指令 ADD R5，R4，R6 紧接在分支之后，因此也会执行该指令。RISC 文献中通常将这种机制称作延迟跳转（delayed jump）或分支执行（branch-and-execute）技术。⊖

不幸的是，不可能总是像这样在分支之后放入一条有用指令。这时，编译器必须在分支之后插入一个空操作（NOP）指令，这将不可避免地带来流水线气泡。

图 6-36 描述了 Berkeley RISC II 处理器是如何在它的三阶段流水线上完成延迟分支的。图 6-36 中所描述的分支是一个计算分支，它的目的地址将在指令周期的执行阶段被计算出来。

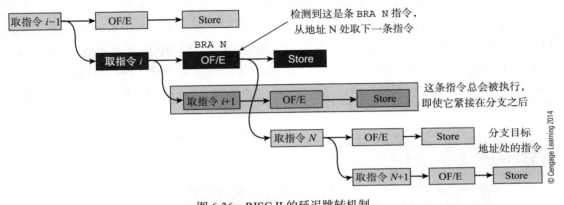

图 6-36　RISC II 的延迟跳转机制

尽管 MIPS 和 SPARC 实现了延迟跳转，但并不是所有 RISC 处理器能够支持这种技术（例如 ARM）。通常，跳转延迟机制在今天并不流行。OOO 执行会使延迟槽的设计更加复杂，许多人觉得在微体系结构中支持延迟槽并不值得。

有人也许会争辩说延迟槽已经可以在微体系结构层次缓解这一问题，但它对指令系统层的程序员来说是可见的（因为程序员必须了解分支延迟槽的特性，并且要么必须用一条有效指令要么必须用 NOP 来填充分支延迟槽）。分支延迟槽的使用也增加了异常处理方案的复杂度。在回到分支开销的影响之前，接下来我们将看看由于指令流之间的相互依赖所导致的数据冒险。

2. 数据冒险

在当前指令的输出依赖于前面一条还未执行完的指令的结果时会引起数据相关（data dependency）。数据冒险是由于要保持指令执行顺序的需要而产生的。请考虑下面的代码片段。

```
ADD      R2,R1,R0        [R2] ← [R1] + [R0]
SUB      R4,R5,R6        [R4] ← [R5] − [R6]
AND      R9,R5,R6        [R9] ← [R5] · [R6]
```

这个例子中没有数据冒险，指令执行的顺序是无关紧要的。然而，若第二条指令为 SUB R4，R5，R2，那么将引起冒险，因为 R2 是这条指令的源操作数并且是前一条指令的目的操作数。按照引起数据冒险的操作顺序，数据冒险可被分成 3 类，分别是：

⊖　*Reduced Instruction Set Architecture for VLSI*, The MIT Press, 1985, ISBN 0-262-11103-9.

RAW	读后写	(也叫真数据相关)
WAW	写后写	(也叫输出相关)
WAR	写后读	(也叫反数据相关)

RAW 是最重要的冒险形式[⊖]，此时写数据之后会读该数据。请考虑下面的 RAW 冒险实例，程序员希望计算：

```
X = (A + B)AND(A + B - C)
```

假设变量 A、B、C、X 和两个临时值 T1 与 T2，都保存在寄存器中[⊖]，则可以将其写为下面的汇编语句

```
ADD    T1,A,B    ;[T1] ← [A] + [B]     ;T1 的值在 4 个周期后才可用
SUB    T2,T1,C   ;[T2] ← [T1] - [C]    ; 这条指令使用的 T1 还没有被计算出来
AND    X,T1,T2   ;[X] ← [T1]·[T2]      ; 这条指令使用的 T2 还没有被计算出来
```

这段代码中，我们将引起 RAW 冒险的操作数加上阴影；第二条指令在第一条指令将 T1 写入存储器之前使用 T1。这个例子中有两处 RAW 冒险，因为在第二条和第三条指令中，T2 在它被保存之前使用。图 6-37 用一条四阶段流水线描述了这段代码的执行。理想情况下，这个代码应在 6 个时钟周期内执行完毕（第一条指令用 4 个时钟周期，余下两条指令各使用 1 个时钟周期）。然而，图 6-37 中却需要 10 个周期。

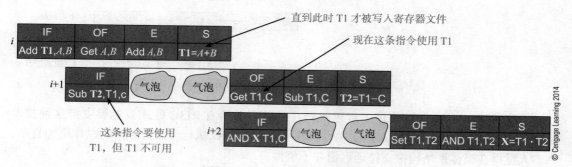

图 6-37　RAW 数据相关的影响

在图 6-37 中，指令 $i+1$，SUB T2,T1,C，在前一条指令的读操作数阶段开始执行。但是，指令 $i+1$ 无法在它自己的读操作数阶段继续执行，因为它所需的操作数尚未被写回寄存器文件，还需要两个额外的时钟周期；也就是说，我们遇到了 RAW 冒险，在指令 i 的写结果完成之前指令 $i+1$ 无法读出操作数。

因此，当指令 $i+1$ 等待它的数据时必须向流水线中插入气泡。同样，接下来的 AND 操作也会引起 RAW 冒险，因为它也需要使用流水线中前一条指令的结果。

RAW 冒险实例

因为这是一个非常重要的概念，下面再给出一个例子。请考虑下面的代码，指出其中的 RAW 冒险，假设流水线有 4 个阶段（IF、OF、OE、OS）。

⊖ RAW 冒险会降低非超标量流水线处理器的性能。WAW 和 WAR 会降低流水线的性能，除非实现了乱序执行。

⊖ 之所以使用变量名而不是寄存器，是为了使代码更容易理解。有些汇编器可以像变量一样重新命名寄存器以提高代码的可读性。

```
1. ADD r1,r2,r3

2. ADD r4,r2,r3

3. ADD r5,r2,r4

4. ADD r6,r3,r4

5. ADD r7,r2,r1

6. ADD r8,r8,r3

7. ADD r9,r7,r1
```

时钟周期	1	2	3	4	5	6	7	8	9	10	11	12	13
1. ADD r1,r2,r3	IF	OF	OE	OS									
2. ADD r4,r2,r3		IF	OF	OE	OS								
3. ADD r5,r2,r4			IF	S	S	OF	OE	OS					
4. ADD r6,r3,r4				IF	OF	OE	OS						
5. ADD r7,r2,r1					IF	OF	OE	OS					
6. ADD r8,r8,r3						IF	OF	OE	OS				
7. ADD r9,r7,r1							IF	S	OF	OE	OS		

指令 3 等待指令 2 的结果 r4 时不得不添加两个暂停。然而，指令 4 却不必等待，虽然它也会使用 r4，因为 r4 的值已经被保存了起来。指令 7 要使用指令 5 生成的 r7。不过，由于中间隔了一条指令，因此只会引入一个暂停。

写后读（WAR）冒险与读后写（RAW）冒险有非常明显的不同；存在读后写冒险的指令对的变量之间没有语法上的依赖。请考虑下面的代码

```
ADD R1,R2,R3
SUB R2,R4,R5
```

在这个例子中，第一条指令从寄存器文件中读出 R2 和 R3（冒险的读部分会在读操作数 R2 时发生），生成新的 R1 值并将其写回寄存器文件。接下来的减法指令将结果写入 R2 寄存器（冒险的写部分）；前一条指令使

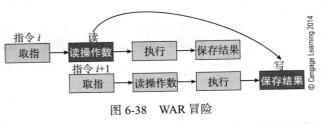

图 6-38　WAR 冒险

用了同样的寄存器。图 6-38 描述了这样一个写后读（WAR）操作。这里不会产生流水线暂停或者气泡，因为读不会导致后面的写操作等待。因此，正常情况下不会引起 WAR 冒险。当然，若第二条指令在第一条指令之前执行，则会产生冒险。

第 3 种冒险，写后写（WAW），也不太可能发生，因为它需要下面的操作序列

```
ADD R1,R2,R3
SUB R1,R4,R5
```

这样的序列是不太可能出现的，因为第一条指令产生的目的操作数 R1 会被第二条指令覆盖。乱序执行的超标量处理器会产生 WAW 冒险。

让我们回到最常见的冒险形式——RAW 真数据相关。当一条指令被执行时，目的操作数一离开 ALU 就应该是可用的。然而，直到它被写回寄存器文件之后，另一条指令才能使用它。图 6-39 描述了内部定向（internal forwarding）是如何通过直接将操作数传递给下一条

指令来减少数据相关的影响的。这个例子中在四阶段流水线上执行下面的代码。

```
1. ADD   R3,R1,R2   ;[R3] ← [R1] + [R2]
2. ADD   R6,R4,R5   ;[R6] ← [R4] + [R5]
3. SUB   R9,R1,R2   ;[R9] ← [R1] − [R2]
4. ADD   R7,R3,R4   ;[R7] ← [R3] + [R4] ; 下一条指令需要 R7 产生了 RAW 冒险
5. ADD   R8,R1,R7   ;[R8] ← [R1] + [R7]
```

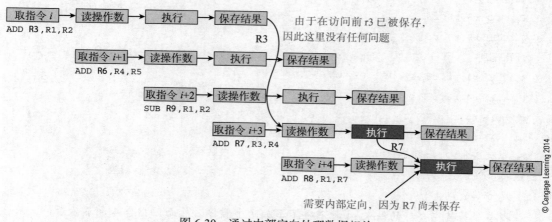

图 6-39 通过内部定向处理数据相关

这个例子里，指令 4 使用了指令 1 的结果（即寄存器 R3 的内容）。然而，由于指令 2 和指令 3 的存在，指令 1 有足够的时间在指令 4 读取源操作数之前将它生成的目的操作数写回寄存器文件。

指令 4 产生目的操作数 R7，下一条指令使用 R7 作为源操作数。如果处理器要从寄存器文件中读出指令 5 所需的源操作数，它将看到 R7 的旧值。通过内部定向，处理器直接从指令 4 的执行单元将 R7 送到指令 5 的执行单元（见图 6-40）。

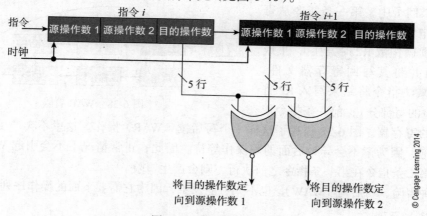

图 6-40 检测数据相关

图 6-40 描述了如何在两条连续指令之间检测 RAW 冒险。比较器将前一条指令的目的地址和当前指令的两个源地址进行比较。假如它们其中某一对（或者两对都）相同，则直接从执行单元而不是寄存器文件中复制所需的操作数。图 6-41 描述了内部转发是如何实现的。结果通过两个多路选择器直接从 ALU 的输出送入两个源操作数锁存器中。多路选择器决定了源操作数的输入是来自寄存器文件还是来自 ALU。而在实践中，内部定向会更加复杂，

因为必须考虑中断和异常处理。

图 6-42 描述了图 6-41 中的流水线在执行下面代码的时序图。

```
ADD r1,r2,r3
ADD r4,r1,r5
```

在这个例子里，第二条指令需要使用第一条指令生成的操作数 r1。图 6-42 描述了在周期（槽）i+1 中，如何从源操作数锁存器中获得操作数 r5，以及如何从 ALU 的输出获得操作数 r1。

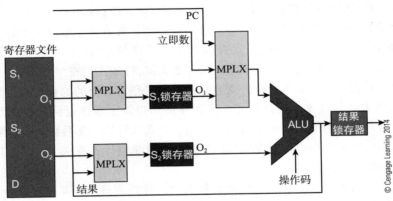

图 6-41　内部定向的实现

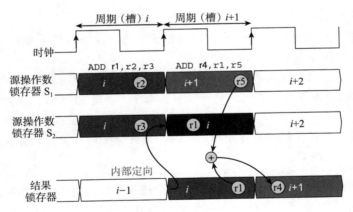

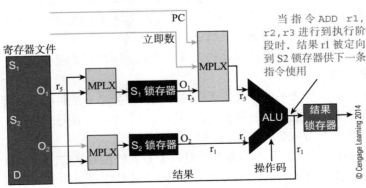

图 6-42　内部定向的实现：时序图和数据流

6.4 分支和分支开销

现在来更详细地介绍分支，计算出它要花费多少个时钟周期、暂停，讨论如何通过预测分支结果并从分支目标地址中取出数据来降低分支的影响——甚至在我们知道是否它将转移成功还是不成功之前。

一条分支指令，在转移成功时，会将一个新的非顺序的值载入处理器的程序计数器中，流水线必须由分支目标地址及其后面的指令重新充满。执行一个引起非顺序控制流的操作所花费的时间（即额外的时钟周期数）被称作分支开销（branch penalty）。

本节将分析那些会改变控制流的指令，然后介绍如何降低甚至消除由于分支转移引起的 RISC 处理器流水线气泡；也就是说，关注减小分支开销的方法。一些技术与限制分支的损失（damage）有关，一些技术则试图在分支执行之前预测它的结果。

在讨论分支开销之前，先来分析分支自身的特点是很有必要的。有几种类型的指令会改变控制流；比如无条件分支、条件分支、子程序调用以及子程序返回。处理器内部产生的自陷和异常以及外部产生的中断也会改变控制流。尽管从计算机体系结构设计者的角度，子程序调用和返回通常不会被视作分支操作，但是在计算机设计者看来，它们却具有相同的特点，即它们也会带来分支开销。

无条件分支（例如 BRA target）总会转移成功，并强制流水线从目标地址处继续执行。无条件分支等价于高级语言的 goto 语句，并且其结果在编译时就可以知道了。

> ### 编译时和运行时
>
> 编译时指的是当程序首次被翻译为机器码时的状态。编译时的某些细节是已知的；例如，ADD r1, r2, #5 等操作定义的立即数值。
>
> 运行时则是指程序执行时的状态。变量的状态只有在运行时才能知晓，因为它们的值只有在程序运行时才能生成。在之前的例子中，由于不知道 r2 的值，r1 的值在编译时是不可知的。
>
> 无条件分支的结果在编译时是可知的。然而，条件分支的结果直到分支所依赖的条件被计算出来之后才能确定。

条件分支的结果由处理器条件码寄存器中的一个或多个标志位（或一些等价的机制）决定，因此直到运行时才能知道。条件分支可能转移成功（即下一条指令位于目标地址处），也可能转移不成功（执行顺序的下一条指令）。当分支转移不成功时，分支结果有时候被称作是直线的，因为紧挨着分支的下一条指令会被执行。

子程序调用是一种会保存返回地址的无条件分支。同样，子程序返回是一种从寄存器或栈中取出目标地址的无条件分支。

Grohoski 发现有三分之一的分支是无条件分支，三分之一是构成循环的条件分支，三分之一是其他条件分支。构成循环的分支是循环结构的末尾，并且对于一个 n 次迭代的循环来说，它的前 $n-1$ 次迭代分支会转移成功。

DeRosa 和 Levy[⊖] 讨论了所谓单指令和双指令分支的相对优势。在双指令分支中，一条显式的指令建立分支（例如一条 CMP 或 TEST 指令）。这些指令会更新处理器条件码标志位的

[⊖] J. DeRosa and H. M. Levy, "An evaluation of branch architectures", *ISCA'87 Proceedings of the Annual International Symposium on Computer Architecture ACM*, 1987, pp. 10-16.

值，这些值决定了一个条件分支是否会转移成功。Sima 等人[⊖]使用术语结果状态来描述处理器条件码所定义的情形。许多主流体系结构将这种结果状态方法用于分支（例如 VAX，68K 系列，Pentium 系列，SPARC，PowerPC）。Cragon[⊜]将那些需要使用一条独立指令设置条件码的指令称为 CC 分支，而把那些先进行测试然后根据测试结果进行分支的指令叫作 TB 分支（即测试和分支）。下面是一般处理器中一段典型的分支代码：

```
CMP   R0,R1        ;if R0 = R1
BEQ   Same         ;THEN ...
```

结果状态方法非常适合那些严格的顺序系统（即测试数据、设置条件、测试条件和根据条件进行分支）。带有多个执行单元的系统无法支持一个简单的"结果状态分支"机制，因为结果状态可能依赖乱序执行。稍后我们将看到乱序指令——这里需要指出的是某些带有多个指令执行单元的处理器能够以不同于指令在存储器中存放位置的顺序来执行指令。必须借助那些能够确保分支能够按照正确条件执行的硬件才能解决这些困难。

一条单分支指令（或直接检测指令）用一个操作完成比较和分支；例如，HP Precision Architecture（HP-PA）提供了一条加并且分支指令，即进行加法并且根据结果进行分支。Digital 的 Alpha 体系结构支持单分支指令，该指令显式地测试寄存器的内容；比如，

```
BEQ R4,Loop
```

测试寄存器 R4 的内容，并且如果 R4 为 0，则会跳转到 Loop 处执行。MIPS 也提供了一条单分支指令 BEQ r1,r2,target，当寄存器 r1 和 r2 相等时跳转到 target 处执行。

HP-PA 还提供了一条 *skip-next* 指令，用来清空（即忽略或者无效）下一条指令。若条件测试结果为真，下一条指令不会被执行。下面的 HP-PA 代码实例由 Corporaal[⊜]提供，其中的结构

```
If (a == b)
    c = c - 1;
else d = d + 10;
```

将被翻译为

```
sub,<>   r1,r2,r0   // 比较 a 和 b，如果不相等则下一条指令无效
addi,tr  -1,r3,r3   //c:=c-1,下一条指令总是无效
addi     10,r4,r4   //d:=d+10
```

执行这段代码仅需 3 个时钟周期。我们已经看到 ARM 处理器为所有指令提供了条件执行机制；也就是说，如果操作码高 4 位所定义的条件不成立，那么任何指令都可以被转换为空操作。例如，仅当 Z 标志位为 0 时指令 ADDEQ r1,r2,r3 才会被执行。

6.4.1 分支方向

乍一看，你也许会认为，一个条件分支有一半的机会转移成功。实际却并非如此。当利用分支来实现循环时，在循环结束之前分支可能已经转移了上千次。Corporaal 归纳了几篇

⊖ D. Sima, T. Fountain, and P. Kacsuk, *Advanced Computer Architectures: A Design Space Approach*, Addison-Wesley, 1997.

⊜ H. G. Cragon, *Memory Systems and Pipelined Processors*, Jones and Bartlett, 1996.

⊜ H. Corporaal, *Microprocessor Architectures from VLIW to TTA*, Wiley, 1998.

处理条件分支的论文，结果表明分支转移成功的概率在 57% ~ 99% 之间。80% 是一个典型的值；也就是说，80% 的分支会转移成功。由这句话可以得出一个推论，应该更加重视转移成功的分支的处理，而不是那些转移不成功的（当然，除非那些转移不成功的分支会产生很大开销）。

6.4.2 流水线中分支的影响

分支通过引入气泡或者流水线暂停降低了流水线体系结构的效率。现在我们来分析流水线气泡的影响并讨论一些能够降低这些影响的技术。表 6-9 归纳了分支指令对一个带有四阶段流水线（取指，读操作数，执行，保存操作数）体系结构的影响。第一列列出了时钟周期数，其他列则列出了流水线 4 个阶段正在执行哪条指令。

在周期 0，指令 $i-5$ 处于它的最后一个执行阶段（即保存操作数段）。与此同时，指令 $i-4$ 处于执行段，指令 $i-2$ 刚进入流水线的第一个阶段——取指段。

假设指令 i 是一条分支指令，会强制跳转到在地址 N 处的指令执行。这条分支指令在第 2 个周期被读入流水线，并在第 4 个周期进入执行段。若假设分支指令在执行段结束后就可以起作用，那么分支将在第 5 个周期转移成功。

在第 5 个周期，位于分支目标地址 N 处的指令被读入处理器。然而，表 6-9 却显示，分支后的两条指令 $i+1$ 和 $i+2$ 都在流水线中，而且会在分支转移成功时被作废或被清空。直到第 8 个周期流水线才会被再一次充满。流水线没有充满的这段时间（分支之后）叫作流水线的启动延迟，这种引起一个气泡的分支影响被称作指令误取开销。从指令 i 开始到下一条指令（即目标地址 N 处的指令）开始，表 6-9 中分支指令引起了两个时钟周期的延迟。

表 6-9 RISC 流水线上分支指令的影响

时钟周期	取指	读操作数	执行	保存	时钟周期	取指	读操作数	执行	保存
0	$i-2$	$i-3$	$i-4$	$i-5$	5	N			i
1	$i-1$	$i-2$	$i-3$	$i-4$	6	$N+1$	N		
2	i	$i-1$	$i-2$	$i-3$	7	$N+2$	$N+1$	N	
3	$i+1$	i	$i-1$	$i-2$	8	$N+3$	$N+2$	$N+1$	N
4	$i+2$	$i+1$	i	$i-1$	9	$N+4$	$N+3$	$N+2$	$N+1$

在实践中，实际情况取决于几个因素；例如我们已经假设，必须检测分支转移条件，并且直到分支指令执行段结束才能开始从分支目标地址处取指令。如果是一条带有绝对地址的无条件分支，处理器就可以在下一条指令的译码段开始从目标地址处取指令。表 6-10 描述了一种提前完成分支的方案的效果。在这个例子里，仅损失了一个时钟周期。显然，通过在尽可能早的时间段中进行处理，分支指令检测可被用来减少分支开销。处理器在指令进入流水线并译码之后进行分支检测。人们提出了一些机制，能够在分支指令刚进入流水线时就提前警告。Itanium 处理器在指令中使用一些提示来帮助处理器为分支处理做准备。

表 6-10 提前进行分支处理的影响

时钟周期	取指	读操作数	执行	保存
2	i [分支指令]	$i-1$	$i-2$	$i-3$
3	$i+1$ [气泡]	i [分支处理]	$i-1$	$i-2$
4	N	$i+1$ [气泡]	i	$i-1$
5	$N+1$	N	$i+1$ [气泡]	i

（续）

时钟周期	取指	读操作数	执行	保存
6	$N+2$	$N+1$	N	$i+1$[气泡]
7	$N+3$	$N+2$	$N+1$	N
8	$N+4$	$N+3$	$N+2$	$N+1$

描述流水线的另一个视图

表 6-9 给出了描述流水线的一种方式。计算机工程师使用两种视图，二者的区别仅在于坐标轴。下图是表 6-9 的另外一种描述。

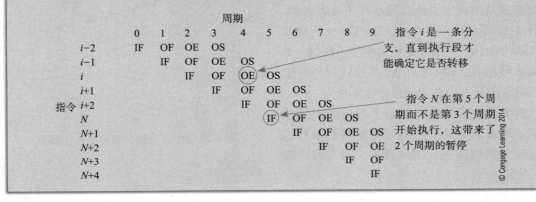

6.4.3　分支开销

若要减少分支指令对流水线处理器性能的影响，我们需要描述系统性能的度量或者参数（指标）。由于不清楚某个给定程序中有多少分支，或每条分支是否会转移成功，我们不得不为系统构建一个概率模型。我们进行如下假设：

1. 每个非分支指令都在一个周期内执行完。
2. 给定指令是分支的概率为 p_b。
3. 分支转移执行的概率为 p_t。
4. 如果分支转移成功，额外开销为 b 个周期。
5. 如果分支转移不成功，则没有额外开销，并且仅需 1 个周期。

由于一条指令是分支的概率与它不是分支的概率之和必定为 1，可以认为一条指令不是分支的概率为 $1-p_b$。

在程序执行期间完成一条指令所需的平均周期数为非分支指令的 CPI 加上转移成功的分支指令的 CPI，再加上转移不成功的分支指令的 CPI。[⊖]即

$$T_{ave} = (1-p_b) \cdot 1 + p_b \cdot p_t \cdot (1+b) + p_b(1-p_t) \cdot 1 = 1 + p_b p_t b$$

表达式 $1 + p_b p_t b$ 表明分支指令的数量、分支转移成功的概率以及每条分支指令的开销都会影响分支开销。若用 p_e（有效分支概率）替代 $p_b p_t$，则每条指令所花的平均周期数为 $1 + p_e b$。RISC 处理器的效率 E，可被定义为

⊖　D. J. Lilja, "Reducing the Branch Penalty in Pipelined Processor", *IEEE Computer*, July 1988, pp. 46-54.

$$E = \frac{\text{没有分支指令时的平均 CPI}}{\text{有分支指令时的平均 CPI}} \times 100\%$$

即

$$E = \frac{1}{1 + p_e b} \times 100\%$$

图 6-43 描述了两个不同的分支开销（即 $b=2$ 和 $b=6$）时，RISC 处理器的效率与有效分支概率 p_e 之间的关系。该图表明，仅当分支转移成功的概率很低时流水线才是高效的。当分支开销 b 的值较大时，效率随 p_e 的增加而急剧滑落。这种结果是我们所能预期的。如果流水线很长（即 b 较大），即使代码中一个偶然出现的分支也会带来很多性能损失。

对真实代码的观察给出了典型的 p_e 取值范围，在 0.06 ~ 0.2 之间。现在我们来讨论一些能够同时降低 p_e 和 b 并减少分支开销影响的方法。

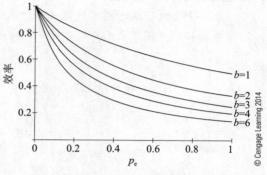

图 6-43   RISC 处理器效率是 p_e 的函数

分支已被证明是对性能有害的

本节以分支所需的额外周期数（暂停）计算分支开销，然后说明正确预测分支结果是怎样降低分支开销的。为了解释这个问题，这里使用一个由微软软件开发师 Igor Ostrovsky 给出的描述分支对性能影响的有趣实例，他在计算机上运行了一段为了生成重复分支模式（例如，总是转移成功，总是转移不成功，转移成功与不成功交替出现，等等）而设计的代码。下表列出的时间结果很有启发性。不同分支模式的执行时间相差 6 倍。这些结果表明为何分支的影响是如此重要以及为什么（我们将很快看到）分支预测是如今所有处理器设计的一个重要部分。Igor 所用的代码为

```
for (int i = 0; i < max; i++) if (<condition>) sum++;
```

条件	分支模式	时间 / (ms)
(i & 0x80000000) == 0	T 重复	322
(i & 0xffffffff) == 0	F 重复	276
(i & 1) == 0	TF 交替	760
(i & 3) == 0	TFFFTFFF…	513
(i & 2) == 0	TTFFTTFF…	1675
(i & 4) == 0	TTTTFFFFTTTTFFFF…	1275
(i & 8) == 0	8T 8F 8T 8F …	752
(i & 16) == 0	16T 16F 16T 16F …	490

上表表明，最好的分支结构总会转移成功，而最坏的情形，模式 TTFFTT 表明分支预测器对这个序列的预测错误最多。下图给出了每个循环的预测错误次数。

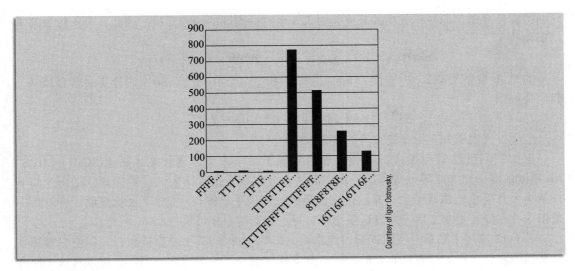

6.4.4 延迟分支

最简单的处理分支方式就是什么都不做；即一检测到分支指令就冻结流水线并，而在分支处理完后解冻流水线，并从目标地址处继续取指。表 6-11 描述了在分支转移成功和不成功时冻结流水线的结果。在表 6-11a 中，假定在 −3 周期读操作数阶段检测出分支。流水线在 −2 周期分支进行到它的执行阶段时解冻。在表 6-11b 中，分支转移成功，流水线直到 −1 周期才被解冻。这种分支处理方法效率很低。

表 6-11 因分支转移成功与否冻结流水线

a) 分支转移不成功

时钟周期	取指	读操作数	执行	保存
−5	$i-1$	$i-2$	$i-3$	$i-4$
−4	$i =$ Branch	$i-1$	$i-2$	$i-3$
−3	$i+1$	i（冻结）	$i-1$	$i-2$
−2	•	•	i（解冻）	$i-1$
−1	$i+2$	$i+1$		i
0	$i+3$	$i+2$	$i+1$	
+1	$i+4$	$i+3$	$i+2$	$i+1$

b) 分支转移成功

时钟周期	取指	读操作数	执行	保存
−5	$i-1$	$i-2$	$i-3$	$i-4$
−4	$i =$ Branch	$i-1$	$i-2$	$i-3$
−3	$i+1$	i（冻结）	$i-1$	$i-2$
−2	•	•	i	$i-1$
−1	•	•	•	i（解冻）
0	N			
+1	$N+1$	N		
+2	$N+2$	$N+1$	N	
+3	$N+3$	$N+2$	$N+1$	N

下面按照表 6-11 中指令执行顺序来计算分支开销。转移不成功的分支会引入一个时钟

周期的额外开销，而转移成功的分支会引入 3 个时钟周期的额外开销。因此，每条指令的平均周期数，

$$T_{ave} = 1 \cdot (1 - P_b) + 2 \cdot P_b(1 - P_t) + 4 \cdot P_b P_t = 1 + P_b + 2P_b P_t$$

如果 P_b 取值为 0.2，P_t 取值为 0.8（20% 的指令是分支指令，80% 的分支会转移成功），我们会得到

$$T_{ave} = 1 + 0.2 + 2 \times 0.2 \times 0.8 = 1.52$$

这个等式表示分支指令使性能下降了 52%。

正如我们已经看到那样，一些处理器实现了延迟分支，这种技术被 RISC II、MIPS、Am29000 和 IBM 801 等处理器所采用。因为在分支指令执行结束时，紧挨着分支指令的下一条指令几乎也已执行结束，显然，让这条执行完似乎是很合理的。⊖也就是说，可以将一条指令放在分支指令之后，并且这条指令总是与分支指令并行执行。

表 6-12 描述了延迟分支对四阶段流水线的影响。指令 $i + 1$ 总会被执行，即使它紧接在分支指令之后。正如读者所看到的那样，分支开销减少了一个周期。当然，可以对这个原理进行扩展，执行分支之后的两条指令。

表 6-12　延迟分支对 RISC 流水线的影响

时钟周期	取指	读操作数	执行	保存
−5	$i - 1$	$i - 2$	$i - 3$	$i - 4$
−4	i（分支转移成功）	$i - 1$	$i - 2$	$i - 3$
−3	$i + 1$［总是执行］	i	$i - 1$	$i - 2$
−2		$i + 1$	i	$i - 1$
−1			$i + 1$	i
0	N			$i + 1$
+1	$N + 1$	N		
+2	$N + 2$	$N + 1$	N	
+3	$N + 3$	$N + 2$	$N + 1$	N
+4	$N + 4$	$N + 3$	$N + 2$	$N + 1$

请考虑带有表 6-12 中延迟分支的四阶段流水线的平均 CPI。当分支转移不成功时，分支开销为 0，因为指令 $i + 1$ 总会被执行，而且流水线不会暂停，因为流水线不会被冻结。而当分支转移成功时，因为指令 $i + 1$ 总会被执行，所以仅有两个时钟周期的损失。

$$T_{ave} = 1 \cdot (1 - P_b) + 1 \cdot P_b(1 - P_t) + 3 \cdot P_b P_t = 1 + 2P_b P_t$$

若 P_b 取值为 0.2，P_t 为 0.8，则有 $T_{ave} = 1 + 2 \times 0.2 \times 0.8 = 1.32$，这表明与简单冻结流水线相比性能得到了一定的提升。

从程序员的角度来看，在分支指令之前执行前的指令放在分支指令之后。请考虑下述由 RISC 伪码表示的代码段：

```
R = P + Q
C = B - A
goto NEXT
```

对应的 RISC 代码为：

⊖　我已经假设，对于一个将执行的分支，流水线在保存结果阶段解冻。在执行阶段解冻流水线来省下一个周期的方案是可能的。

```
ADD    R,P,Q    ;[R]  ← [P] + [Q]
BRA    NEXT     ;[PC] ← NEXT
SUB    C,B,A    ;[C]  ← [B] - [A] ；总在延迟槽中执行
```

正如你所看到的，RISC 代码将减法指令放在分支指令之后。减法指令会自动执行，因为当分支指令结束时它也差不多执行完。

Sima 等人[1]甚至认为：……延迟分支颠倒了分支指令与延迟槽内指令的执行顺序。换句话说，延迟分支需要在体系结构层面上重新定义指令执行顺序，这与传统冯诺依曼体系结构所定义的有所区别。

如果编译器能够找到一条独立的指令并将其放在分支指令之后，那么延迟分支机制将是有效的。术语"独立的"（即与分支指令不相关）强调，不能将任意一条指令放在分支指令之后。例如，不能使用一条影响分支结果的指令。被选出的指令应该是那些无论分支转移是否成功都会被执行的指令。如果没有可用的指令，编译器必须插入一条 NOP 指令（空操作）以保持流水线继续运转。在大约 60% 的情况下，可以找到一条适合放在分支之后的指令。之前我们曾经说过，由于延迟分支对于超标量处理器和异常处理机制的副作用，这种技术在今天并没有那么受欢迎。

HP-PA 的分支之后有一条指令的延迟。HP-PA 的分支指令含有 1 位的取消字段（nullification field），它决定了如何处理紧跟在分支之后那条指令。当该位被置 1 时，取消位允许分支指令有条件地根据分支结果忽略延迟槽内的指令。请考虑一个位于循环结构末尾处的分支。这个分支一般都会转移成功，仅在退出循环时转移不成功。通过使延迟槽中指令的执行依赖于分支转移是否成功，我们可以将一条循环指令放入延迟槽中。当分支转移到循环开始处时，循环指令将被执行。然而，当在循环结构末尾处退出循环时，这条位于循环内的指令将不会被执行。图 6-44 描述了 HP-PA 分支指令的作用。图 6-44a）给出了代码段，图 6-44b）描述了当分支转移成功回到循环入口点时，延迟槽中的指令是怎样执行的。在图 6-44c）中，分支转移不成功，延迟槽中的指令作废。

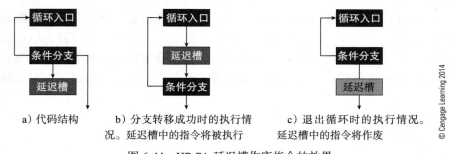

a）代码结构　　b）分支转移成功时的执行情况。延迟槽中的指令将被执行　　c）退出循环时的执行情况。延迟槽中的指令将作废

图 6-44　HP-PA 延迟槽作废指令的效果

DeRosa 和 Levy[2]研究了延迟分支的作用。他们报告称，编译器优化可以在条件分支指令后填充 40% ～ 60% 的延迟槽，在无条件分支后填充 90% 的延迟槽。DeRosa 和 Levy 使用术语"基本块大小"表示连续的（转移成功的）分支指令间的平均指令数。基本块的平均长

---

[1] D. Sima, T. Fountain, P. Kacsuk. *Advanced Computer Architecture: A Design Space Approach*, Addison-Wesley, 1997.

[2] J. DeRosa and H.M. Levy, "An evaluation of branch architectures", *ISCA '87 Proceedings of the 14th Annual International Symposium on Computer Architecture*, ACM, 1987, pp. 10-16.

度为 $1/(P_b \cdot P_t)$，其中 P_b 表示一条指令是分支指令的概率，P_t 表示分支转移成功的概率。他们声称，在基本块较大的计算机上，延迟分支的作用相对较小，而 RISC 结构的基本块一般比 CISC 结构的大。DeRosa 和 Levy 还指出，延迟分支机制也会带来一些存储空间上的浪费，因为大约 35% 的延迟槽必须由无用的 NOP 指令来填充。

现在来重新评估一下当使用了延迟分支技术而且并非所有延迟槽都由有用指令填充时的平均 CPI 公式。假设延迟槽由有用指令填充的分支指令的比例为 f_d，并且转移不成功的分支需要一个时钟周期，则

$$T_{ave} = (1 - p_b) \cdot 1 + p_b \cdot (1 - p_t) \cdot 1 + p_b \cdot p_t \cdot (1 + b - 1)f_d + p_b \cdot p_t \cdot (1 + b)(1 - f_d)$$

请注意 $1 + b - 1$ 中的 -1 是因延迟槽而节省下来的周期数，即

$$T_{ave} = 1 - p_b + p_b - p_b p_t + p_b \cdot p_t \cdot f_d b + p_b \cdot p_t - p_b \cdot p_t \cdot f_d + p_b \cdot p_t \cdot b - p_b \cdot p_t \cdot b \cdot f_d$$
$$= 1 + p_b \cdot p_t \cdot b(1 - f_d)$$

如果使用了延迟分支，那么必须要修改分支开销 b，因为一个被填充了指令的延迟槽不会产生开销（实际上，开销取决于流水线的长度和完成分支指令的流水段）。在真实机器中，分支在哪里完成取决于实际的体系结构。例如，分支目标地址如何生成，以及分支所依赖的条件码是如何获得的，等等。

若假定 $b = 1$，$p_b \cdot p_t = 0.2$，并且 $f_d = 0.8$，则：当使用延迟分支时，$T_{ave} = 1 + 1 \times 0.2 \times (1 - 0.8) = 1.04$；当不适用延迟分支时 $T_{ave} = 1 + 1 \times 0.2 = 1.2$。

6.5 分支预测

当分支转移成功时，一些本不应该被执行的指令已经开始在流水线上执行，因此这些指令将被作废（这一过程叫作清空流水线），并会损失一些时钟周期。如果在一条分支指令执行之前我们就已知道它会转移成功，就可以将分支目标地址处的指令送入流水线。比如，若遇到指令 BRA N，只要从内存中取出这条分支指令并开始译码，处理器就可以开始从 N、$N + 1$、$N + 2$ 等位置取指令。这样，有用的指令总是填充进流水线。

对于 BRA N 那样的无条件分支指令，预测机制的效果很好。条件分支则会带来一些问题。请考虑分支指令 BEQ N，它会在零位为 1 时跳转到地址 N 处。处理器是应该假设分支转移不成功并按顺序取指，还是假设分支转移成功并从分支目标地址 N 处取指呢？正如我们已经讲过的，各种各样的高级语言结构都需要实现条件分支。请考虑下面的高级语言代码段：

```
IF (J < K) I = I + L;
  (FOR T = 1; T <= I; T++){
        .
        .
        .
  }
```

第一个条件操作会将 J 与 K 进行比较。只有问题本身才会告诉我们是 J 总会小于 K，还是 J 总会大于 K，还是一半时间 J 小于 K，而另一半时间 J 大于 K。

代码段中的第二个条件操作由一个 FOR 结构实现，它会在 FOR 循环的结尾测试计数器的值，以决定是跳回结构体中还是结束循环。在这个例子里，你可能希望循环重复下去而不是退出。一些循环在退出之前会执行数千次。因此，一种比较明智的做法是分析条件分支的类型，如果认为分支会转移成功就用分支目标地址处的指令填充流水线，如果认为分支转移不成功就用分支指令后面的指令填充流水线。

人们已经提出了各种各样通过预测分支结果来减少分支开销的方案。在介绍这些方案之前,我们先来讨论一下如何计算它们的有效性。预测一个有两种可能输出的系统的行为(分支转移成功或者不成功),会有 4 种可能:

1. 预测分支转移成功且分支转移成功——正确输出。
2. 预测分支转移成功且分支转移不成功——不正确输出。
3. 预测分支转移不成功且分支转移不成功——正确输出。
4. 预测分支转移不成功但分支转移成功——不正确输出。

表 6-13 列出了这 4 种可能情况的开销。请注意,可以用分支执行时间(cost)或分支开销(penalty)来描述分支带来的性能损失。分支执行时间是指执行分支指令所需的时钟周期总数;分支开销则是指相比于无性能损失情况的额外时钟周期数,即分支开销 = 分支执行时间 −1。

表 6-13　分支开销

结果	预测	分支执行时间	分支开销
分支转移成功	分支转移成功	a	$a-1$
分支转移成功	分支转移不成功	b	$b-1$
分支转移不成功	分支转移成功	c	$c-1$
分支转移不成功	分支转移不成功	d	$d-1$

下面来计算一下具体系统中的平均开销。为了完成计算还需要更多的信息。首先需要知道一条指令是分支指令的概率(相对于其他类型的指令)。假设一条指令是分支指令的概率为 p_b。p_b 的值可以通过测量静态或动态指令数来得到。其次需要知道分支指令转移成功的概率 p_t。最后,需要知道预测的精确性,p_c 是分支预测正确的概率。图 6-45 描述了一条指令的所有可能结果。

一条分支指令的执行时间(即所需的时钟周期数)为

$$C_{ave} = a(P_{预测转移且转移}) + b(P_{预测不转移但转移}) + c(P_{预测转移但没有转移}) + d(P_{预测不转移且没有转移})$$

一条分支指令的执行时间为 $(1-p_b) + p_b C_{ave}$。

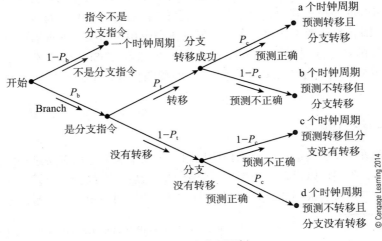

图 6-45　分支预测树

如果一个事件或它的对立事件一定会发生,则它们的概率之和为 1,利用这一原理可得

$(1 - p_b) =$ 一条指令不是分支指令的概率。

$(1 - p_t) =$ 一个分支转移不成功的概率。

$(1 - p_c) =$ 预测不正确的概率。

每条分支指令的平均 CPI 的计算方法如下，沿着每一条可能的路径，将发生的概率与所需的执行时间相乘，然后将所有路径的时间相加；即

$$C_{ave} = a \cdot (p_i \cdot p_c) + bp_i \cdot (1 - p_c) + c \cdot (1 - p_t) \cdot (1 - p_c) + d \cdot (1 - p_t) \cdot p_c$$

这个表达式并没有明显的帮助。可以做两个假设帮我们简化这个表达式。第一个假设为 $a = d = N$（即如果预测正确，则周期数为 N）。另一个简化是 $b = c = B$（即如果预测错误，则周期数为 B）。因此，平均 CPI 为 $1 - p_b + p_b \cdot C_{ave}$；即

$$(1 - p_b) + p_b \cdot [N \cdot p_i \cdot p_c + B \cdot P_i \cdot (1 - p_c) + B \cdot (1 - p_t) \cdot (1 - p_c) + N \cdot (1 - p_t) \cdot p_c]$$
$$= (1 - p_b) + p_b \cdot [N \cdot p_c + B \cdot (1 - p_c)]_\circ$$

若进一步假设预测正确时不会产生任何开销（即 $N = 1$），则有：

$$(1 - p_b) + p_b \cdot [1 \cdot p_c + B \cdot (1 - p_c)]_\circ$$

静态和动态分支预测

实现分支预测有两种方法，分别是静态分支预测和动态分支预测。静态分支预测假设分支总会转移或者总不转移。对真实代码的观察表明分支指令有超过 50% 的机会会转移成功，因此，最简单的静态分支预测机制就是，只要一检测出分支指令就从分支目标地址处取出下条指令。

一种更好地静态预测分支结果的方法是观察分支在真实代码中的行为，因为一些分支指令相比其他分支指令更频繁或者更少地发生转移。也就是说，测试大量的代码，确定编译器如何使用这些分支，并在此基础上进行分支预测。Lilja 称，用操作码来预测分支的结果可以达到 75% 的准确率。

将分支指令操作码中的一位用作分支预测标志可以扩展静态分支预测机制。根据对该分支转移或不转移的估计，编译器负责将该位置 1 或清 0。例如，通过添加后缀 h 表明预测分支转移成功，可以在一些编译语言中手动加入这一预测。该技术的预测精度为 74% ～ 94%。[⊖]

动态分支预测技术在运行时使用程序过去的行为来预测其将来的行为。假设处理器维护一份关于分支指令的表格，其中包含了每个分支可能的行为的信息。每次一条分支指令执行时，它的结果（即转移或者不转移）将被用来更新表中相应的项。处理器使用该表决定是取分支目标地址处的指令还是顺序地执行下一条指令。Lee 和 Smith[⊖] 报告称，1 位分支预测器的精度超过 80%，而 5 位预测器能提供 98% 的预测精度。下面将更详细地介绍动态分支预测。

6.6　动态分支预测

有很多种方法可以实现运行时分支预测机制。预测未来就是用有关过去的信息对未来做出有意义的猜测。我们可以设置一个标志并将分支的最后一次执行结果设为该标志的值。如果一个分支转移不成功（not taken），则将该标志置为 N（即 Not）并预测该分支在下一次执

⊖　D.R. Ditzel and H.R. McLellan, "Branch Folding in the CRISP Microprocessor: Reducing the Branch Delay to Zero", *Proc 14th Ann. Symp. Computer Architecture*, 1987, pp. 2-9.

⊖　J.K.F. Lee and A.J. Smith, "Branch Prediction Strategies and Branch Target Buffer Design", *Computer*, Jan. 1984, pp. 6-22.

行时转移不成功。换句话说，这一预测机制占用 1 位存储空间，并且它的预测结果就是分支最后一次执行的结果。尽管这一策略对循环来说可能比较有效，但当分支方向频繁改变时预测结果将会非常的差，对于序列 TNTNTNT⋯会 100% 预测错误。然而，如果分支执行结果为串 TTTNNNNTTTTTNNN，假设一位预测器的初始值为 T，那么它将预测出 TTTTNNNN4TTTTTNN。加阴影处表示预测错误。

如果使用两位分支历史信息，则可以得到一个更复杂的预测器。实际上，当增加更多的信息位时，预测器能够做出更好的预测。

下面从 Intel Pentium 处理器⊖中集成的简单两位动态分支预测算法开始介绍。一个两位的寄存器记录了预测器的 4 种可能状态（见图 6-46），使用分支的最近历史来预测其未来的行为。这个分支预测器是以每个分支为基础进行操作的；即程序中的每个分支都需要一个独立的状态计数器。

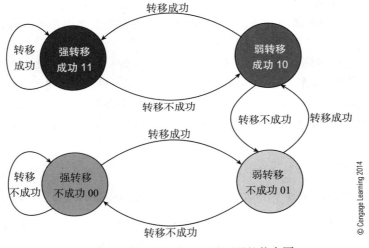

图 6-46　饱和计数器分支预测器的状态图

请考虑图 6-46 中的两位动态分支预测器。这一机制能够在单次预测错误时不改变它的下一次预测结果。然而，如果连续两次预测错误，它会将预测结果取反。

图 6-46 的状态机体现了从 00 ～ 11 计数器的改变。图 6-46 的两个状态 11 和 10 代表分支转移成功状态，01 和 00 代表分支转移不成功状态。这是一个饱和计数器，因为如果 00 持续不发生的话还是 00，如果 11 持续发生的时候还是 11。在这个预测中引入了强转移（或者强不转移）的概念。如果一个给出的分支指令连续两次或更多次转移（或者不转移），状态机就是强转移 11 状态（或者强不转移 00 状态）。

现在，如果一个分支的产生破坏了序列，状态机从强状态转换到弱状态，但是这并不改变预测。假设机器是在强转移状态 11。这将预测下条分支也会转移。然而，如果下条分支没有转移，它将转到弱转移状态 10。在这个状态中，不管上次预测的错误，它将依然预测分支会转移。

在弱状态，之前的分支方向被假定为异常和非典型的。在下一个分支，有两件事情中的一件事可能会发生。要么之前的趋势被加强，回到之前的强转移状态，要么第二次预测错

⊖　M. Bekerman and A. Mendelson, "A performance analysis of Pentium processor systems", *IEEE Micro*, Vol. 15, No. 5, October 1995, pp. 72-83.

误，转换到弱不转移状态 01，并将改变下一条分支预测的方向。如果第三个分支也是不转移方向，状态机将直接换到强预测不转移状态 00。图 6-46 中的状态机也叫作饱和计数器，因为当状态从 10 上升到 11（或者从 01 下降到 00）时，更多的计数不会改变状态（也就是计数器是饱和的）。想想我们第一次在 MMX 指令集中遇到饱和的概念。

请考虑下面的例子。假设某个特定的分支的结果序列如下（T= 分支转移成功，N= 分支转移不成功）。

```
T T T N T T T T N N N N T N N T T T T N T T T T
```

在这个例子中，分支转移成功 16 次，转移不成功 10 次。假设分支转移成功需要 4 个周期，转移不成功需要 1 个周期，这个序列的总时间开销为 $16 \times 4 + 10 \times 1 = 74$ 个周期。

下面使用饱和计数器来预测一个分支是否会转移。假设分支预测器的初始状态为 ST（强转移）。下面的结果序列中 C 代表正确预测，W 代表错误预测。

在这个例子里，动态预测器做出了 19 次正确预测和 7 次错误预测，所花费的时钟周期总数为 $19 \times 1 + 7 \times 4 = 47$ 个周期。

图 6-46 中的分支预测状态机并不是唯一可行的模型。也可用其他状态机基于过去的分支历史来预测它的下一次转移是否成功。图 6-47 给出了另外一种方案，滞后的两位预测器，它在第一次错误预测时使状态从弱预测状态转换到相反的强预测状态。下面是两个序列以及图 6-46 和图 6-47 中预测器的处理结果。请注意滞后计数器是怎样在不改变状态的情况下处理序列中的脉冲的。

实际	T	T	T	N	T	T	T	T	N	N	N	N	T	N	N	T	T	T	T	N	T	T	T	T
状态	ST	ST	ST	WT	ST	ST	ST	ST	WT	WN	SN	SN	SN	WN	SN	SN	SN	WN	WT	ST	ST	WT	ST	ST	ST	ST	ST
预测	T	T	T	T	T	T	T	T	T	N	N	N	N	N	N	N	N	N	T	T	T	T	T	T	T	T
结果	C	C	W	C	C	C	C	W	W	C	C	C	W	C	C	C	W	C	C	W	C	W	C	C	C	C

饱和计数器（图 6-46）								
实际	T	T	T	N	N	T	N	N	N
状态	ST	ST	ST	WT	WN	WT	WN	WT	WN
预测	T	T	T	T	N	T	N	T	N
结果	C	C	W	W	W	W	W	W	C

滞后计数器（图 6-47）								
实际	T	T	T	N	N	T	N	T	N
状态	ST	ST	ST	WT	SN	WN	SN	WN	SN
预测	T	T	T	T	N	N	N	N	N
结果	C	C	W	W	W	C	W	C	C

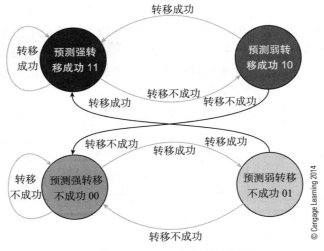

图 6-47 另一种两位分支预测状态机

6.6.1 分支目标缓冲

一种叫作分支目标缓冲（BTB）或者分支目标 Cache 的专用存储器是一个与减少分支开销有关的重要概念，它保存了当前程序中活跃的分支指令的信息。我们将在《计算机存储与外设》第 1 章中介绍 Cache；在这里要说的就是，Cache 是一个保存了频繁使用的数据的高速存储器，它的访问速度比主存快得多。被缓存的信息包括：分支地址，分支的预测结果，分支历史，分支目标地址，以及目标地址处的指令复本。

图 6-48 描述了 BTB 的一种简单结构，它的每一项记录了下一条指令的地址和一个表示分支是否转移成功的预测位。[注]

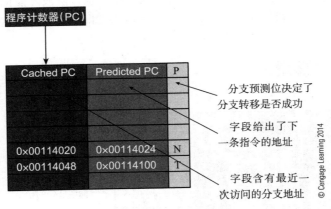

图 6-48 简单的分支目标缓冲

表 6-14 按照 Kavi 的描述给出了分支目标缓冲的运行过程。表 6-14a 中，周期 0 读出的指令 i 是一个条件分支。假设该指令已经被缓存在 BTB 中，则它的目标地址是马上就可以使用的。下一条指令可以从 BTB 给出的目标地址处载入，无需执行一个新的取指周期。因

[注] K.M. Kavi. "Branch folding for conditional branches", *IEEE CS Technical Committee on Computer Architecture (TCCA) Newsletter*, Dec. 1997, pp. 4-7.

此，此时没有分支开销。

表 6-14b 则描述了当 BTB 中保存的分支预测结果错误时会发生什么。一遇到分支指令就会从 BTB 中缓存的目标地址处取出指令。然而，当这条条件分支指令进入执行单元时，如果检测到预测错误，则必须将正确的目标地址载入程序计数器（在表 6-14b 中用 M 标出）。这个错误的预测会花费两个时钟周期。

表 6-14   使用 BTB 减少流水线中的气泡

a）分支预测正确

周期	指令	取指	读操作数	执行指令	保存操作数
0	条件分支	i	$i-1$	$i-2$	$i-3$
1	预测的指令	N	i	$i-1$	$i-2$
2	预测的指令 +1	$N+1$	N	i	$i-1$
3	预测正确，指令 +2	$N+2$	$N+1$	N	i
4	预测正确，指令 +3	$N+3$	$N+2$	$N+1$	N

b）分支预测错误（M 为预测错误后执行的起始地址）

周期	指令	取指	读操作数	执行指令	保存操作数
0	条件分支	i	$i-1$	$i-2$	$i-3$
1	预测的指令	N｛气泡｝	i	$i-1$	$i-2$
2	预测的指令 +1	$N+1$｛气泡｝	N｛气泡｝	i	$i-1$
3	预测错误，指令	M	$N+1$｛气泡｝	N｛气泡｝	i
4	预测错误，指令 +1	$M+1$	M	$N+1$｛气泡｝	N｛气泡｝

Kavi 对传统 BTB 提出了一种巧妙的修改方案，从本质上来讲这是一种对冲的方案。除了保存每个分支的地址以及转移成功时的目标地址外，BTB 还保存了分支转移不成功时目标地址处的指令（图 6-49）。如果分支预测正确，就从预测的目标地址处取出指令，如表 6-14a 所示。如果分支预测错误，这只有在分支指令的执行阶段才能检测出来。由于已经缓存了预测不正确时实际目标地址处的指令，因此可以立即取出并执行这条指令，无需开始一个新的取指周期。

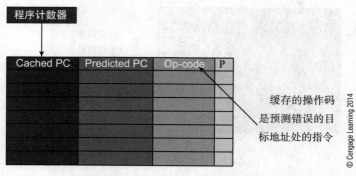

图 6-49   缓存了预测错误地址处操作码的改进后的分支目标缓冲

表 6-15 描述了修改后的分支目标缓冲在预测错误时会发生什么。分支一被处理完（即表 6-15 中的周期 2），预测错误时的目标指令就是可用的，因为它已被缓存在 BTB 中。程序计数器将自动修改为指向这条路径上的第二条指令，因为我们已经从 BTB 中取出了第一条指令。

有些分支目标缓冲会缓存分支目标地址处的一条指令，其他的则会缓存连续的几条指令。同样，有些分支目标缓冲仅会保存分支转移成功时的目标地址。

表 6-15 缓存预测错误地址处操作码的作用

周期	指令	取指	读操作数	执行指令	保存操作数
0	条件分支	i	$i-1$	$i-2$	$i-3$
1	预测，指令	N {气泡}	i	$i-1$	$i-2$
2	预测错误，指令	M	N {气泡}	i	$i-1$
3	预测错误，指令 +1	$M+1$	M	N {气泡}	i
4	预测错误，指令 +2	$M+2$	$M+1$	M	N {气泡}
5	预测错误，指令 +3	$M+3$	$M+2$	$M+1$	M

AMD 的 Am29000 RISC 处理器使用了一个两路组相联 Cache 结构的 BTB，可以保存 128 条指令（即 512 字节）。[⊖]Cache 的每一项包含了分支目标地址处的前 4 条指令。每当进行一次地址不连续的取指操作时，指令地址在被 Am29000 的存储管理单元送往存储器的同时也会被送到 BTB 中。如果要读取的目标指令就在 BTB 中，则在下个周期该指令将被取出译码。

然而，如果目标指令不在 BTB 的 Cache 中，必须从外部存储器中取出这条指令并且更新 BTB。Am29000 使用了一种基于处理器时钟状态的随机替代算法。如果缓存的 4 条指令中出现了第二条分支指令，该分支应在 BTB 填充之前执行，并且 BTB 包含的指令会少于 4 条。

由于缓存分支的项中所记录的指令少于 4 条，这个块接下来的执行结果取决于分支转移是否成功。如果缓存分支转移成功，那么 Cache 项中少于 4 条指令无关紧要。如果分支转移不成功，则必须从外部存储器中取出缺失的指令。

Am29000 也有指令预取机制。当遇到一条地址不连续的指令时，访问 BTB，若访问成功则表明分支目标地址处的 4 条指令已被缓存。Am29000 会计算分支目标地址处 4 条指令后的地址（即已缓存的那些指令之后下一条指令的地址），并开始将这些指令读入它的指令预取缓冲。这种预取机制会使处理器与外部存储器间的总线总是处于忙碌状态。

AMD 的文献中表示，没有 BTB 时，一个转移成功的分支会产生 1 个周期的分支执行时间以及 5 个周期的开销，因为需要重新填充指令流水线。如果指令中有 20% 是转移成功的分支指令，那么 Am29000 的平均 CPI 将是 0.2×6 个周期 + 0.8×1 个周期 = 2.0 个周期；也就是说，分支的影响将导致处理器的总体性能下降一半。BTB 的平均命中率为 60%，因此处理器的总体性能为 $0.8 \times 1 + 0.2 \times (0.4 \times 6 + 0.6 \times 1) = 0.2 \times 3 + 0.8 = 1.4$ 个周期。

请回忆执行一条指令所需的平均时钟周期数为 $T_{\text{ave}} = 1 + p_b p_t b$，其中 p_b 表示一条指令是分支指令的概率，p_t 表示分支转移成功的概率，b 表示分支开销。将 BTB 考虑进去，该公式可被扩展为

$$T_{\text{ave}} = 1 + p_b p_t ((1 - p_m) b_1 + b_2 p_m),$$

其中：b_1 是在非顺序指令在 BTB 中时的分支开销；b_2 是非顺序指令不在 BTB 中时的分支开销；p_m 是访问 BTB 时没有命中的概率。

Calder 和 Grunwald[⊖]提出通过在 BTB 中仅保存转移成功的分支来提高 BTB 的效率。如果一个分支没有缓存在 BTB 中且转移不成功，它就不会被存入 BTB。一个转移成功的分支

⊖ Am29000 User's Mannual, Advanced Micro Devices, Sunnyvale, CA.

⊖ B. Calder and D. Grunwald, "Fast & accurate instruction fetch and branch predication", *IEEE Proceedings of the 21st Annual Intl. Symposium on Computer Architecture.* 1994, pp. 2-11.

总被保存在 BTB 中。这种方法背后的原理是，转移不成功的分支不会像转移成功的分支那样增加分支开销，因为顺序的下一条指令已经取入流水线中了。通过排除转移不成功的分支，BTB 将留出更多空间容纳那些转移成功的分支。

分支目标缓冲区和分支预测器是不同的部件。然而，这两种方案可以结合在一起提高效率。BTB 项可被扩展为既记录分支历史也记录目标地址处的指令。

6.6.2　两级分支预测

减少分支开销的压力导致了 20 世纪 90 年代早期一系列精确预测条件分支结果的研究活动的出现。预测一个给定分支的结果并不像预测赛马结果那样简单，也不会像读塔罗牌或者品茶一样科学。预测一个分支的结果是十分复杂的。请考虑下面的语句，

```
IF x < 50 then y = y + 4;
```

在不知道 x 值的情况下不可能预测出这个分支的结果。如果第二次遇到这个操作，以上次分支结果作为预测结果也许是一个很好的策略，因为 50 可能是一道坎，仅仅在很偶然的情况下 x 才会跳过这道坎。当分支和其他分支互相影响时，问题会变得更加复杂，也就是说，当一个分支的结果会影响接下来分支的结果时，情况会更复杂。请考虑下面的语句：

```
IF x < 50 then y = y + 4;
 .
 .
 IF y = 7 then z = 2;
```

第二个分支通过测试 y 来决定是否转移。然而，第一个分支测试 x 并决定是否修改 y。因此，第一个分支可能会影响第二个分支的结果，即这两个分支之间存在一定程度的相关性。

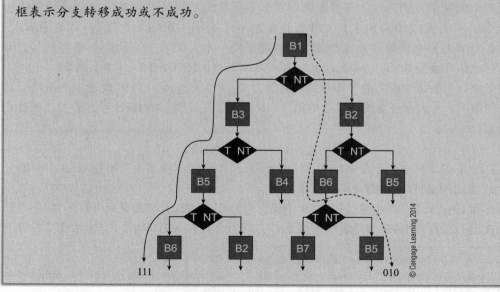

全局行为

　　下图描述了全局行为的含义。每个方框中包含一条程序中的分支。请注意一些分支出现了几次，这是因为通过程序中的不同路径可以抵达这些分支。每个分支下面的判断框表示分支转移成功或不成功。

我们在该网络中画了两条线，一条是实线，一条是虚线。每条线都代表了代码中的一条特定路径，并通过路径上的分支历史标注（即 111 或 010）。正如读者所想的那样，有关路径的知识可能会有助于预测未来。

我们需要一种方法以观察各个分支之间的关联。图 6-50 介绍了分支模式历史（BPH）的概念，它被一些自适应预测器所使用。当遇到分支的时候，分支结果将被记录在一个移位寄存器中。在这个例子里，程序中有 3 个分支，A、B 和 C，移位寄存器有 7 位；即它只会记录最近的 7 次分支指令的结果。假设分支是按照 $ABCCBAC$ 的顺序执行的，那么对应的分支结果就分别为 T，N，T，T，T，N，N。这个序列会将分支模式历史寄存器的值置为0011101，它将作为关键信息用于预测机制中（请注意 TNTTTNN 和 0011101 的书写顺序正好相反）。

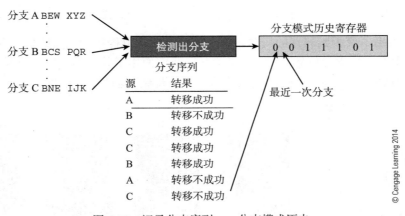

图 6-50　记录分支序列——分支模式历史

图 6-51 描述了使用分支模式历史索引 2 位状态机表以做出预测的方法（此处仅使用 3 位 BPH 以保持图的简洁）。假设最后 3 个分支的结果分别为：转移成功，转移不成功，转移成功。这个序列将得到向量 101_2，并用它访问表中第 5 项。假设该项中的状态机正处于弱转移成功状态。下一个分支将被预测转移成功。如果，这个分支现在确实转移成功了，状态计数器将变为强转移成功状态，移位寄存器的新值将更新为 110。假如分支转移不成功，状态预测器将变为弱转移不成功状态，并且移位寄存器的新值将变为 010。更加实际的安排也许是记录最近 12 个分支的结果。这一机制被证明是高效的。然而，了解它实际上如何工作是非常困难的。分支模式历史缓冲区中包含了代码中某条特定路径所对应的位序列。你可以将这条路径想象为一个代表该路径的签名。该签名将作为访问饱和状态机表索引，这些状态机将学习如何跟随那个签名。

分支模式历史仅基于之前的分支序列做出预测。它并没有考虑分支在存储器中的位置。Yeh 和 Patt[⊖]使用分支相关或两级分支预测对简单的分支预测表进行了扩展。该机制将分支的历史和位置信息都考虑在内。在 Yeh 和 Patt 的方案中，最后遇到的 k 个分支被用作第一级分支执行历史，某个特定分支的最后 j 次执行结果被用作第二级分支执行历史。

⊖　Tse-Yu Yeh and Y.N. Patt, "Alternative implementations of two-level adaptive branch predicions", 19*th Annual International Symposium of Computer Architecture*, Portland, OR, December 1992, pp. 124-134.

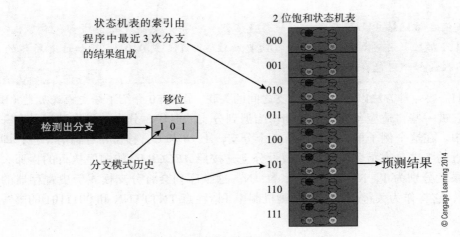

图 6-51   使用模式历史来索引状态机表

图 6-52 给出了两级预测器的概念。第一级预测信息由程序计数器的低位获得。这个信息与当前分支在程序中的位置有关（为了简化，我们使用了其中的 3 位）。请注意，这里没有使用 PC 的最低两位，因为在按字节寻址的 32 位机器上这两位总是 00。

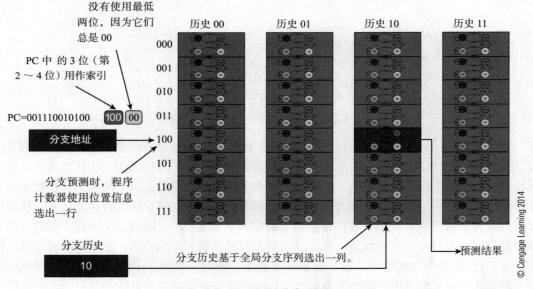

图 6-52   两级分支预测

分支预测器的命名

Yeh 和 Pat 为两级分支预测器提出了一种三字母命名方案。这些字母是：

- G，P，S 分别代表全局历史，单个分支历史，单个集合历史。
- A，S 分别代表模式历史的类型（自适应的和静态的）。
- g，p，s 分别代表模式历史表的组成（全局，单个分支，单个集合）。

可能的两级预测器有 GAg，GAs，GAp，PAg，PAs，PAp，SAg，SAs，以及 SAp。它们不是全部可能的二级结构。

第二级信息与所有分支最近的历史有关（这里我们仅使用 2 位）。地址位和历史位共同选出最合适的状态机以获得下一次预测结果。真实系统不会简单地使用程序计数器的低位作为表索引，它们基于 PC 的低位使用更复杂的散列机制。

有关两级分支预测器的研究论文描述了可能预测机制的一个模糊边界，所有机制都基于相同的方案。全局和局部（即独立的）是一种变化。在图 6-52 中分支历史是全局的，因为只有一个寄存器能记录所有分支的历史。我们也可以构造一个单个分支的历史表来保存每个分支的结果序列。在这种情况下，我们可以使用分支作为访问状态机表的索引。

有关分支预测的文献使用了专门的三字符符号来描述两级预测器。例如，符号 GAg 用 G 表示单个全局分支历史寄存器，A 表示自适应，g 表示单个模式历史表。图 6-53 描述了一个 GAp 预测器。这个例子里有一个全局分支历史寄存器，但是也使用了单个分支模式历史表，因此用 p 来表示。在符号 Gap 中，p 代表"单个分支或者单条指令"，而 G 代表全局。

如果有一个通过分支地址索引的状态机表，预测器将被表示为 PAp，因为这里使用单个地址作为表索引而没有使用全局模式历史表。图 6-53 描述了 PAg 和 PAp 预测器。

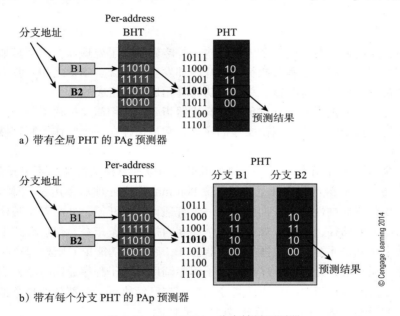

a）带有全局 PHT 的 PAg 预测器

b）带有每个分支 PHT 的 PAp 预测器

图 6-53　PAg 和 PAp 分支结果预测器

指令地址与分支历史相结合

人们提出了两种简单的将分支地址和分支历史信息结合在一起的方法，向 PHT（模式历史表）提供一个向量，其开销和复杂度均没有两级分支预测器那么大。gselect 预测器用 p 位全局分支历史值替换字分支地址的最低 p 位；例如，当前分支地址为 000111101000，且 6 位分支历史为 011110，则 PHT 的索引就是 00011**011110**。尽管将地址和一个位的序列结合在一起决定最后 k 个分支是否会转移成功看起来十分奇怪，但却十分有效。

gshare 预测器的操作与 gselect 非常相似，除了用 p 位异或门将分支地址的低 p 位和全局历史寄存器的 p 位生成一个复合向量外。如果使用之前的例子，当前分支地址为 000111101000，分支历史为 011110，则访问 PHT 的索引为 0001**100100**。请注意这里没有使用分支地址的最低两位，因为它们总是 00 并且不会参与到分支预测的过程中。

tournament 预测器是一个特别有趣的预测器，它是含有预测器的预测器；它带有 3 个预测器，其中一个会预测接下来将要使用另外两个预测器中的哪一个。请考虑一个带有两个不同预测器 P1 和 P2 的系统，其中一个预测器的输出基于程序的局部分支历史，另一个则基于全局分支历史。当遇到分支时，两个预测器都会猜测下一个结果。第三个预测器 P3 将检查这两个结果并从中选择一个。选择算法十分简单。一开始，P3 被初始化为选择 P1 或者 P2 作为正确的输出，比如 P1。如果 P2 的预测与 P1 的不同，P3 将继续选择 P1 的预测。然而，如果 P1 预测错误而 P2 预测正确，P3 就会接受 P2 的预测结果。

有关分支预测技术性能的研究出版了很多有趣的读物。Amit[注] 等人总结了一些分支预测工作的结果。使用两位预测器而不是一位预测器所带来的性能收益特别小，这很令人吃惊。而且，仅对于容量足够大的分支目标缓冲，基于相关性的方案才会优于简单的基于计数器的方案。实际上，他们强调分支预测策略相对 BTB 的命中率来说是次要的；也就是说，资源最好被用于提高分支目标缓冲的容量而不是试图得到可靠的预测分支结果。然而，分支预测准确率通常在 95% ～ 100% 之间。

本章小结

到本章为止，我们主要关注指令体系结构，并略微关注了处理器在内部是如何运行以及怎样组成的。现在我们讨论了程序执行时硅片内部发生了什么。本章之初，我们描述了一个用于电子计算机的处理器中寄存器、总线和功能单元是怎样组成的。

控制器是计算机的重要元素，它负责解释机器指令。我们简要描述了一个微程序控制器是如何将一条机器指令解释为一组微操作的序列，它被保存在一个叫作控制存储器的只读存储器中。

本章用大量篇幅来介绍流水线，一种对于提高当今计算机的性能功不可没的组成结构。流水线计算机将指令的执行分为几个阶段（像 Pentium 那样处理器多达 31 个阶段），并通过同时执行几条指令来提高性能。我们从描述一个直通计算机开始，并沿着从程序计数器到操作数被写回存储器的路径，描述了如何在一个周期内执行一条指令。然后介绍了流水线计算机的结构，其中功能单元被保存数据的寄存器分开，而每个功能单元则处理这些数据。

不幸的是，流水线在处理非顺序分支、子程序调用或者子程序返回时会遇到困难。一旦要跳转到非顺序的位置，流水线中当前指令之后所有已经执行了一部分的指令都不得不被丢弃。分支指令的影响严重地降低了 RISC 处理器的性能。

本章介绍了一些能够减少所谓分支开销的方法。为了使流水线利用率最大化，一些系统总是执行紧跟在分支指令之后的指令 —— 延迟分支。一些处理器试图预测分支的结果，并开始从分支目标地址处读取指令。

习题

6.1 根据图 P6.1 的微程序体系结构，给出实现指令 ADD **D0**，D1 所需的动作序列，该指令的 RTL 定义为

    [D1] ← [D1] + [D0].

[注] [Amit95] Amit Mital and Barry Fagin，"The Performance of Counter-and Correlation-Based Schemes for Branch Target Buffers"，*Transactions on Computers*, Decmber 1995 (Vol. 44, No. 12), pp. 1383-1393。

　　请用简单明了的语言（例如，"将数据从这个寄存器中放到那条总线上"）和一个事件序列（例如 Read=1，E_{MSR}）描述这些动作。下表定义了 ALU 的功能码。请注意所有数据都必须通过 ALU（复制函数）采用从总线 B 或 C 传送到总线 A 上。

F_2	F_1	F_0	操作	
0	0	0	将 P 复制到总线 A 上	$A = P$
0	0	1	将 Q 复制到总线 A 上	$A = Q$
0	1	0	将 P+1 复制到总线 A 上	$A = P + 1$
0	1	1	将 Q+1 复制到总线 A 上	$A = Q + 1$
1	0	0	将 P-1 复制到总线 A 上	$A = P - 1$
1	0	1	将 Q-1 复制到总线 A 上	$A = Q - 1$
1	1	0	将 P+Q 复制到总线 A 上	$A = P + Q$
1	1	1	将 P-Q 复制到总线 A 上	$A = P - Q$

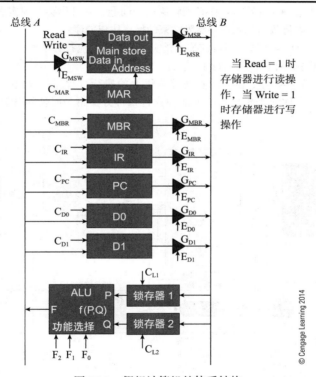

图 P6.1　假想计算机的体系结构

6.2　a. 对于图 P6.1 中的体系结构，写出实现取指令周期所需的信号和控制动作。

　　b. 为什么图 P6.1 中体系结构的效率较低？

　　c. 为什么图 P6.1 中 ALU 指令集的效率较低？

　　d. 对于图 P6.1 中的体系结构，写出执行指令 ADD M，D0 所需的信号和控制动作，该指令将存储单元 M 和寄存器 D0 中的数据相加，并将结果写入寄存器 D0 中。假设地址 M 已保存在指令寄存器 IR 中。

6.3　本题要求实现寄存器间接寻址。对于图 P6.1 中的体系结构，写出执行指令 ADD (D1)，D0 所需的信号和控制动作，该指令将以寄存器 D1 的内容为地址的存储单元的内容与寄存器 D0 中的值相加，并将结果保存在寄存器 D0 中。该指令的 RTL 定义为 [D0] ← [[D1]] + [D0]。

6.4　本题要求实现存储器间接寻址。对于图 P6.1 中的体系结构，写出执行指令 ADD [M]，D0 所需的信号和控制动作，该指令将以存储单元 M 的内容为地址的存储单元的内容与寄存器 D0 中的值相加，并将结果保存在寄存器 D0 中。该指令的 RTL 定义为 [D0] ← [[M]] + [D0]。

6.5 本题要求实现带索引的存储器间接寻址。对于图 P6.1 中的体系结构，写出执行指令 ADD [M, D1]，D0 所需的信号和控制动作，该指令将以存储单元 M 与寄存器 D1 之和为地址的存储单元的内容与寄存器 D0 中的值相加，并将结果保存在寄存器 D0 中。该指令的 RTL 定义为 [D0] ← [[M]+[D1]] + [D0]。

6.6 对于图 P6.1 中的微程序体系结构，定义实现指令 TXP1 (D0)+，D1 所需的动作（即微操作）序列，该指令定义为：

```
[D1] ← 2*[M[D0]] + 1
[D0] ← [D0] + 1
```

用简单明了的语言将这些动作解释为一系列使能、ALU 控制、存储器控制和时序信号。这是一条非常复杂的指令，因为它需要通过寄存器间接寻址方式访问存储器以获得操作数，需要进行乘 2 操作（没有 ALU 乘法指令）。你必须解决这一问题，并且你会发现实现这条指令需要几个周期。一个周期是指以将数据写入寄存器为结束的操作构成的序列。

6.7 a. 为什么在 20 世纪 80 年代微程序设计技术是实现控制器的流行方法？

b. 为什么今天微程序设计技术不流行了？

6.8 a. P6.8a 介绍了条件分支指令在一台直通计算机上的执行过程。计算机上灰色的部分是条件分支指令不需要的。你能否想出一些方法在执行条件分支指令时使用计算机中这些未被使用的单元？

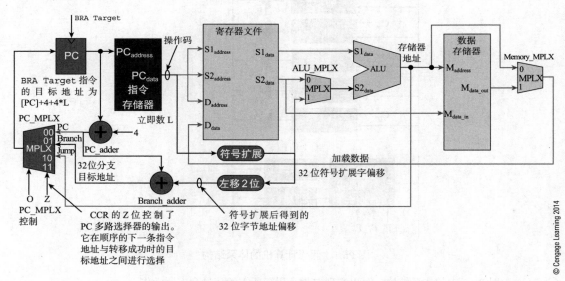

图 P6.8a   假想计算机的体系结构

b. 要在 P6.8a 所示体系结构的计算机上实现类似 ARM 的条件执行，应对该体系结构进行怎样的修改？

c. 要向 P6.8a 所示的计算机增加一条条件传输指令 MOVZ r1,r2,r3，应对该体系结构进行怎样的修改？该指令的功能为 [r1] ← [r2] if [r3] == 0。

d. 要向 P6.8a 所示的计算机实现 ARM 那样的操作数移位（作为一条标准指令的一部分），应对该体系结构进行怎样的修改？

6.9 请用流水线级数 m 和执行的指令数 N 推导流水线处理器的加速比公式（即非流水执行时间与流水执行时间的比）。

6.10 前面推导出的流水线加速比公式在哪些方面存在缺陷？

6.11 某处理器按照以下 6 个阶段执行一条指令。下面给出每段所需的执行时间，单位为 ps（1,000ps = 1ns）。

IF	取指	300ps
ID	指令译码	150ps
OF	读操作数	250ps
OE	执行	350ps
M	访存	700ps
OS	保存操作数（写回）	200ps

    a. 如果处理器是非流水的，执行一条指令需要多长时间？

    b. 流水线充满后，指令的平均完成速率是多少？

    c. 假设该结构采用 6 阶段流水线实现，由于流水线锁存器的影响，每个流水线阶段的延迟增加了 20ps，执行一条指令需要多长时间？

    d. 假设 25% 的指令是转移成功的分支指令并且会带来 3 个周期的开销，有效的指令执行时间是多少？

6.12 RISC 和 CISC 处理器中都有寄存器。请回答以下有关寄存器的问题：

    a. 对于某个体系结来说，构寄存器数量多总比数量少好，这种论点是否为真？

    b. 与 ARM 和 MIPS 的通用寄存器相比，IA32 体系结构的专用寄存器有何优点与缺点？

    c. 由 ISA 能够实现的寄存器数量有何限制？

    d. 如果指令中有一个 m 位的寄存器选择字段，寄存器数量不能多于 2^m 个。实际上，有不少方法可以突破这一限制。请给出若干使寄存器数量超出 2^m 个，同时保持 m 位寄存器选择字段不变的方法。

6.13 RISC 处理器区别于 CISC 处理器的特征有哪些？在 2015 年与 1990 年问这一问题，对答案是否有影响？

6.14 有人曾说过，"RISC 之于硬件就像 UNIX 之于软件"。请问你如何理解这句话？它是否正确？

6.15 有关 RISC 哲学就是"与精简指令集大小有关的一切"的说法是错误的、不得要领的。那么所谓 RISC 革命带给包括 RISC 和 CISC 在内的计算机体系结构设计哪些持久的引导和见解？

6.16 什么是流水线处理器中的气泡？为何它对流水线处理器的性能是有害的？

6.17 数据冒险有 RAW，WAR 以及 WAW 等。什么是 RAR（读后读）冒险？RAR 操作是否会给流水线计算机带来问题？

6.18 在 5 阶段流水线 IF, OF, E, M, OS 上执行下面的指令序列：

```
1. ADD r0,r1,r2
2. ADD r3,r0,r5
3. STR r6,[r7]
4. LDR r8,[r7]
```

    指令 1 与指令 2 之间会产生一个 RAW 冒险。指令 3 与指令 4 呢？它们是否也会产生一个冒险吗？

6.19 某 RISC 处理器支持三地址指令格式以及典型的算术运算指令（即 ADD, SUB, MUL, DIV 等）。请写出能够在最短时间内计算以下表达式的指令序列：

$$X = \frac{(A+B)(A+B+C)E+H}{G+A+B+D+F(A+B-C)}$$

    假设所有变量都在寄存器中，并且 RISC 处理器没有提供消除数据相关性的硬件机制。每个数据相关实例都会造成一个流水线气泡并浪费一个时钟周期。

6.20 请解释为什么分支操作会降低流水线结构的效率。请描述分支预测是如何提高 RISC 处理器的效率并使分支的影响最小的?

6.21 图 P6.21 给出了某流水处理器的部分概略图。在信息通路上设置触发器(寄存器)的目的是什么?

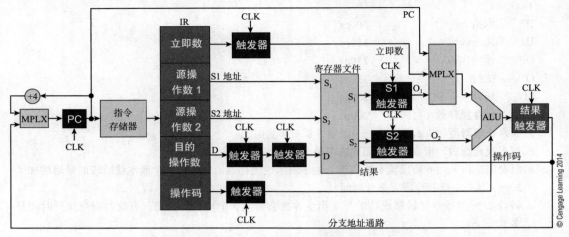

图 P6.21 某流水处理器的结构

6.22 假设某 RISC 处理器通过分支预测提高性能。右表列出了预测分支和实际分支所需的时钟周期数。这些值包括了分支自身所需的周期数以及与分支指令有关的开销。

　　如果 p_b 为某个指令是分支的概率,p_t 为分支转移成功的概率,p_w 为分支预测错误的概率,请推导出平均 CPI(T_{ave})的表达式。所有非分支指令都需要一个周期来执行。

	实际	
预测	不转移	转移
不转移	1	4
转移	2	1

6.23 IDT application note AN33 给出计算某 RISC 系统平均 CPI 的表达式如下:
$$C_{ave} = p_b(1+b) + p_m(1+m) + (1 - p_b - p_m)$$
　　其中,p_b = 指令是分支指令的概率;b = 分支开销;p_m = 指令是访存指令的概率;m = 访存开销。请解释这个表达式的正确性。你对该表达式有可能进一步改善有何看法?

6.24 RISC 处理器很好地诠释了计算机体系结构与计算机实现之间的区别。在何种情况下这句话是正确的(或不正确的)?

6.25 RISC 处理器依赖(在某种程度上)片上寄存器提高性能。如果取消程序员使用一个固定大小的寄存器集合的限制,Cache 能够带来同样的性能提升。请分析这句话的正确性。

6.26 在 RISC 处理器上执行下面的代码。代码中数据无相关性。

```
ADD r5,r5,r7
ADD r2,r3,r4
ADD r6,r9,r10
ADD r11,r1,r15
ADD r14,r13,r16
ADD r17,r18,r19
```

a. 假设一个含有取指、读操作数、执行和写结果的 4 阶段流水线,在第 10 个周期内会读、写哪些寄存器?

b. 执行完整个序列需要多长时间?

6.27 某 RISC 处理器执行以下代码。代码中有数据相关但处理器不支持内部定向。源操作数只有被写回寄存器后才可被使用。

```
ADD r0,r1,r2
ADD r3,r0,r4
```

```
ADD  r5,r3,r6
ADD  r7,r0,r8
ADD  r9,r0,r3
ADD  r0,r1,r3
```

    a. 假设该 RISC 处理器的流水线为四段，取指令、读操作数、执行和写结果，请问在第 10 个时钟周期哪些寄存器将被读出，哪个寄存器将被写入。

    b. 执行完整个代码序列需要多少个时钟周期？

6.28 某 RISC 处理器中有条 8 阶段流水线：F D O E1 E2 MR MW WB（取指，译码，寄存器读操作数，执行 1，执行 2，读存储器，写存储器，以及将结果写回寄存器）。简单逻辑和算术操作都在 E1 阶段末尾完成。乘法操作在 E2 阶段末尾完成。假设没有使用内部定向，执行下面的代码需要多少个周期？

```
MUL  r0,r1,r2
ADD  r3,r1,r4
ADD  r5,r1,r6
ADD  r6,r5,r7
LDR  r1,[r2]
```

6.29 假设实现了内部定向，请重复前一个问题。

6.30 请考虑与问题 6.28 相同的结构，但使用下面的代码段。假设内部定向可用且操作数一生成就可用。请写出以下代码的执行过程。

```
LDR  r0,[r2]
ADD  r3,r0,r1
MUL  r3,r3,r4
ADD  r6,r5,r7
STR  r3,[r2]
ADD  r6,r5,r7
```

6.31 请考虑下面的代码：

```
LDR  r1,[r6]      ; 将存储器中的数据载入 r1。r6 为地址指针。
ADD  r1,r1,#1     ; r1 自增 1
LDR  r2,[r6,#4]   ; 将存储器中的数据载入 r2。
ADD  r2,r2,#1     ; r2 自增 1
ADD  r3,r1,r2     ; r1 与 r2 相加，结果保存在 r3 中
ADD  r8,r8,#4     ; r8 自增 4
STR  r2,[r6,#8]   ; 将 r2 存入存储器
SUB  r2,r2,#64    ; r2 减 64
```

    a. 假设不使用内部定向，执行这段代码需要多少个周期？

    b. 假设使用内部定向，执行这段代码需要多少个周期？

    c. 假设进行了指令重排序（没有内部定向），执行这段代码需要多少个周期？

    d. 假设进行了指令重排序且有内部定向，执行这段代码需要多少个周期？

6.32 下表给出了一个在某 4 阶段流水线上执行的指令序列。请标出所有冒险。例如，若指令 m 使用指令 $m-1$ 生成的 r2 寄存器的值，则在 RAW 列的第 m 行写下 $m-1$, r2。

序号	指令	RAW	WAR	WAW
1	Add **r1**,r2,r3			
2	Add **r4**,r1,r3			
3	Add **r5**,r1,r2			
4	Add **r1**,r2,r3			
5	Add **r5**,r2,r3			
6	Add **r1**,r6,r6			
7	Add **r8**,r1,r5			

6.33 为什么条件分支对流水线处理器的影响比无条件分支更大？

6.34 试描述不同类型的能够改变处理器执行指令的正常顺序的改变控制流的操作。这些操作在典型程序中出现的频率如何？

6.35 请考虑下面的代码：

```
        MOV   r3,#Table   ; 指向数据
        MOV   r2,#10      ; 循环计数
Next    LDR   r1,[r3]     ; 重复：获得一个元素
        SUBS  r2,r2,#1    ; 循环计数器减 1 并设置零标志
        MUL   r1,R1,#7
        STR   r1,[r0]     ; 保存结果
        ADD   r3,r3,#4    ; 指向下一个元素
        BNE   Next        ; 循环，直到所有元素处理完（按零标志分支）
```

假设这段类 ARM 的代码在一个带有内部定向的 4 阶段流水线上执行。载入指令的开销为一个周期，乘法指令会给执行阶段带来两个暂停周期。假设转移成功的分支没有任何开销。

a. 这段代码会执行多少条指令？

b. 画出第一个迭代的流水线时序图，标出暂停。假设有内部定向。

c. 执行这段代码需要多少个周期？

6.36 分支指令可能转移成功也可能转移不成功。什么是转移成功与转移不成功的相对频率，为何如此定义？

6.37 a. 什么是无分支计算？

b. 什么是延迟分支？它对减少流水线气泡的影响有何作用？为什么延迟分支机制不像以前那样流行？

6.38 分支预测是怎样减少分支开销的？当计算分支开销时，我们推出了两个表达式。一个是 $1 - b \cdot p_e$，另一个是 $(1 - p_b) + p_b \cdot [1 \cdot p_c + b(1 - p_c)]$。请证明二者结果相同。

6.39 某流水线计算机带有一条 4 阶段流水线：取指 / 译码，读操作数，执行，写回。除 load 和分支之外的所有操作都不会引入暂停。一条 load 指令会带来一个周期的暂停。转移不成功的分支不会带来暂停，而转移成功的分支会带来两个周期的暂停。请考虑下面的循环。

```
for (k=2047; i > 0; i--) {x[i]=x[i]-4;}
```

a. 执行这段代码共需多少个周期？

b. 用类 ARM 汇编语言来表示这段代码（假设不能使用自动索引寻址方式，并且唯一可用的寻址方式为形如 [r0] 的寄存器间接寻址）。

c. 请给出循环一次所执行的代码，并说明它需要多少个周期？

d. 怎样修改该代码以减少执行所需的周期数？

6.40 假设设计了一个具有以下特点的结构：

- 非分支指令的开销   1 个周期
- 指令中分支的比例   20%
- 转移成功的分支的比例   85%
- 延迟槽被填充的比例   50%
- 未填充延迟槽的开销   1 个周期

对于该体系结构，给出下面的值。

a. 计算平均 CPI。

b. 如果延迟槽被填充的比例增加到 95%，计算 CPI 的改进（用百分比表示）。

6.41 静态分支预测和动态分支预测有哪些不同？

6.42 某流水线处理器拥有以下特征：

- Load 指令的比例　　　　　　　18%
- 载入延迟（载入开销）　　　　1 个周期
- 分支的比例　　　　　　　　　22%
- 分支转移成功的概率　　　　　80%
- 转移成功时的分支开销　　　　3 个周期
- RAW 相关　　　　　　　　　除分支外所有指令的 20%
- RAW 开销　　　　　　　　　1 个周期

请估算该处理器的平均 CPI。

6.43 某处理器带有一个分支目标缓冲。如果一个分支在该缓冲中并被正确预测，则没有任何分支开销。预测正确率为 85%。如果分支不在该缓冲内且转移不成功，则开销为 2 个周期。70% 的分支都会转移成功。如果分支不在该缓冲内并且转移成功，则开销为 3 个周期。分支在缓冲中的概率为 90%。请问平均分支开销是多少？

6.44 编译器怎样通过分支预测机制提高某些处理器的效率？

6.45 请考虑下面两个分支结果序列（T= 转移成功，N= 转移不成功）。对于每个序列，哪种分支预测机制最简单且能够有效减少分支开销？

   a. T,T,T,T,T,N,N,N,N,N,N,N,N,N,T,T,T,T,T,T,T,T,T,T,T,N,N,N,N,N,N,N,N

   b. T,T,T,T,T,N,N,T,T,T,T,T,T,N,T,T,T,T,T,N,T,T,T,T,T,T,T,N,T,T,T,T,T

6.46 某处理器使用一个 2 位饱和计数器作为动态分支预测器，它带有强转移成功、弱转移成功、弱转移不成功和强转移不成功等 4 个状态。符号 T 代表分支转移成功，N 代表分支转移不成功。假设它记录了下面的分支预测序列：

   TTTNTX

   请问 X 的值是多少？

6.47 将以下分支结果序列 TTTNTTTNNNTNNNTTTTTNTTTNNTTTTTNT 应用于一个饱和计数器分支预测器中。如果分支预测不正确时开销为两个周期，那么以上 30 个分支结果序列会给系统带来多少个周期额外的开销？假设预测器最初处于强预测转移成功状态。

6.48 图 P6.48 中的状态图表示许多可能的可用于预测的 2 位状态机中的一个。请用简单明了的语言解释它是怎样工作的。

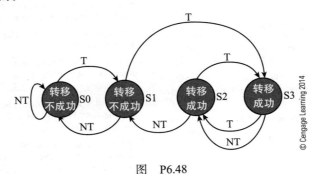

图　P6.48

6.49 请考虑一个用作分支预测器的 4 位饱和计数器，其状态从 1111 ～ 0000。请说明在怎样的情况下该计数器是有效的。

6.50 什么是分支目标缓冲，它对减少分支开销有何作用？

参 考 文 献

第 1 章
历史

W. Aspray, "The Intel 4004 microprocessor: What constituted invention?" *IEEE Annals of the History of Computing*, Vol. 19, No. 3, 1997

F. Faggin, "The Birth of the Microprocessor", *Byte*, March, 1992

F. Fagin, M. E. Hoff, S. Mazor, and M. Shima, "The History of the 4004," *IEEE Micro*, Vol. 16, No. 6, December 1996

M. Garetz, "Evolution of the Microprocessor," *Byte*, September, 1985

H. H. Goldstine and A. Goldstine, "The Electric Numerical Integrator and Computer (ENIAC)," *IEEE Annals of the History of Computing*, Vol. 18, No. 1, 1996

J. P. Hayes, *Computer Organization and Design*, McGraw-Hill, 1998.

K. Katz, "The Present State of Historical Content in Computer Science Texts: A Concern," *SIGCE Bulletin*, Vol. 27, No. 4, December 1995

S. H. Lavington, "Manchester Computer Architectures, 1940–1975," *IEEE Annals of the History of Computing*, Vol. 15, No. 1, 1993

Derek de Solla Price, "A History of Calculating Machines," *IEEE Micro*, Vol. 4, No. 1, February 1984

B. Randell, "The Origins of Computer Programming," *IEEE Annals of the History of Computing*, Vol. 16, No. 4, 1994, pp 6–13

A. Tympas, "From Digital to Analog and Back: The Ideology of Intelligent Machines in the History of the. Electrical Analyzer, 1870s–1960s," *IEEE Annals of the History of Computing*, Vol. 18, No. 4, 1996

M. V. Wilkes, "Slave memories and dynamic storage allocation," *IEEE Transactions on Electronic Computers*, Vol. 14, No. 2, April 1965

M. R. Williams, "The Origin, Uses and Fate of the EDVAC," *IEEE Annals of the History of Computing*, Vol. 15, No. 1, 1993

计算机体系结构教育

E. Brunvand, "Games as Motivation in Computer Design Courses: I/O is the Key," *SIGCSE'11*, Dallas, Texas, March 2011

O. Mutlu, "Modernizing the Computer Architecture Curriculum at Carnegie Mellon: A Multi-Core-Systems Centered Approach," Carnegie Mellon University, www.ece.cmu.edu/~omutlu/pub/mutlu_multi_core_teaching.pdf

S. Sohoni, D. Fritz, and W. Mulia, "Transforming a Micro-processors Course through the Progressive Learning Platform," *Proceedings of the 2011 Midwest Section Conference of the American Society for Engineering Education*, 2011

A.Tew, B. Dorn, W. D. Leahey, Jr., and M, Guzdak, "Context as Support for Learning Computer Organization," *ACM Journal on Educational Resources in Computing*, Vol. 8, No. 3, October 2008

J. Marpaung, L. Johnson, and W. Flanery, "Work-in-Progress: Enhancing Students' Interest, Motivation and Academic Abilities using Video Games," *Proceedings of the 2011 Midwest Section Conference of the American Society for Engineering Education*, 2011

第 2 章
二进制算术运算和数字逻辑

C. Abzug, "Representation of Numbers and Performance of Arithmetic in Digital Computers," 2008, https://users.cs.jmu.edu/abzugcx/public/Discrete-Structures-II/Representation-of-Numbers-and-Performance-of-Arithmetic-in-Digital-Computers-by-Charles-Abzug.pdf

M. Arora, *The Art of Hardware Architecture: Design Methods and Techniques for Digital Circuits*, Springer, 2011

S. Carlough, A. Collura, S. Nueller, and M. Kroener, "The IBM zEnterprise-196 Decimal Floating-Pointer Accelerator," *20th IEEE Symposium on Computer Arithmetic*, 2011

A. Clements, *Principles of Computer Hardware*, 4th Edition, Oxford University Press, 2006

M. D. Ercegovac and T. Lang, *Digital Arithmetic*, Morgan Kaufmann, 2004

D. Goldberg, "What Every Computer Scientist Should Know About Floating-Point Arithmetic," *ACM Computing Surveys*, Vol. 23, No. 1, March 1991

D. Harris and S. Darris, *Digital Design and Computer Architecture: From Gates to Processors*, Morgan Kauffman, 2007

G. L. Herman, C. Zilles, and M. C. Loui, "Flip-Flops in Students' Conceptions of State," *IEEE Transactions on Education*, Vol. 55, No. 1, February 2012

K. Hwang, *Computer Arithmetic: Principles, Architecture and Design*, New York: John Wiley & Sons, 1979

M. M. Mano and M. D. Ciletti, *Digital Design*, 4th Edition, Pearson Education, 2007

B. Parhami, *Computer Arithmetic: Algorithms and Hardware Designs*, 2nd Edition, New York: Oxford University Press, 2010

J. F. Wakerly, *Digital Design*, 4th Edition, Pearson Education, 2006

第 3 章

S. P. Dandamudi, *Introduction to Assembly Language Programming: For Pentium and RISC Processors*, 2nd Edition, Springer, 2005

C. Hamacher, Z. Vranesic, S. Zaky, and N. Manjikian, *Computer Organization and Embedded Systems*, 6th Edition, McGraw-Hill Higher Education, 2011

E. Larson and M. O. Kim, "A Simple but Realistic Assembly Language for a Course in Computer Organization," *Frontiers in Education Conference*, Saratoga Springs, NY, 2008

L. Null and J. Lobur, *The Essentials of Computer Organization and Architecture*, 3rd Edition, Jones & Bartlett Publishers, 2010

D. Page, *A Practical Introduction to Computer Architecture*, Springer, 2009

W. Stallings, *Computer Organization and Architecture*, 9th Edition, Prentice Hall, 2012

A. S. Tanenbaum and T. Austin, *Structured Computer Organization*, 6th Edition, Pearson Education, 2012

ARM 微处理器

Application Note 04: Programmer's Model for Big-Endian ARM, ARM document number ARM DAI 0004C, 1994

A. Clements, "ARMs for the Poor: Selecting a Processor for Teaching Computer Architecture." *Frontiers in Education Conference*, Washington, D.C., October 2010

F. Franchetti, S. Kral, J. Lorenz, and C. W. Uebrerhuber, "Efficient Utilization of SIMD Extensions," *IEEE Proceeding Special Issue on Program Generation, Optimization, and Platform Adaptation*, Vol. 93, No. 2, February 2005

S. B. Furber, *ARM Systems-on-chip Architecture*, Addison Wesley, 2000

S. B. Furber, J. D. Garside, D.A. Gilbert, "AMULET3: a high-performance self-timed ARM microprocessor", Proc. International Conference on Computer Design: VLSI in Computers and Processors, Austin, Texas, 1998

S. B. Furber, J. D. Garside, and D. A. Gilbert, *The ARM Cortex-A9 Processors*, ARM White Paper, September, 2009

L. Gwennap, "AltiVec vectorizes PowerPC," *Microprocessor Report*, Vol. 12, No. 6, May 1998.

W. Hohl, *ARM Assembly Language,* CRC Press, 2009

J. Rokov, *ARM Architecture and Multimedia Applications*, www.fer.unizg.hr/_download/repository/Kvalifikacijski-Rokov.pdf

N. Sloss, D. Symes, and C. Wright, *ARM System Developer's Guide*, Morgan Kaufmann, 2004

V. S., Vinnakota, *ARM Programming and Optimisation Techniques*, http://www.idt.mdh.se/kurser/cdt214/Programming_examples_for_ARM.pdf

J. Yiu and A. Frame, *32-Bit Microcontroller Code Size Analysis*, www.**arm**.com/files/pdf/**ARM_Microcontroller**_Code_Size_(full).pdf

第 4 章
变化

A. Clements, *Microprocessor Systems Design*, CL-Engineering, 1997

L. Goudge and S. Segars, "Thumb: Reducing the Cost of 32-bit RISC Performance in Portable and Consumer Applications," *Compcon '96*, Santa Clara, CA, 1996

T. R. Halfhill, "MicroMIPS Crams Code," *Microprocessor Report*, November 16, 2009

M. Hampton and M. Zhang, "Cool Code Compression for Hot RISC," groups.csail.mit.edu/cag/6.893-f2000/project/hampton_final.pdf

K. D. Kissell, *MIPS16: High-density MIPS for the Embedded Market*, 1997

A. Krishnaswamy and R. Gupta, "Efficient Use of Invisible Registers in Thumb Code," *MICRO-38, Proc. 38th Annual IEEE/ACM International Symposium on Microarchitecture*, November 2005

C. Lefurgy and T. Mudge, "Code Compression for DSP," Compiler and Architecture Support for Embedded Computing Systems (CASES 98), Washington, D.C., December 1998

MC68020 MC68E020 Microprocessor's User's Manual, Freescale Semiconductor, Inc.

microMIPS™ Instruction Set Architecture, MIPS Technologies, October 2009 http://www.mips.com/auth/MD00690-2B-microMIPS-APP-01.00.pdf

MIPS32® 1074® CPU Family Software User's Manual, Document MD00749, MIPS Technologies, Inc., June 2011

R. Phelan, *Improving ARM Code Density and Performance*, ARM, 2003

Programmer's Reference Manual, M68000PM/AD REV.1, Freescale Semiconductor, Inc.

D. Sweetman, *See MIPS Run*, 2nd Edition, Morgan Kaufmann, 2006

V. M. Weaver and S. A. McKee, "Code Density Concerns for New Architectures," *ICCD Conference*, 2009

X. Xu and S. Jones, "Code Compression for the Embedded ARM/THUMB Processor," *IEEE International Workshop on Intelligent Data Acquisition and Advanced Computing Systems: Technology and Applications*, Lviv, Ukraine, September 8–10, 2003

第 5 章
多媒体扩展

J. Corbal, M. Valero, and R. Espasa, "Exploiting a New Level of DLP in Multimedia Applications", IEEE/ACM Symposium on Microarchitecture, November 1999

M. Hassaballah, S. Omran, and Y. B. Mahdy, "A Review of SIMD Multimedia Extensions and their Usage in Scientific and Engineering Applications," *The Computer Journal*, Vol. 51, No. 6, pp. 630–649, November 2008

Intel Processor Identification and the CPUID instruction, Intel, Application note AP–485

Intel® SSE4 Programming Reference, Intel D91561-003, July 2007

S. Larin, "H1119Introduction to AltiVecTen easy ways

to Vectorize your code," Freescale Semiconductor, Smart Developer Forum, Dallas 2004,

R. B. Lee, "Accelerating multimedia with enhanced microprocessors," *IEEE Micro*, Vol. 15, No. 2, April 1995

R. B. Lee, A. M. Fiskiran, Z. Shi, and X. Yang, "Refining instruction set architecture for High-Performance multimedia processing in constrained environments," *Proceedings of the 13th International Conference on Application-Specific Systems, Architectures and Processors*, July 2002

R. B. Lee, "Subword Parallelism with MAX-2," *IEEE Micro*, Vol. 16, No. 4, August 1996

M. Mittral, A. Peleg, and U. Weiser, "MMX™ Technology Architecture Overview," *Intel Technology Journal*, Q3, 1997

H. Nguyen and L. K. John, "Exploiting SIMD Parallelism in DSP and Multimedia Algorithms Using the AltiVec™ Technology," *International Conference on Supercomputing*, 1999

S. Oberman, G. Favor, F. Weber, "AMD 3DNow! technology: architecture and implementations," *IEEE Micro*, Vol. 19, No. 2, March–April 1999

A. Peleg, S. Wilkie, and U. I Weiser, "Intel MMX for Multimedia PCs", *Communications of the ACM*, Vol. 40, No. 1, January 1997

S. K. Raman, V. Pentkovski, and J. Keshava, "Implementing Streaming SIMD Extensions and the Pentium III Processor", *IEEE Micro*, Vol. 20, No. 4, July–August 2000

A. Shahbahrami, B. Juurlink, and S. Vassiliadis, "A Comparison Between Processor Architectures for Multimedia Applications," *Proc. 15th Annual Workshop on Circuits, Systems and Signal Processing (ProRISC)*, 2004

A. Shahbahrami, B. Juurlink, and S. Vassiliadis, "Efficient Vectorization of the FIR Filter," *Proceedings of the 16th Annual Workshop on Circuits, Systems and Signal Processing, ProRisc 2005, Veldhoven*, The Netherlands, November 2005

N. Slingerland and A. J. Smith, "Performance analysis of instruction set architecture extensions for multimedia," *Proceedings of the 3rd Workshop on Media and Stream Processors*, December 2001

N. T. Slingerland and A. J. Smith, "Multimedia extensions for general purpose microprocessors: a survey," *Microprocessors and Microsystems,* Vol. 29, No. 1, February 2005

D. Talla, L. K. John, and D. Burger, "Bottlenecks in multimedia processing with SIMD style extensions and architectural enhancements," *IEEE Transactions on Computers*, August 2003

S. Thankkar and T. Huff, "The Internet streaming SIMD extensions," *Intel Technology Journal*, 1999

Tremblay, M. O'Connor, J. M. Narayanan, and V. Liang He, "VIS speeds new media processing," *IEEE Micro*, Vol. 16, No. 4, 1996

第 6 章
微程序设计

M. Cutler, and R. Eckert, "A Microprogrammed Computer Simulator," *IEEE Transactions on Education*, Vol. 30, No. 3, 1987

J. L. Donaldson, R. M. Salter, J. Kramer-Miller, S. Egorov, and A. Singhal, "Illustrating CPU Design Concepts with DLSim 3," *Frontiers in Education Conference*, San Antonio, Texas, October 2009

D. Jackson, "Evolution of Processor microcode," *IEEE Transactions on Evolutionary Computation*, Vol. 9, No. 1, February 2005

Ryo-Il Kang and Katsufusa Shono, "Two-bit microcomputer for educational use," *Microprocessors and Microsystems*, Vol. 15, No. 6, July/August 1991

A. S. Tanenbaum, *Structured Computer Organization*, 3rd Edition, Prentice-Hall, 1990

J. S. Warford and R. Okelberry, "Pep8CPU: A Programmable Simulator for a Central Processing Unit," *38th ACM Technical Symposium on Computer Science Education*, Covington, Kentucky, March 2007

计算机组成

J-L Baer, *Microprocessor Architecture: From Simple Pipelines to Chip Multiprocessors*, Cambridge University Press, 2009

M. Bekerman, A. Mendelson, "A performance analysis of Pentium processor systems," *IEEE Micro,* Vol. 15, No. 5, October 1995

D. W. Clark and W. D. Strecker, "Comments on 'the case for the reduced instruction set computer' by Patterson and Ditzel," *Computer Architecture News*, Vol. 8, No. 6, 1980

H. Corporaal, *Microprocessor Architectures from VLIW to TTA*, Wiley, 1998

H. G. Cragon, *Memory Systems and Pipelined Processors*, Jones and Bartlett, 1996

S. P. Dandamudi, *Guide to RISC Processors for Programmers and Engineers*, Springer, 2005

J. Eliott, "IBM Mainframes – 45 Years of Evolution," IBM System Z, 2009-03-20

P. G. Emma and E. S. Davidson, "Characterization of branch and data dependencies in programs for evaluating pipeline performance," *IEEE Trans. Computing*, Vol. 36, No.7, 1987

A. Hartstein and T. R. Puzak ."The optimal pipeline depth for a microprocessor," *Proceedings of the 29th Annual International Symposium on Computer Architecture (ISCA)*, 2002

M. G. H. Katevenis, *Reduced Instruction Set Architectures for VLSI,* The MIT Press, 1985

V. M. Milutinovic, *High Level Language Computer Architecture*, Computer Science Press, 1989

D. A. Patterson and D, R. Ditzel, "The case for the reduced instruction set computer," *Computer Architecture News*, Vol. 8, No. 6, 1980.

D. A. Patterson and J. L. Hennesey, *Computer Organization and Design*, Revised 4th Edition, Morgan Kauffmann, 2011

D. Sima, T. Fountain, and P. Kacsuk, *Advanced Computer Architectures: A Design Space Approach*, Addison-Wesley, 1997

V. R. Wadhankar, G. H.Raisoni, and V. Tehre, "A FPGA Implementation of a RISC Processor for Computer Architecture," *National Conference on Innovative Paradigms in Engineering & Technology (NCIPET-2012)*, IJCA 24

分支预测

V. Agarwal, M. S., Hrishikesh, S. W. Keckler, and D. Burger, "Clock rate versus IPC: The end of the road for conventional microarchitectures," *Proceedings of the 27th Annual International Symposium on Computer Architecture (ISCA)*, June 2000

Am29000 User's Manual, Advanced Micro Devices, Sunnyvale CA, 1989

B. Calder and D. Grunwald, "Fast & accurate fetch and branch predication," *Proceedings of the 21st Annual International Symposium on Computer Architecture (ISCA)*, 1994

I. C. K. Chen and T. N. Mudge, "The bi-mode branch predictor," *The 30th Annual IEEE-ACM International Symposium on Microarchitecture*, December 1997.

J. A. DeRosa and H. M. Levy, "An evaluation of branch architectures," *Proceedings of the 14th Annual International Symposium on Computer Architecture (ISCA)*, 1987

D. R. Ditzel and H. R. McLellan, "Branch Folding in the CRISP Microprocessor: Reducing the Branch Delay to Zero," *Proceedings 14th Annual Symposium on Computer Architecture (ISCA)*, 1987

M. Katevenis, *Reduced Instruction Set Computer Architectures for VLSI*, MIT Press, 1985

K. M. Kavi. "Branch folding for conditional branches," *IEEE CS Technical Committee on Computer Architecture (TCCA) Newsletter*, December 1997

J. K. F. Lee and A. J. Smith, "Branch Prediction Strategies and Branch Target Buffer Design" *Computer*, Vol. 21, No. 7, January 1984

D. J. Lilja, "Reducing the Branch Penalty in Pipelined Processors," *IEEE Computer*, Vol. 21, No. 7, July 1988

S. McFarling, *Combining Branch Predictors*, Digital Tech Report: WRL-TN-36:

A. Mital and B. Fagin, "The Performance of Counter- and Correlation-Based Schemes for Branch Target Buffers," *Transactions on Computers*, Vol. 44, No. 12, December 1995

T. Mudge, I. Chen, and J. Coffey, *Limits to Branch Prediction*, CSE-TR-282-96, The University of Michigan, January 1996

S. T. Pan, K. So, and J. T. Rahmeh, "Improving the accuracy of dynamic branch prediction using branch correlation", ASPLOS-V, 1992.

D. A. Patterson, C. H. Sequin, "A VLSI RISC," *Computer*, Vol. 15, No. 9, 1982

J. Pierce and T. Mudge, "Wrong-Path Instruction Prefetching," *MICRO 29, Proceedings of the 29th Annual International Symposium on Microarchitecture*, 1996

C. H. Sequin and D. A. Patterson, "Design and Implementation of RISC I," Technical Report CSD-82-106, UC Berkeley

E. Sprangle, R. S. Chappell, and M. Alsup, "The agree predictor: a mechanism for reducing negative branch history interference," *Proceeding of the 24th Annual International Symposium on Computer Architecture (ISCA)*, 1997

T. Yeh and Y. Patt, "Alternative implementations of two-level adaptive branch prediction," *Proceedings of the 19th Annual International Symposium on Computer Architecture (ISCA)*, 1992

T. Yeh and Y. Patt, "Two—level adaptive training branch-prediction," *MICRO 24, Proceedings of the 24th Symposium on Computer Architecture*, New York, 1991

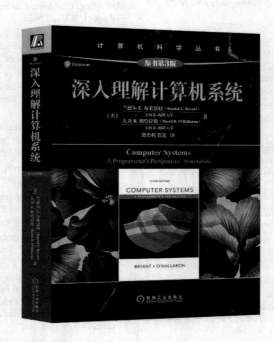

深入理解计算机系统（原书第3版）

作者：[美] 兰德尔 E. 布莱恩特 等 译者：龚奕利 等 书号：978-7-111-54493-7 定价：139.00元

理解计算机系统首选书目，10余万程序员的共同选择
卡内基-梅隆大学、北京大学、清华大学、上海交通大学等国内外众多知名高校选用指定教材
从程序员视角全面剖析的实现细节，使读者深刻理解程序的行为，将所有计算机系统的相关知识融会贯通
新版本全面基于X86-64位处理器

基于该教材的北大"计算机系统导论"课程实施已有五年，得到了学生的广泛赞誉，学生们通过这门课程的学习建立了完整的计算机系统的知识体系和整体知识框架，养成了良好的编程习惯并获得了编写高性能、可移植和健壮的程序的能力，奠定了后续学习操作系统、编译、计算机体系结构等专业课程的基础。北大的教学实践表明，这是一本值得推荐采用的好教材。本书第3版采用最新x86-64架构来贯穿各部分知识。我相信，该书的出版将有助于国内计算机系统教学的进一步改进，为培养从事系统级创新的计算机人才奠定很好的基础。

—— 梅 宏 中国科学院院士/发展中国家科学院院士

以低年级开设"深入理解计算机系统"课程为基础，我先后在复旦大学和上海交通大学软件学院主导了激进的教学改革……现在我课题组的青年教师全部是首批经历此教学改革的学生。本科的扎实基础为他们从事系统软件的研究打下了良好的基础……师资力量的补充又为推进更加激进的教学改革创造了条件。

—— 臧斌宇 上海交通大学软件学院院长

计算机组成与设计：硬件/软件接口（原书第5版）

作者：[美] 戴维 A. 帕特森 等 ISBN：978-7-111-50482-5 定价：99.00元

本书是计算机组成与设计的经典畅销教材，第5版经过全面更新，关注后PC时代发生在计算机体系结构领域的革命性变革——从单核处理器到多核微处理器，从串行到并行。本书特别关注移动计算和云计算，通过平板电脑、云体系结构以及ARM（移动计算设备）和x86（云计算）体系结构来探索和揭示这场技术变革。

计算机体系结构：量化研究方法（英文版·第5版）

作者：[美] John L. Hennessy 等 ISBN：978-7-111-36458-0 定价：138.00元

本书系统地介绍了计算机系统的设计基础、指令集系统结构，流水线和指令集并行技术。层次化存储系统与存储设备。互连网络以及多处理器系统等重要内容。在这个最新版中，作者更新了单核处理器到多核处理器的历史发展过程的相关内容，同时依然使用他们广受好评的"量化研究方法"进行计算设计，并展示了多种可以实现并行，陛的技术，而这些技术可以看成是展现多处理器体系结构威力的关键!在介绍多处理器时，作者不但讲解了处理器的性能，还介绍了有关的设计要素，包括能力、可靠性、可用性和可信性。

推荐阅读

云计算：概念、技术与架构

作者：Thomas Erl 等 译者：龚奕利 等 ISBN：978-7-111-46134-0 定价：69.00元

"我读过Thomas Erl写的每一本书，云计算这本书是他的又一部杰作，再次证明了Thomas Erl选择最复杂的主题却以一种符合逻辑而且易懂的方式提供关键核心概念和技术信息的罕见能力。"

—— Melanie A. Allison，Integrated Consulting Services

本书详细分析了业已证明的、成熟的云计算技术和实践，并将其组织成一系列定义准确的概念、模型、技术机制和技术架构。

全书理论与实践并重，重点放在主流云计算平台和解决方案的结构和基础上。除了以技术为中心的内容以外，还包括以商业为中心的模型和标准，以便读者对基于云的IT资源进行经济评估，把它们与传统企业内部的IT资源进行比较。

云计算与分布式系统：从并行处理到物联网

作者：Kai Hwang 等 译者：武永卫 等 ISBN：978-7-111-41065-2 定价：85.00元

"本书是一本全面而新颖的教材，内容覆盖高性能计算、分布式与云计算、虚拟化和网格计算。作者将应用与技术趋势相结合，揭示了计算的未来发展。无论是对在校学生还是经验丰富的实践者，本书都是一本优秀的读物。"

—— Thomas J. Hacker，普度大学

本书是一本完整讲述云计算与分布式系统基本理论及其应用的教材。书中从现代分布式模型概述开始，介绍了并行、分布式与云计算系统的设计原理、系统体系结构和创新应用，并通过开源应用和商业应用例子，阐述了如何为科研、电子商务、社会网络和超级计算等创建高性能、可扩展的、可靠的系统。

深入理解云计算：基本原理和应用程序编程技术

作者：拉库马·布亚 等 译者：刘丽 等 ISBN：978-7-111-49658-8 定价：69.00元

"Buyya等人带我们踏上云计算的征途，一路从理论到实践、从历史到未来、从计算密集型应用到数据密集型应用，激发我们产生学术研究兴趣，并指导我们掌握工业实践方法。从虚拟化和线程理论基础，到云计算在基因表达和客户关系管理中的应用，都进行了深入的探索。"

—— Dejan Milojicic，HP实验室，2014年IEEE计算机学会主席

本书介绍云计算基本原理和云应用开发方法。

本书是一本关注云计算应用程序开发的本科生教材。主要讲述分布式和并行计算的基本原理，基础的云架构，并且特别关注虚拟化、线程编程、任务编程和map-reduce编程。